钢结构工程施工教程

侯兆新　陈禄如　编著

中 国 计 划 出 版 社

图书在版编目（CIP）数据

钢结构工程施工教程 / 侯兆新，陈禄如编著. -- 北京 : 中国计划出版社，2019.5
ISBN 978-7-5182-0909-5

Ⅰ. ①钢… Ⅱ. ①侯… ②陈… Ⅲ. ①钢结构－工程施工－教材 Ⅳ. ①TU758.11

中国版本图书馆CIP数据核字(2018)第171371号

钢结构工程施工教程
侯兆新　陈禄如　编著

中国计划出版社出版发行
网址：www.jhpress.com
地址：北京市西城区木樨地北里甲11号国宏大厦C座3层
邮政编码：100038　电话：(010) 63906433（发行部）
北京天宇星印刷厂印刷

787mm×1092mm　1/16　21.5印张　507千字
2019年5月第1版　2019年5月第1次印刷
印数 1—3000册

ISBN 978-7-5182-0909-5
定价：68.00元

前　言

据中国钢结构协会对行业企业的统计调查和分析，2017 年全国的钢结构产量达到6000 万吨。我国已是世界钢结构大国，在钢结构科研、设计、制造和施工安装等方面也达到国际先进水平。

长期以来，我国钢结构施工的实用教材较缺乏，本书从钢结构施工的基础知识开始，依照分项工程的次序按照施工详图、焊接工程、高强度螺栓连接工程、制作工程、安装工程、金属围护工程、防腐工程、防火工程、工程事故、质量通病等方面进行论述，可供高等学校和中等专业学校及专业培训教学使用，也可以作为工程技术人员的参考书。

本书作者从事了几十年的钢结构科研、设计、施工和管理工作，具有丰富的实践经验。参与了宝钢建设、奥运工程等一大批重大工程，在新加坡承建了国际展览中心和环球影城等一批大型钢结构工程；主编和参编了钢结构行业主要技术标准和规范。本书的内容均有作者的工作体会和经验，是一本紧密结合钢结构发展现状、内容丰富、可操作性强的教材。

本书编著过程中，得到了中冶建筑研究总院众多同事的支持和帮助，包括贺贤娟、柴昶、何文汇、周文瑛、马德志、刘景凤、聂金华、文双玲、龚超、邱林波、秦国鹏、赵希娟、张秀湘、张泽宇等，他们为本书付出了辛勤的劳动和心血。另外，中国钢结构协会众多专家也给本书的编写提供了重要的参考资料，在此一并表示感谢！

欢迎读者提出宝贵意见，以便在以后的修订中进一步完善。

目　录

1 钢结构工程施工及钢材的基础知识

1.1 钢结构优势及其施工特点

1.1.1 钢结构建筑的优势

与钢筋混凝土结构、砖混结构相比，钢结构建筑具有以下几方面的优势。

1. 钢结构属于节能环保绿色建筑结构

在材料生产和建造过程中，与混凝土结构相比，钢结构可以大幅度减少有害气体（CO_2）和有害物排放量；与钢筋混凝土结构、砖混结构相比，可以大量减少水土流失，减少对生态环境与植被的破坏，减少资源的消耗（见图1-1）。

图1-1 传统建筑结构（钢筋混凝土结构、砖混结构、木结构）对生态环境的破坏

2. 钢结构符合循环经济特征和可持续发展要求

全世界都面临着可持续发展的课题，钢材作为国家的重要战略物资，在国家的战略地位及对可持续发展的意义越来越被重视，采用钢结构成为储存钢材的有效手段之一。钢结构符合循环经济特征和可持续发展要求（见图 1－2），其主要体现在以下两个层面：

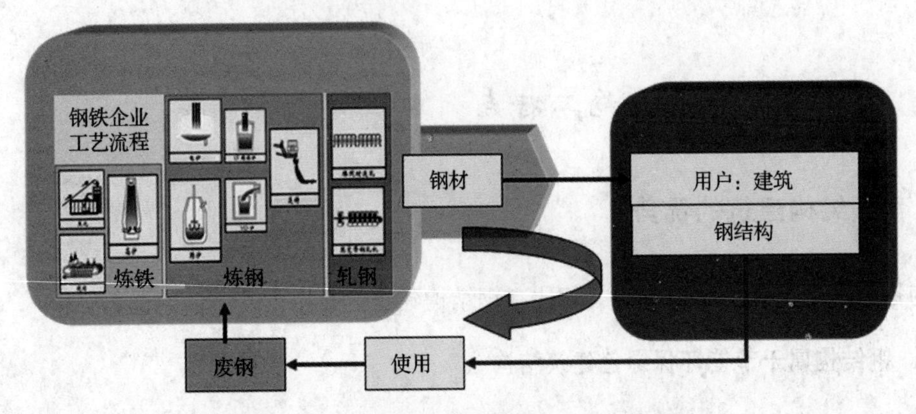

图 1－2 钢材生产及其循环利用示意图

（1）在建筑物使用寿命期内：

1）建筑结构（钢材）的使用寿命比传统结构（砖石、混凝土、木）要长；

2）钢结构更易于改造加固或改变使用用途；

3）钢结构更易于沿三维（建筑物的纵向、横向、高度）扩建或更新。

（2）在建筑物报废以后：

1）钢结构或构件易于拆卸和重新安装使用；

2）大量减少甚至可以避免不可再生建筑垃圾（砖石、混凝土）的处理；

3）钢材可以 100% 循环再炼钢使用，相当于国家战略物资的储藏和再利用。

3. 钢结构轻质高强，抗震性能好

（1）钢结构自重比混凝土结构轻约 50%，地震响应荷载相应减小，地基处理和基础工程量相应减少。

（2）钢材材质均匀，强度高且柔韧性好，结构的抗震性能好，特别适合大跨度、重型结构及超高层结构体系（见图 1－3）。

（3）钢结构可采用多种耗能连接节点和构造，提高了结构的消能减震性能。

4. 便于产业化推广，现场施工环境好、速度快

（1）钢结构构件可以工厂加工制作，现场安装比混凝土结构现场施工工期缩短 50% 以上（见图 1－4）。

（2）易于采用计算机辅助设计与制造技术，可以提高生产效率和加工精度，降低成本。

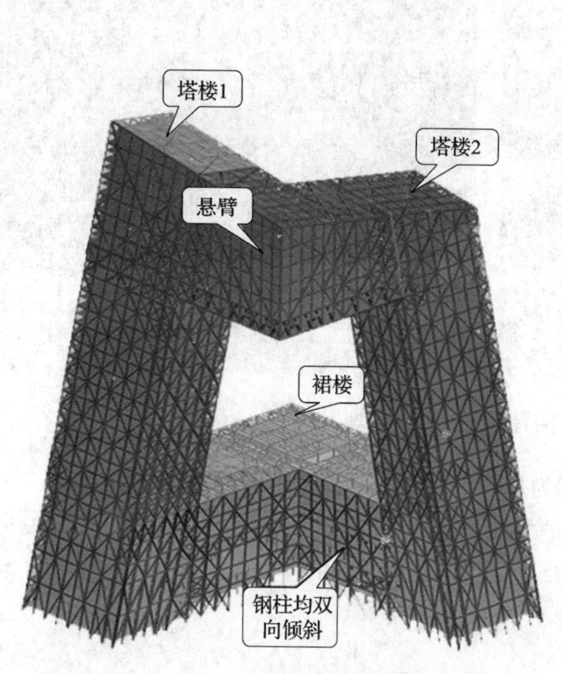

（a）中央电视台钢结构示意

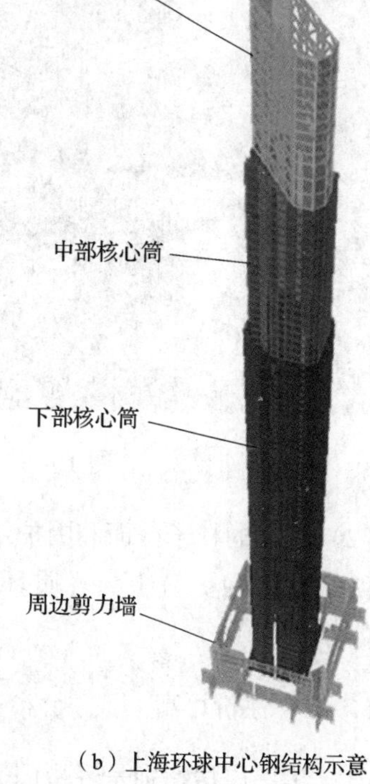

（b）上海环球中心钢结构示意

图1－3 大跨度悬臂及超高层钢结构示意

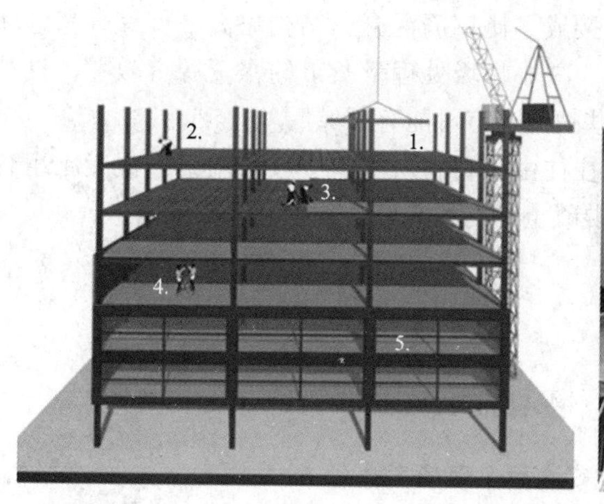

图1－4 钢结构现场安装示意图

（3）施工现场避免了沙、石、粉尘飞扬等污染环境的问题，有效地控制和减少建筑工地对城市环境的污染和破坏。

（4）现场施工人员减少，现场拥挤状况改善。

5. 建筑空间布局灵活，使用面积大

（1）钢结构能够提供更大跨度的空间，为业主提供更为灵活的个性化功能布局，实现丰富多彩的个性化建筑套型设计（见图1－5）。

图1-5 钢结构建筑空间布局划分灵活

(2) 更小的柱子截面和围护结构，为用户提供更多的使用面积。

(3) 钢结构更易于与轻质环保围护材料（内、外墙）配套使用，便于房间布局的改装。

6. 综合性价比高

(1) 单层厂房特别是轻型门式刚架结构，工程造价已低于钢筋混凝土厂房，以至于市场上已经基本以钢结构为主。

(2) 多高层房屋建筑，虽然钢结构直接成本比钢筋混凝土结构略高，但综合考虑使用面积增加、工期缩短、基础工程量减少、减小垃圾处理量及节约水资源等效益，钢结构只比钢筋混凝土结构造价提高有限，有些情况还有可能有所降低。

(3) 超高层建筑或大跨度公共建筑，往往由于材料所限，一般采用钢-混凝土组合结构或预应力结构，因此，比较钢结构与混凝土结构的造价意义不大。

1.1.2 钢结构施工的特点

与钢筋混凝土结构、砖混结构等相比，钢结构工程施工具有以下几方面的特点。

1. 钢结构施工分别在工厂车间和工地安装两个现场实施

钢结构工程作为一个单位工程中的分部工程，一般由钢零部件加工、钢构件组装、钢构件预拼装、钢结构安装、焊接、紧固件连接、防腐防火涂装等分项工程组成，而这些分项工程分成两个阶段实施：第一阶段为钢结构制作阶段，实施地点在制作厂加工车间，主要进行钢零部件加工、钢构件组装、钢构件预拼装以及钢结构焊接、紧固件连接、防腐涂装等分项工程；第二阶段为钢结构安装阶段，主要进行钢结构安装、焊接、紧固件连接、防腐防火涂装等分项工程。

这里要指出，钢结构构件不能作为产品对待，因此，钢结构制作就是钢结构施工的重要组成部分，在实际工程中，小型工程一般都由制作厂家完成现场安装工作，但大型工程一般由总承包单位委托制作厂加工，将制作厂家作为分包单位，这样就会出现同一个分部工程由2个或2个以上单位来完成的现象，给工程验收及管理提出了更高的要求。例如，国家体育场（鸟巢）钢结构分别由2家制作厂和2家安装公司承担钢结构制作和安装工程。

2. 装配化施工效率高，施工质量易保证

与混凝土结构相比，钢构件重量轻，在工厂加工具备批量生产和成品精度高等特点，现场易于吊装和调整，一方面能比较容易地保证安装施工的质量，另一方面能缩短工地施工时间，最大限度地减少工地对周围环境的施工影响。

钢结构施工工期包含工厂制作和现场安装两个阶段，通常所说的钢结构施工工期短，是指现场安装这一阶段的工期。在同等条件下，钢结构与钢筋混凝土结构现场施工工期相比，钢结构仅是钢筋混凝土结构的1/3～1/2。

钢结构工程施工质量主要取决于钢材和连接（焊接和紧固件）的质量，比影响混凝土结构施工质量的因素少得多。钢结构用钢材主要由钢板和型钢组成，而钢板和型钢都是由大中型钢铁企业生产，产品质量能够有保障；连接材料特别是高强度螺栓连接副和焊条、焊丝等也都是标准件，产品质量易于满足要求；只要对一些特殊工种如焊工控制好，钢结构施工质量是比较容易得到保证的。

3. 详图设计是钢结构施工不可缺少的环节

我国钢结构设计源于苏联的做法和经验，在钢结构工程设计中，将施工设计划分为钢结构设计图和钢结构详图两个阶段，前者由设计单位编制完成，后者以前者为依据，由钢结构制作单位深化编制完成，并直接作为加工和安装的依据。众所周知，钢筋混凝土结构施工中，施工单位往往编制钢筋、模板图来指导现场施工，但这些图纸一般不具备工程技术文件的效应，不需要设计的认可。

而钢结构详图（shop - drawing）却不同，其内容包括节点构造设计和计算等创造性工作，一般由施工单位、制作单位或专业的详图设计单位来完成，该详图原则上应由原钢结构设计单位确认后使用。

目前我国还没有对钢结构详图设计提出明确的设计资质要求，大中型的钢结构施工企业或制作企业一般都有自己的详图设计人员，而不具备条件的小型企业只能委托详图设计专业公司负责详图设计。随着技术的发展，一些先进的钢结构设计软件开始具备详图设计的功能。

4. 防腐、防火涂装是钢结构工程特殊且重要的分项工程

钢结构固然有轻质、施工速度快、结构性能好、可回收循环使用等优点，但钢结构也存在耐腐蚀性能和耐火性能较差的缺点，并且这两个缺点有时显得比较突出，一方面直接影响结构的安全和使用，另一方面防腐、防火涂装的造价较高，这成为影响钢结构推广应用的负面因素。

随着新型耐火钢和耐候钢的使用，钢结构抗火设计和防腐技术的应用，钢结构易腐蚀、耐火差的缺点正逐步得到改善。但国内设计单位对钢结构防腐、防火涂装设计较生疏，施工企业普遍对防腐、防火涂装施工质量不重视，同时也没有引入涂料产品生产厂家的质量担保制度。因此，国内钢结构防腐、防火涂装的质量与国际先进水平差距较大。

1.2 我国钢结构施工技术的发展水平

1.2.1 处于先进水平的施工技术领域

（1）大跨度钢结构制作与安装技术，主要体现在体育场馆建筑、会展中心建筑、铁路及民航航站建筑、桥梁等大跨度钢结构施工技术上（见图1－6），特别是钢结构整体吊装技术上。

（a）鸟巢钢结构安装

（b）会展中心整体提升

图1－6 大跨度钢结构施工技术

（2）厚板、复杂截面钢结构加工制作技术，主要体现在60～120mm厚板成型、厚板焊接、弯扭构件制作等技术上（见图1－7）。

（a）世博会阳光谷网壳

（b）央视大楼厚板结构

图1－7 复杂及厚板钢结构施工技术

（3）超高层钢结构施工技术，主要体现在300～600m超高层钢结构安装技术、组合结构施工及定位测量控制技术上（见图1－8）。

（a）上海超高层钢结构

（b）广州电视塔钢结构

图1-8 超高层钢结构施工技术

1.2.2 处于相对落后水平的施工技术领域

（1）钢结构防腐、防火涂装施工技术，主要体现在防腐涂料、防火涂料产品的长效防护性能及产品质量、施工环境的环境保护、施工质量等方面。

（2）钢结构围护体系施工技术，主要体现在围护材料的性能（节能、环保、保温隔热、隔音、防火）、与钢结构的连接构造、围护功能检测评定及维护检修等方面。

（3）型钢结构制作技术，主要体现在软件应用、设备的自动化水平、操作人员技术水平及生产管理等方面。

（4）钢结构工程施工质量及其管理，主要体现在钢构件外观质量（焊缝表面、切割面、涂层面）、包装质量、检测验收及施工资料等方面。

1.3 钢结构施工流程及工程划分

1.3.1 钢结构施工流程

1. 制作阶段的施工流程

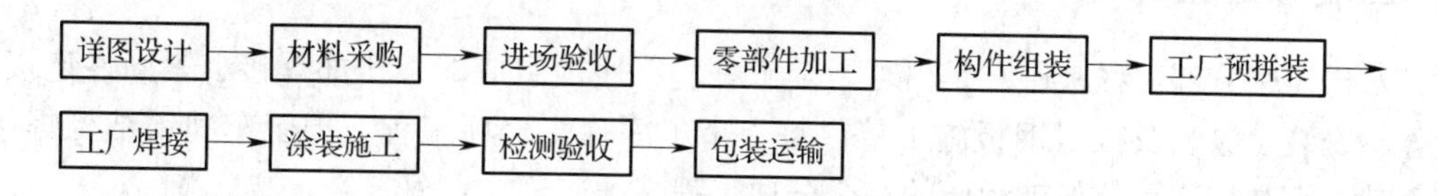

2. 安装阶段的施工流程

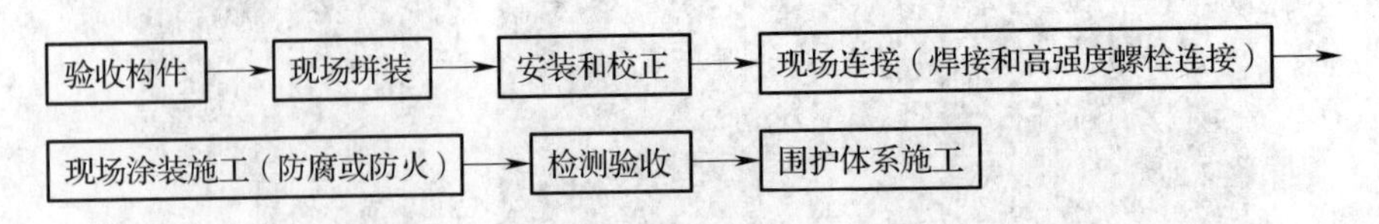

1.3.2 钢结构工程的划分

钢结构工程划分示意图见图1-9。

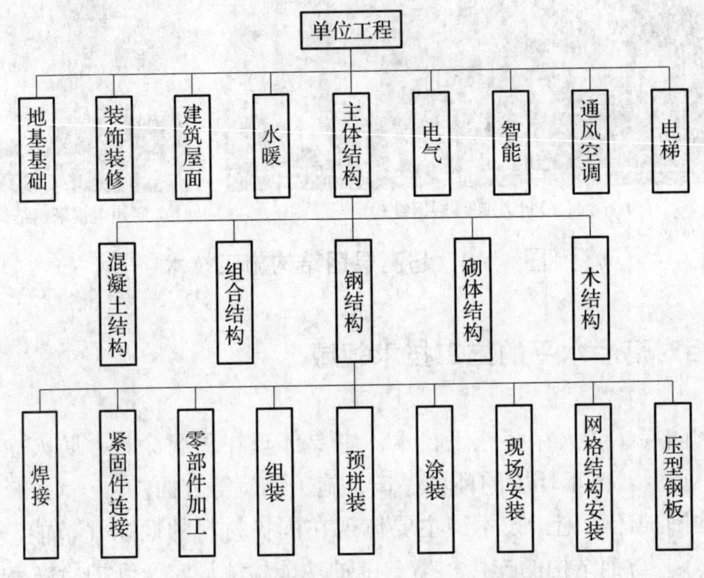

图1-9 钢结构工程划分示意图

1. 单位工程

一个工程项目，比如一个工厂项目，是由若干个建（构）筑物组成的，每个建（构）筑物单体就是一个单位工程，如加工车间就是一个单位工程。

2. 分部工程

对于一个单位工程来讲，是由若干个专业、功能和部位组成的，比如地基与基础、主体结构、装饰装修、水暖电气、通风空调、建筑智能等，每一个专业、功能或部位称为分部工程，加工车间的主体结构如果是钢结构的话，钢结构工程就是加工车间这个单位工程中的一个分部工程。

3. 分项工程

对于一个分部工程来讲，是由若干个工种、工序等组成的，比如焊接、紧固件连接、制作、安装、涂装及压型钢板施工等，每一个工序称为分项工程。加工车间钢结构焊接工程就是钢结构这个分部工程中的一个分项工程。

1.4 钢结构钢材的基础知识

1.4.1 钢结构钢材种类及其性能

现行国家标准《钢结构设计标准》GB 50017 对钢结构用钢材品种，特别是承重结构钢材的钢种和标准要求如下：

1. 碳素结构钢

碳素结构钢采用现行国家标准《碳素结构钢》GB/T 700 中的 Q235A、Q235B、Q235C、Q235D 等牌号。

2. 低合金高强度结构钢

低合金高强度结构钢采用现行国家标准《低合金高强度结构钢》GB/T 1591 中的各牌号钢材。

3. 建筑结构用钢板

建筑结构用钢板采用现行国家标准《建筑结构用钢板》GB/T 19879 中的 Q235GJ、Q345GJ、Q390GJ、Q420GJ、Q460GJ 牌号。

4. 工程用铸造碳钢件

非焊接结构用铸钢件采用现行国家标准《一般工程用铸造碳钢件》GB/T 11352 中的 ZG200－400、ZG230－450、ZG270－500、ZG310－570、ZG340－640 牌号。

焊接结构用铸钢件采用现行国家标准《焊接结构用碳素钢铸件》GB/T 7659 中的 ZG200－400H、ZG230－450H、ZG270－480H、ZG300－500H、ZG340－550H 牌号。

5. 厚度方向性能钢板

厚度方向性能钢板采用现行国家标准《厚度方向性能钢板》GB/T 5313 中的 Z15、Z25、Z35 牌号。

6. 焊接结构用耐候钢

焊接结构耐候钢采用现行国家标准《焊接结构用耐候钢》GB/T 4172 中的各牌号。

1.4.2 结构钢材交货状态

不同的钢材交货状态对钢材组织和性能的波动有不同的影响，特别是对钢材的可焊性指标碳当量（CEV）和焊接裂纹敏感性指数（Pcm）影响较大。钢结构钢材的交货状态主要有热轧、控轧、正火、回火、热机械轧制（TMCP）状态等几种，其作用和应用范围见表1－1。

表1－1 结构钢材供货状态

供货状态分类	主要工艺措施	适用范围	备注
热轧状态	终止温度800～900℃，空气中自然冷却	厚度较薄和轻型截面的板材、型材	
控轧状态	严格控制终轧温度和采取强制冷却措施	中厚板材和重型截面的型材	
正火状态	加热到钢材相变温度以上（30～50℃），保温一段时间致完全奥氏体化，然后在空气中正常冷却	碳素结构钢、低合金结构钢、铸钢件等，改善切削加工性能	
回火状态（淬火加回火调质处理）	将钢材加热到变相临界点以上（900℃以上），保温一段时间后在水或油介质中快速冷却（淬火），然后再重新加热到一定温度（150～650℃）并保温一定时间，然后冷却	Q420（C、D、E级）及以上高强度钢材	
热机械轧制（TMCP）状态	在热轧过程中，在控制加热温度、轧制温度和压下量的基础上，再实施控制冷却（加速冷却）的一系列措施	高强度焊接结构用钢板、厚板或超厚钢板	

1.4.3 钢材供货及采购事项

常用的几种结构钢材供货及采购事项见表1－2。

表1－2 常用的几种结构钢材供货及采购事项

名称	产品标准号	产品规格范围	供货条件	备注
热轧钢板	GB/T 709	板厚：3～400mm 板宽：600～4800mm	热轧状态供货；厚度偏差分： N类：正负偏差相等 A类：正偏差大于负偏差 B类：负偏差固定在0.3mm C类：负偏差固定为零	理论重量或实际重量交货

续表 1－2

名称	产品标准号	产品规格范围	供货条件	备注
热轧H型钢	GB/T 11263	宽翼缘 HW：100×100－500×500； 中翼缘 HM：150×100－600×300； 窄翼缘 HN：100×60－1000×700； 薄翼缘 HT：100×50－400×200	热轧状态供货； 按照理论重量交货，且： 单根重量偏差不大于±6%， 每批交货重量偏差不大于±4%	理论重量交货
热轧无缝钢管	GB/T 17395 GB/T 8162	管径不大于 1240mm	热轧状态或热处理状态供货； 热轧钢管壁厚偏差：+12.5%，－10%（厚径比大于 0.10）； 热扩钢管壁厚偏差：±15%	理论重量或实际重量交货
冷弯圆钢管	GB/T 6728 GB/T 6725	直径 21.3～610.0mm； 壁厚：1.2～16.0mm	冷加工状态供货； 实际重量与理论重量的允许偏差为：+10%，－6%	实际重量交货
冷弯方钢管	GB/T 6728 GB/T 6725	20×20－500×500； 壁厚：1.2～16mm	冷加工状态供货； 实际重量与理论重量的允许偏差为：+10%，－6%	实际重量交货
冷弯矩钢管	GB/T 6728 GB/T 6725	30×20－600×400； 壁厚：1.5～16.0mm	冷加工状态供货； 实际重量与理论重量的允许偏差为：+10%，－6%	实际重量交货
压型钢板	GB/T 12755	厚度：0.6～3.0mm； 展开宽度：600～1200mm	冷加工状态供货； 镀层重量（双面）： 热镀锌：≥90/90g/m² 镀铝锌：≥50/50g/m² 镀锌铝：≥65/65g/m²	

1.5 结构钢材选用及代用原则

1.5.1 钢材的选用原则

各种结构对钢材各有要求，这些要求主要是针对钢材的强度、塑性、韧性、耐疲劳性、焊接性能、耐锈蚀性能等。对厚板结构、焊接结构、低温环境下结构，还应防止脆性破坏。表1-3～表1-5为建筑结构钢材的设计选择原则。

表1-3 焊接结构钢材的设计选择原则

结构类型			结构工作温度（℃）	可选用牌号（但不仅限于）
焊接结构	直接承受动力荷载的结构	重级工作制吊车梁或类似结构	—	Q235镇静钢或Q345、Q390、Q420钢
		轻、中级工作制吊车梁或类似结构	≤-20	Q235镇静钢或Q345、Q390、Q420钢
			>-20	Q235（含沸腾钢）或Q345、Q390、Q420钢
	承受静力荷载或间接承受动力荷载的结构		≤-30	Q235镇静钢或Q345、Q390、Q420钢
			>-30	Q235（含沸腾钢）或Q345、Q390、Q420钢

表1-4 非焊接结构钢材设计选用原则

结构类型			结构工作温度（℃）	可选用牌号（但不仅限于）
非焊接结构	直接承受动力荷载的结构	重级工作制吊车梁或类似结构	≤-20	Q235镇静钢或Q345、Q390、Q420钢
			>-20	Q235（含沸腾钢）或Q345、Q390、Q420钢
		轻、中级工作制吊车梁或类似结构	—	Q235（含沸腾钢）或Q345、Q390、Q420钢
	承受静力荷载或间接承受动力荷载的结构		—	Q235（含沸腾钢）或Q345、Q390、Q420钢

表1-5 需要验算疲劳结构钢材设计选择原则

结构类型		结构工作温度	可选用牌号（但不仅限于）
需要验算疲劳结构	焊接结构	0℃及以上	Q235B、Q345B、Q390B、Q420B钢
		-20℃～0℃	Q235C、Q345C、Q390D、Q420D钢
		-20℃以下	Q235D、Q345D、Q390E、Q420E钢
	非焊接结构	-20℃及以上	Q235B、Q345B、Q390B、Q420B钢
		-20℃以下	Q235C、Q345C、Q390D、Q420D钢

1.5.2 钢材的确认与代用原则

施工单位应按照设计选用钢材的钢号，根据设计对钢材的性能要求进行采购。钢结构工程所采用的钢材必须附有钢材的质量证明书，各项指标应符合设计文件的要求和国家现行有关标准规定。钢材代用必须与设计单位共同研究确定，并办理书面代用手续后方可实施代用，钢材的确认与代用原则如下：

（1）钢号虽然满足设计要求，但生产厂提供的材质保证书中缺少设计提出的性能要求时，应做补充试验。如钢材缺少冲击、低温、冲击试验的保证条件时，应做补充试验，合格后才能应用。

（2）钢材性能虽然满足设计要求，但钢号的质量（指标）优于设计提出的要求时，应经过设计同意并办理代用手续，保证钢材代用的安全性和经济合理性。普通低合金钢的相互代用，如 Q390 钢代用 Q345 钢等，要更加谨慎，除机械性能满足设计要求外，在化学成分方面还应注意可焊性。重要的结构要有可靠的试验依据。

（3）钢材的钢号和性能都与设计提出的要求不符时，如 Q235 钢代用 Q345 钢，应办理设计变更手续，按钢材的设计强度重新计算，根据计算结果改变结构构件的截面、焊缝尺寸和节点构造。

（4）钢材的化学成分检测值允许与规定的标准数值有一定的偏差，允许偏差参见表 1－6。

表 1－6　钢材化学成分允许偏差

元素	规定化学成分范围（%）	允许偏差	
		上偏差	下偏差
C	>0.25	0.03	0.02
	≤0.25	0.02	
Mn	≤0.08	0.05	0.03
	>0.80	0.10	0.08
Si	≤0.35	0.05	0.03
	>0.35	0.10	0.05
S	≤0.050	0.005	—
P	≤0.050	0.005	
	规定范围时：0.05～0.15	0.01	0.01
V	≤0.02	0.02	0.01
Ti	≤0.02	0.02	0.02
Nb	0.015～0.050	0.005	0.005
Cu	≤0.40	0.05	0.05
Pb	0.15～0.35	0.03	0.03

（5）钢材机械性能所需的保证项目仅有一项不合格者，可按照以下原则处理：①当冷弯合格时，抗拉强度的上限值可以不限；②伸长率比规定的数值低1%时，允许使用，但不宜用于考虑塑性变形的构件；③冲击功值按一组3个试样值的算术平均值计算，允许其中1个试样的值低于规定值，但不得低于规定值的70%。

（6）当采用进口钢材时，除应验证其化学成分和机械性能是否满足相应的外国标准，还要验证是否符合设计要求。

（7）钢材的规格尺寸与设计要求不同时，须经设计计算后才能代用。

（8）如钢材品种、规格供应不全，可根据钢材选择的原则调整并办理设计变更。一般情况下，建筑结构对材质的要求遵循以下原则：①受拉构件高于受压构件；②焊接结构高于螺栓或铆钉连接的结构；③厚钢板结构高于薄钢板结构；④低温结构高于常温结构；⑤受动力荷载的结构高于受静力荷载的结构。

（9）桁架结构中上弦、下弦、腹杆可用不同钢种的钢材。

（10）含碳量高或焊接困难的钢材，可改用螺栓连接。

1.5.3 钢板厚度方向性能（Z）指标的确定

1. 影响钢板层状撕裂的因素

钢材由铸锭轧制成板材后，晶粒间存在的硫化锰等夹杂物也被轧成薄膜状与金属带状组织共存。如果夹杂物量较多形成连续的片状分布，当板厚方向产生拉力时，就易发生夹杂物与金属脱开，钢板产生层状撕裂。

钢板层状撕裂的主要影响因素是含硫量，含硫量越高，夹杂物含量越多，越容易产生层状撕裂；钢板厚度也是影响因素之一，钢板越厚，越容易产生层状撕裂，一般情况，当钢板厚度超过40mm时，设计有Z向指标的要求；钢材的延性和韧性也对层状撕裂有影响，碳当量越高，钢材组织易脆化，层状撕裂越敏感。

2. 防止层状撕裂的措施

（1）控制钢材的含硫量：钢材厚度方向的抗拉性能以断面收缩率为表征，影响断面收缩率最直接的因素就是钢材含硫量，不同的含硫量对应不同的断面收缩率，含硫量越低，相应的断面收缩率越大，说明厚度方向性能越好。表1－7表明了钢材厚度方向性能（抗层状撕裂性能）与含硫量、断面收缩率的对应关系。

表1－7 钢材厚度方向性能与含硫量、断面收缩率的对应关系

厚度方向性能（抗层状撕裂性能）	含硫量（%）	断面收缩率（%）
Z15	≤0.01	≥15
Z25	≤0.007	≥25
Z35	≤0.005	≥35

（2）合理的节点构造：不同形式和构造的节点，其拘束度不同。节点拘束度与节点形式、焊缝大小、板厚有关，一般情况下，T形、十字形、L形角接接头的拘束度依次增大；部分焊透的拘束度小于全焊透焊缝；钢板越厚，拘束度越大。

（3）合理的焊接工艺：从焊接工艺上尽量减小焊接引起的拘束度，例如，采取对称多道次施焊、塑性过渡层、低氢焊材、预热、消氢处理等一系列工艺措施。

3. 钢板Z向指标的确定

欧盟规范（EC3）规定了钢板Z向指标的计算方法，可供参考。首先根据焊缝尺寸、接头形式、钢板厚度、焊缝约束、预热等因素，得出相应的分项指标值 Z_i（见表1－8），再按下式求其总和 Z_{ED}：

$$Z_{ED}=Z_a+Z_b+Z_c+Z_d+Z_e$$

求得 Z_{ED} 后按照表1－9即可确定钢板的Z向指标。

表1－8　分项Z向指标

		焊缝有效厚度 a_{eff}（mm），角焊缝焊脚厚度 a（mm）		分项Z向指标
1	因钢材收缩而受拉的焊缝焊脚尺寸	$a_{eff}\leqslant 7$	$a=5$	$Z_a=0$
		$7<a_{eff}\leqslant 10$	$a=7$	$Z_a=3$
		$10<a_{eff}\leqslant 20$	$a=14$	$Z_a=6$
		$20<a_{eff}\leqslant 30$	$a=21$	$Z_a=9$
		$30<a_{eff}\leqslant 40$	$a=28$	$Z_a=12$
		$40<a_{eff}\leqslant 50$	$a=35$	$Z_a=15$
		$50<a_{eff}$	$a>35$	$Z_a=15$
2	T形接头、十字形接头与角接接头中焊缝的形式与位置	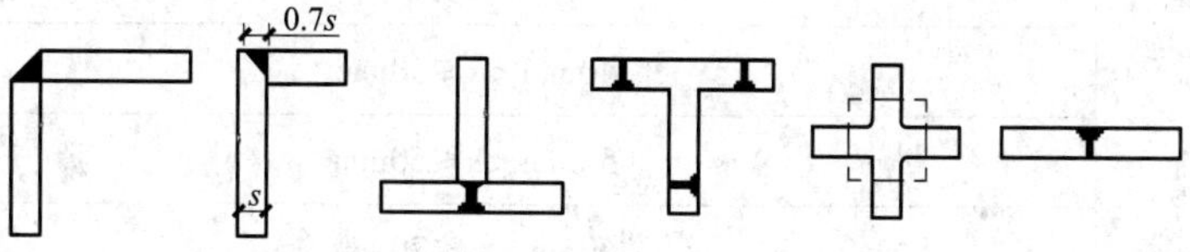 $0.7s$　s		$Z_b=-25$
		角接头（双侧板坡口）	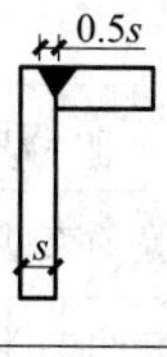 $0.5s$　s	$Z_b=-10$
		$Z_a=0$ 的单道角焊缝或以低强度焊接材料作为缓冲层 $Z_a>1$ 的角焊缝	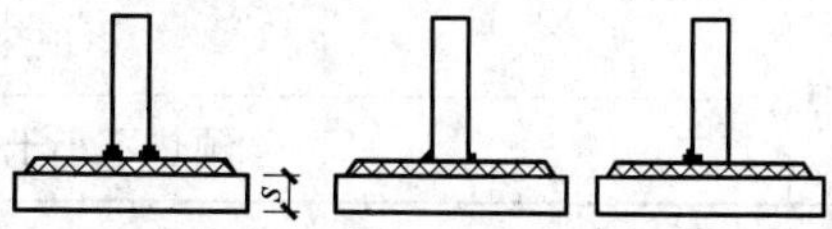 s	$Z_b=-5$

续表 1－8

2	T形接头、十字形接头与角接接头中焊缝的形式与位置	多道角焊缝	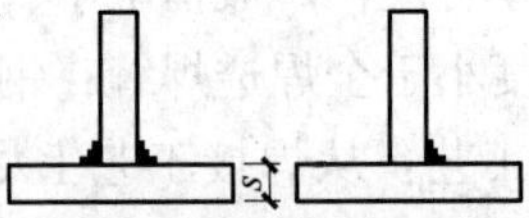 $Z_b=0$
		采取了合适焊接顺序减少焊缝收缩效应 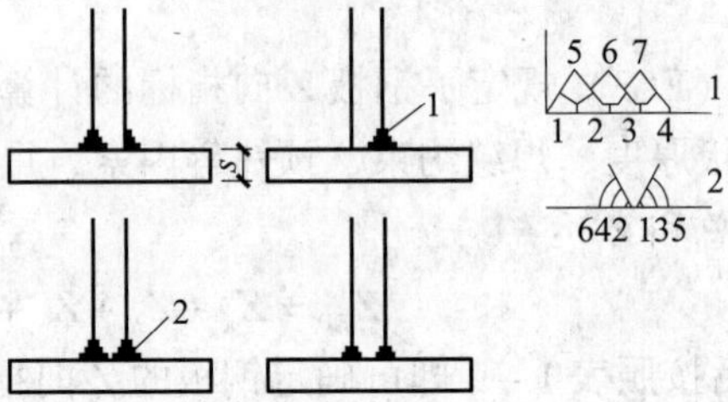 全熔透和部分熔透焊缝	$Z_b=3$
		全熔透和部分熔透焊缝	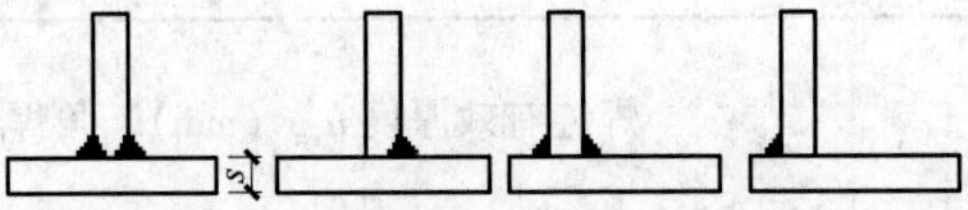 $Z_b=5$
		角接头（水平板坡口）	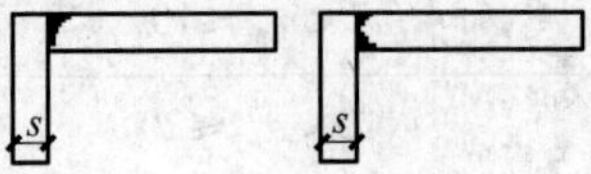 $Z_b=8$
3	约束焊缝收缩的钢板厚度（s）影响	s≤10mm	$Z_c=2$
		10mm＜s≤20mm	$Z_c=4$
		20mm＜s≤30mm	$Z_c=6$
		30mm＜s≤40mm	$Z_c=8$
		40mm＜s≤50mm	$Z_c=10$
		50mm＜s≤60mm	$Z_c=12$
		60mm＜s≤70mm	$Z_c=15$
		70mm＜s	$Z_c=15$
4	焊后部分结构的间接约束影响	低约束性：可自由收缩（如T形接头）	$Z_d=0$
		中等约束性：自由收缩受限（如箱形梁的横隔板）	$Z_d=3$
		高约束性：不可收缩（如交叉的周围焊的梁）	$Z_d=5$
5	预热影响	不预热	$Z_e=0$
		预热不小于100℃	$Z_e=-8$

注：s为板厚。

表 1－9 Z 向性能等级的选用

综合 Z 向指标 Z_{ED}	Z 向性能等级	综合 Z 向指标 Z_{ED}	Z 向性能等级
$Z_{ED} \leqslant 10$	—	$20 < Z_{ED} \leqslant 30$	Z25
$10 < Z_{ED} \leqslant 20$	Z15	$Z_{ED} \geqslant 30$	Z35

1.6 钢材标准

1.6.1 国产钢结构钢材标准

常用国产钢结构钢材标准见表 1－10。

表 1－10 常用国产钢结构钢材标准

类别	名 称
钢种	1.《碳素结构钢》GB/T 700 2.《低合金高强度结构钢》GB/T 1591 3.《耐候结构钢》GB/T 4171
板材	1.《建筑结构用钢板》GB/T 19879 2.《连续热镀锌钢板及钢带》GB/T 2518 3.《建筑用压型钢板》GB/T 12755 4.《厚度方向性能钢板》GB/T 5313 5.《彩色涂层钢板及钢带》GB/T 12754 6.《碳素结构钢冷轧薄板及钢带》GB/T 11253 7.《碳素结构钢冷轧钢带》GB 716 8.《碳素结构钢和低合金结构钢热轧钢带》GB/T 3524 9.《碳素结构钢和低合金结构钢热轧钢板和钢带》GB/T 3274 10.《热轧钢板和钢带的尺寸、外形、重量及允许偏差》GB/T 709
管材	1.《建筑结构用冷弯矩形钢管》JG/T 178 2.《结构用冷弯空心型钢》GB/T 6728 3.《直缝电焊钢管》GB/T 13793 4.《焊接钢管尺寸及单位长度重量》GB/T 21835 5.《低压流体输送用焊接钢管》GB/T 3091 6.《结构用无缝钢管》GB/T 8162 7.《无缝钢管尺寸、外形、重量及允许偏差》GB/T 17395 8.《双焊缝冷弯方形及矩形钢管》YB/T 4181

续表 1-10

类别	名　称
型材	1.《热轧 H 型钢和剖分 T 型钢》GB/T 11263 2.《结构用高频焊接薄壁 H 型钢》JG/T 137 3.《焊接 H 型钢》YB/T 3301 4.《热轧型钢》GB/T 706 5.《热轧钢棒尺寸、外形、重量及允许偏差》GB/T 702 6.《通用冷弯开口型钢》GB/T 6723 7.《冷弯型钢通用技术要求》GB/T 6725
线材与棒材	1.《预应力混凝土用钢丝》GB/T 5223 2.《预应力混凝土用钢绞线》GB/T 5224 3.《重要用途钢丝绳》GB 8918 4.《高强度低松弛预应力热镀锌钢绞线》YB/T 152 5.《桥梁缆索用热镀锌钢丝》GB/T 17101 6.《预应力筋用锚具、夹具和连接器》GB/T 14370 7.《钢拉杆》GB/T 20934
铸钢	1.《焊接结构用铸钢件》GB 7659 2.《一般工程用铸造碳钢件》GB/T 11352

1.6.2 主要国家或地区钢结构钢材标准

常用国外钢结构钢材标准见表 1-11。

表 1-11 常用国外钢结构钢材标准

类别	名　称	主要钢材牌号或级别
美国标准（ASTM）	《碳素结构钢》ASTM A36/A36M	A36（250MPa） C≤0.25%～0.29%
	《高强度低合金钢》ASTM A242/A242M	345、380（板宽≤335mm） C≤0.27%
	《高强度低合金铌钒钢》ASTM A572/A572M	共有 290（42）、345（50）、380（55）、415（60）、450（65）等牌号（级别），其板（棒）材最大厚度依次为 152、101、50、32、32（mm），强度不因厚度折减 C≤0.21%～0.26%

续表 1－11

类别	名 称	主要钢材牌号或级别
欧洲标准（EN）	《热轧结构钢》EN 10025 部分 1：交货技术条件 EN 10025：1 部分 2：非合金结构钢交货技术条件 EN 10025：2 部分 3：正火/正火轧制可焊接细晶粒钢交货技术条件 EN 10025：3 部分 4：热轧可焊接细晶粒结构钢交货技术条件 EN 10025：4 部分 5：耐候结构钢交货技术条件 EN 10025：5	共有 S235、S275、S335、S450 4 个牌号，耐候钢仅前 3 个牌号有工艺性能、碳当量保证
	《非合金和细晶粒结构钢的最终热成型管材》EN 10210	S275、S335、S460
	《非合金和细晶粒结构钢的冷成型管材》EN 10219	S275、S335、S460
日本标准（JIS）	《普通结构用轧制钢材》JIS G3101	SS400、SS490、SS540
	《焊接结构用轧制钢材》JIS G3106	SM400、SM490、SM520、SM570
	《建筑结构用轧制钢材》JIS G3136	SN400、SN490，有屈强比、碳当量及 Z 向性能保证

2 钢结构施工图纸及施工阶段验算

2.1 钢结构工程图纸分类

钢结构工程图纸按照不同的阶段和不同的用途分为以下几类：

（1）招标图纸（tender drawing）。钢结构招标图纸由业主方或业主方委托的设计单位编制，其内容包含设计总说明、结构布置图、钢结构形式、主要材料及工艺、建筑要求等内容，供设计图编制及招标使用，是承包合同的重要组成部分，具有合同效用及工程结算作用。

（2）参考图纸（for information/for reference drawing）。在业主或业主委托的设计单位正式出钢结构设计图纸之前，往往会出一些供参考的图纸，该图纸的内容深度还不够设计图纸的要求，同时还有可能变化，因此，该图纸仅供参考，目的是让施工单位提前开展施工准备工作，包括施工方案制定、材料采购、人员设备准备等。该图纸不具备合同效用。

（3）设计图纸（working/construction drawing）。钢结构工程设计图纸（含设计变更）一般由业主方或业主方委托的设计单位编制，当采用设计施工总承包方式（EPC）时，由总包方编制。其内容及深度要达到为编制施工详图提供依据的目的，包括主要构件和节点内力、构件截面和连接方式、材料及检测要求等。该图纸是保障结构安全的重要工程技术文件，需要监管部门的审查、审批手续。

（4）施工详图（construction details/shop - drawing）。钢结构施工详图一般由施工单位或其委托的设计单位编制，该图纸在实施前，应该由设计图纸编制单位确认，确保施工详图保持与设计图纸一致性。施工详图要细化到单构件图、节点大样、连接尺寸等，目的是直接为加工制作、现场安装服务。经过设计单位确认的施工详图，在合同约定中可以作为工程计量的依据。

（5）竣工图纸（as - built drawing）。钢结构竣工图纸由施工单位编制，施工单位依据施工过程中所发生的工程变更（设计变更和施工变更等），在设计图纸和施工详图的基础上，按照工程实际情况绘制，并加盖竣工图章。该图纸作为竣工验收的重要组成部分，是工程结算依据之一。在缺陷维修期、建筑结构使用寿命期内，竣工图纸是钢结构维修、改造以及事故处理的主要依据。

钢结构工程所涉及的主要图纸分类及作用见表 2 - 1。

表2-1 钢结构工程图纸分类及作用明细表

序号	图纸类别	编制单位	作用	备注
1	招标图纸 (tender drawing)	业主方或业主方委托的设计单位	投标及报价	承包合同的组成部分
2	参考图纸 (for information/for reference drawing)	业主方或业主方委托的设计单位	施工方案及施工准备	不具有合同效用
3	设计图纸 (working/construction drawing)	业主方或业主方委托的设计单位	编制施工详图	需要图纸审查通过
4	施工详图 (construction details/shop - drawing)	承包方或承包方委托的设计单位	制作和安装	需要设计认可
5	竣工图纸 (as - built drawing)	承包方或承包方委托的设计单位	工程验收、结算、维修	加盖竣工图纸章，归档

2.2 钢结构设计图纸与施工详图的区别

钢结构设计图纸与施工详图的区别见表2-2。

表2-2 设计图纸与施工详图的区别

项目	设计图纸	施工详图
效用	1. 设计的法律效用； 2. 合同效用	1. 需要设计单位确认； 2. 需要合同约定
编制单位	1. 业主或业主委托的设计单位； 2. 工程总承包单位	施工单位或其委托的设计单位
目的	1. 施工及验收依据； 2. 编制施工详图的依据	施工单位施工工艺用图
依据	1. 工艺要求； 2. 建筑及功能要求； 3. 施工方案要求	设计图纸
内容	包括总说明、结构布置、构件截面、节点连接形式等，图纸表示相对简明，图纸量较少	包括每一个构件的详图、节点大样以及安装详图，图纸表示详细，图纸数量多

2.3 钢结构设计图纸编制

2.3.1 钢结构设计制图的深度

（1）钢结构设计图是提供编制钢结构施工详图（也称钢结构加工制作详图）的单位作为深化设计的依据。所以，钢结构设计图在内容和深度方面应满足编制钢结构施工详图的要求。对设计依据、荷载资料、建筑抗震设防类别和设防标准、工程概况、材料选用和材料要求、结构布置、支撑设置、构件选型、构件截面和内力，以及结构的主要节点构造和控制尺寸等均应表示清楚，以便监管部门审查和编制施工详图的人员正确领会设计意图。

（2）设计图的编制应充分利用图形表达设计者的要求，当图形不能完全表示清楚时，可用文字加以补充说明。设计图所表示的标高、方位应与建筑专业的图纸相一致。图纸的编制应考虑各结构系统间的相互配合，编排顺序应便于阅图。

2.3.2 钢结构设计图的内容

钢结构设计图内容一般包括：图纸目录、设计总说明、构件及柱脚锚栓布置图、节点图、构件图、立（剖）面图、钢材及紧固件（高强度螺栓）数量表等。

1. 设计总说明

（1）设计依据。
（2）设计荷载资料。
（3）设计简介。
（4）材料的选用。
（5）制作安装。
（6）需要做试验的特殊说明。

2. 柱脚锚栓布置图

首先要按一定比例绘制柱网平面布置图。在该图上标注出各个钢柱柱脚锚栓的平面位置，即相对于纵横轴线的位置尺寸，并在基础剖面上标出锚栓空间位置标高，标明锚栓规格数量及埋设深度。

3. 纵、横、立面图

当房屋钢结构比较高大或平面布置比较复杂、柱网不太规则，或立面高低错落时，为表达清楚整个结构体系的全貌，宜绘制纵、横、立面图，主要表达结构的外形轮廓、相关尺寸和标高、纵横轴线编号、跨度尺寸和高度尺寸，剖面宜选择具有代表性的或需要特殊表示清楚的地方。

4. 结构布置图

结构布置图主要表达各个构件在平面中所处在的位置，并对各种构件选用的截面进行编号，如：

（1）单层厂房钢结构：

1）屋盖平面布置图：包括屋盖檩条布置图和屋盖支撑布置图，屋盖檩条布置图主要表明檩条间距和编号以及檩条之间设置的直拉条、斜拉条布置和编号。

2）屋盖支撑布置图主要表示屋盖水平支撑，纵向刚性支撑、屋面梁的隅撑等的布置及编号。

3）柱子平面布置图主要表示钢柱（或门式刚架）和山墙柱的布置及编号，其纵剖面表示柱间支撑及墙梁布置与编号，包括墙梁的直拉条和斜拉条布置与编号，柱隅撑布置与编号。横剖面重点表示山墙柱间支撑、墙梁及拉条面布置与编号。

4）吊车梁平面布置表示吊车梁及其支撑布置与编号。

（2）多高层钢结构：

1）各层平面应分别绘制结构平面布置图，若有标准层则可合并绘制，对于平面布置较为复杂的楼层，必要时可增加剖面以便表示清楚各构件关系。

2）当采用钢与混凝土的组合的混合结构或部分混合结构时，则可仅表示型钢部分及其连接，而混凝土结构部分另行出图与其配合使用（包括构件截面与编号）。

3）除主要构件外，楼梯结构系统构件上开洞、局部加强、围护结构等可根据不同内容分别编制专门的布置图及相关节点图，与主要平、立面布置图配合使用。

4）对于双向受力构件，至少应将柱子脚底的双向内力组合值及其方向填写清楚，以便于基础详图设计。

5）布置图应注明柱网的定位轴线编号、跨度和柱距，在剖面图中主要构件在有特殊连接或特殊变化处（如柱子上的牛腿或支托处，安装接头、柱梁接头或柱子变截面处），应标注标高。

6）按“建筑结构制图标准”规定的常用构件代号作为构件编号，在实际工程中，可能会有在一项目里，同样名称而不同材料的构件，为便于区分，可在构件代号前加注材料代号，但要在图纸中加以说明。

7）结构布置图中的构件，当为实腹截面或钢管时，可用单线条绘制，并明确表示构件间连接点的位置。粗实线为有编号数字的构件，细实线为有关联但非主要表示的其他构件，虚线可用来表示垂直支撑和隅撑等。

8）每张构件布置图均应列出构件表，具体见表2－3。

表2－3　构件表

编号	名称	截面（mm）	内　力		
			M（kN·m）	N（kN）	V（kN）

注：如果构件截面已确定其连接方法，细部尺寸已在图上交代清楚，内力一栏可只提供柱底板处的内力。否则均应填写，以便绘制施工详图。网架或桁架杆件较多的构件可以在图上表示杆件截面和内力。

5. 节点图

(1) 节点图在设计阶段应表示清楚各构件间的相互连接关系及其构造特点，节点上应标明在整个结构物的相关位置，即应标出轴线编号、相关尺寸、主要控制标高、构件编号或截面规格、节点板厚度及加劲肋做法。构件与节点板采用焊接连接时，应标明焊脚尺寸及焊缝符号。构件采用螺栓连接时，应标明螺栓类型、直径、数量。设计阶段的节点详图具体构造做法必须交代清楚。

(2) 结构连接构造复杂处、主要构件连接处、不同结构材料连接处、需要特殊交代清楚的部位应绘制节点图。

6. 构件图

(1) 平面桁架和立体桁架、格构式构件以及截面较为复杂的组合构件等需要绘制构件图，门式钢刚架由于采用变截面，故也要绘制构件图，通过构件图表达构件外形及其几何尺寸，以方便绘制施工详图。

(2) 平面或立体桁架构件图，一般杆件均可用单线绘制，但弦杆必须注明重心距，其几何尺寸应以重心线为准。

(3) 当桁架构件图为轴对称时，可分为左侧标注杆件截面大小，右侧标注杆件内力。

(4) 当桁架构件图为不对称时，则杆件上方标注杆件截面大小，下方标注杆件内力。

(5) 柱子构件图一般应按其外形整根竖放绘制，在支承吊车梁肢和支承屋架肢上用双线，腹杆用单实线绘制，并绘制各截面变化处的剖面，注明相应的规格尺寸，柱段控制标高和轴线编号的相关尺寸。

(6) 门式刚架构件图可利用对称性绘制，主要标注其变截面柱和变截面斜梁的外形和几何尺寸，定位轴线和标高，以及柱截面与定位轴线的相关尺寸等。

2.4 钢结构施工详图编制

2.4.1 施工详图设计的深度及设计流程

(1) 钢结构施工详图的深度要遵照钢结构设计规范对构件的构造予以完善，通过设计图提供的内力进行焊缝计算或螺栓连接计算，以便确定杆件长度和连接板尺寸。按便于施工的原则，并考虑运输和安装的能力确定构件的分段。

(2) 通过制图将构件的整体形象，构件中各零件的加工尺寸和要求，零件间的连接方法等详尽地介绍给构件制作人员。将构件所处的平面和立面位置，以及构件之间、构件与外部其他构件之间的连接方法等详尽地介绍给构件的安装人员。

(3) 绘制钢结构施工详图的人员必须对钢结构加工制作、生产程序和安装方法有所了解，才能使绘制的施工详图实用。

(4) 绘制钢结构施工详图关键在于“详”。图纸是直接下料的依据，故尺寸标注要详细准确。图纸表达要“意图明确”“语言精练”，要争取“最少的图形，最清楚地表达设计意图”，以减少绘制图纸工作量，达到提高设计人员劳动效率的目的。

施工详图设计的工作流程如图 2－1 所示。

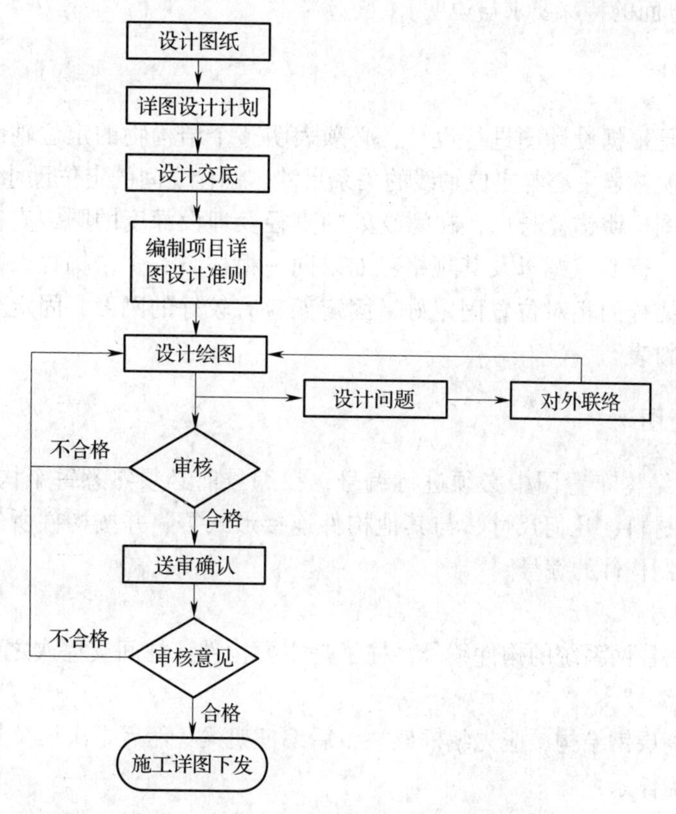

图 2－1 施工详图设计一般流程图

2.4.2 钢结构施工详图的绘制

钢结构施工详图的图纸内容包括：图纸目录、总说明、锚栓布置图、构件布置图、安装节点图、构件详图。

1. 总说明

包括但不限于以下内容：

（1）设计依据。

（2）工程概况。

（3）结构选用钢材的材质和牌号要求。

（4）焊接材料的材质和牌号要求，或螺栓连接的性能等级和精度类别要求。

（5）结构构件在加工制作过程的技术要求和注意事项。

（6）结构安装过程中的技术要求和注意事项。

(7) 对构件质量检验的手段、等级要求，以及检验的依据。

(8) 构件的分段要求及注意事项。

(9) 钢结构的除锈和防腐以及防火要求。

(10) 其他方面的特殊要求与说明。

2. 锚栓布置图

锚栓布置图是根据设计图进行设计，必须表明整个结构物的定位轴线和标高。在施工详图中必须表明锚栓中心与定位轴线的关系尺寸、锚栓之间的定位尺寸。

绘制锚栓详图标明锚栓长度，在螺纹处的直径及埋设深度的圆钢直径、埋设深度以及锚固弯勾长度，标明双螺母及其规格，如果同一根柱脚有多个锚栓，则在锚栓之间应设置固定架，把锚栓的相对位置固定好，固定架应有较好的刚度，固定架标明其标高位置，然后列出材料表。

3. 结构布置图

(1) 构件在结构布置图中必须进行编号，在编号前必须熟悉每个构件的结构形式、构造情况、所用材料、几何尺寸、与其他构件连接形式等，并按构件所处地位的重要程度分类，依次绘制构件的编号。

(2) 构件编号：

1) 对于厂房柱网系统的构件编号，柱子是主要构件，柱间支撑次之，故应先编柱子编号，后编支撑编号。

2) 对于多高层钢结构，应先编框架柱，后编框架梁，然后是次梁及其他构件。

3) 对于屋盖体系：

先下弦平面图，后上弦平面图。依次对屋架、托架、垂直支撑、系杆和水平支撑进行编号，后编檩条及拉条编号。

(3) 构件表：在结构布置图中必须列出构件表，构件表中要标明构件编号、构件名称、构件截面、构件数量、构件单重和总重。

4. 安装节点图

(1) 安装节点包含的内容：

1) 安装节点图是用以表明各构件间相互连接情况，构件与外部构件的连接形式、连接方法、控制尺寸和有关标高。

2) 对屋盖还强调上弦和下弦水平支撑就位后角钢的肢尖朝向。

3) 构件的现场或工厂的拼接节点。

4) 构件上的开孔（洞）及局部加强的构造处理。

5) 构件上加劲肋的做法。

6) 抗剪键等布置与连接构造。

(2) 绘制安装节点比例，一般采用1∶10，要注明安装及构造要求的有关尺寸及有关标高。

（3）安装节点圈定方法与绘制要求：

1）选比较复杂结构的安装节点，以便提供安装时使用。

2）与不同结构材料连接的节点。

3）与相邻结构系统连接比较复杂的节点。

4）构件在安装时的拼接接头。

5. 构件详图绘制

（1）图形排版。

1）构件详图应依据布置图的构件编号按类别顺序绘制，构件主投影面的位置应与布置图一致。构件主投影面应标注加工尺寸线、装配尺寸线和安装尺寸线三道尺寸明显分开标注。

2）较长且复杂的格构式柱，若因图幅不能垂直绘制，可以横放绘制，一般柱脚应置于图纸右侧。

3）大型格构式构件在绘制详图时应在图纸的左上角绘制单线几何图形，表明其几何尺寸及杆件内力值，一般构件可直接绘制详图。

（2）零件编号。

1）对多图形的图面，应按从左至右，自上而下的顺序编零件号。

2）先对主材编号，后其他零件编号。

3）先型材，后板材，先大后小，先厚后薄。

4）若两根构件相反，只给正的构件零件编号。

5）对称关系的零件应编为同一零件号。

6）当一根构件分画于两张图上时，应视作同一张图纸进行编号。

（3）杆件的长度、节点板的尺寸以及其装配尺寸等由放大样确定：

1）选择适当比例将构件几何图形缩小绘制在放样纸上。

2）选择较大比例将杆件截面外形绘制在几何图形样纸上。

3）计算连接焊缝长度（或螺栓连接）确定焊缝长度，根据计算结果加10mm。

4）确定杆件之间距离。

5）决定杆件端部界线，决定杆件长度。

6）放焊缝长度（角钢背和尖二处各自定长度）。

7）决定节点板外形尺寸：①外形必须包络焊缝长度在内；②一般节点板两边相互平行；③单杆件连接时，节点板可以切斜角；④板边与杆件平行处距离不小于10～15mm。

8）决定节点板厚度。厚度一般按受力计算确定。

（4）材料表是构件详图一张图纸上构件所用全部材料的汇总表格，其内容见材料表，具体包括：

1）构件编号：如编号较长，可转90°填写。

2）零件编号：按该构件详图上零件号顺序填写。

3）截面尺寸：零件尺寸为加工后的尺寸，弯曲零件的长度按重心线计算。

4）零件数量：此栏包括正、反两种，若两个零件的界面、长度都相同，但经加工后视轴对称现象，以其中一个为正，则另一个为反。

5）零件相同：各构件编号可能有共同的零件号，可将相同与其他构件编号的零件号集中写于该构件材料栏内的第一行，不写规格只写编号及其重量之和，然后再依次填写其他零件号。

6）重量计算：

- 单重：指一个零件的重量，一般计算至0.1kg；
- 共计：指多个相同零件的重量，一般计算至0.1kg；
- 合计：指一根构件中多个零件重量的总和，计算至1.0kg。

2.4.3 常用施工详图设计软件

钢结构施工详图设计软件有很多，市场上运用于钢结构施工详图设计的主要软件有：AutoCAD、Takla Structures、StruCad、PKPM（STXT）、ProSteel 3D 及 3D3S、YJCAD 系列软件等，其中 AutoCAD 及 Takla Structures 软件是目前应用最为广泛的钢结构施工详图设计软件，具体可见表2-4。

表2-4 常用钢结构施工详图设计软件及其适用工程

序号	详图设计软件	特点	适用工程类别
1	AutoCAD	Autodesk 具有完善的图形绘制功能。强大的图形编辑功能，可以采用多种方式进行二次开发或用户定制以适应不同需求。可进行多种图形格式的转换，具有较强的数据交换能力	工业厂房；普通高层；化工厂房，锅炉；倾斜或曲面高层；单曲或双曲管桁空间结构；桥梁（箱梁式、桁架式）
2	Takla Structures（x-steel）	Tekla 为钢结构3D实体模型专业软件，可自动产生2D加工详图和BOM数据；提供完整的2D图面编修功能及构件碰撞校核功能，可提高工作效率，减少人为错误及检查时间；提供多种节点的建立及使用；可转出1∶1的DXF图档，配合自动排版及切割使用	大型多高层建筑物、民用建筑；单层或多层工业厂房；化工厂房，锅炉
3	PKPM（STXT）	STXT 三维建模详图软件，部分功能沿袭 PKPM 的操作习惯，节点库相比其他详图软件更实用、更本土化；施工详图均可由三维模型自动生成；可生成用于数控机床加工的数据文件。详图软件 STXT 可以单独使用，也可与 PKPM 结构设计软件配合使用	单层或多层工业厂房；多高层建筑，民用建筑

续表2-4

序号	详图设计软件	特　点	适用工程类别
4	StruCad	AceCad三维钢结构详图设计软件，它包括CAD、CAM、CAE等一系列模块，能满足钢结构工程建设中从设计到施工制造全过程，可以随时通过漫游环境从任意角度查看模型的整体和细部情况	单层或多层工业厂房；普通高层；化工厂房，锅炉
5	3D3S	3D3S软件可提供四个系统：3D3S钢与空间结构设计系统、3D3S钢结构实体建造及绘图系统、3D3S钢与空间结构非线性计算与分析系统、3D3S辅助结构设计及绘图系统	倾斜或曲面高层；单曲管桁空间结构；双曲管桁空间结构
6	ProSteel 3D	属于三维钢结构建模、详图和生产控制的软件系统。可方便建立钢结构三维模型，自动提取布置图和构件详图，提供圆管展开图及绘制交线与圆管的展开图，并生成汇总材料表。软件提供数据接口连接结构计算软件、数控机床、钢结构生产计划管理软件	多高层建筑，民用建筑，大型体育场馆，工业建筑，桥梁，近海工程
7	YJCAD系列软件	钢结构设计CAD软件，包括门式刚架轻型房屋设计CAD软件（PS2000）、钢结构设计CAD软件（SS2000）、网格结构设计CAD软件（YJCAD-WJ）、钢构件排料软件等，专业实现从建模、计算到详图输出、材料统计、自动排料等一系列功能	单层或多层工业厂房；多高层钢结构；一般钢结构；网架结构等

2.5 钢结构工程计量方法

2.5.1 一般规定

（1）适用于工程招投标阶段报价，以及工程结算时钢结构工程量的计算和确认。

（2）钢结构工程量分“设计数量”和“工程数量”两类，“设计数量”是根据设计文件所表示的数目、尺寸求得的图纸数量；“工程数量”是包括供货尺寸带来的损耗和施工上必然发生的损耗的数量。

（3）采用的计量单位及数字保留原则如下：

1）长度、面积、体积以及质量分别采用m、m^2、m^3和t。

2）尾数按四舍五入取舍。

3）尺寸保留两位小数。

2.5.2 钢结构构件分类

1. 柱

（1）钢结构柱指由柱底板底部开始至顶部，由工厂制作完成的部分。其各分段以及分段中的梁柱连接按设计文件执行。

（2）各分段柱的最下部柱称为第一节柱，其上部柱依次称为第二节柱、…、第 n 节柱。

（3）各分段的柱与柱连接材料原则上归于后一节柱。

（4）梁间柱长度原则上取梁间净距，与梁连接节点按设计文件执行，连接材料归于梁间柱。

2. 梁

（1）钢结构梁指与柱或与梁连接的横向构件，包括悬臂梁等构件。梁的分段按设计文件执行。

（2）梁与柱或梁与梁（主梁与次梁）的连接材料分别归于梁或次梁。

3. 支撑

（1）钢结构支撑指垂直支撑、水平支撑等支撑构件。与梁或柱的连接按设计文件执行。

（2）支撑与柱或梁的连接材料原则上归于支撑部分。

4. 楼梯

（1）钢结构楼梯指楼梯板、楼梯梁以及楼梯平台。

（2）与其他构件连接的材料归于楼梯部分。

5. 其他

除上述构件的其他钢构件、金属件包括临时金属件。

2.5.3 设计数量计算原则

1. 钢材设计数量

（1）型钢：角钢、槽钢、H 型钢、扁钢等型钢按规格、形状、尺寸分类，算出设计长度后乘以其产品标准规定的单位质量为设计数量。

（2）钢板：钢板数量按规格、厚度分类，根据设计尺寸算出面积（或体积）后乘以其产品标准规定的单位质量为设计数量。

2. 紧固件（螺栓）设计数量（包括栓钉）

（1）紧固件（螺栓）、栓钉等设计数量根据设计文件按规格、形状、尺寸分类确定个数（套数）或换算其质量（个数乘以单位质量）为设计数量。

（2）高强度螺栓连接副根据设计文件按规格分类确定套数；大六角头高强度螺栓连接副由1个螺栓、1个螺母和2个垫圈组成，扭剪型高强度螺栓连接副由1个螺栓、1个螺母和1个垫圈组成。

3. 焊接设计数量

焊接分为工厂焊接与现场焊接两种，其焊接设计数量是根据设计文件所要求的焊缝尺寸计算熔敷金属量来确定。

4. 多边形节点板

节点钢板原则上按设计尺寸来计算其面积。对于不规则或多边形钢板可取其外接矩形面积来计算（见图2－2）。

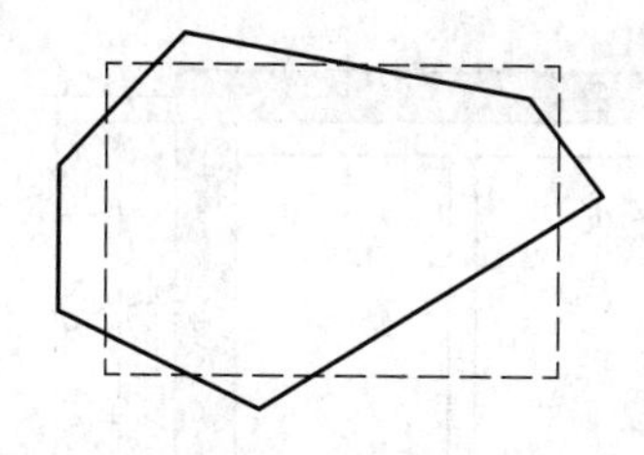

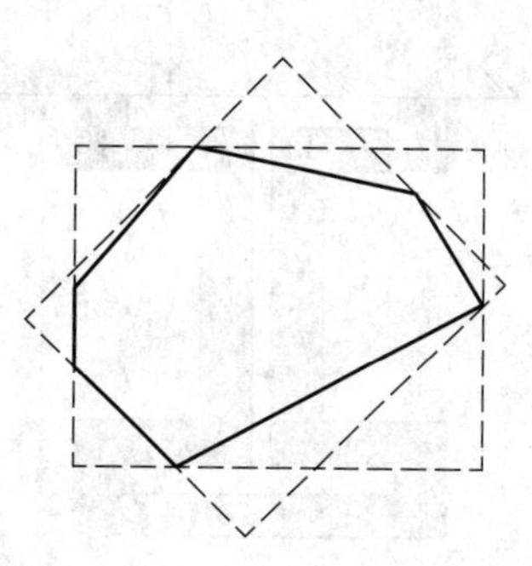

图2－2　复杂形状钢板面积计算示意

5. 孔洞

对螺栓孔、坡口、扇形切角以及梁柱连接间隙等原则上不予扣除，开孔面积小于 $0.1m^2$ 的设备管道开口（孔）也不予扣除。

2.5.4　工程数量计算原则

（1）钢结构工程数量为设计数量乘以下列调整系数：型钢、钢管、扁钢，为1.05；钢带（宽度不小于150mm）、钢板（切割板），为1.06；焊缝，为1.04；螺栓类，为1.04；地脚螺栓，为1.01；压型钢板，为1.05。

（2）复杂结构调整系数由合同双方根据实际情况协商确定。

2.5.5 防腐涂料涂装

(1) 防锈涂装按钢材表面除锈处理方法和所选涂料种类分别计算。

(2) 防锈涂装数量原则上取钢结构构件表面积。螺栓、构件切口、重叠部位及开孔面积小于 $0.1m^2$ 不予扣除。

(3) 防锈涂装数量也可采用类似工程统计或经验系数的简易算法。

2.5.6 防火涂料涂装

(1) 防火涂装按防火涂料种类、材质、形状、尺寸、工法、耐火极限、构件部位等分别计算。

(2) 厚涂层防火涂料数量原则上按设计文件要求的涂层厚度中心线计算其面积(见图2-3)。

(3) 构件连接部位、设备孔补强等引起的缺损量不大于 $0.5m^2$ 时，原则上不予扣除。

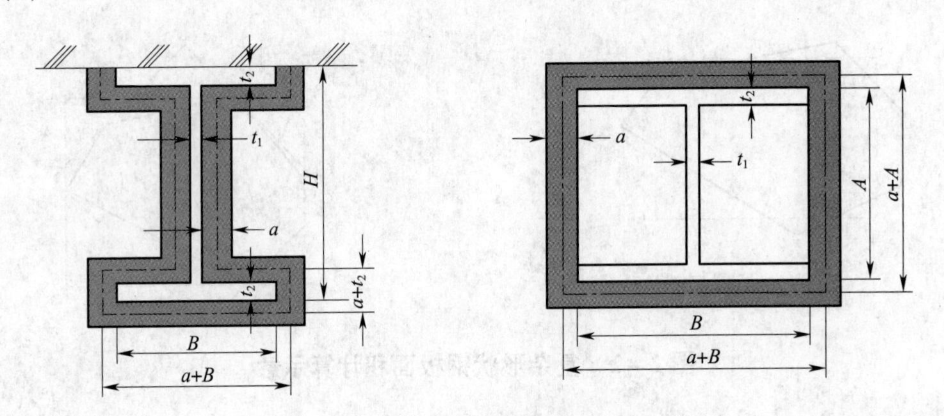

图2-3 厚涂层防火涂料面积计算示意

2.6 施工阶段验算

2.6.1 施工阶段验算的内容和原则

钢结构与混凝土结构在施工方面有很大的不同，主要体现在现场安装方面，钢结构安装方法很多，有单构件吊装、高空拼装、地面拼装整体吊装、分块累计滑移等，不同结构不同现场条件要选择适宜的安装方法，这就意味着在施工阶段结构本身存在着很多施工工况。因此，钢结构工程施工的一个重要环节就是要进行施工阶段的验算，钢结构工程施工阶段验算原则上由施工单位负责，或施工单位委托设计单位进行，施工验算内容一般包括以下几方面：

（1）在施工工况下的结构分析和验算。

（2）结构预变形分析和验算。

（3）吊装系统验算。

（4）临时支撑体系验算。

（5）其他特殊情况施工验算。

施工阶段验算应符合设计文件、现行国家标准《钢结构设计标准》GB 50017 和其他现行有关标准的规定。施工阶段的结构内力一般应进行弹性分析，验算应力限值原则上应在设计文件中进行规定，且构件验算应力最大值应控制在限值以内。

2.6.2 施工阶段验算荷载取值

施工阶段的荷载应符合下列规定：

（1）恒载包括结构自重、预应力等，其标准值按实际计算。

（2）施工活荷载包括施工堆载、操作人员和小型工具重量等，其标准值可按实际计算。

（3）风荷载可按工程所在地和实际施工情况，按不小于 10 年一遇风荷载取值。风荷载的取值及计算方法可按现行国家标准《建筑结构荷载规范》GB 50009 中的规定执行；对施工期内可能出现的极端风速应考虑应急预案，确保结构安全。

（4）雪荷载可按现行国家标准《建筑结构荷载规范》GB 50009 中的规定取值及计算。

（5）覆冰荷载宜按现行国家标准《高耸结构设计规范》GB 50135 中的规定取值及计算。

（6）起重设备和其他设备荷载标准值按设备生产厂家产品说明书的规定取值。

（7）温度作用宜按当地气象资料所提供的温差变化计算；结构由日照引起向阳面和背阳面的温差宜按现行国家标准《高耸结构设计规范》GB 50135 取值。

（8）其他荷载和作用可根据工程的具体情况确定。

2.6.3 施工阶段结构分析

当钢结构工程施工方法或顺序（施工工况）对主体结构的内力和变形产生较大影响时，或设计文件有特殊要求时，应进行施工阶段结构分析，并对施工阶段结构的强度、稳定性和刚度进行验算，其验算结果应经设计单位确认。

施工阶段结构分析应遵循以下规定：

（1）施工阶段分析的荷载效应组合和荷载分项系数取值应符合现行国家标准《建筑结构荷载规范》GB 50009 和相关国家标准的规定。

（2）施工阶段分析结构重要性系数不应小于 0.9，对于重要的临时措施其重要性系数不应小于 1.0。

（3）施工阶段的结构分析模型、荷载作用和基本假定应与实际施工工况相符。当施工单位进行施工阶段分析时，结构计算基本模型一般由原设计单位提供，保持与设计模型在结构属性上一致性；因施工阶段结构是一个时变结构系统，计算模型应包括各施工阶段主体结构与临时结构。

（4）施工阶段的临时支撑结构和措施（包括安全措施）应按施工工况的荷载作用，对构件进行强度、稳定性和刚度验算，对连接节点进行强度和稳定验算。当临时支撑结构（措施）作为吊装设备承载结构时（如滑移轨道、提升牛腿等），应进行专项设计；当临时支撑结构（措施）对结构产生较大影响时，应提交原设计单位确认。

（5）对吊装状态的钢构件或结构单元，应进行强度、稳定性和变形验算，并考虑动力系数。

（6）结构合龙、临时支撑结构的拆除顺序和步骤（卸载）应通过分析和计算确定，并编制专项施工方案实施，对重要的结构或柔性结构可进行拆撑过程的内力和变形监测。

（7）预应力结构、索结构中的索安装和张拉顺序应通过分析和计算确定，并编制专项施工方案，计算结果应经设计单位确认。

（8）移动式吊装设备（移动式塔式起重机、履带式起重机、汽车起重机、滑移驱动设备等）的支承地面或楼面，应进行承载力和变形验算。当支承地面处于边坡时，应进行边坡稳定验算。

3 钢结构焊接工程

3.1 焊接与焊接难度分类

3.1.1 焊接方法

金属的焊接方法多种多样，主要分熔焊、压焊、钎焊三大类（见图3－1）。钢结构焊接方法以熔焊为主，熔焊是以高温热源集中加热于连接处，并使之局部熔化，冷却后形成牢固连接的过程。

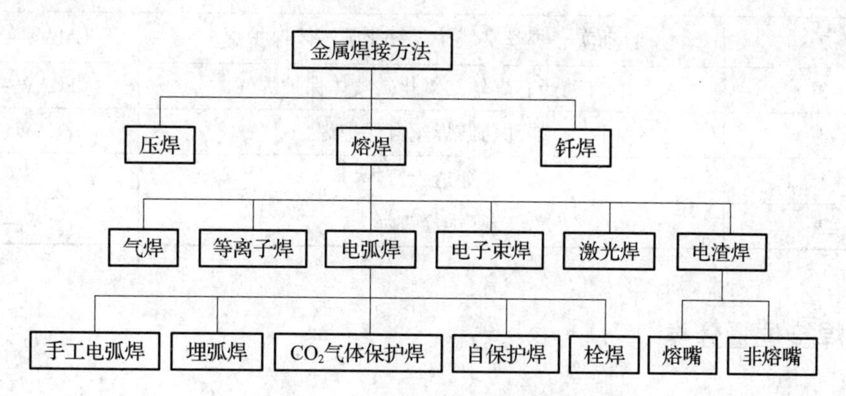

图3－1　焊接方法分类示意

根据热能源的不同，将熔焊方法分为：电弧焊、电渣焊、气焊、等离子焊、电子束焊、激光焊等。其中电弧焊是钢结构工程中最常用的焊接方法，在有些特殊场合，如箱形截面内隔板使用电渣焊。

在电弧焊中，根据溶化电极、保护条件及焊接过程的自动化程度等分为：药皮焊条手工电弧焊、自动埋弧焊、（自动与半自动）CO_2气体保护焊、自保护焊、栓焊等。

钢结构焊接方法及其代号详细分类见表3－1。

表3－1　焊接方法分类

焊接方法类别号	焊 接 方 法	代号
1	焊条电弧焊	SMAW
2－1	半自动实心焊丝二氧化碳气体保护焊	GMAW－CO_2
2－2	半自动实心焊丝富氩＋二氧化碳气体保护焊	GMAW－Ar

续表 3－1

焊接方法类别号	焊 接 方 法	代号
2－3	半自动药芯焊丝二氧化碳气体保护焊	FCAW－G
3	半自动药芯焊丝自保护焊	FCAW－SS
4	非熔化极气体保护焊	GTAW
5－1	单丝自动埋弧焊	SAW－S
5－2	多丝自动埋弧焊	SAW－M
6－1	熔嘴电渣焊	ESW－N
6－2	丝极电渣焊	ESW－W
6－3	板极电渣焊	ESW－P
7－1	单丝气电立焊	EGW－S
7－2	多丝气电立焊	EGW－M
8－1	自动实心焊丝二氧化碳气体保护焊	GMAW－CO_2 A
8－2	自动实心焊丝富氩＋二氧化碳气体保护焊	GMAW－Ar A
8－3	自动药芯焊丝二氧化碳气体保护焊	FCAW－GA
8－4	自动药芯焊丝自保护焊	FCAW－SA
9－1	非穿透栓钉焊	SW
9－2	穿透栓钉焊	SW－P

3.1.2 焊接位置分类

（1）板材对接焊接位置见图 3－2。

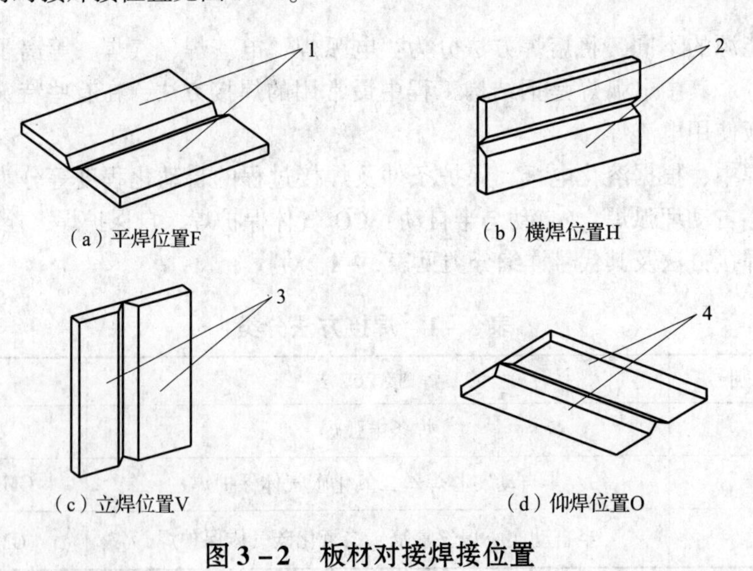

图 3－2 板材对接焊接位置

（2）板材角接焊接位置见图 3－3。

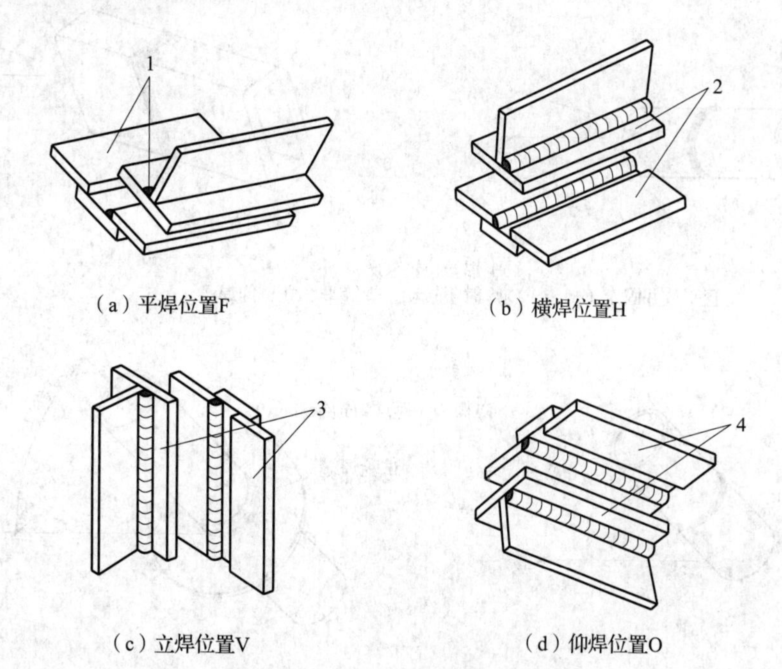

（a）平焊位置F （b）横焊位置H

（c）立焊位置V （d）仰焊位置O

图 3－3 板材角接焊接位置

（3）管材连接焊接位置见图 3－4。

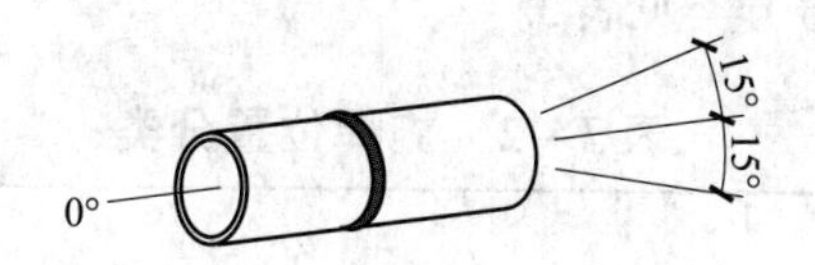

（a）焊接位置1G（转动）
管平放（±15°）焊接时转动，在顶部及附近平焊

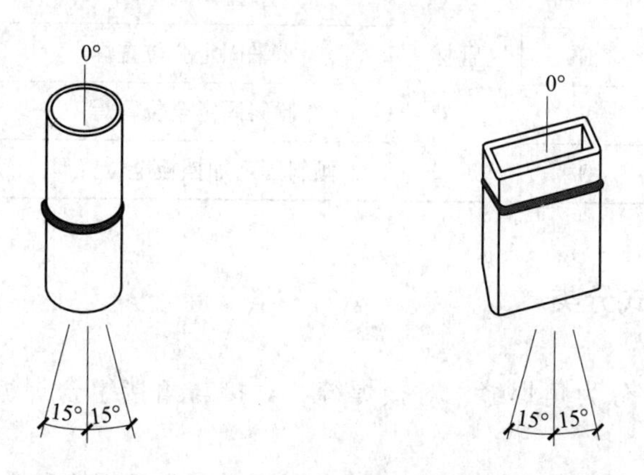

（b）焊接位置2G
管竖立（±15°）焊接时不转动，焊缝横焊

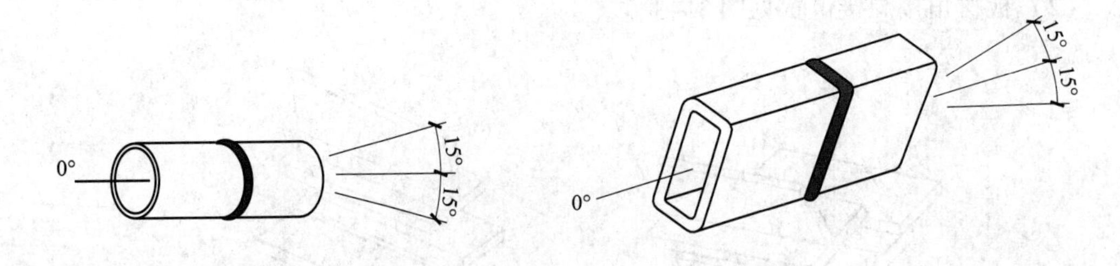

（c）焊接位置5G
管平放并固定（±15°）施焊时不转动，焊缝平、立、仰焊

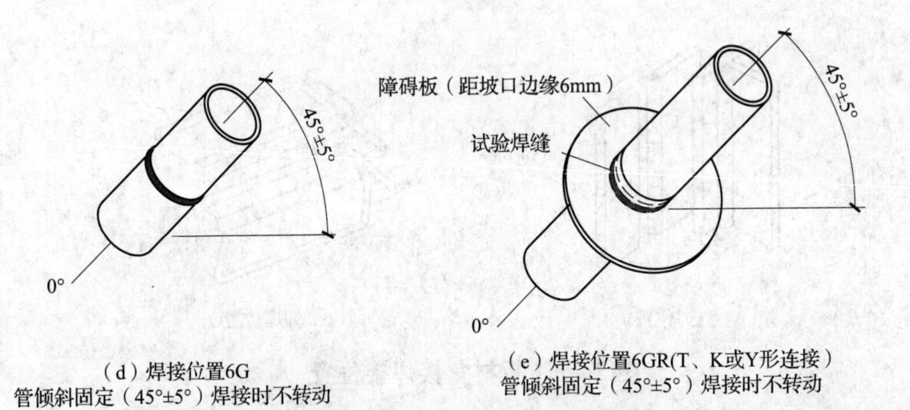

（d）焊接位置6G
管倾斜固定（45°±5°）焊接时不转动

（e）焊接位置6GR(T、K或Y形连接）
管倾斜固定（45°±5°）焊接时不转动

图 3－4　管材连接焊接位置

（4）焊接位置及其代号分类见表 3－2。

表 3－2　施焊位置分类

<table>
<tr><td colspan="2" rowspan="2">焊接位置</td><td rowspan="2">代号</td><td colspan="2">焊 接 位 置</td><td>代号</td></tr>
<tr><td rowspan="6">管材</td><td>水平转动平焊</td><td>1G</td></tr>
<tr><td rowspan="4">板材</td><td>平</td><td>F</td><td>竖立固定横焊</td><td>2G</td></tr>
<tr><td>横</td><td>H</td><td>水平固定全位置焊</td><td>5G</td></tr>
<tr><td>立</td><td>V</td><td>倾斜固定全位置焊</td><td>6G</td></tr>
<tr><td>仰</td><td>O</td><td>倾斜固定加挡板全位置焊</td><td>6GR</td></tr>
</table>

3.1.3　焊缝的形式分类

焊缝按照形式可分为角焊缝、对接焊缝、对接与角接组合焊缝、球管相贯焊缝等(见图 3－5)。

角焊缝分为直角焊缝和斜角焊缝，斜角焊缝又分为钝角焊缝和锐角焊缝。

对接焊缝及对接与角接组合焊缝分为全熔透焊缝和部分熔透焊缝。

管相贯焊缝分为 T、K、Y 及 X 形节点焊缝。

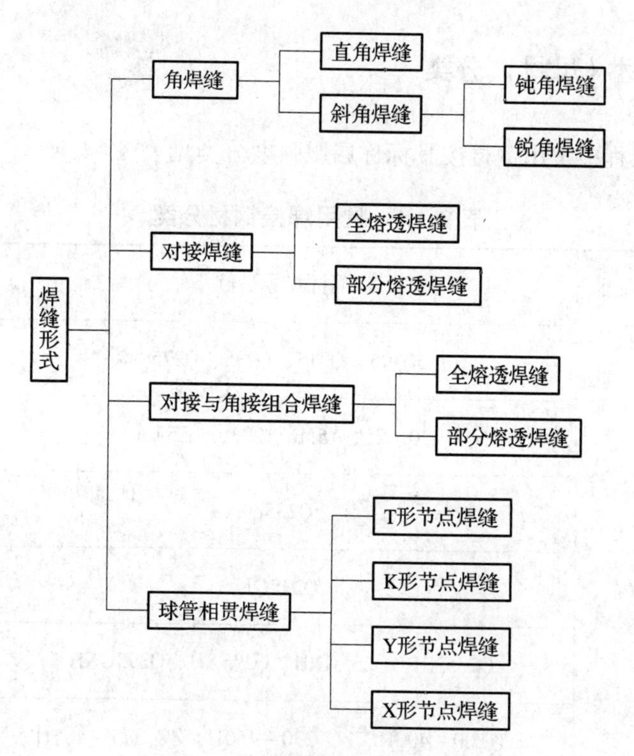

图 3-5 焊缝形式分类示意

3.1.4 焊接难度分类

钢结构工程焊接难度可按表 3-3 分为 A、B、C、D 四个等级。

表 3-3 钢结构工程焊接难度等级

影响因素[a] 焊接难度等级	板厚 t (mm)	钢材分类[b]	受力状态	钢材碳当量 CEV（%）
A（易）	$t \leqslant 30$	Ⅰ	一般静载拉、压	CEV≤0.38
B（一般）	$30 < t \leqslant 60$	Ⅱ	静载且板厚方向受拉或间接动载	0.38<CEV≤0.45
C（较难）	$60 < t \leqslant 100$	Ⅲ	直接动载、抗震设防烈度等于 7 度	0.45<CEV≤0.50
D（难）	$t > 100$	Ⅳ	直接动载、抗震设防烈度大于或等于 8 度	CEV>0.50

注：a. 根据表中影响因素所处最难等级确定整体焊接难度。
b. 钢材分类参见表 3-4。

3.1.5 焊接钢材（母材）分类

钢结构焊接工程中常用钢材按其标称屈服强度分类见表3－4。

表3－4 常用焊接钢材分类

类别号	标称屈服强度	钢材牌号举例	对应标准号
Ⅰ	≤295MPa	Q195、Q215、Q235、Q275	GB/T 700
		20、25、15Mn、20Mn、25Mn	GB/T 699
		Q235q	GB/T 714
		Q235GJ	GB/T 19879
		Q235NH、Q265GNH、Q295NH、Q295GNH	GB/T 4171
		ZG 200－400H、ZG 230－450H、ZG 275－485H	GB/T 7659
		G17Mn5QT、G20Mn5N、G20Mn5QT	CECS 235
Ⅱ	＞295MPa 且≤370MPa	Q345	GB/T 1591
		Q345q、Q370q	GB/T 714
		Q345GJ	GB/T 19879
		Q310GNH、Q355NH、Q355GNH	GB/T 4171
Ⅲ	＞370MPa 且≤420MPa	Q390、Q420	GB/T 1591
		Q390GJ、Q420GJ	GB/T 19879
		Q420q	GB/T 714
		Q415NH	GB/T 4171
Ⅳ	＞420MPa	Q460、Q500、Q550、Q620、Q690	GB/T 1591
		Q460GJ	GB/T 19879
		Q460NH、Q500NH、Q550NH	GB/T 4171

3.2 焊接材料的选用

3.2.1 焊接材料与母材匹配原则

焊接材料牌号的选择，主要是考虑使焊缝金属的强度和韧性与母材金属相匹配，同时要考虑到低合金高强度钢对冷裂纹的敏感性，主要匹配原则如下：

（1）首先是强度的匹配，焊接材料的机械性能应与母材的机械性能相当，即焊缝熔敷金属的抗拉强度、屈服强度、伸长率、冷弯性能、冲击韧性等应不低于母材。

（2）焊缝金属应具有良好的塑性、韧性和抗裂性，为此，焊缝金属的实际强度不宜过多地高于母材的实际强度，以屈服强度为例，不高于50MPa为宜。

（3）母材为低合金高强度钢或镇静钢时，宜选用低氢型焊材。

（4）碳素钢厚板焊接的重要结构中宜选用低氢型焊材。

3.2.2 不同钢种母材焊接材料选用原则

工程中经常出现不同钢种的母材需要进行焊接连接时，焊接材料的选用首先应遵循设计要求，也就是说由设计来确定焊接材料的匹配。当设计没有提出要求时，应遵循下列原则：

（1）不同强度等级钢材连接时，可采用与低强度等级相匹配的焊接材料。

（2）钢材与钢铸件连接时，可采用与钢材相匹配的焊接材料。

（3）可根据相应焊接工艺评定结果，选用相应的焊接材料。

3.2.3 常用钢材的焊接材料选用

常用碳素结构钢、低合金高强度结构钢、建筑用钢板、桥梁结构钢、耐候钢及铸钢材等焊接材料选用参见表3-5。

3.3 焊接工艺评定

由于钢结构焊接节点或焊接接头不可能进行现场实物取样送样检验，为保证工程焊接质量，须在钢结构制作和安装阶段前，对焊接材料及焊接参数，尤其是热输入、预热温度及后热温度等进行确定，这个过程是通过焊接工艺试验来实现的，通过试验合格的工艺称为评定合格的工艺，只有评定合格的工艺才能在实际工程中使用。通常把这个评定过程称为焊接工艺评定（见图3-6），国际上统称WPS（Welding Procedure Specifation）。

表 3-5 常用钢材焊接材料选用推荐表

母材					焊接材料			
碳素结构钢（GB/T 700）和低合金高强度结构钢（GB/T 1591）	建筑结构用钢板（GB/T 19879）	GB/T 714 标准钢材	耐候结构钢（GB/T 4171）	GB/T 7659 标准钢材	焊条电弧焊 SMAW	实心焊丝气体保护焊 GMAW	药芯焊丝气体保护焊 FCAW	埋弧焊 SAW
Q215	—	—	—	ZG200-400H ZG230-450H	GB/T 5117： E43XX	GB/T 8110： ER49-X	GB/T 10045： E43XTX-X GB/T 17493： E43XTX-X	GB/T 5293： F4XX-H08A
Q235 Q275	Q235GJ	Q235q	Q235NH Q265GNH Q295NH Q295GNH	ZG275-485H	GB/T 5117： E43XX E50XX GB/T 5118： E50XX-X	GB/T 8110： ER49-X ER50-X	GB/T 10045： E43XTX-X E50XTX-X GB/T 17493： E43XTX-X E49XTX-X	GB/T 5293： F4XX-H08A GB/T 12470： F48XX-H08MnA
Q345 Q390	Q345GJ Q390GJ	Q345q Q370q	Q310GNH Q355NH Q355GNH	—	GB/T 5117： E50XX GB/T 5118： E5015、16-X E5515、16-X[a]	GB/T 8110： ER50-X ER55-X	GB/T 10045： E50XTX-X GB/T 17493： E50XTX-X	GB/T 5293： F5XX-H08MnA F5XX-H10Mn2 GB/T 12470： F48XX-H08MnA F48XX-H10Mn2 F48XX-H10Mn2A

续表3-5

母材					焊接材料			
碳素结构钢（GB/T 700）和低合金高强度结构钢（GB/T 1591）	建筑结构用钢板（GB/T 19879）	GB/T 714 标准钢材	耐候结构钢（GB/T 4171）	GB/T 7659 标准钢材	焊条电弧焊 SMAW	实心焊丝气体保护焊 GMAW	药芯焊丝气体保护焊 FCAW	埋弧焊 SAW
Q420	Q420GJ	Q420q	Q415NH	—	GB/T 5118：E5515、16-X E6015、16-X[b]	GB/T 8110 ER55-X ER62-X[b]	GB/T 17493：E55XTX-X	GB/T 12470：F55XX-H10Mn2A F55XX-H08MnMoA
Q460	Q460GJ	—	Q460NH	—	GB/T 5118：E5515、16-X E6015、16-X	GB/T 8110 ER55-X	GB/T 17493：E55XTX-X E60XTX-X	GB/T 12470：F55XX-H08MnMoA F55XX-H08Mn2MoVA

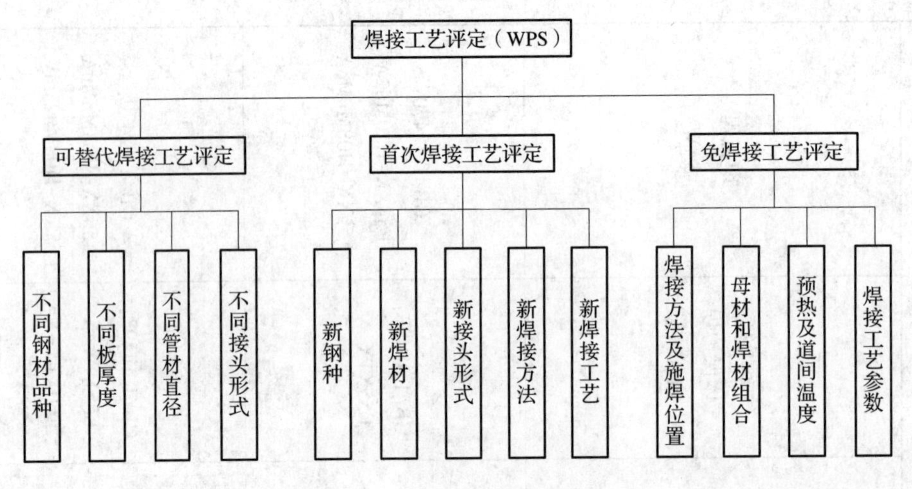

图 3-6 焊接工艺评定示意

3.3.1 焊接工艺评定的范围及方法

1. 评定范围

除有免评规定的外，施工单位首次采用的钢材、焊接材料、焊接方法、接头形式、焊接位置、焊后热处理制度以及焊接工艺参数、预热和后热措施等各种参数的组合条件，应在钢结构构件制作及安装施工之前进行焊接工艺评定。

2. 评定方法

施工单位根据所承担钢结构的设计节点形式，钢材类型、规格，采用的焊接方法，焊接位置等，制定焊接工艺评定方案，拟定相应的焊接工艺评定指导书，按现行国家标准《钢结构焊接规范》GB 50661 的规定施焊试件、切取试样并进行检测试验，测定焊接接头是否具有所要求的使用性能，并出具评定报告。

3. 有效期限

对于焊接难度等级为 A、B、C 级的钢结构焊接工程，其焊接工艺评定有效期应为 5 年；对于焊接难度等级为 D 级的钢结构焊接工程应按工程项目进行焊接工艺评定。

3.3.2 焊接工艺评定替代原则

1. 不同钢材焊接工艺评定的替代规定

（1）不同类别钢材（见表 3-4）的焊接工艺评定结果不得互相替代。

（2）Ⅰ、Ⅱ类同类别钢材中，当强度和质量等级发生变化时，在相同供货状态下，高级别钢材的焊接工艺评定结果可替代低级别钢材；Ⅲ、Ⅳ类同类别钢材中的焊接工艺评定结果不得相互替代；除Ⅰ、Ⅱ类钢材外，不同类别的钢材组合焊接时应重新评定，不得用单类钢材的评定结果替代。

（3）同类别钢材中轧制钢材与铸钢、耐候钢与非耐候钢的焊接工艺评定结果不得互相替代，控轧控冷（TMCP）钢、调质钢与其他供货状态的钢材焊接工艺评定结果不得互相替代。

（4）国内与国外钢材的焊接工艺评定结果不得互相替代。

2. 试件板厚适用范围

评定合格的试件厚度在工程中适用的厚度范围应符合表3－6的规定。

表3－6 评定合格的试件厚度与工程适用厚度范围

焊接方法类别号	评定合格试件厚度 t（mm）	工程适用厚度范围	
		板厚最小值	板厚最大值
1、2、3、4、5、8	$t \leqslant 25$	3mm	$2t$
	$25 < t \leqslant 70$	$0.75t$	$2t$
	$t > 70$	$0.75t$	不限
6	$t \geqslant 18$	$0.75t$，最小18mm	$1.1t$
7	$t \geqslant 10$	$0.75t$，最小10mm	$1.1t$
9	$1/3\phi \leqslant t < 12$	$1t$	$2t$，且不大于16mm
	$12 \leqslant t < 25$	$0.75t$	$2t$
	$t \geqslant 25$	$0.75t$	$1.5t$

注：ϕ为栓钉直径。

3. 管材直径覆盖范围

评定合格的管材接头，壁厚的覆盖范围可按照表3－6执行，直径的覆盖原则应符合下列规定：

（1）外径小于600mm的管材，其直径覆盖范围不应小于工艺评定试验管材的外径。

（2）外径大于600mm的管材，其直径覆盖范围不应小于600mm。

4. 其他替代规定

（1）接头形式变化时应重新评定，但十字形接头评定结果可替代T形接头评定结果，全焊透或部分焊透的T形或十字形接头对接与角接组合焊缝评定结果可替代角焊缝评定结果。

（2）板材对接与外径不小于600mm的相应位置管材对接的焊接工艺评定可互

相替代。

(3) 除栓钉焊外，横焊位置评定结果可替代平焊位置，平焊位置评定结果不可替代横焊位置。立、仰焊接位置与其他焊接位置之间不可互相替代。

(4) 有衬垫与无衬垫的单面焊全焊透接头不可互相替代，有衬垫单面焊全焊透接头和反面清根的双面焊全焊透接头可互相替代，不同材质的衬垫不可互相替代。

3.3.3 焊接工艺评定免评

(1) 免予评定的焊接方法及施焊位置见表3－7。

表3－7 免予评定的焊接方法及施焊位置

焊接方法类别号	焊接方法	代号	施焊位置
1	焊条电弧焊	SMAW	平、横、立
2－1	半自动实心焊丝二氧化碳气体保护焊（短路过渡除外）	GMAW－CO_2	平、横、立
2－2	半自动实心焊丝富氩＋二氧化碳气体保护焊	GMAW－Ar	平、横、立
2－3	半自动药芯焊丝二氧化碳气体保护焊	FCAW－G	平、横、立
5－1	单丝自动埋弧焊	SAW（单丝）	平、平角
9－2	非穿透栓钉焊	SW	平

(2) 免予评定的母材和焊缝金属组合见表3－8。

表3－8 免予评定的母材和匹配的焊缝金属要求

母材			焊条（丝）和焊剂－焊丝组合分类等级			
钢材类别	母材最小标称屈服强度	钢材牌号	焊条电弧焊 SMAW	实心焊丝气体保护焊 GMAW	药芯焊丝气体保护焊 FCAW－G	埋弧焊 SAW（单丝）
Ⅰ	＜235MPa	Q195 Q215	GB/T 5117： E43XX	GB/T 8110： ER49－X	GB/T 10045： E43XT－X	GB/T 5293： F4AX－H08A
Ⅰ	≥235MPa且＜300MPa	Q235 Q275 Q235GJ	GB/T 5117： E43XX E50XX	GB/T 8110： ER49－X ER50－X	GB/T 10045： E43XT－X E50XT－X	GB/T 5293： F4AX－H08A GB/T 12470： F48AX－H08MnA

续表 3-8

母材			焊条（丝）和焊剂-焊丝组合分类等级			
钢材类别	母材最小标称屈服强度	钢材牌号	焊条电弧焊 SMAW	实心焊丝气体保护焊 GMAW	药芯焊丝气体保护焊 FCAW-G	埋弧焊 SAW（单丝）
Ⅱ	≥300MPa 且 ≤355MPa	Q345 Q345GJ	GB/T 5117： E50XX GB/T 5118： E5015 E5016-X	GB/T 8110： ER50-X	GB/T 17493： E50XT-X	GB/T 5293： F5AX-H08MnA GB/T 12470： F48AX-H08MnA F48AX-H10Mn2 F48AX-H10Mn2A

（3）免予评定的最低预热、道间温度见表 3-9。

表 3-9 免予评定的钢材最低预热、道间温度

钢材类别	钢材牌号	设计对焊接材料要求	接头最厚部件的板厚 t（mm）	
			$t \leqslant 20$	$20 < t \leqslant 40$
Ⅰ	Q195、Q215、Q235、Q235GJ Q275、20	非低氢型	5℃	20℃
		低氢型		5℃
Ⅱ	Q345、Q345GJ	非低氢型		40℃
		低氢型		20℃

（4）免予评定的焊接工艺参数范围见表 3-10。

表 3-10 各种焊接方法免予评定的焊接工艺参数范围

焊接方法代号	焊条或焊丝型号	焊条或焊丝直径（mm）	电流（A）	电流极性	电压（V）	焊接速度（cm/min）
SMAW	EXX15 EXX16 EXX03	3.2	80~140	EXX15：直流反接 EXX16：交、直流 EXX03：交流	18~26	8~18
		4.0	110~210		20~27	10~20
		5.0	160~230		20~27	10~20

续表 3－10

焊接方法代号	焊条或焊丝型号	焊条或焊丝直径（mm）	电流（A）	电流极性	电压（V）	焊接速度（cm/min）
GMAW	ER－XX	1.2	打底 180～260 填充 220～320 盖面 220～280	直流反接	25～38	25～45
FCAW	EXX1T1	1.2	打底 160～260 填充 220～320 盖面 220～280	直流反接	25～38	30～55
SAW	HXXX	3.2	400～600	直流反接或交流	24～40	25～65
		4.0	450～700		24～40	
		5.0	500～800		34～40	

注：表中参数为平、横焊位置。立焊电流应比平、横焊减小 10%～15%。

3.4 焊缝质量等级

3.4.1 焊缝质量等级的两重含义

从焊缝本身来说，决定焊缝质量的因素主要有三方面，分别是焊缝内部缺陷、焊缝外观表面缺陷以及焊缝尺寸。因此，焊缝质量等级就存在着两重含义，其一是针对焊缝内部缺陷检验，其二是针对焊缝外观表面缺陷检验。对于设计者来说，正确的图纸标注应该是将两重含义分别说明。但目前绝大部分情况是设计者只进行笼统的规定，如“该焊缝质量等级为二级”，此时正确的理解是“焊缝内部缺陷按二级检验，外观缺陷也按二级检验”。

对于需要进行疲劳验算的构件如吊车梁，其中某些部位的角焊缝，虽然不进行内部缺陷的超声波探伤（三级焊缝），但其外观表面质量等级应为二级，所以笼统地说“角焊缝都是三级焊缝”就有失全面。

3.4.2 焊缝质量等级确定原则

（1）焊缝质量等级主要与其受力情况有关，受拉焊缝的质量等级要求高于受压或受剪的焊缝；受动力荷载的焊缝质量等级要高于受静力荷载的焊缝。

（2）凡对接焊缝，除非作为角焊缝考虑部分熔透的焊缝外，一般都要求熔透并与母材等强，故需要进行无损探伤。因此，对接焊缝的质量等级不宜低于二级。

（3）在建筑钢结构中，角焊缝一般不进行无损探伤检验，但对外观缺陷的等级（见现行国家标准《钢结构工程施工质量验收规范》GB 50205）可按实际需要选用二级或三级。

3.4.3 焊缝质量等级设计原则

焊缝质量等级应根据钢结构的重要性、荷载特性、焊缝形式、工作环境以及应力状态等情况，按下列原则选用：

（1）在承受动荷载且需要进行疲劳验算的构件中，凡要求与母材等强连接的焊缝应焊透，其质量等级应符合下列规定：

1）作用力垂直于焊缝长度方向的横向对接焊缝或T形对接与角接组合焊缝，受拉时应为一级，受压时不应低于二级；

2）作用力平行于焊缝长度方向的纵向对接焊缝不应低于二级；

3）铁路、公路桥的横梁接头板与弦杆角焊缝应为一级，桥面板与弦杆角焊缝、桥面板与U形肋角焊缝（桥面板侧）不应低于二级；

4）重级工作制（A6～A8）和起重量 $Q \geqslant 50t$ 的中级工作制（A4、A5）吊车梁的腹板与上翼缘之间以及吊车桁架上弦杆与节点板之间的T形接头焊缝应焊透，焊缝形式宜为对接与角接的组合焊缝，其质量等级不应低于二级。

（2）不需要疲劳验算的构件中，凡要求与母材等强的对接焊缝宜焊透，其质量等级受拉时不应低于二级，受压时不宜低于二级。

（3）部分焊透的对接焊缝、采用角焊缝或部分焊透的对接与角接组合焊缝的T形接头，以及搭接连接角焊缝，其质量等级应符合下列规定：

1）直接承受动荷载且需要疲劳验算的结构，吊车起重量等于或大于50t的中级工作制吊车梁以及梁柱、牛腿等重要节点不应低于二级；

2）其他结构可为三级。

3.5 焊缝计算厚度

3.5.1 全焊透的对接焊缝及对接与角接组合焊缝

全焊透的对接焊缝及对接与角接组合焊缝，采用双面焊时，反面应清根后焊接，其焊缝计算厚度 h_e，对于对接焊缝，应为焊接部位较薄的板厚；对于对接与角接组合焊缝（见图3－7），其焊缝计算厚度 h_e 应为坡口根部至焊缝两侧表面（不计余高）的最短距离之和；采用加衬垫单面焊，其焊缝计算厚度 h_e 应为坡口根部至焊缝表面（不计余高）的最短距离。

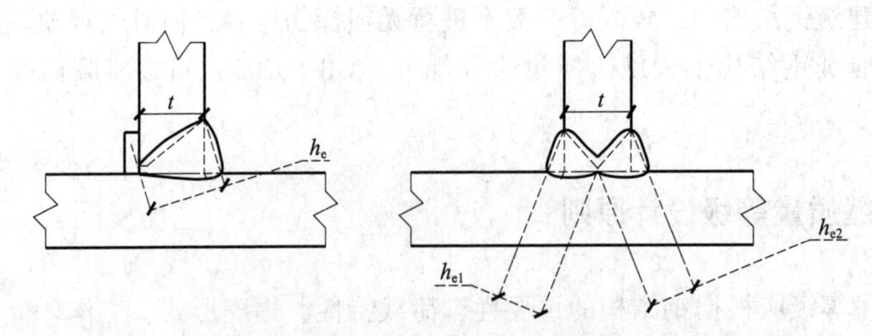

图 3-7 全焊透的对接与角接组合焊缝计算厚度 h_e

3.5.2 部分焊透对接焊缝及对接与角接组合焊缝

部分焊透对接焊缝及对接与角接组合焊缝，其焊缝计算厚度 h_e（见图 3-8）应根据不同的焊接方法、坡口形式及尺寸、焊接位置对坡口深度 h 进行折减，并应符合表 3-11 的规定。

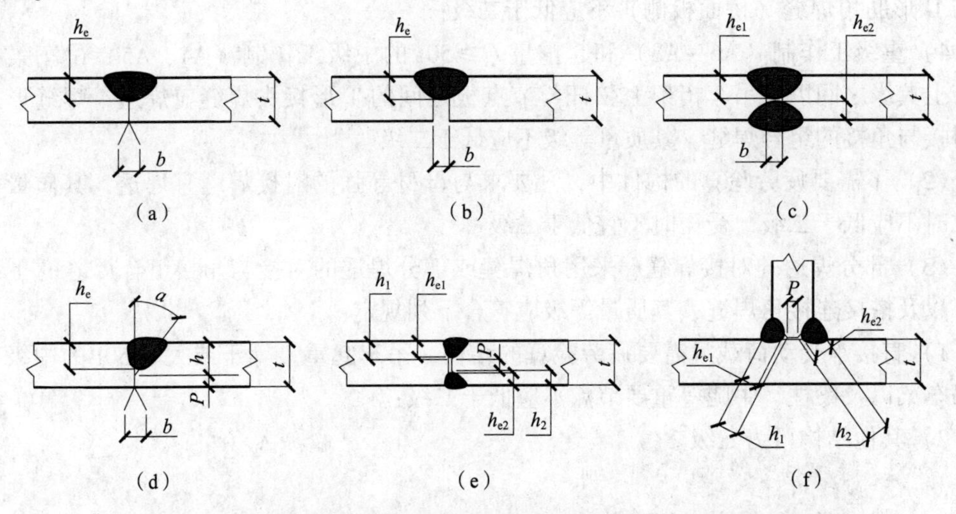

图 3-8 部分焊透的对接焊缝及对接与角接组合焊缝计算厚度

表 3-11 部分焊透的对接焊缝及对接与角接组合焊缝计算厚度

图号	坡口形式	焊接方法	t (mm)	α (°)	b (mm)	P (mm)	焊接位置	焊缝计算厚度 h_e (mm)
3-8 (a)	I 形坡口单面焊	焊条电弧焊	3	—	1.0 ~ 1.5	—	全部	$t-1$
3-8 (b)	I 形坡口单面焊	焊条电弧焊	$3<t\leq6$	—	$\frac{t}{2}$	—	全部	$\frac{t}{2}$
3-8 (c)	I 形坡口双面焊	焊条电弧焊	$3<t\leq6$	—	$\frac{t}{2}$	—	全部	$\frac{3}{4}t$

续表 3－11

图号	坡口形式	焊接方法	t（mm）	α（°）	b（mm）	P（mm）	焊接位置	焊缝计算厚度 h_e（mm）
3－8（d）	单 V 形坡口	焊条电弧焊	≥6	45	0	3	全部	$h-3$
3－8（d）	L 形坡口	气体保护焊	≥6	45	0	3	F，H	h
							V，O	$h-3$
3－8（d）	L 形坡口	埋弧焊	≥12	60	0	6	F	h
							H	$h-3$
3－8（e）、（f）	K 形坡口	焊条电弧焊	≥8	45	0	3	全部	h_1+h_2-6
3－8（e）、（f）	K 形坡口	气体保护焊	≥12	45	0	3	F，H	h_1+h_2
							V，O	h_1+h_2-6
3－8（e）、（f）	K 形坡口	埋弧焊	≥20	60	0	6	F	h_1+h_2

V 形坡口 $\alpha \geqslant 60°$ 及 U 形、J 形坡口，焊缝计算厚度 h_e 应为坡口深度 h。

3.5.3 搭接角焊缝及直角角焊缝计算厚度

搭接角焊缝及直角角焊缝计算厚度 h_e（见图 3－9）应按下列公式计算（塞焊和槽焊焊缝计算厚度 h_e 可按角焊缝的计算方法确定）：

（1）当间隙 $b \leqslant 1.5$ 时：

$$h_e = 0.7h_f \tag{3-1}$$

（2）当间隙 $1.5 < b \leqslant 5$ 时：

$$h_e = 0.7(h_f - b) \tag{3-2}$$

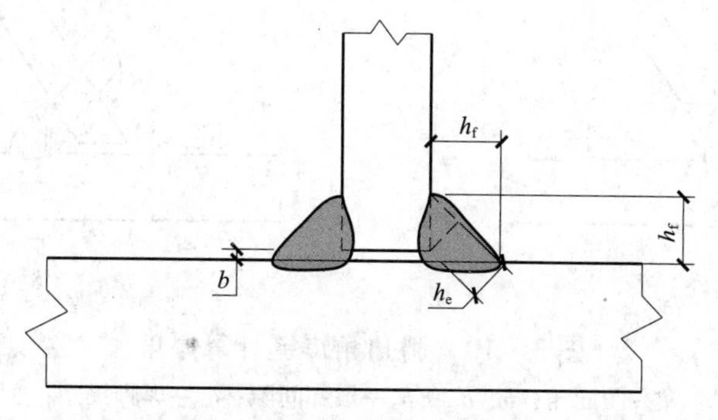

图 3－9 直角角焊缝及搭接角焊缝计算厚度

3.5.4 斜角角焊缝计算厚度

斜角角焊缝计算厚度 h_e，应根据两面角 Ψ 按下列公式计算：

（1）$\Psi = 60° \sim 135°$［见图 3-10（a）、（b）、（c）］：

当间隙 b、b_1 或 $b_2 \leq 1.5$ 时：

$$h_e = h_f \cos \frac{\Psi}{2} \tag{3-3}$$

当间隙 $1.5 < b$、b_1 或 $b_2 \leq 5$ 时：

$$h_e = \left[h_f - \frac{b\text{（或 } b_1\text{、}b_2\text{）}}{\sin\Psi} \right] \cos \frac{\Psi}{2} \tag{3-4}$$

式中：　Ψ——两面角；

h_f——焊脚尺寸（mm）；

b、b_1 或 b_2——焊缝坡口根部间隙（mm）。

（2）$30° \leq \Psi < 60°$［图 3-10（d）］：将公式（3-3）和公式（3-4）所计算的焊缝计算厚度 h_e 减去折减值 z，不同焊接条件的折减值 z 应符合表 3-12 的规定。

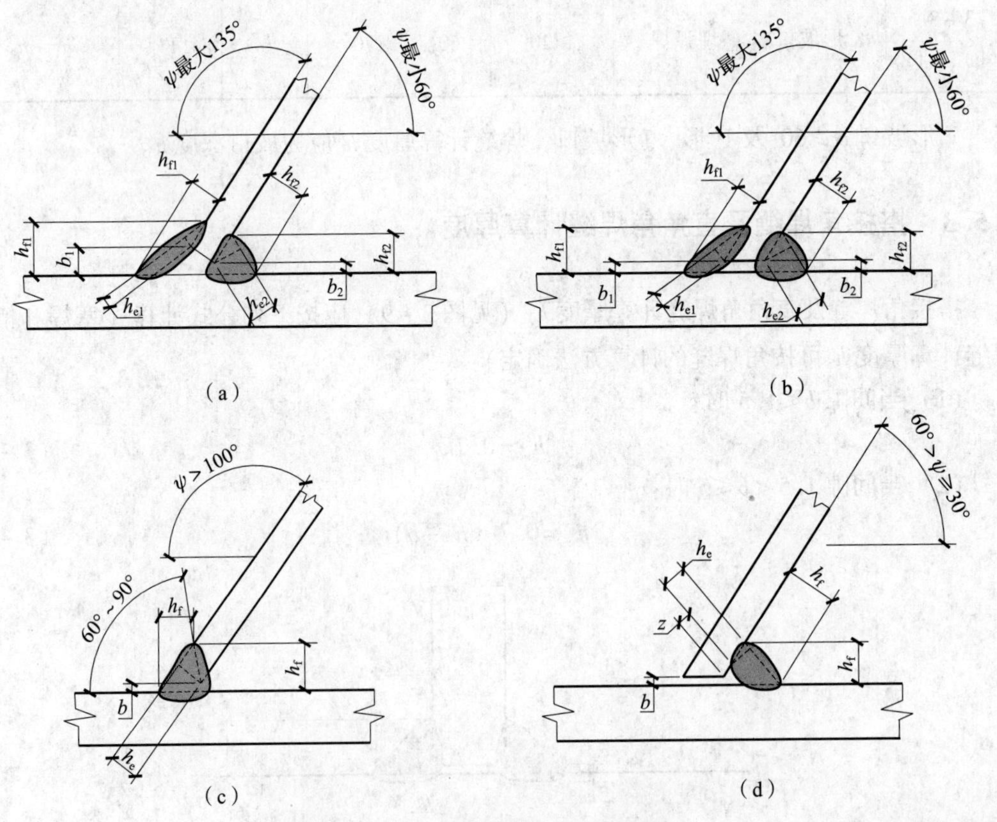

图 3-10　斜角角焊缝计算厚度

Ψ—两面角；b、b_1 或 b_2—根部间隙；h_f—焊脚尺寸；

h_e—焊缝计算厚度；z—焊缝计算厚度折减值

表 3－12　30°≤Ψ<60°时的焊缝计算厚度折减值 z

两面角 Ψ	焊接方法	折减值 z（mm）	
		焊接位置 V 或 O	焊接位置 F 或 H
60°>Ψ≥45°	焊条电弧焊	3	3
	药芯焊丝自保护焊	3	0
	药芯焊丝气体保护焊	3	0
	实心焊丝气体保护焊	3	0
45°>Ψ≥30°	焊条电弧焊	6	6
	药芯焊丝自保护焊	6	3
	药芯焊丝气体保护焊	10	6
	实心焊丝气体保护焊	10	6

（3）Ψ<30°：必须进行焊接工艺评定，确定焊缝计算厚度。

3.5.5 圆钢与平板、圆钢与圆钢之间的焊缝计算厚度

圆钢与平板、圆钢与圆钢之间的焊缝计算厚度 h_e 应按下列公式计算：

（1）圆钢与平板连接［图 3－11（a）］：

$$h_e = 0.7h_f \tag{3-5}$$

（2）圆钢与圆钢连接［图 3－11（b）］：

$$h_e = 0.1\ (d_1 + 2d_2)\ - a \tag{3-6}$$

式中：d_1——大圆钢直径（mm）；

d_2——小圆钢直径（mm）；

a——焊缝表面至两个圆钢公切线的间距（mm）。

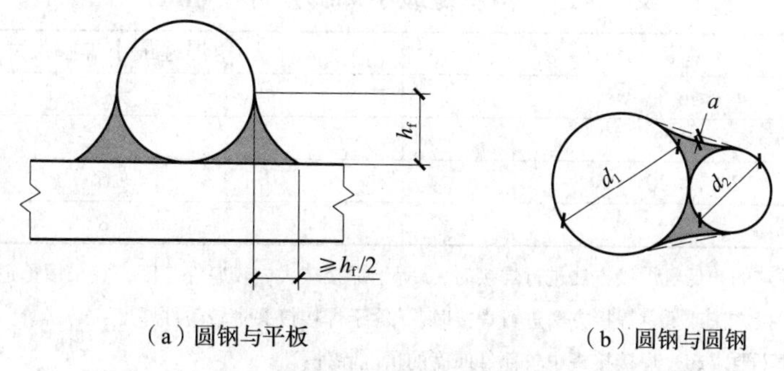

（a）圆钢与平板　（b）圆钢与圆钢

图 3－11　圆钢与平板、圆钢与圆钢焊缝计算厚度

3.6 焊接连接构造

3.6.1 构造设计要求

（1）钢结构焊接连接构造设计应符合下列规定：

1）宜减少焊缝的数量和尺寸；

2）焊缝的布置宜对称于构件截面的中性轴；

3）节点区的空间应便于焊接操作和焊后检测；

4）宜采用刚度较小的节点形式，宜避免焊缝密集和双向、三向相交；

5）焊缝位置应避开高应力区；

6）应根据不同焊接工艺方法选用坡口形式和尺寸。

（2）钢结构设计施工图中应明确规定下列焊接技术要求：

1）构件采用钢材的牌号和焊接材料的型号、性能要求及相应的国家现行标准；

2）钢结构构件相交节点的焊接部位、有效焊缝长度、焊脚尺寸、部分焊透焊缝的焊透深度；

3）焊缝质量等级，有无损检测要求时应标明无损检测的方法和检查比例；

4）工厂制作单元及构件拼装节点的允许范围，并根据工程需要提出结构设计应力图。

（3）角焊缝的尺寸应符合下列规定：

1）角焊缝的最小计算长度应为其焊脚尺寸（h_f）的8倍，且不应小于40mm；焊缝计算长度应为扣除引弧、收弧长度后的焊缝长度；

2）角焊缝的有效面积应为焊缝计算长度与计算厚度（h_e）的乘积。对任何方向的荷载，角焊缝上的应力应视为作用在这一有效面积上；

3）断续角焊缝焊段的最小长度不应小于最小计算长度；

4）角焊缝最小焊脚尺寸宜按表3－13取值；

5）被焊构件中较薄板厚度不小于25mm时，宜采用开局部坡口的角焊缝；

6）采用角焊缝焊接接头，不宜将厚板焊接到较薄板上。

表3－13 角焊缝最小焊脚尺寸（mm）

母材厚度 t[1]	角焊缝最小焊脚尺寸 h_f[2]
$t \leqslant 6$	3[3]
$6 < t \leqslant 12$	5
$12 < t \leqslant 20$	6
$t > 20$	8

注：1. 采用不预热的非低氢焊接方法进行焊接时，t 等于焊接接头中较厚件厚度，宜采用单道焊缝；采用预热的非低氢焊接方法或低氢焊接方法进行焊接时，t 等于焊接接头中较薄件厚度；

2. 焊缝尺寸不要求超过焊接接头中较薄件厚度的情况除外；

3. 承受动荷载的角焊缝最小焊脚尺寸为5mm。

3.6.2 防止板材产生层状撕裂的节点、选材和工艺措施

（1）在T形、十字形及角接接头设计中，当翼缘板厚度大于20mm时，应避免或减少使母材板厚方向承受较大的焊接收缩应力，并宜采取下列节点构造设计：

1）在满足焊透深度要求和焊缝致密性条件下，宜采用较小的焊接坡口角度及间隙［图3－12（a）］；

2）在角接接头中，宜采用对称坡口或偏向于侧板的坡口［图3－12（b）］；

3）宜采用双面坡口对称焊接代替单面坡口非对称焊接［图3－12（c）］；

4）在T形或角接接头中，板厚方向承受焊接拉应力的板材端头宜伸出接头焊缝区［图3－12（d）］；

5）在T形、十字形接头中，宜采用铸钢或锻钢过渡段，并宜以对接接头取代T形、十字形接头［图3－12（e）、（f）］；

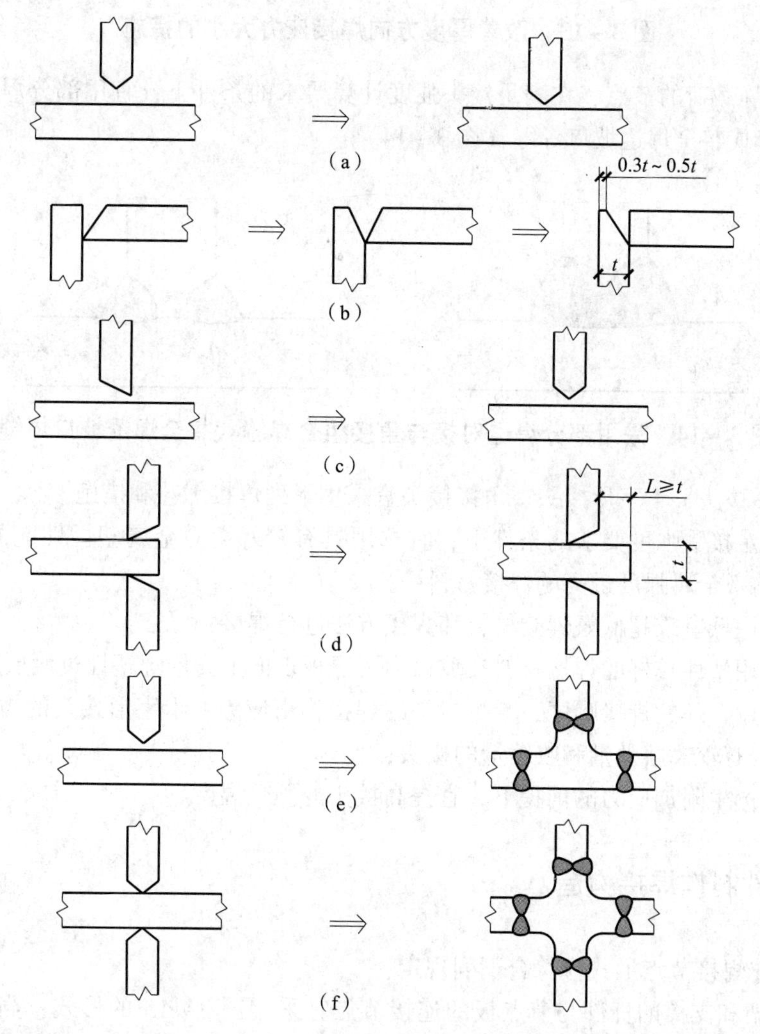

图3－12 T形、十字形、角接接头防止层状撕裂的节点构造设计

6）宜改变厚板接头受力方向，以降低厚度方向的应力（图 3－13）；

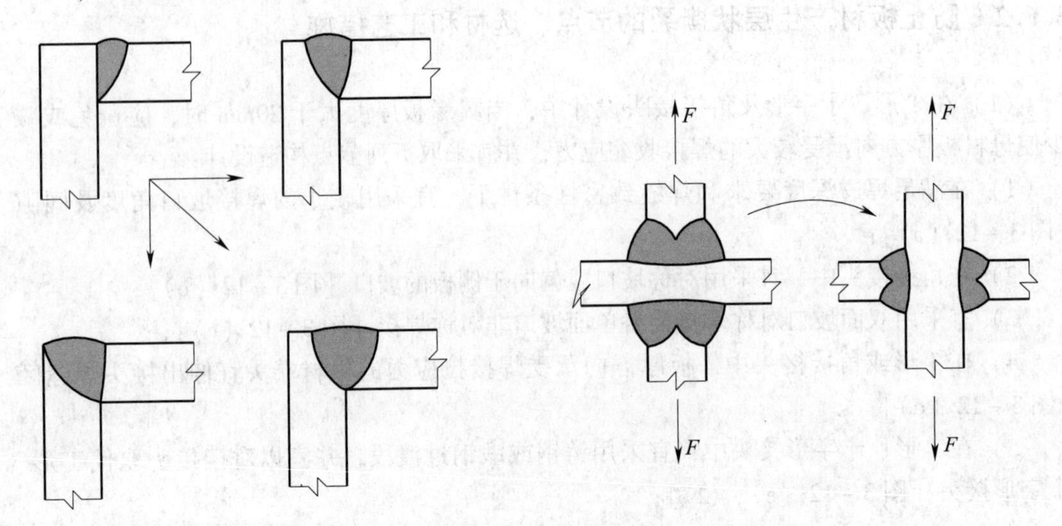

图 3－13　改善厚度方向焊接应力大小的措施

7）承受静载荷的节点，在满足接头强度计算要求的条件下，宜用部分焊透的对接与角接组合焊缝代替全焊透坡口焊缝（图 3－14）。

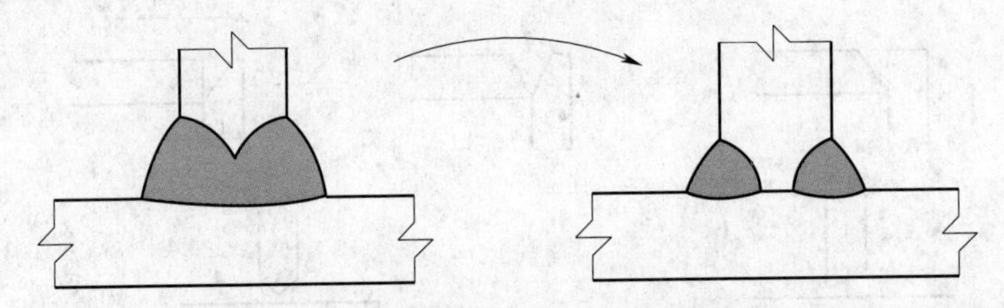

图 3－14　采用部分焊透对接与角接组合焊缝代替全焊透坡口焊缝

（2）T 形接头、十字形接头、角接接头宜采用下列焊接工艺和措施：

1）在满足接头强度要求的条件下，宜选用具有较好熔敷金属塑性性能的焊接材料；应避免使用熔敷金属强度过高的焊接材料；

2）宜采用低氢或超低氢焊接材料和焊接方法进行焊接；

3）可采用塑性较好的焊接材料在坡口内翼缘板表面上先堆焊塑性过渡层；

4）应采用合理的焊接顺序，减少接头的焊接拘束应力；十字形接头的腹板厚度不同时，应先焊具有较大熔敷量和收缩量的接头；

5）在不产生附加应力的前提下，宜提高接头的预热温度。

3.6.3　构件制作焊接构造

构件制作焊接节点形式应符合下列规定：

（1）桁架和支撑的杆件与节点板的连接节点宜采用图 3－15 的形式；当杆件承受拉力时，焊缝应在搭接杆件节点板的外边缘处提前终止，间距 a 不应小于 h_f。

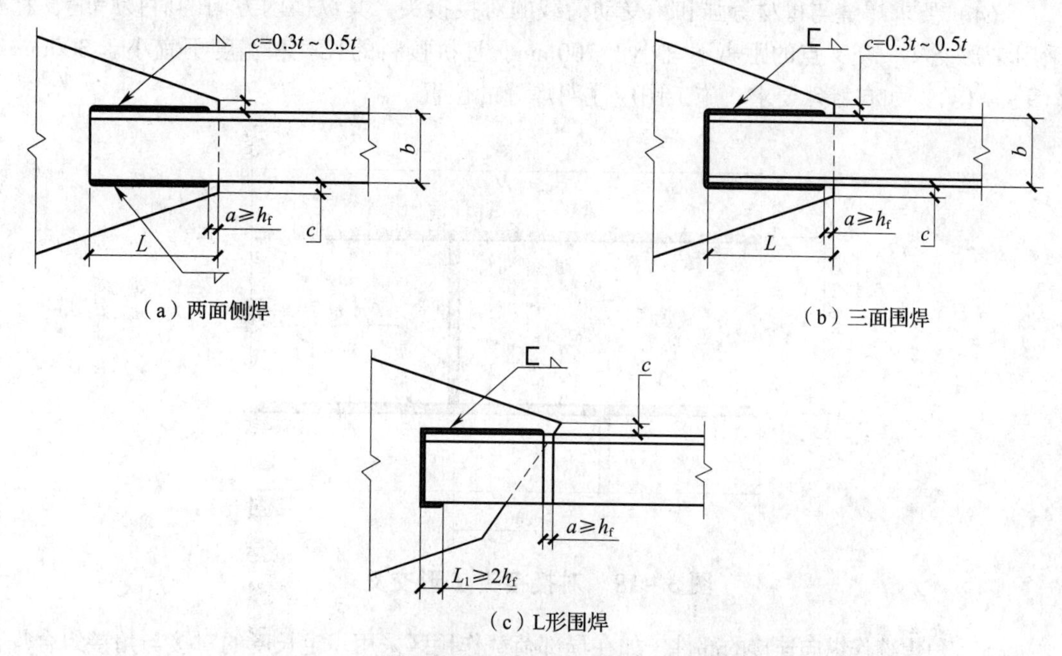

图 3－15　桁架和支撑杆件与节点板连接节点

（2）型钢与钢板搭接，其搭接位置应符合图 3－16 的要求。

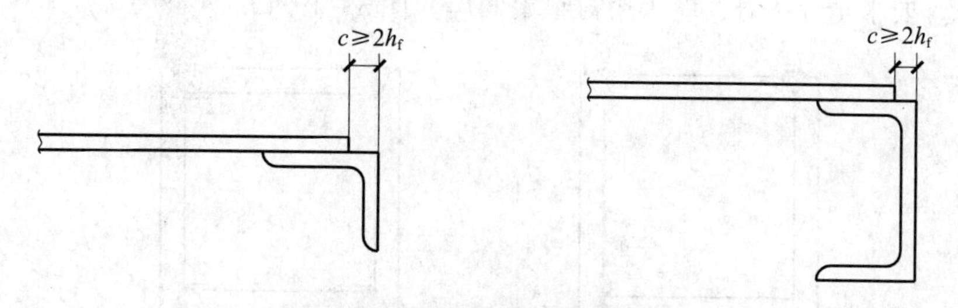

图 3－16　型钢与钢板搭接节点

h_f—焊脚尺寸

（3）搭接接头上的角焊缝应避免在同一搭接接触面上相交（图 3－17）。

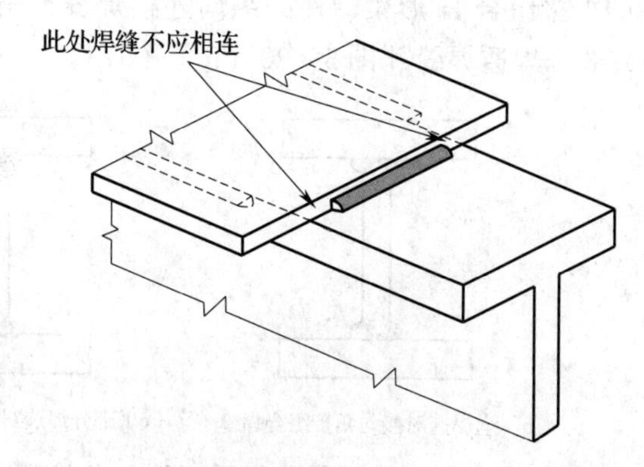

图 3－17　在搭接接触面上避免相交的角焊缝

（4）要求焊缝与母材等强和承受动荷载的对接接头，其纵横两方向的对接焊缝，宜采用T形交叉。交叉点的距离不宜小于200mm，且拼接料的长度和宽度不宜小于300mm（图3－18）。如有特殊要求，施工图应注明焊缝的位置。

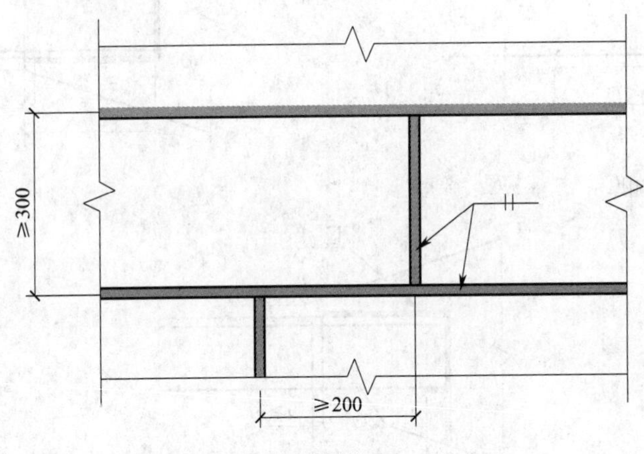

图3－18　对接接头T形交叉

（5）角焊缝作纵向连接的部件，如在局部荷载作用区采用一定长度的对接与角接组合焊缝来传递载荷，在此长度以外坡口深度应逐步过渡至零，且过渡长度不应小于坡口深度的4倍。

（6）焊接组合箱形梁、柱的纵向焊缝，宜采用全焊透或部分焊透的对接焊缝（图3－19）。要求全焊透时，应采用衬垫单面焊［图3－19（b）］。

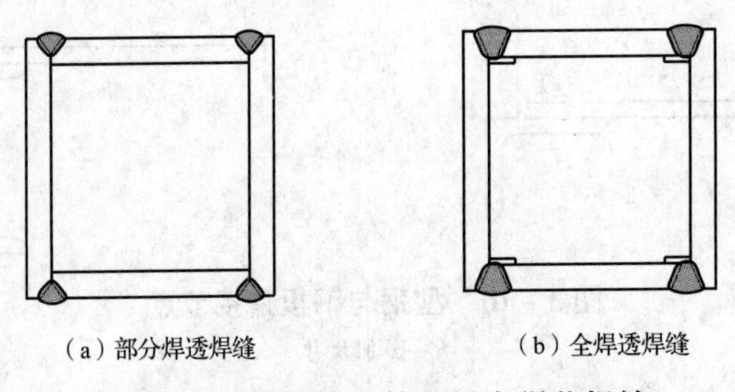

（a）部分焊透焊缝　　（b）全焊透焊缝

图3－19　箱形组合柱的纵向组装焊缝

（7）只承受静载荷的焊接组合H形梁、柱的纵向连接焊缝，当腹板厚度大于25mm时，宜采用全焊透焊缝或部分焊透焊缝［图3－20（b）、（c）］。

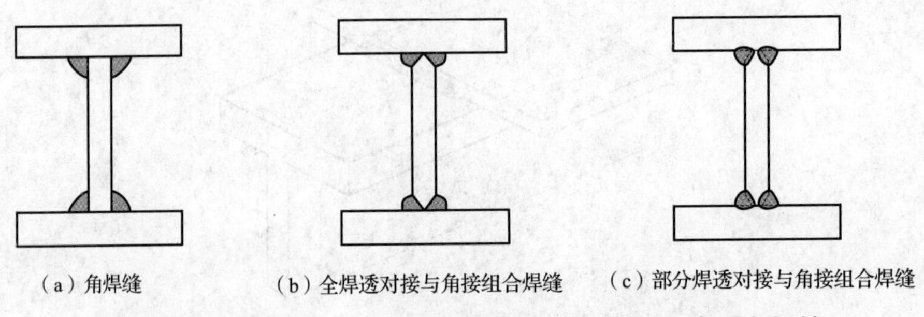

（a）角焊缝　　（b）全焊透对接与角接组合焊缝　　（c）部分焊透对接与角接组合焊缝

图3－20　角焊缝、全焊透及部分焊透对接与角接组合焊缝

(8) 箱形柱与隔板的焊接，应采用全焊透焊缝［图3－21（a)］；对无法进行电弧焊焊接的焊缝，宜采用电渣焊焊接，且焊缝宜对称布置［图3－21（b)］。

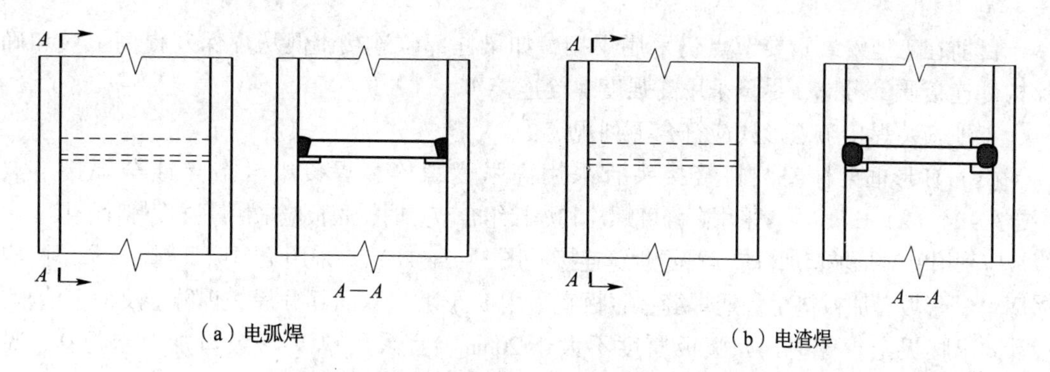

(a) 电弧焊　(b) 电渣焊

图3－21 箱形柱与隔板的焊接接头形式

(9) 钢管混凝土组合柱的纵向和横向焊缝，应采用双面或单面全焊透接头形式（高频焊除外)，纵向焊缝接头形式见图3－22。

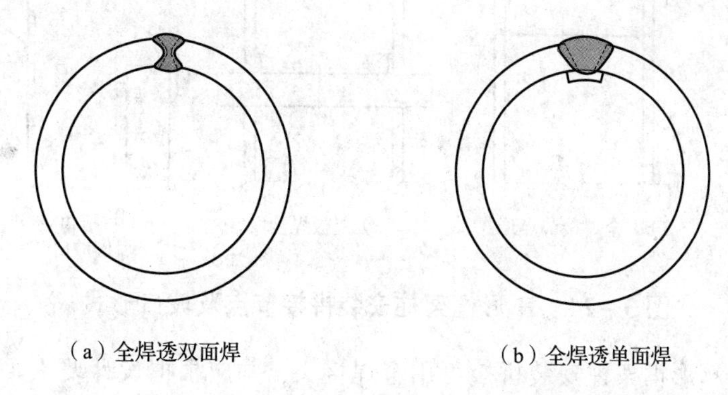
(a) 全焊透双面焊　(b) 全焊透单面焊

图3－22 钢管混凝土组合柱纵缝焊接接头形式

(10) 管－球结构中，对由两个半球焊接而成的空心球，采用不加肋和加肋两种形式时，其构造见图3－23。

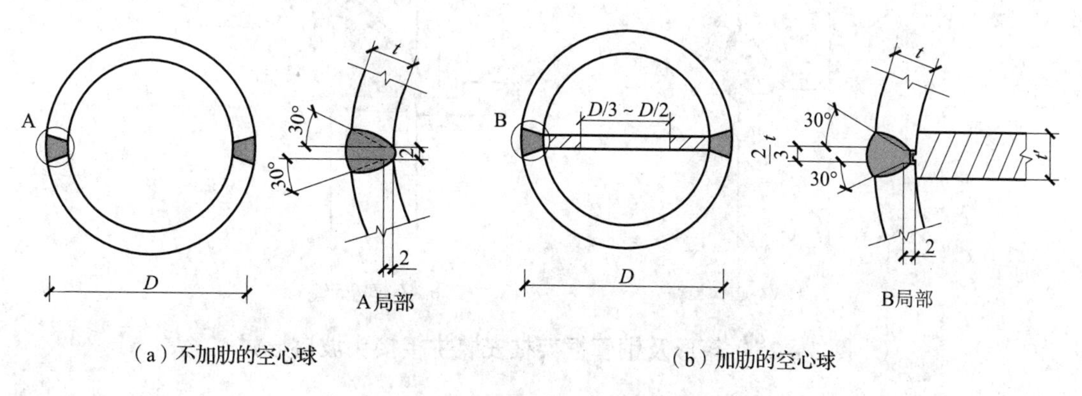

(a) 不加肋的空心球　(b) 加肋的空心球

图3－23 空心球制作焊接接头形式

3.6.4 工地安装节点焊接构造

目前在工地安装重要节点仍采用焊接，如梁柱部位连接，但从环保及提高工效和确保构件连接质量考虑，尽量采用高强度螺栓连接。

工地安装焊接节点形式应符合下列规定：

(1) H形框架柱安装拼接接头宜采用高强度螺栓和焊接组合节点或全焊接节点[图3-24 (a)、(b)]。采用高强度螺栓和焊接组合节点时，腹板应采用高强度螺栓连接，翼缘板应采用单V形坡口加衬垫全焊透焊缝连接[图3-24 (c)]。采用全焊接节点时，翼缘板应采用单V形坡口加衬垫全焊透焊缝，腹板宜采用K形坡口双面部分焊透焊缝，反面不清根；设计要求腹板全焊透时，如腹板厚度不大于20mm，宜采用单V形坡口加衬垫焊接，见图3-24 (d)，如腹板厚度大于20mm，宜采用K形坡口，应反面清根后焊接[图3-24 (e)]。

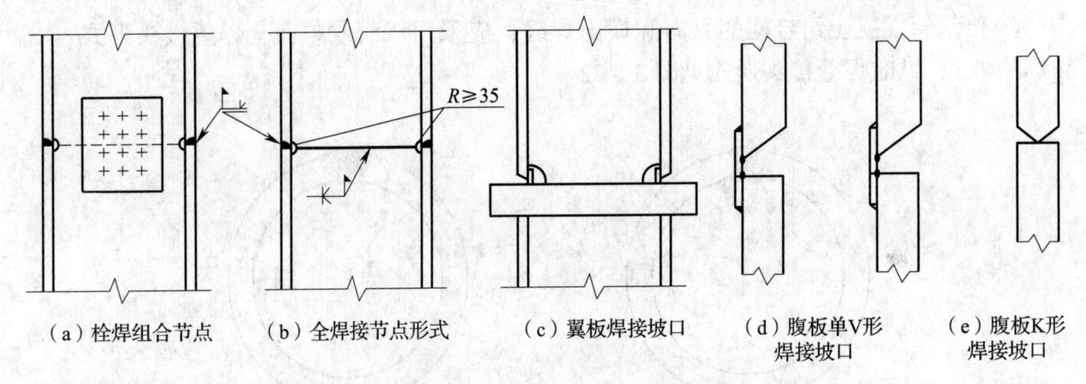

(a) 栓焊组合节点　(b) 全焊接节点形式　(c) 翼板焊接坡口　(d) 腹板单V形焊接坡口　(e) 腹板K形焊接坡口

图3-24　H形框架柱安装拼接节点及坡口形式

(2) 钢管及箱形框架柱安装拼接可用全焊接头，并应根据设计要求采用全焊透焊缝或部分焊透焊缝。全焊透焊缝坡口形式应采用单V形坡口加衬垫，见图3-25。

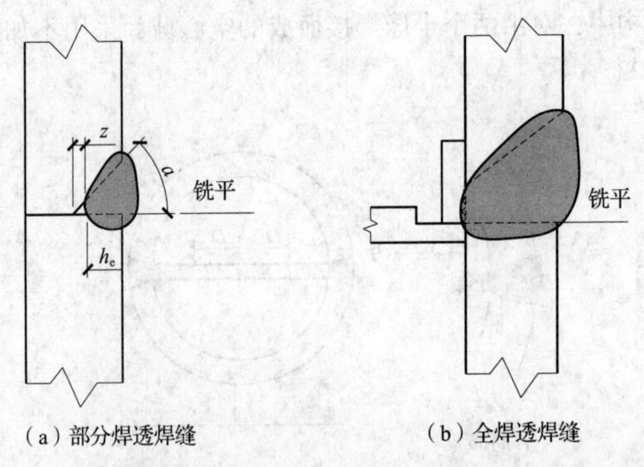

(a) 部分焊透焊缝　(b) 全焊透焊缝

图3-25　箱形及钢管框架柱安装拼接接头坡口形式

(3) 桁架或框架梁中，焊接组合H形、T形或箱形钢梁的安装拼接采用全焊连接时，翼缘板与腹板拼接截面形式见图 3－26，工地安装纵焊缝焊接质量要求应与两侧工厂制作焊缝质量要求相同。

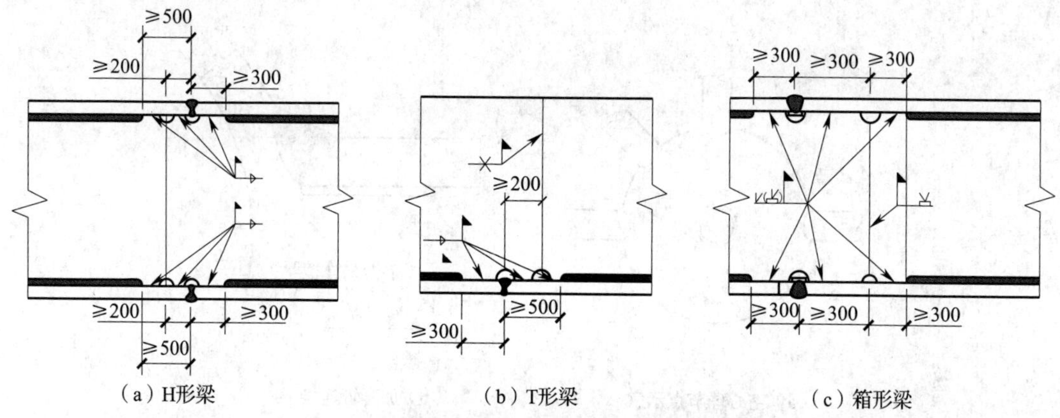

（a）H形梁（b）T形梁（c）箱形梁

图 3－26 桁架或框架梁安装焊接节点形式

（4）框架柱与梁刚性连接时，可采用下列连接节点形式：

1）柱上有悬臂梁时，梁的腹板与悬臂梁腹板宜采用高强螺栓连接。梁翼缘板与悬臂梁翼缘板的连接宜采用 V 形坡口加衬垫单面全焊透焊缝［图 3－27（a）］，也可采用双面焊全焊透焊缝；

2）柱上无悬臂梁时，梁的腹板与柱上已焊好的承剪板宜采用高强螺栓连接，梁翼缘板与柱身的连接应采用单边 V 形坡口加衬垫单面全焊透焊缝［图 3－27（b）］；

3）梁与 H 形柱弱轴方向刚性连接时，梁的腹板与柱的纵筋板宜采用高强螺栓连接。梁翼缘板与柱横隔板的连接应采用 V 形坡口加衬垫单面全焊透焊缝［图 3－27（c）］。

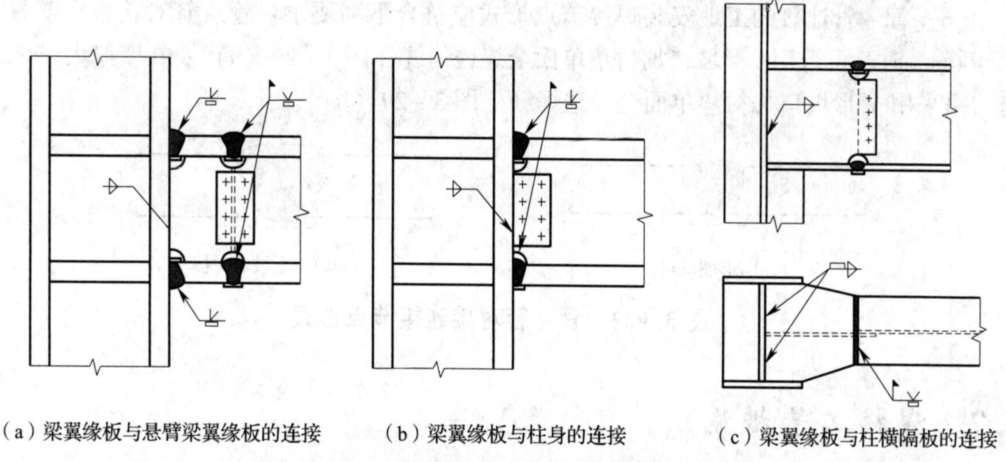
（a）梁翼缘板与悬臂梁翼缘板的连接（b）梁翼缘板与柱身的连接（c）梁翼缘板与柱横隔板的连接

图 3－27 框架柱与梁刚性连接节点形式

（5）管材与空心球工地安装焊接节点应采用下列形式：

1）钢管内壁加套管作为单面焊接坡口的衬垫时，坡口角度、根部间隙及焊缝加强应符合图 3－28（b）的要求；

2）钢管内壁不用套管时，宜将管端加工成 30°～60°折线形坡口，预装配后应根据间隙尺寸要求，进行管端二次加工［图3－28（c）］。要求全焊透时，应进行焊接工艺评定试验和接头的宏观切片检验以确认坡口尺寸和焊接工艺参数。

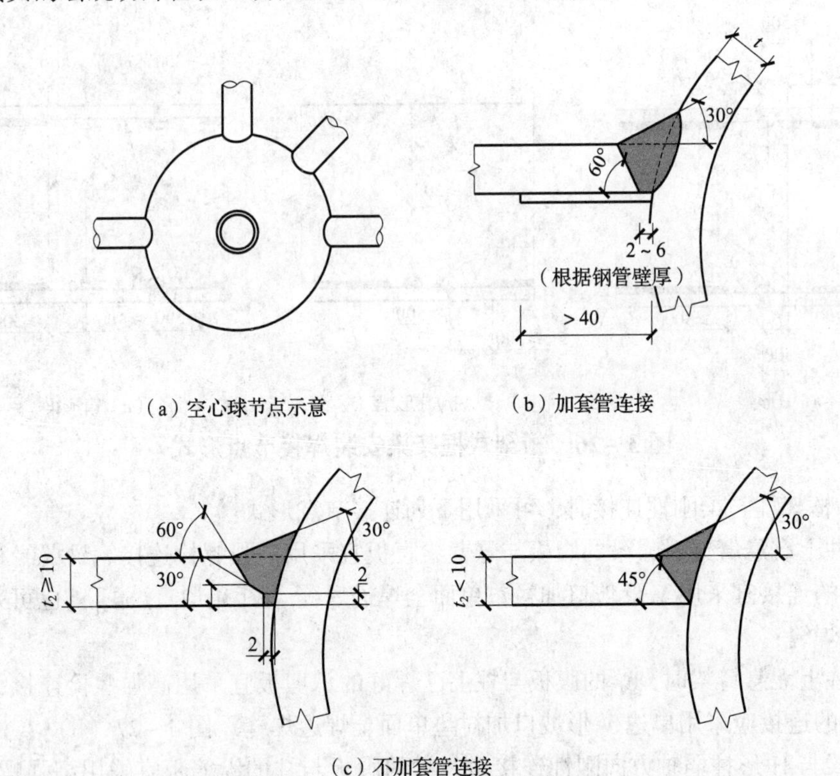

图3－28　管－球节点形式及坡口形式与尺寸

（6）管－管连接的工地安装焊接节点形式应符合下列要求：管－管对接：在壁厚不大于6mm时，可采用I形坡口加衬垫单面全焊透焊缝［图3－29（a）］；在壁厚大于6mm时，可采用V形坡口加衬垫单面全焊透焊缝［图3－29（b）］。

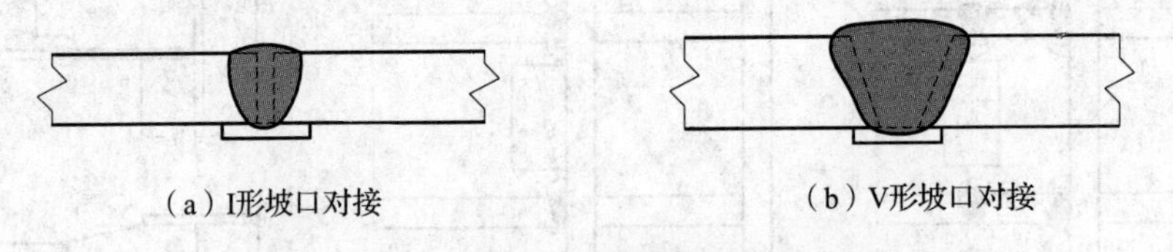

图3－29　管－管对接连接节点形式

3.7　焊接工艺措施

3.7.1　焊后消氢热处理

焊缝金属中的扩散氢是延迟裂纹形成的主要影响因素，焊接接头的含氢量越高，裂纹的敏感性越大。焊后消氢热处理的目的就是加速焊接接头中扩散氢的逸出，防止由于扩散氢的积聚而导致延迟裂纹的产生。焊接接头裂纹敏感性还与钢种的化学成分、母材拘束度、预热温度以及冷却条件有关，因此设计应根据具体情况来确定是否进行焊后消氢热处理。如果在焊后立即进行消应力热处理，则可不必进行消氢热处理。

焊后消氢热处理应在焊后立即进行，消氢热处理的加热温度应为250～350℃，保温时间应根据工件板厚按每25mm板厚不小于0.5h，且总保温时间不得小于1h确定。达到保温时间后应缓冷至常温。

3.7.2 焊后消应力处理

1. 热处理消应力

消应力热处理目的是为了降低焊接残余应力或保持结构尺寸的准确性，主要用于承受较大拉应力的厚板对接焊缝、承受疲劳应力的厚板或节点复杂、焊缝密集的重要受力构件；局部消应力热处理通常用于重要焊接接头的应力消减。

设计或合同文件对焊后消除应力有要求时，需经疲劳验算的动荷载结构中承受拉应力的对接接头或焊缝密集的节点或构件，宜采用电加热器局部退火和加热炉整体退火等方法进行消除应力处理。

焊后热处理应符合现行行业标准《碳钢、低合金钢焊接构件焊后热处理方法》JB/T 6046的有关规定。当采用电加热器对焊接构件进行局部消除应力热处理时，尚应符合下列要求：

（1）使用配有温度自动控制仪的加热设备，其加热、测温、控温性能应符合使用要求。

（2）构件焊缝每侧面加热板（带）的宽度应至少为钢板厚度的3倍，且不应小于200mm。

（3）加热板（带）以外构件两侧宜用保温材料适当覆盖。

2. 振动消应力

振动消应力法又称振动时效技术，是消减残余应力、防止构件变形及焊缝开裂的一种工艺方法。为了固定结构尺寸，采用振动消应力方法对构件进行整体处理既方便又经济。

采用振动法消除应力时，应符合现行行业标准《焊接构件振动时效工艺参数选择及技术要求》JB/T 10375的有关规定。

3.7.3 焊接变形的控制

钢结构焊接时，采用的焊接工艺和焊接顺序应能使最终构件的变形和收缩最小。

（1）根据构件上焊缝的布置，可按下列要求采用合理的焊接顺序控制变形：

1）对接接头、T形接头和十字形接头，在工件放置条件允许或易于翻转的情况下，宜双面对称焊接；有对称截面的构件，宜对称于构件中性轴焊接；有对称连接杆件的节点，宜对称于节点轴线同时对称焊接；

2）非对称双面坡口焊缝，宜先在焊深坡口面完成部分焊缝焊接，然后完成浅坡口面焊缝焊接，最后完成深坡口面焊缝焊接；特厚板宜增加轮流对称焊接的循环次数；

3）对长焊缝宜采用分段退焊法或多人对称焊接法；

4）宜采用跳焊法，避免工件局部热量集中。

（2）多组件装配控制措施：

1）构件装配焊接时，应先焊收缩量较大的接头，后焊收缩量较小的接头，接头应在小的拘束状态下焊接；

2）对于有较大收缩或角变形的接头，正式焊接前应采用预留焊接收缩裕量或反变形方法控制收缩和变形；

3）多组件构成的组合构件应采取分部组装焊接，矫正变形后再进行总装焊接；

4）对于焊缝分布相对于构件的中性轴明显不对称的异形截面的构件，在满足设计要求的条件下，可采用调整填充焊缝熔敷量或补偿加热的方法。

3.8 焊缝质量检验

3.8.1 焊缝质量检验的主要项目

焊缝质量检验的主要项目见图3－30。

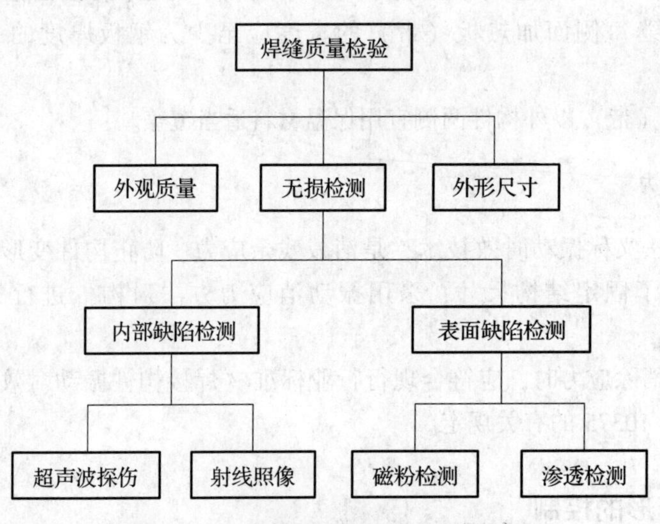

图3－30 焊缝质量检验的主要项目

3.8.2 焊缝无损探伤的种类和适用范围

焊缝无损探伤方法汇总见表3－14。

表 3－14 焊缝无损探伤方法汇总

	超声波探伤	射线探伤	磁粉探伤	渗透探伤
适用范围	适用于铁素体类钢焊缝，不适用于铸钢及奥氏体不锈钢焊缝	适用于母材厚度 2～200mm 钢熔化对接焊缝的 X 射线和 γ 射线照相方法	适用于铁磁性材料及其焊缝表面、近表面缺陷的检测，不适用于奥氏体不锈钢和其他非铁磁性材料的检测	适用于非多孔性金属材料表面开口缺陷的检测
优点	（1）对焊缝内部缺陷特别是平面型缺陷（裂纹、未熔合）检测敏感性高； （2）对焊缝外观要求不高，检测方便、速度快、成本低	（1）母材厚度范围大，适用于多种材质； （2）影像直观，底片可存档，可追溯性好	（1）不仅能检出表面开口缺陷，也能检出近表面缺陷； （2）与渗透检测相比检测灵敏度高	（1）经济、简便、不需要设备支持； （2）对现场检测条件要求不高
缺点	（1）对体积型缺陷定性较困难，需要素质高有资质的检测人员； （2）目前还存在着检测结果可追溯性差的问题	（1）对焊缝表面和位置要求高，对检测人员要有防辐射措施； （2）设备投资大，需要高素质有资质的检测人员； （3）当透照方向与面积型缺陷（裂纹和未熔合）方向不一致时，影响缺陷检出率	（1）需要一定设备支持和一定的现场检测条件； （2）不能用于非铁磁性材料	（1）与磁粉探伤相比，检测灵敏度低； （2）近表面不开口缺陷不能检测（漏检）

3.8.3 焊缝无损检测方法的选用原则

各种无损检测方法都有一定的特点和适用范围，应根据相关的规范、标准，结合建筑钢结构的类型、材质、加工方法、介质、使用条件等选择最合适的无损检测方法。

（1）对于设计要求熔透焊缝内部缺陷检测，应优先选用超声波探伤方法，当超声波探伤不能对缺陷作出判断时，即超出使用标准的适用方法时，应采用射线探伤。

（2）当采用射线探伤方法时，应优先采用 X 射线源进行透照检测，确因厚度、几何尺寸或工作场地所限无法采用 X 射线时，可采用 γ 源进行射线透照。

（3）对于焊缝表面缺陷的检测，应优先采用磁粉探伤，只有存在结构形状等原因无法进行磁粉检测的场合下才采用渗透检测。

（4）当采用渗透探伤方法时，宜优先选用具有较高检测灵敏度的荧光渗透检测，在检测现场无水源、电源的情况下，可以采用着色渗透检测。

（5）当采用两种或两种以上的检测方法对同一部位进行检测时，应符合各自的合格级别；如采用同种检测方法的不同检测工艺进行检测，当检测结果不一致时，应以危险度大的评定级别为准。

3.8.4 焊缝无损检测的检验等级

（1）超声波检验等级分为 A、B、C 三个级别。

1）A 级检验采用一种角度的探头在焊缝的单面单侧进行检验，只对允许扫查到的焊缝截面进行探测。一般不要求做横向缺陷的检验。母材厚度大于 50mm 时，不得采用 A 级检验。

2）B 级检验原则上采用一种角度探头在焊缝的单面双侧进行检验，对整个焊缝截面进行探测。母材厚度大于 100mm 时，采用双面双侧检验。受几何条件的限制可在焊缝的双面单侧采用两种角度探头进行探伤。条件允许时应作横向缺陷的检验。

3）C 级检验至少要采用两种角度探头在焊缝的单面双侧进行检验。同时要做两个扫查方向和两种探头角度的横向缺陷检验。母材厚度大于 100mm 时，采用双面双侧检验。

（2）射线检验等级分为 A、AB、B 三个级别。其中 A 级射线检测技术属于低灵敏度技术，AB 级射线检测技术属于中灵敏度技术，B 级射线检测技术属于高灵敏度技术。

（3）渗透检验灵敏度等级分为 1 级、2 级、3 级。不同灵敏度等级在试块上可显示的裂纹区位效应符合表 3 – 15 的规定。

表 3 – 15 渗透检验灵敏度等级

灵敏度等级	灵敏度分类	可显示的裂纹区位数
1 级	低灵敏度	1 ~ 2
2 级	中灵敏度	2 ~ 3
3 级	高灵敏度	3

3.8.5 无损检人员资质等级

无损检人员资质等级分为Ⅰ、Ⅱ、Ⅲ级。

Ⅰ级无损检测人员可在Ⅱ、Ⅲ级人员的指导下进行无损检测操作、记录检测数据、整理检测资料。

Ⅱ级无损检测人员可编制一般的无损检测程序，按照无损检测工艺规程或在Ⅲ级人员指导下编写工艺卡，并按无损检测工艺独立进行检测操作，评定检测结果，签发检测报告。

Ⅲ级无损检测人员可根据标准编制无损检测工艺，审核或签发检测报告，协调Ⅱ级人员对检测结论的技术争议。

3.8.6 施工单位自检与第三方监督检查

焊缝无损探伤检验根据不同的要求，可以分为施工单位自检和第三方监督检查两种，详见表3－16。

表3－16 焊缝检测分类

	施工单位自检	第三方监督检查
强制性	强制	强制
委托方	施工单位	建设单位
检测单位	施工单位或其委托单位	具有资质的检测机构
检测人员	Ⅱ级以上	Ⅱ级以上
检验数量	一级焊缝100%，二级焊缝20%	按现行规定执行
检测报告	有资质的检测人员签字	有资质的检测人员签字，且盖CMA章和见证检测章

3.8.7 焊缝无损检测的时机及条件

（1）超声波检测。碳素结构钢应在焊缝冷却到环境温度，低合金结构钢应在完成焊接24h以后，进行超声波检验。对于C级检验，要求对接焊缝余高要磨平。

（2）射线检测。表面的不规则状态会掩盖或干扰缺陷影像，因此，在射线检测之前，对接焊缝的表面应进行细致的外观检查和适当修整。对接焊接接头余高应尽可能减小。

（3）磁粉检测。为了能够检测延迟裂纹，磁粉检测应安排在焊后24h进行。

（4）渗透检测。采用荧光渗透剂时，检测温度应为10～38℃；采用着色渗透剂时，检测温度应为10～50℃。渗透时间一般不应少于10min。

（5）对于进行焊后热处理的焊缝，应在热处理以后再计算时间。

3.8.8 焊缝内部缺陷无损探伤检验

（1）无损检测应在外观检测合格后进行。Ⅲ、Ⅳ类钢材及焊接难度等级为C、D级时，应以焊接完成24h后无损检测结果作为验收依据；钢材标称屈服强度不小于690MPa或供货状态为调质状态时，应以焊接完成48h后无损检测结果作为验收依据。

（2）设计要求全焊透的焊缝，其内部缺欠的检测应符合下列规定：

1）一级焊缝应进行100%的检测，其合格等级不应低于表3－17中B级检验的Ⅱ级要求；

2）二级焊缝应进行抽检，抽检比例不应小于20%，其合格等级不应低于表3－17中B级检测的Ⅲ级要求。

3）三级焊缝应根据设计要求进行相关的检测。

（3）缺欠等级评定应符合表3－17的规定。

表3－17 超声波检测缺欠等级评定

评定等级	检验等级		
	A	B	C
	板厚 t（mm）		
	3.5～50	3.5～150	3.5～150
Ⅰ	2t/3；最小8mm	t/3；最小6mm 最大40mm	t/3；最小6mm 最大40mm
Ⅱ	3t/4；最小8mm	2t/3；最小8mm 最大70mm	2t/3；最小8mm 最大50mm
Ⅲ	<t；最小16mm	3t/4；最小12mm 最大90mm	3t/4；最小12mm 最大75mm
Ⅳ	超过Ⅲ级者		

3.8.9 焊缝外观及表面质量检验

（1）焊缝外观质量应满足表3－18的规定。

表3－18 焊缝外观质量要求

检验项目＼焊缝质量等级	一级	二 级	三 级
裂纹	不允许		
未焊满	不允许	≤0.2mm＋0.02t且≤1mm，每100mm长度焊缝内未焊满累积长度≤25mm	≤0.2mm＋0.04t且≤2mm，每100mm长度焊缝内未焊满累积长度≤25mm
根部收缩	不允许	≤0.2mm＋0.02t且≤1mm，长度不限	≤0.2mm＋0.04t且≤2mm，长度不限
咬边	不允许	深度≤0.05t且≤0.5mm，连续长度≤100mm，且焊缝两侧咬边总长≤10%焊缝全长	深度≤0.1t且≤1mm，长度不限

续表 3－18

焊缝质量等级 检验项目	一级	二级	三级
电弧擦伤	不允许		允许存在个别电弧擦伤
接头不良	不允许	缺口深度≤0.05t 且≤0.5mm，每 1000mm 长度焊缝内不得超过 1 处	缺口深度≤0.1t 且≤1mm，每 1000mm 长度焊缝内不得超过 1 处
表面气孔	不允许		每 50mm 长度焊缝内允许存在直径<0.4t 且≤3mm 的气孔 2 个；孔距应≥6 倍孔径
表面夹渣	不允许		深≤0.2t，长≤0.5t 且≤20mm

注：t 为母材厚度。

（2）焊缝外观尺寸应符合下列规定：

1）对接与角接组合焊缝（图 3－31），加强角焊缝尺寸 h_k 不应小于 $t/4$ 且不应大 10mm，其允许偏差应为 $h_{k}{}^{+4.0}_{\ 0}$。焊接 H 形梁腹板与翼缘板的焊缝两端在其两倍翼缘板宽度范围内，焊缝的焊脚尺寸不得低于设计要求值；焊缝余高应符合表 3－19 的要求。

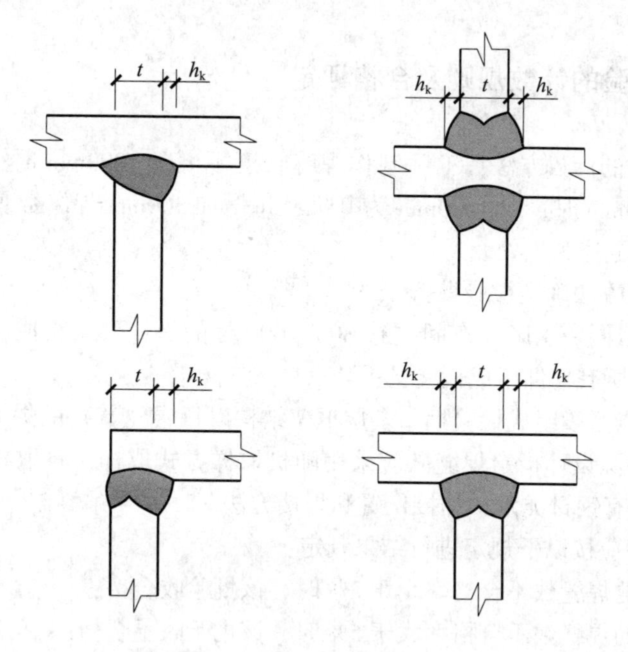

图 3－31 对接与角接组合焊缝

2）对接焊缝与角焊缝余高及错边应符合表3－19的规定。

表3－19 焊缝余高和错边允许偏差（mm）

序号	项目	示意图	允许偏差	
			一、二级	三级
1	对接焊缝余高（C）		$B<20$时，C为0～3；$B\geqslant 20$时，C为0～4	$B<20$时，C为0～3.5；$B\geqslant 20$时，C为0～5
2	对接焊缝错边（Δ）		$\Delta<0.1t$ 且≤2.0	$\Delta<0.15t$ 且≤3.0
3	角焊缝余高（C）		$h_f\leqslant 6$时，C为0～1.5；$h_f>6$时，C为0～3.0	

注：t为对接接头较薄件母材厚度。

3.8.10 焊缝检验的计数规则及合格评定

（1）焊缝处数的计数方法：工厂制作焊缝长度不大于1000mm时，每条焊缝应为1处；长度大于1000mm时，以1000mm为基准，每增加300mm焊缝数量应增加1处；现场安装焊缝每条焊缝应为1处。

（2）可按下列方法确定检验批：

1）制作焊缝以同一工区（车间）按300～600处的焊缝数量组成检验批，多层框架结构可以每节柱的所有构件组成检验批；

2）安装焊缝以区段组成检验批，多层框架结构以每层（节）的焊缝组成检验批。

（3）抽样检验除设计指定焊缝外应采用随机取样方式取样，且取样中应覆盖到该批焊缝中所包含的所有钢材类别、焊接位置和焊接方法。

（4）抽样检验应按以下规定进行结果判定：

1）抽样检验的焊缝数不合格率小于2%时，该批验收合格；

2）抽样检验的焊缝数不合格率大于5%时，该批验收不合格；

3）抽样检验的焊缝数不合格率为2%～5%时，应加倍抽检，且必须在原不合格部位两侧的焊缝延长线各增加 1 处，在所有抽检焊缝中不合格率不大于 3% 时，该批验收合格，大于 3% 时，该批验收不合格；

4）批量验收不合格时，应对该批余下的全部焊缝进行检验；

5）检验发现 1 处裂纹缺陷时，应加倍抽查，在加倍抽检焊缝中未再检查出裂纹缺陷时，该批验收合格；检验发现多处裂纹缺陷或加倍抽查又发现裂纹缺陷时，该批验收不合格，应对该批余下焊缝的全数进行检查。

（5）所有检验出的不合格焊缝都应 100% 予以补修至检验合格。同一部位返修不宜超过两次。

4 高强度螺栓连接工程

4.1 高强度螺栓连接及其分类

4.1.1 高强度螺栓连接机理及其特点

高强度螺栓连接已经发展成为与焊接并举的钢结构主要连接形式，具有受力性能好、耐疲劳、抗震性能好、连接刚度高、施工简便、可拆换等优点，被广泛地应用在建筑钢结构、桥梁钢结构、塔桅钢结构等的工地连接中，成为钢结构现场安装的主要手段之一。

在我国钢结构受剪连接接头中使用的螺栓连接一般分普通螺栓连接和高强度螺栓连接两种。选用普通螺栓或选用高强度螺栓（8.8级以上）作为连接紧固件，但不施加紧固轴力，当受外力时接头连接板即产生滑动，外力通过螺栓杆受剪和连接板孔壁承压来传递［图4－1（a)］，该连接称普通螺栓连接；选用高强度螺栓作为连接的紧固件，并通过对螺栓施加紧固轴力，将被连接的连接板夹紧产生摩擦效应，当受外力作用时，外力靠连接板层接触面间的摩擦来传递，应力流通过接触面平滑传递［图4－1（b)］，该连接被称为通常意义上的高强度螺栓摩擦型连接。

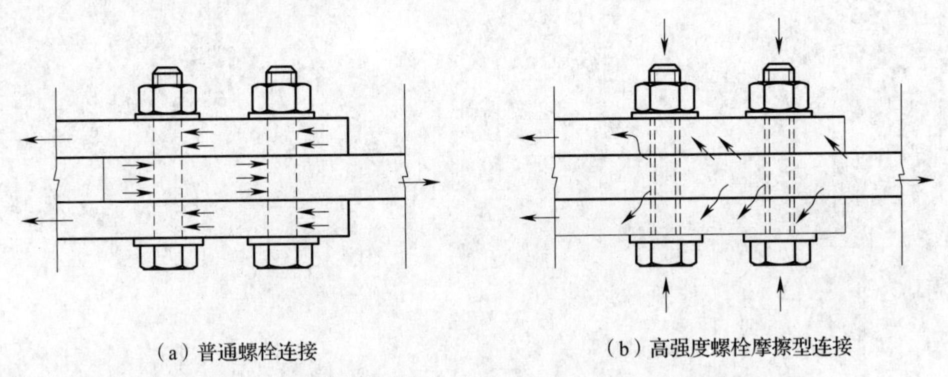

（a）普通螺栓连接　　（b）高强度螺栓摩擦型连接

图4－1　普通螺栓连接和高强度螺栓连接工作机理示意

4.1.2 高强度螺栓连接分类

高强度螺栓连接接头按受力状态大致区分为：主要传递垂直于螺栓轴方向剪力的受剪连接接头［图4－2（a)］，和主要传递沿螺栓轴方向拉力的受拉连接接头［图4－2（b)］。两者传递力方向不同，但在利用拧紧高强度螺栓所得紧固轴力方面是相同的。

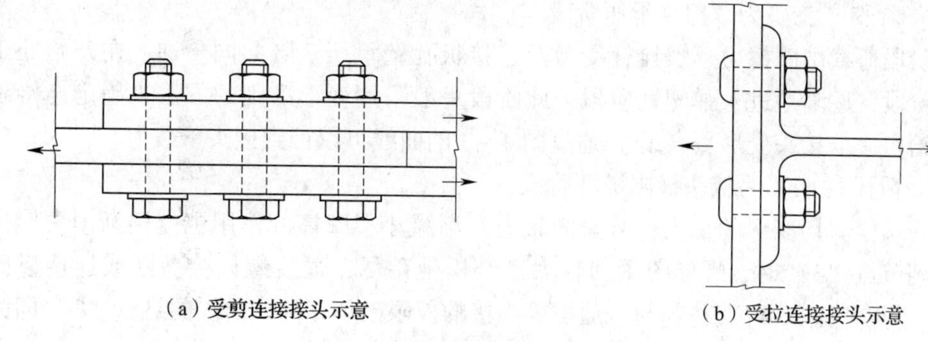

（a）受剪连接接头示意　　（b）受拉连接接头示意

图 4－2　高强度螺栓连接接头示意

高强度螺栓受剪连接接头是最常见的连接形式，图 4－3 为高强度螺栓受剪连接接头荷载－变形曲线，其中竖坐标为施加在接头上的剪切荷载，横坐标为接头沿受力方向的变形，通常为接头连接板之间的相对位移。

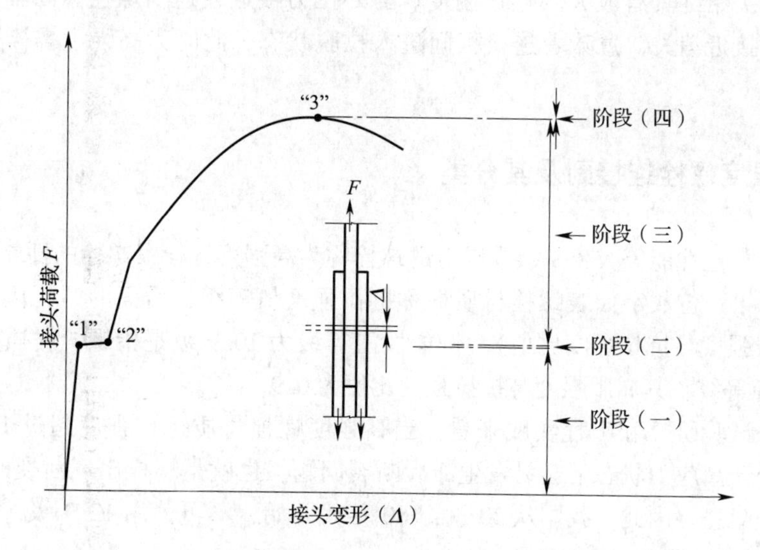

图 4－3　高强度螺栓受剪连接接头典型荷载－变形曲线

从图 4－3 所示的曲线上可以把连接过程分为三个节点四个阶段：

(1) 阶段（一）为静摩擦抗滑移阶段，即摩擦型连接阶段。

在此阶段外力全部靠连接板层之间接触面间的摩擦力来传递，螺栓在连接中只担当一个角色，即靠本身的紧固轴力给连接板之间施加接触压力，从而使接触面产生摩擦力。在这个过程中，螺栓本身不受剪力，即使在重复荷载作用下，螺栓的轴力等受力状态不会发生变化，同时连接接头的变形很小，可以忽略不计。

(2) 阶段（二）为主滑移阶段。

当接近和达到节点“1”时，荷载达到临界摩擦阻力，接头突然发生滑移；当达到节点“2”时，意味着螺栓杆与连接板孔壁接触。连接进入主滑移标志摩擦型连接的破坏，通常把节点“1”定义为摩擦型连接的极限状态，此时的荷载为摩擦型连接的极限承载力。

（3）阶段（三）为摩擦－承压阶段。

此阶段荷载由摩擦力、螺栓杆受剪及连接板孔壁承压三者共同传递，在开始处于弹性变形阶段，逐渐地进入弹塑性阶段，此阶段一般采用变形准则的方法来确定连接承载力，即给定一个接头变形量（Δ），通过图4－3的曲线可以得到接头承载力。

（4）阶段（四）为接头极限破坏阶段。

随着螺栓剪切变形的加大，其紧固轴力渐渐减小，摩擦的作用也就逐渐消失，当接近和达到节点“3”时，螺栓的紧固轴力已经松弛殆尽，最后螺栓被剪断或连接板破坏（拉脱、承压和净截面拉断），与普通螺栓连接的极限破坏相同，曲线的终点“3”即为承压型连接极限破坏状态，此时荷载即为承压型连接接头的极限承载力。

高强度螺栓受拉连接常见于悬挂节点、法兰连接以及梁柱外伸端板连接等，属于传递作用于螺栓轴向力的连接形式，利用紧固螺栓时产生在连接板间的压力进行应力传递，其特点是作用的外力和紧固螺栓时产生在连接板间的压力相平衡，使得螺栓本身的轴力变化很小，接头始终具有较大的连接刚度。当外拉力接近或达到螺栓紧固轴力时，接头连接板间压力接近消失，意味着连接板间进入拉脱状态，此时为高强度螺栓受拉连接的极限状态。

4.1.3 高强度螺栓连接副及其分类

在我国通常把性能等级8.8级及以上的螺栓称为高强度螺栓，螺栓的性能等级在世界上通用，其中第一位数字代表螺栓材质标称抗拉强度值等级，后面的两位代表该材质的屈强比（屈服强度与抗拉强度比值），例如性能等级为10.9级是指螺栓材质的抗拉强度达到1000MPa等级，其屈服强度与抗拉强度比值为0.9。

从国内外试验研究和工程实践来看，当高强度螺栓材质抗拉强度超过1000MPa时，紧固后螺栓处于高应力状态下会易发生滞后断裂问题，也就是螺栓出现断裂的概率较高，造成工程安全隐患。因此，我国从20世纪80年代开始，不再使用12.9级，目前常用的是8.8级和10.9级两种。

从外形上看，国内外最常用的有大六角头和扭剪型两种。从表面处理来分主要是磷化、皂化处理和镀锌处理，其中镀锌处理一般应用在8.8级。

总体上讲，虽然各国制造高强度螺栓的材料不一，但只要性能等级相同，其性能就是一样的。表4－1列出了各主要国家和地区高强度螺栓性能的对比情况。

表4－1 主要国家和地区高强度螺栓性能对比

国家	螺栓标准	性能等级	连接副类型	抗拉强度值（MPa）
中国	GB/T 1231	8.8级	大六角头型	830～1030
		10.9级	大六角头型	1040～1240
	GB/T 3632	10.9级	扭剪型	1040～1240

续表 4－1

国家	螺栓标准	性能等级	连接副类型	抗拉强度值（MPa）
美国	ASTM A325	A325	大六角头型	725～830（不同直径下最低值）
	ASTM A490	A490	大六角头型	1035～1190
	ASTM F1852	F1852	扭剪型	725～830（不同直径下最低值）
欧盟	BS EN14399 ISO898－1	8.8s	大六角头型	800（名义抗拉强度）
		10.9s	大六角头型	1000（名义抗拉强度）
日本	JIS B 1186	F10T	大六角头型	1000～1200
	JSS Ⅱ 09	S10T	扭剪型	1000～1200

1．大六角头高强度螺栓连接副

大六角头高强度螺栓连接副含一个螺栓、一个螺母、两个垫圈（螺头和螺母两侧各一个垫圈），见图 4－4。螺栓、螺母、垫圈在组成一个连接副时，其材料以及性能等级要匹配，表 4－2 为大六角头高强度螺栓连接副材料及性能等级匹配表。

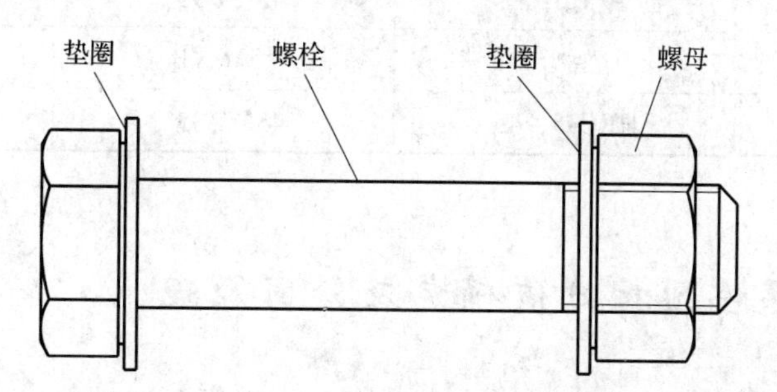

图 4－4　大六角头高强度螺栓连接副示意

表 4－2　大六角头高强度螺栓连接副材料及性能等级匹配表

类　别	性能等级	推荐材料	材料标准
螺栓	8.8 级	$45^{\#}$	GB/T 699
		$35^{\#}$	GB/T 699
	10.9 级	20MnTiB	GB/T 3077
		40B	GB/T 3077
螺母	10H	$45^{\#}$或 $35^{\#}$	GB/T 699
		15MnVB	GB/T 3077
垫圈	HRC35－45	$45^{\#}$或 $35^{\#}$	GB/T 699

2. 扭剪型高强度螺栓连接副

扭剪型高强度螺栓连接副含一个螺栓、一个螺母、一个垫圈（螺母侧一个垫圈），见图4－5。螺栓、螺母、垫圈在组成一个连接副时，其材料以及性能等级要匹配，表4－3为扭剪型高强度螺栓连接副材料及性能等级匹配表。

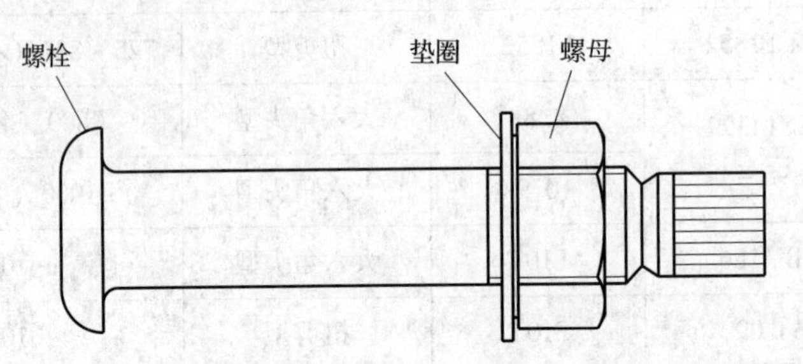

图4－5　扭剪型高强度螺栓连接副示意

表4－3　扭剪型高强度螺栓连接副材料及性能等级匹配表

类　别	性能等级	推荐材料	材料标准
螺栓	10.9级	20MnTiB	GB/T 3077
螺母	10H	45#或35#	GB/T 699
		15MnVB	GB/T 3077
垫圈	HRC35－45	45#或35#	GB/T 699

4.2　高强度螺栓预拉力值确定及紧固原理

4.2.1　高强度螺栓预拉力（紧固轴力）的确定

高强度螺栓连接与普通螺栓连接的主要区别就是对螺栓施加一个预拉力，预拉力越大，其承载能力就越大，接头的效率也越高，当确定它的大小时，要综合考虑螺栓的屈服强度、抗拉强度、折算应力、应力松弛以及生产和施工的偏差等因素。

设螺栓的屈服强度为R_e，抗拉强度为f_t^b，螺栓有效截面积为A_{eff}，正应力为σ，剪应力为τ。

1. 高强度螺栓预拉力确定准则

通过拧紧螺母的方式，螺栓中除产生有张拉应力外，同时还附加有由于扭转产生的剪应力，因此，螺栓在拧紧过程中及拧紧后是处在复合应力状态下工作。高强度螺栓预拉力确定准则就是螺栓中的拉应力和扭矩产生的剪应力所形成的折算应力不超过螺栓的屈服点。根据第四强度理论，强度条件为：

$$8.8\text{级}：\sigma_r = \sqrt{\sigma^2 + 3\tau^2} \leqslant R_e = 0.8 f_t^b A_{eff} \tag{4-1}$$

$$10.9\text{级}：\sigma_r = \sqrt{\sigma^2 + 3\tau^2} \leqslant R_e = 0.9 f_t^b A_{eff} \tag{4-2}$$

2. 折算应力系数

试验研究表明，由于剪应力的影响，螺栓的屈服强度和抗拉强度较单纯受拉时有所降低，一般降低约9%~18%。考虑到剪应力相对拉应力较小，在确定螺栓预拉力时，剪应力对螺栓强度的影响通常是用折算应力系数来考虑的。我国在确定螺栓设计预拉力时，折算应力系数取1.2。

3. 预拉力松弛系数

国内外试验研究结果表明，高强度螺栓终拧后会出现应力应变松弛现象，这个过程会持续30~45h后稳定下来，大部分松弛发生在最初1~2h内，大量实测结果统计分析得到，在具有95%保证率的情况下，螺栓应变松弛为8.4%。因此，螺栓应力松弛系数取0.9，也就是螺栓的施工预拉力比设计预拉力高10%。

4. 偏差因数影响系数

在高强度螺栓生产、扭矩系数等施工参数测试以及紧固工具、量具等都存在着一定的偏差，因此，综合考虑偏差因数影响系数采用0.9。

5. 高强度螺栓设计预拉力值

根据高强度螺栓预拉力确定准则，考虑折算应力系数、预拉力松弛系数以及偏差因数影响系数，高强度螺栓设计预拉力值P为：

$$8.8\text{级}：P = 0.8 \times 0.9 \times 0.9 f_t^b A_{eff} / 1.2 = 0.54 f_t^b A_{eff} \tag{4-3}$$

$$10.9\text{级}：P = 0.9 \times 0.9 \times 0.9 f_t^b A_{eff} / 1.2 = 0.61 f_t^b A_{eff} \tag{4-4}$$

按照式（4-3）、式（4-4），可以分别计算出一个高强度螺栓的预拉力设计值，随着国内外研究的进展，高强度螺栓应力达到或超过屈服点后的状况，特别是应力松弛问题得到进一步的了解，另外国外主要国家的预拉力基本控制在螺栓抗拉强度的65%，因此，8.8级设计预拉力是在公式（4-3）的基础上增加10%，这样我国8.8级、10.9级高强度螺栓设计预拉力基本控制在螺栓抗拉强度的60%左右。

将计算结果按照小直径螺栓强度稍高于大直径螺栓的实际情况进行调整并归整后，结果见表4-4。

表4-4 一个高强度螺栓的预拉力设计值（kN）

性能等级	螺栓规格						
	M12	M16	M20	M22	M24	M27	M30
8.8级	45	80	125	150	175	230	280
10.9级	55	100	155	190	225	290	355

4.2.2 大六角头高强度螺栓扭矩紧固原理

1. 施工扭矩与螺栓轴力（预拉力）的关系

高强度螺栓的紧固是通过拧紧螺母进行的，在拧紧螺母的过程中，从能量守恒的角度，螺母上受到的外加扭矩所做的主动功 $A_{外}$ 将转换为三部分功：①使螺栓轴方向产生拉应力，形成螺栓轴力，进而达到设计要求的预拉力，这是有用功 $A_{有用}$；②螺栓螺纹与螺母螺纹之间的摩擦力消耗一部分无用功 $A_{无用1}$；③垫圈与螺母支承面间的摩擦力也消耗一部分无用功 $A_{无用2}$。根据能量守恒：

$$A_{外}=A_{有用}+(A_{无用1}+A_{无用2})$$

当施工扭矩一定时，即 $A_{外}$ 一定时，期望产生螺栓轴力的有用功 $A_{有用}$ 越多越好，这样效率就高，因此就想办法减少消耗的无用功（$A_{无用1}+A_{无用2}$）；将 $A_{有用}/A_{外}$ 称为效率系数，其实高强度螺栓连接副的材料选择、生产过程控制、施工工艺及施工质量的检验都是围绕着提高和稳定效率系数上。

拧紧螺栓时，施加在螺母上的扭矩 T 和螺栓预拉力 P 的关系可通过力的平衡求得，对于图 4-6 所示的螺纹，可得到式（4-5）。

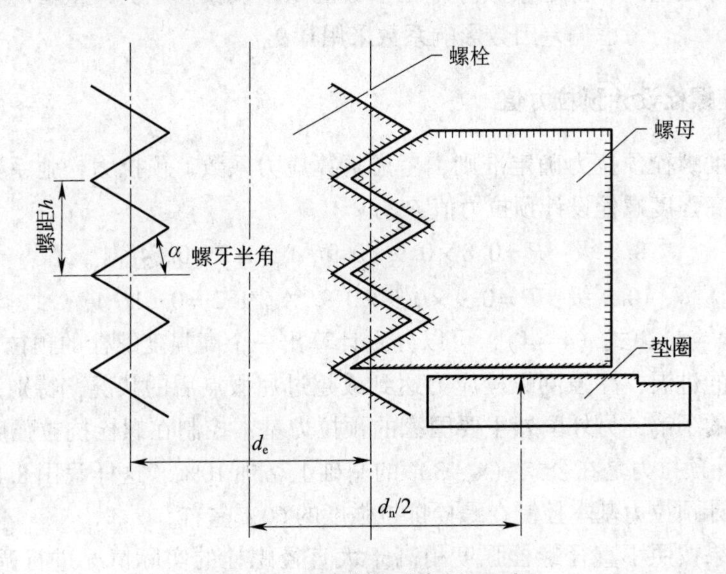

图 4-6 螺栓螺纹部分示意

$$T=\frac{P}{2}\left[d_e\tan(\rho+\beta)+d_n\mu_n\right] \tag{4-5}$$

$$\rho=\arctan(\mu_s/\cos\alpha)$$

式中：P——螺栓预拉力；

d_e——螺纹有效直径；

ρ——螺纹面的摩擦角；

μ_s——螺纹面的摩擦系数；

α——螺牙的半角；

β——升角，$\beta = h/\pi \cdot d_e$；

d_n——螺母和垫圈接触面的平均直径；

μ_n——螺母和垫圈接触面间摩擦系数。

对于相同形状和尺寸的螺栓连接副，d_e、d_n、α、β 都是确定的值，假定一个系数：

$$K = \frac{1}{2}\left[\frac{d_e}{d}\tan(\rho + \beta) + \frac{d_n}{d}\mu_n\right]$$

则：

$$T = KdP \tag{4-6}$$

式中：d——螺栓公称直径；

K——扭矩系数。

由式（4－6）可知，如果一批螺栓连接副有相同的扭矩系数 K，给螺母施加一定的扭矩值就可以得到设计所要求的预拉力，因此，控制一批螺栓连接副扭矩系数（平均值和变异系数）稳定，是扭矩法施工的关键。

2．扭矩系数及影响因素

扭矩系数 K 是螺纹形状、螺纹间摩擦、螺母与垫圈支承面间的摩擦等主要参数的函数，当螺纹的几何尺寸确定后，影响扭矩系数的因素主要是螺纹间摩擦系数 μ_s 和螺母与垫圈支承面间的摩擦系数 μ_n，因此，扭矩系数的大小及其离散性与螺栓、螺母、垫圈三者的加工精度、热处理工艺、表面状态、摩擦系数以及螺纹损伤情况有关，是一个体现连接副（螺栓、螺母、垫圈）整体质量的一个重要参数。

由于扭矩法施工的紧固扭矩是按同批螺栓扭矩系数的平均值计算确定的，所以紧固预拉力的离散程度与扭矩系数的离散性紧密相关，当扭矩系数的变异系数超出标准值，就会造成部分螺栓紧固预拉力不足或出现过分紧固状态，甚至出现螺栓断裂的危险。因此，扭矩系数的离散性是更为重要的指标。

当高强度螺栓连接副按照标准生产，出厂前经过扭矩系数检验并合格后，在施工阶段，仍然有不少因数影响扭矩系数值及其离散性，主要有以下几方面的因素：

（1）表面润滑状态。表面分别处在干燥、油润、涂抹黄油三种状态下，扭矩系数分别呈减小的趋势，试验结果表明，涂抹黄油会减小扭矩系数5%左右。这也是高强度螺栓连接副保质时间为6个月的原因之一。

（2）表面锈蚀状况。高强度螺栓连接副保管和使用过程中，如果连接副或其中的螺栓、螺母、垫圈任何一个出现锈蚀，都会对扭矩系数和离散性产生很大的变化。不同的锈蚀程度，对扭矩系数的影响不同，这就是为什么要求室内存放且有防生锈及沾染污物等措施，并规定当天安装的螺栓当天开包，不得露天放置的原因。

（3）环境温度的影响。试验结果显示，扭矩系数有随温度下降成比例上升，或随温度上升成比例下降的趋势，因此，规定的扭矩系数值通常指常温情况，当温度低于0℃或高于40℃时，应进行扭矩系数与温度相关性试验，调整扭矩系数值。

（4）重复拧紧的因素。试验结果表明，高强度螺栓重复拧紧，只要螺栓拉力不超过屈服点，第一次和第二次拧紧的扭矩系数变化不大，第二次拧紧时，扭矩系数略有降低1.0%~1.5%。因此，在进行螺栓紧固扭矩检验时，一般采用将螺母退回一定角度，再拧回原来的位置后，测定此时的扭矩值是否达到规定扭矩值的方法。

4.2.3 大六角头高强度螺栓螺母转角法紧固原理

1. 转角系数与转角刚度

在螺栓拧紧时，螺栓杆被拉伸，约束板件被压缩。设螺栓预拉力为 P，螺栓的弹簧系数为 K_b，伸长量为 δ_b；约束板件的弹簧系数为 K_p，压缩量为 δ_p，如图4－7所示。

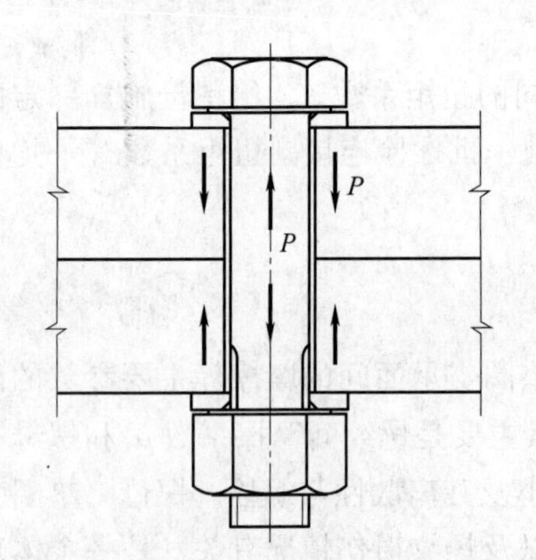

图4－7 螺栓与板件力平衡关系

根据平衡条件：

$$P = K_b\delta_b = K_p\delta_p \tag{4-7}$$

螺母的旋进量为 $\delta_b + \delta_p$，则螺母的旋转角度 θ 可以计算为：

$$\theta = 360° \times \frac{\delta_b + \delta_p}{p} \tag{4-8}$$

式中：p——螺纹螺距。代入式（4－7）中可以得到：

$$\theta = \frac{360°}{p}\left(\frac{1}{K_b} + \frac{1}{K_p}\right)P \tag{4-9}$$

可以写成：

$$\theta = \alpha P \tag{4-10}$$

其中：$\alpha = \frac{360°}{p}\left(\frac{1}{K_b} + \frac{1}{K_p}\right)$，是与螺距及材料物理性能有关的系数，简称转角系数。

式（4－10）还可以写成 $P = \frac{1}{\alpha}\theta$，令 $K_R = \frac{1}{\alpha}$，则有：

$$P = K_R\theta$$

其中：$K_R = \frac{p}{360°} \cdot \frac{K_bK_p}{K_b + K_p}$，代表了弹性阶段螺栓预拉力与螺母转角之间的线性关系，称为转角刚度。

2. 转角和轴力的关系

关于螺母转角和螺栓轴力的关系，欧美和日本进行了很多试验，总结出螺母转角和螺栓轴力的关系如图4－8所示。

螺栓拧紧的基本方法为螺母转角法时，至少初拧的螺栓轴力和螺母转角应超过图4－8中的A点，即到达直线部分，此点相当于被连接板件开始密贴状态，初拧规定为测量转角的起点，终拧在超过Y点达到塑性区域后所得到的螺栓轴力受转角误差的影响比较少，因此目前使用转角法的国家都将 θ_Y 作为终拧的最小转角，将 θ_M 作为螺母容许转角的上限，根据拧紧试验得到的转角和螺栓轴力的关系，以所需的最小转角和容许转角界限的中点 θ_D 作为转角的标准，认为此时误差的容许范围最大，这也就是所谓的塑性区域螺母转角法。

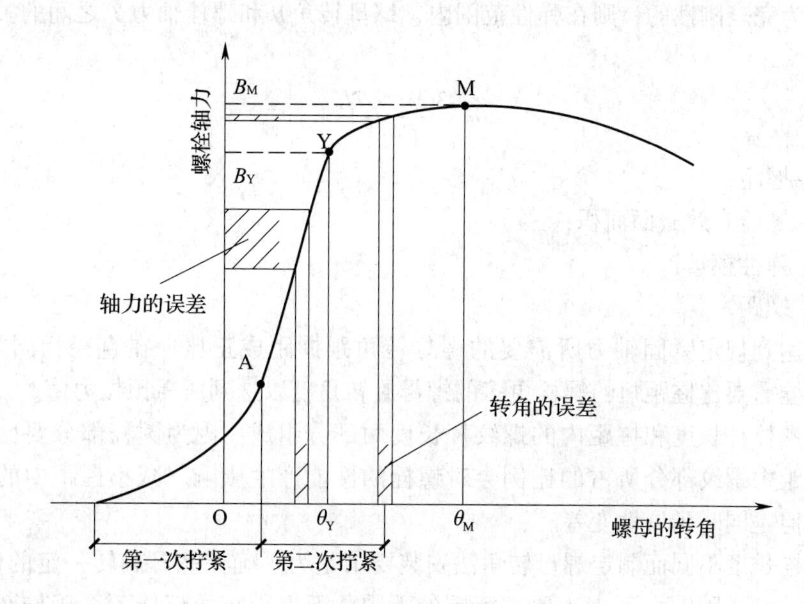

图 4-8 螺母转角和轴力关系图

塑性区域转角法和扭矩法最大的不同点是，扭矩法如前面所说是以 AY 之间的接近 Y 的点作为标准，转角法是以 YM 之间的点作为标准，螺母转角用 30°为控制单位是很方便的，从图 4-8 中可知 AY 间螺母转角的误差对应的螺栓轴力的误差是有相当的数量的，而在 YM 之间有相同的螺母转角误差时得到的螺栓轴力变化则非常小。而且同扭矩法比较起来，转角法不直接受扭矩系数的影响。

还有一种弹性区域螺母转角法，即用图 4-8 中螺栓轴力和螺母转角保持直线关系的 AY 段作为拧紧标准的，这种情况是基于使螺栓不进入塑性区段而考虑的。因为这种情况螺母转角误差对螺栓的轴力影响很大，所以初拧必须确保十分准确才行。

在采用塑性区域螺母转角法时，高强度螺栓有可能在使用过程中发生延迟断裂。延迟断裂指的是高强度钢在高应力状态下突然脆性破断的现象。以前的研究表明，对于目前抗拉强度在 1200MPa（12.9S）以下的高强度螺栓基本上很少存在延迟断裂的问题。因此对于目前使用最多的 8.8 级和 10.9 级高强度螺栓可以使用螺母转角法紧固，而不必担心拧紧力过大时会有发生延迟断裂的危险。

3. 影响高强度螺栓轴力-转角性能的因素

轴力-转角曲线的形状取决于很多因素，例如螺栓长度、夹握长度（握距）、润滑状态、螺栓材料硬度以及试验设备，上述任一因素都可能对高强度螺栓的拧紧性能有所影响。

（1）螺栓夹握长度（握距）。

握距是指螺栓头和螺母垫圈表面之间的连接板的总厚度，不包括垫圈厚度。图 4－9 表示的是，具有同样机械性能和润滑状态的螺栓，在握距不同时的特性关系。从式 (4－8) 给出的转角－轴力的关系可以看出该关系与螺栓和被拧紧板件的刚度有关。假设被拧紧板件为完全刚性的，则在弹性范围内，螺母转角 θ 和螺栓轴力 T 之间的关系可以用下式表示：

$$\theta = \frac{360° \times TL}{EA_e p} \tag{4-11}$$

式中：L——握距；

A_e——螺栓有效截面面积；

E——弹性模量；

p——螺距。

因此，达到规定紧固轴力所需要的螺母转角跟握距成正比。在直径相同的情况下，握距长的螺栓需要比握距短的螺栓更多的螺母旋转角度以达到所需预拉力值。

握距由螺栓杆长度和握距内的螺纹杆长度两部分组成。因为圆杆部分要比螺纹部分硬，所以握距中螺纹部分所占的比例会对螺栓的性能产生影响。减小握距中的螺纹数可以增加强度但是同时延展性变差。

根据螺栓长度不同而制定螺母转角法安装要求是为了确保螺母旋转一定的角度之后，握距长的螺栓其紧固轴力不小于要求范围的下限，而握距小的螺栓不至于拧断，同时紧固轴力不超过要求范围的上限，如图 4－9 所示。

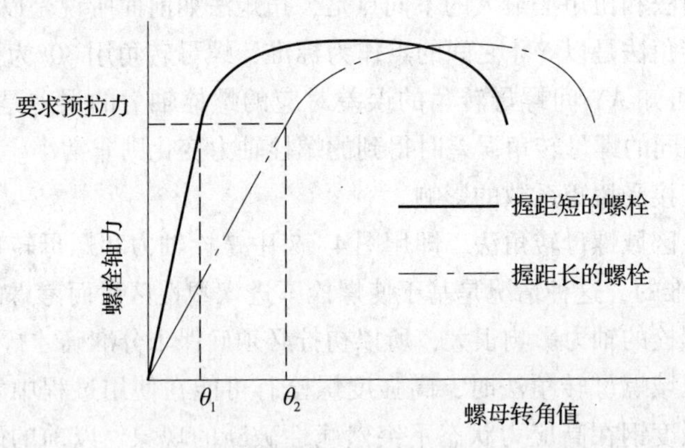

图 4－9　握距对螺栓轴力－转角关系的影响示意图

（2）扭矩系数。

扭矩系数对轴力－转角曲线有着明显的影响。扭矩系数太大会明显降低螺栓的强度和延展性。

由于我国一直在使用扭矩法紧固，因此在扭矩系数的控制上比英美两国要好得多。美国因为很早就开始使用转角法施拧，在扭矩系数方面并没有严格控制的要求。涉及的热镀锌高强度螺栓由于扭矩系数偏大且离散严重，是需要特别加以注意的。

4.2.4 扭剪型高强度螺栓紧固原理

扭剪型螺栓与大六角头高强度螺栓在材料的力学性能方面及拧紧后的接头连接性能方面基本相同，所不同的是外形和预拉力的控制方法，如图4－10所示，扭剪型螺栓螺头和铆钉头相似，呈半圆形。这是因为扭剪型螺栓可一面操作，无须有人在螺头一边辅助作业，螺栓也不会转动。螺尾多了一个梅花形卡头和环形切口，用以承受扳手紧固螺母的反扭矩和控制紧固扭矩的大小，其次在连接副的组成上，因螺头的支撑面为圆形，承压面的大小与垫圈相当，把螺头与垫圈的功能结合为一体。因此在连接副的组成上较大六角头高强度螺栓少一个垫圈，即在螺头一边可不加垫圈。

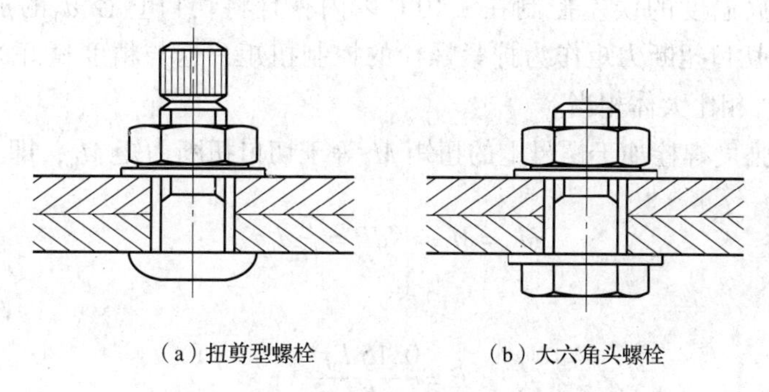

（a）扭剪型螺栓　　（b）大六角头螺栓

图4－10　两种螺栓紧固前的形状

在拧紧方法上，扭矩法用扳手控制加在螺母上的扭矩，而扭剪型螺栓使用螺栓尾部的环形切口的扭断力矩来控制的。扭剪型螺栓的紧固采用专用电动扳手，扳手的扳头由内外两个套筒组成，内套筒套在梅花头上，外套筒套在螺母上，其紧固过程如图4－11所示。梅花卡头承受紧固螺母所产生的反扭矩，内外套筒输出扭矩相等，方向相反，螺栓切口处承受纯扭剪。当加于螺母的扭矩增加到切口扭断力矩时，切口断裂，拧紧过程完毕。所以施加给螺母的最大扭矩即为切口的扭断力矩。

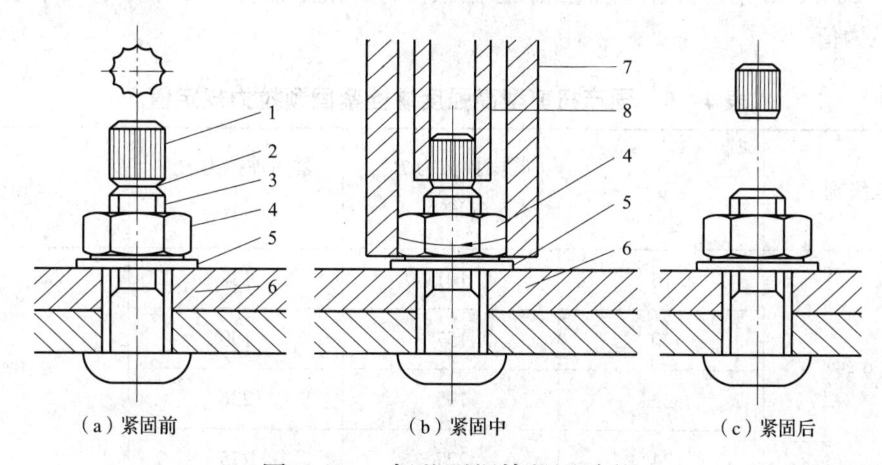

（a）紧固前　　（b）紧固中　　（c）紧固后

图4－11　扭剪型螺栓紧固过程

1—梅花头；2—断裂切口；3—螺栓螺纹部分；4—螺母；5—垫圈；6—被紧固的构件；7—外套筒；8—内套筒

由材料力学可知，其切口扭断力矩 M_b 为：

$$M_b = W\tau_b = \frac{\pi}{16}d_0^3\tau_b \tag{4-12}$$

式中：W——材料断面系数（mm^3）（圆截面 $W=\frac{\pi}{16}d_0^3$）；

τ_b——扭矩极限强度（MPa）；

d_0——切口底径（mm）。

目前国内扭剪型高强度螺栓用 20MnTiB 钢制造，由试验可知，20MnTiB 钢在相同热处理条件下，τ_b 是一个变异不大的常数，且 $\tau_b = 0.77f_u$（f_u 为其抗拉强度），并且当回火温度增加或减少 10℃时，相同切口直径的扭断力矩相应减少或增加 10～20N·m，因此，将热处理时的回火温度的误差控制在 ±10℃ 以内，且将切口直径 d_0 的加工误差控制在 0.1mm 以下，把切口扭断力矩作为拧紧螺栓的控制扭矩，这与精度良好的扭矩扳手（误差小于 30N·m）相比大体相当。

因扭剪型高强度螺栓加于螺母上的扭矩 M_k 等于切口扭断力矩 M_b，即

$$M_k = M_b = KdP = \frac{\pi}{16}d_0^3\tau_b \tag{4-13}$$

则

$$P = \frac{0.15d_0^3 f_u}{Kd}$$

式中符号意义同前。

式（4-12）与式（4-13）基本相同，所不同的是扭剪型螺栓的紧固轴力 P 不仅与其扭矩系数有关，而且与螺栓材料的抗拉强度 f_u 和切口直径 d_0 有关，这就给螺栓制造提出了更高的要求，需要同时控制 d_0、f_u、K 三个参量的变化幅度，才能有效地控制 P 值的稳定性。在扭剪型螺栓的技术标准中，直接规定了轴力 P 及其离散性，而隐去了与施工无关的扭矩系数 K。

国产 20MnTiB 钢扭剪型高强度螺栓紧固预拉力 P 规定如表 4-5 所示，表中最小值为设计预拉力值。

表 4-5　国产扭剪型高强度螺栓紧固预拉力规定值

螺栓级别	d	紧固预拉力 P_{min}（kN）	紧固预拉力 P_{max}（kN）	波动值 λ
10.9 级	16	101	122	≤10%
	20	157	190	
	22	195	236	
	24	227	275	

4.3 摩擦型连接接头

高强度螺栓受剪作用的摩擦型连接接头承载力主要与螺栓预拉力、连接板摩擦面抗滑移系数以及螺栓孔型式等相关，螺栓预拉力为设计预拉力 P，是确定的数值，因此，本节重点论述连接板摩擦面抗滑移系数以及螺栓孔型对接头承载力的影响。

4.3.1 连接板摩擦面处理及抗滑移系数

1. 连接板摩擦面处理方法

在摩擦型连接中，连接板摩擦面的状态对接头的抗滑移承载力有很大的影响，摩擦面的处理方法、表面粗糙度以及表面的铁磷、浮锈、尘埃、油污、涂料、焊接飞溅等都会引起摩擦力的变化，因此，高强度螺栓摩擦型连接必须要对连接板表面进行处理。目前我国常用的摩擦面处理方法见表4－6。

表4－6　我国常用的摩擦面处理方法

序号	处理方法	推荐工艺	备　注
1	喷砂（丸）	铸钢丸（粒径1.2～1.7mm，硬度HRC40～60）或石英砂（粒径1.5～2mm，硬度HRC50～60），压缩空气的工作压力为0.5～0.8MPa，喷嘴直径8～10mm，喷嘴距试板表面200～300mm	表面为银灰色，粗糙度45～50
2	喷砂（丸）后生赤锈	喷砂（丸）工艺同上，露天生锈60～90天，组装前除浮锈	表面为锈黄色，粗糙度50～55
3	喷砂（丸）后涂涂料	喷砂（丸）工艺同上，涂装工艺见本章4.3.2节	表面为涂料色
4	原轧制表面清除浮锈	钢丝刷（电动或手动）除锈方向与接头受力方向垂直	表面无浮锈及尘埃、油污、涂料、焊接飞溅等

值得注意的是，制造企业存在一个误区，往往将构件表面除锈处理与摩擦面处理合并在一起，即将构件送入大型抛丸机中除锈，所用的为铸钢丸（粒径SS1.0～1.2，硬度HRC40～50），有时加入一定量的钢丝切丸，将钢丸高速抛向钢板表面，靠钢丸的冲击和摩擦将氧化皮、铁锈及污物除掉，同时使表面获得一定的粗糙度，以利于漆膜附着。构件的抛丸除锈工艺显然达不到连接摩擦面处理的要求，实际的抗滑移系数值较低。这主

要是构件的连接板未专门矫平，抛射的钢丸硬度低于铸钢砂或石英砂，喷射距离和喷射角度在大型抛丸机内无法控制，如改用铸钢砂或石英砂除锈并兼作摩擦面处理，则会大大增加成本。

因此，建议在构件通过抛丸除锈后，对连接板摩擦面（面积占整个构件表面积很小）再采用人工喷砂（丸）的方法，来确保摩擦面抗滑移系数值满足设计要求。

2. 摩擦面抗滑移系数

抗滑移系数可以用滑动力与法向压力的比值来表示。它因摩擦面的表面状态不同而有很大差异。即使是同样的表面状态，抗滑移系数也因表面的粗糙度以及接头板材接触面上有无浮锈、尘埃及油污黏着物而不同。而且这些差异是很大的。因此要确定相应摩擦面的抗滑移系数值，并不是轻而易举的，要通过大量的试验来取得。由于栓接接头的抗滑移系数值服从于某种概率分布，因此对大量试验数据经过概率统计分析可以确定其合适的取值。一般来说，通过喷砂处理后生成赤锈，抗滑移系数值有显著提高，而且具有比较稳定的数值。

抗滑移系数值一般是依赖于表面情况并根据试验来确定的。因此，在摩擦型栓接接头的计算中，抗滑移系数按下式计算：

$$\mu = \frac{N_{\mathrm{t}}^{\mathrm{b}}}{n_{\mathrm{f}} \sum_{i=1}^{t} P_i} \tag{4-14}$$

式中：μ——抗滑移系数值；

$N_{\mathrm{t}}^{\mathrm{b}}$——栓接接头抗滑移荷载；

n_{f}——高强度螺栓传力摩擦面的面数；

$\sum_{i=1}^{t} P_i$——同接头抗滑荷载一侧对应的高强度螺栓设计预拉力的实测值总和。

3. 影响抗滑移系数的因素

摩擦面抗滑移系数是通过标准试件测试得到的，准确地讲是一个名义摩擦系数，它除了和摩擦面处理方法、摩擦面粗糙度直接相关外，还和试验及其他因数有一定的关系。

（1）连接板强度和硬度。从摩擦力的原理来看，两个粗糙面接触时，接触面相互齿合，摩擦力就是所有这些齿合点的切向阻力的总和，见图4-12。因此，母材钢种强度和硬度越高，克服粗糙面所需的抗滑力就越大，摩擦面抗滑移系数自然就大。

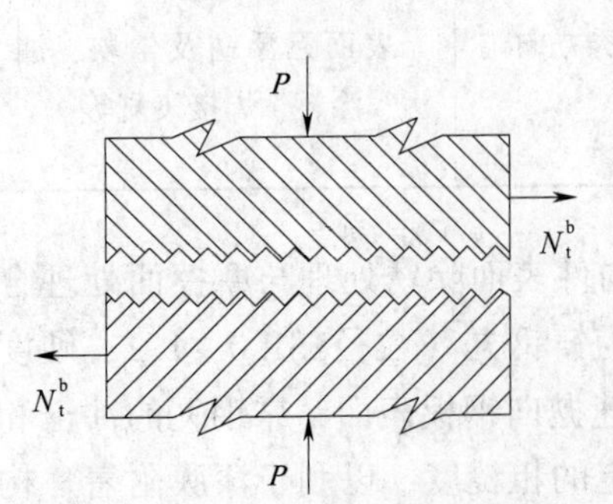

图4-12 摩擦面微观示意图

（2）连接板的厚度和螺栓孔距。试验研究结果表明，抗滑移系数随连接板厚度的增加而趋于减小，同时随着孔距的加大也同时减小，这是各国都一致采用标准的试件来测试抗滑移系数的原因；同时，也是对厚板或超长高强度螺栓摩擦型连接承载力进行折减的原因之一。

（3）环境温度的影响。高温试验研究结果看，无论是加热后却冷到常温，还是处在加热状态下，随着温度的增加，抗滑移系数有明显降低的趋势，在加热到200℃状态或加热到200℃再却冷到常温，抗滑移系数比常温要低9%～16%，因此，设计规范规定，当环境温度在100～150℃时，连接承载力降低10%，环境温度超过150℃时，要采取隔热降温措施。

（4）摩擦面重复使用的影响。高强度螺栓连接接头滑移（主滑移）以后，摩擦面栓孔周围的粗糙面变得平滑光亮。试验结果表明，摩擦面第二次使用时，抗滑移系数平均降低15%左右。这也是接头滑移后，摩擦传力的作用会减小的原因之一。

4.3.2　涂层摩擦面抗滑移系数

设计人员可根据结构内力分析，经高强度螺栓连接计算后，提出抗滑移系数要求，对不同的结构类型提出不同的要求。如对轻型门式钢架梁－梁、梁－柱连接，抗滑移系数要求达到0.15或0.25即可。对轻型单、多层钢结构房屋，滑移系数可定为0.30～0.40，个别节点抗剪承载力不足时可增加螺栓数量。对高层建筑和重型工业建筑框架结构，抗滑移系数可取高值。若个别节点受尺寸或螺栓布置数量的限制，提出更高的抗滑移系数要求也是可以的（≤0.65），采用严格的喷砂工艺和防滑涂料是能达到的。采用不同的钢板表面处理工艺和涂层处理方法，可以达到不同的防腐和抗滑效果，以满足工程中不同的需求。根据一些钢结构加工厂多年来的试板检测情况和涂层连接的试验，以及相关资料分析，按表4－7选取涂层连接抗滑移系数值，此值为设计选用的高限值。

表4－7　涂层连接面抗滑移系数μ

<table>
<tr><th>涂层类别</th><th>表面处理要求</th><th>涂装方法及涂层厚度</th><th>抗滑移系数μ</th></tr>
<tr><td>醇酸铁红
聚氨酯富锌
环氧富锌</td><td rowspan="4">抛丸除锈，
达到Sa2级及以上</td><td>喷涂或手工涂刷，
60～80μm</td><td>0.15</td></tr>
<tr><td>无机富锌
水性无机富锌</td><td>喷涂或手工涂刷，
60～80μm</td><td>0.40</td></tr>
<tr><td>锌加（ZINGA）</td><td>喷涂，60～80μm</td><td rowspan="2">0.45</td></tr>
<tr><td>防滑防锈硅酸锌漆
（HES－2）</td><td>喷涂，60～80μm</td></tr>
</table>

涂层摩擦面的抗滑移系数值相对稳定，同时又能起到防腐的作用，是今后发展的方向，值得推广应用。

4.3.3 螺栓孔距对抗滑移系数的影响

孔间距增大，对防止连接板拉脱破坏是有明显效果的，但孔距增减是否会引起连接抗滑移性能的变化，对此也进行了对比试验和计算分析，首先按中国标准孔距，英、日标准孔距，美、俄标准孔距制作了双栓试板和四栓试板（见图4－13），共计18套。全部试板采用相同的材质，取自同一钢结构厂加工，同批制作，采用同一摩擦面处理工艺(对18套试板在同一抛丸机内一起处理)。试板在同一环境条件下存放，应用同批同一性

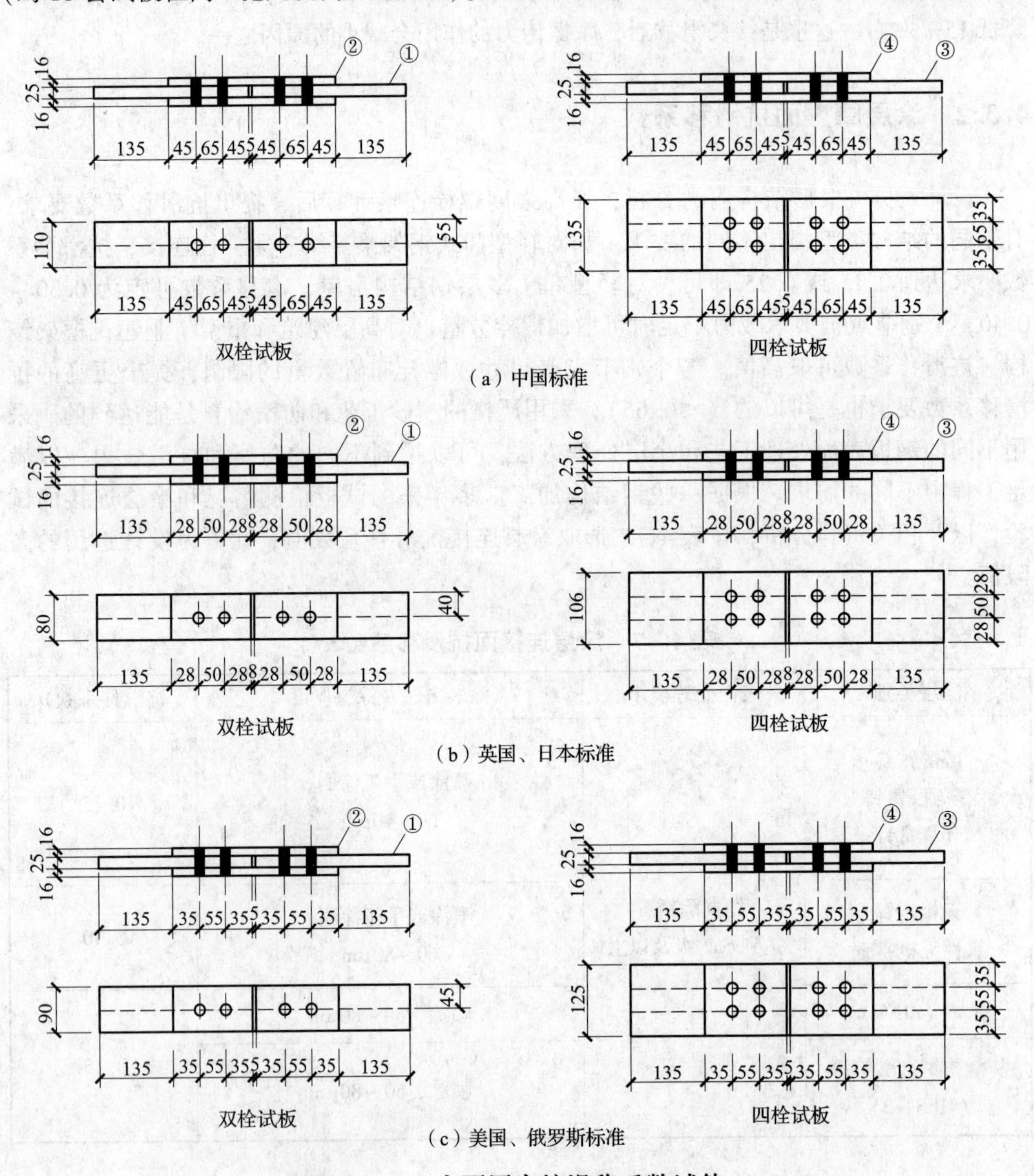

图4－13　主要国家抗滑移系数试件

注：各试件 $d_0=22$，钢板采用Q345B钢，10.9级高强度螺栓

能等级的高强度螺栓紧固。试验用压力传感器、轴力测定仪和拉伸试验机事先进行标定，全部试验均由同一套测试设备完成。螺栓紧固完毕至装上试验机开始拉伸的间隔时间也尽可能相同（25 ± 2.5min），加载速度控制在 3.0 ± 0.25kN/s。试验结果见表 4 - 8、表4 - 9。

表4 - 8　螺栓孔距对抗滑移系数影响试验结果（一）

二栓抗滑移试件									
试件标准	英国、日本			美国、俄罗斯			中国		
试件编号	1	2	3	4	5	6	7	8	9
抗滑移力（kN）	268.4	245.8	259.6	248.6	235.2	243.2	226.1	222.5	228.1
抗滑移系数值	0.609	0.550	0.586	0.562	0.532	0.551	0.511	0.501	0.516
抗滑移系数值平均值	0.582			0.548			0.509		
比值	1.143			1.077			1.000		
螺栓孔距	50mm			55mm			65mm		

表4 - 9　螺栓孔距对抗滑移系数影响试验结果（二）

四栓抗滑移试件									
试件标准	英国、日本			美国、俄罗斯			中国		
试件编号	10	11	12	13	14	15	16	17	18
抗滑移力（kN）	553.1	547.4	525.2	526.5	535.9	505.2	542.3	446.5	482.8
抗滑移系数值	0.622	0.619	0.593	0.594	0.607	0.571	0.610	0.505	0.546
抗滑移系数值平均值	0.611			0.591			0.554		
比值	1.103			1.067			1.000		
螺栓孔距	50mm			55mm			65mm		

从试验数据可以看出：

（1）四栓试件测得的抗滑移系数要求双栓试件要高一些，平均高 7.1%。

（2）二栓和四栓全部试件，孔距增大，抗滑移系数略有降低，英、日和美、俄规定的孔距最小值比中国标准规定值小些，其抗滑移系数值要大些，其中，四栓试件而言，分别比中国高 10.3% 和 6.7%；二栓试件则分别比中国高 14.3% 和 7.7%。

4.3.4 螺栓孔型系数

（1）高强度螺栓孔径应按表4－10匹配。

表4－10 孔型尺寸（mm）

<table>
<tr><td colspan="4">螺栓公称直径</td><td>M12</td><td>M16</td><td>M20</td><td>M22</td><td>M24</td><td>M27</td><td>M30</td></tr>
<tr><td rowspan="4">孔型</td><td>标准圆孔</td><td colspan="2">直径</td><td>13.5</td><td>17.5</td><td>22</td><td>24</td><td>26</td><td>30</td><td>33</td></tr>
<tr><td>大圆孔</td><td colspan="2">直径</td><td>15</td><td>20</td><td>25</td><td>28</td><td>30</td><td>35</td><td>38</td></tr>
<tr><td rowspan="2">槽孔</td><td rowspan="2">长度</td><td>短向</td><td>13.5</td><td>17.5</td><td>22</td><td>24</td><td>26</td><td>30</td><td>33</td></tr>
<tr><td>长向</td><td>22</td><td>30</td><td>37</td><td>40</td><td>45</td><td>50</td><td>55</td></tr>
</table>

（2）不得在同一个连接摩擦面的盖板和芯板同时采用扩大孔型（大圆孔、槽孔）。

（3）当盖板按大圆孔、槽孔制孔时，应增大垫圈厚度或采用孔径与标准垫圈相同的连续型垫板。垫圈或连续垫板厚度应符合以下要求：

1）M24及以下规格的高强度螺栓连接副，垫圈或连续垫板厚度不宜小于8mm；

2）M24以上规格的高强度螺栓连接副，垫圈或连续垫板厚度不宜小于10mm；

3）冷弯薄壁型钢结构，垫圈或连续垫板厚度不宜小于连接板（芯板）厚度。

（4）孔型系数：标准孔取1.0，大圆孔取0.85，荷载与槽孔长方向垂直时取0.7，荷载与槽孔长方向平行时取0.6。

以上建议适用于新设计时就采用扩大孔，并取用相应孔型系数的情况。也可在钢结构制作或安装过程中，当发生偏差而要修孔、扩孔时，为核算扩孔后的抗剪承载力提供相关设计参数。还可为扩孔后仍要保证一定的抗剪承载力而提出一些可供选用的处理措施。

4.4 承压型连接接头

4.4.1 摩擦－承压阶段变形准则设计

高强度螺栓抗剪连接接头在发生主滑动以后，即进入摩擦－承压型阶段，其接头的抗剪承载力 N 与接头的变形 Δ 有着密切的关系，即：

$$N=f(\Delta) \tag{4-15}$$

因此，在连接设计中，根据接头的变形，就可以得到在这个变形下连接接头的抗剪承载力，这就是按变形准则进行连接设计的基本思路。以往连接设计所依据的强度准则是以各连接件的强度或连接板面间的摩擦强度来确定连接接头的最终承载力，而变形准则是以接头的变形来确定连接承载力，其应用不仅能确定各级变形下连接的承载力，而且为科学合理地确定接头的允许变形值和控制结构变形量提供了理论依据。

1. 连接变形

对一个抗剪连接接头来说，其连接变形Δ由三部分组成，即：

$$\Delta=\Delta_1+\Delta_2+\Delta_3 \tag{4-16}$$

其中，Δ_1为开始进入摩擦－承压阶段时连接的主滑动位移，它是由于孔栓间隙所引起的，由于制作和安装的原因，其值具有相当的随机性，理论和试验都不便统计确定，另外，Δ_1发生在摩擦－承压阶段以前，其值与摩擦－承压阶段接头的承载力关系很小，因此在应用摩擦－承压阶段的变形准则时，可不考虑Δ_1项。

Δ_2为螺栓杆的剪切和弯曲变形，Δ_3为连接板的承压变形，两者通常难以区分，试验中所测量的主、盖板间的相对位移，实际上就是两者之和，习惯上称此位移为承压变形U，即：

$$U=\Delta_2+\Delta_3 \tag{4-17}$$

对摩擦－承压型连接，承压变形U成为变形准则中的控制变形。

2. 连接承载力

在变形准则通式（4－15）中去掉无关量Δ_1后，连接承载力N与承压变形U成一函数关系，即：

$$N=f(u)=f(\Delta_2+\Delta_3) \tag{4-18}$$

上式可通过试验研究得到，其具体表达式是变形准则的核心。

变形准则是以摩擦－承压型连接作为研究对象，这种连接的承载力N由两部分组成，一部分为连接板面间摩擦传递的力N_1，称为摩擦传力；另一部分为螺栓和连接板承压传递的力N_2，称为承压传力。理论分析和以往的研究成果表明，N_1、N_2都与承压变形U有关，即：

$$N=N_1+N_2=f_1(u)+f_2(u) \tag{4-19}$$

上式用图示意如图4－14所示。

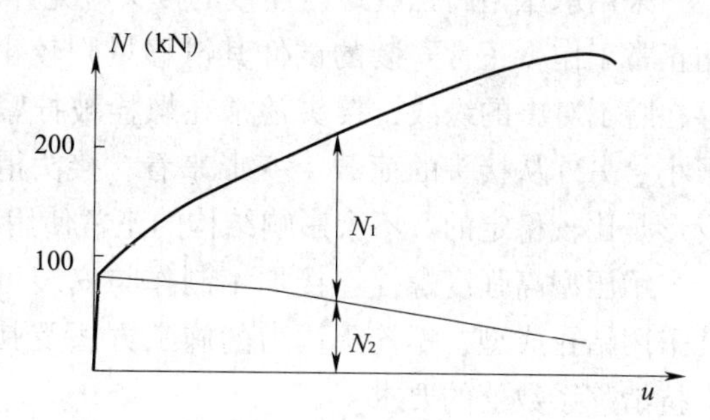

图4－14　摩擦－承压阶段摩擦传力和承压传力示意图

4.4.2　承压型连接极限破坏状态

承压型高强度螺栓连接是以接头破坏作为其极限破坏状态，荷载N_u为其极限荷载。试验结果表明，在接近极限破坏状态时，高强度螺栓的预拉力几乎松弛殆尽，接头的破坏一般会发生以下几种形式（见图4－15）：①螺栓剪断；②孔被拉长而破坏；③板被撕开而破坏；④板净截面被拉断。

螺栓剪断［图4－15（a）］取决于螺栓的剪切强度，孔的破坏［图4－15（b）、

(c)] 取决于板的承压强度，板的拉断［图 4－15（d)］取决于带孔板（连接板）的抗拉强度。因此承压型高强度螺栓连接按照极限承载力状态设计时，其计算公式与普通螺栓连接相同。

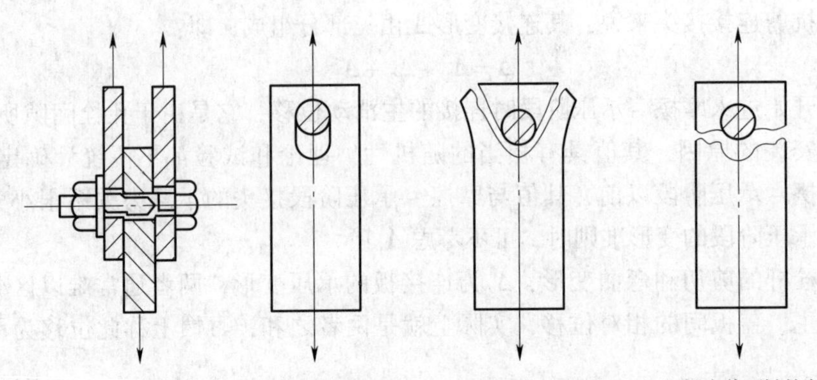

(a) 螺栓剪断　(b) 孔被拉长而破坏　(c) 板被撕开而破坏　(d) 板净截面被拉断

图 4－15　承压型接头的破坏形式

4.4.3　承压型高强度螺栓连接应用范围

承压型高强度螺栓连接主要应用在承受静荷载和间接承受动荷载的抗剪连接中。由于接头主滑动以后，螺栓的轴力有明显降低，所以在抗拉及对变形敏感的拉－剪连接中尽量不采用承压型连接。

采用承压型高强度螺栓连接的接头应允许有 1.5～2.0mm 的滑移量，并不会影响结构的正常工作。正常安装的试件其滑移量则较小。在实际施工的许多情况下，由于安装时存在着不对中的缘故，接头常常在螺栓被拧紧之前就处于承压状态，接头的滑移实际上很小。另外从接头的荷载－变形来看，接头滑动以后，在一定的荷载范围内，其接头的变形是比较稳定的，不会影响结构的正常使用。

承压型高强度螺栓连接加工制作与安装可以采用同摩擦型连接一样的方法，即螺栓孔采用钻孔成型，螺栓预拉力的施工方法及其要求相同于摩擦型连接，只是对接触面没有抗滑移系数值的要求。

4.4.4　多栓接头螺栓不同时承压问题

无论是理论分析还是计算，都是基于对单栓接头进行分析研究，得到设计表达式，然后推广应用到多栓节头中，这里存在一个十分突出而又必须解决的问题，就是由于制作和安装的原因，实际接头中螺栓孔距不可避免地存在偏差，使得接头中的螺栓不同时进入承压状态。所要解决的问题是接头应有多大的变形量才能保证接头所有螺栓都进入承压状态，换句话说就是怎样才能保证整个接头进入摩擦－承压状态。保证接头进入摩擦－承压状态接头所需要的变形量可由概率论理论进行分析计算。

孔距偏差 δ 可看作是符合正态分布的随机变量。假定接头滑动以后，接头中有一个螺栓进入承压状态，接头开始出现变形 u，随着变形的增大，n 个螺栓接头（单列螺栓）中可能会出现2、3、4、…、n 个螺栓进入承压状态，几个螺栓进入承压状态这一事件，是一个随机和独立的随机变量（$X=k$，$k=0$，1，2，…，n），其数学模型是一个贝努利（Bernoulli）试验。

设接头中 L 个以上螺栓进入承压状态的概率为99.74%时，P_L 为单个螺栓进入承压状态的概率，那么随机变量 $X=k$ 是服从参数为 n、P_L 的二项分布，即 $X \sim B\ (n,\ P_L)$。根据概率论理论，随机变量 $X=k$ 的所有概率之和应等于1，即：

$$\sum_{k=0}^{n} P(X=k) = \sum_{k=0}^{n} C_n^k P_L^k (1-P_L)^{n-k} = 1$$

$$\sum_{k=0}^{L-1} C_n^k P_L^k (1-P_L)^{n-k} + \sum_{k=L}^{n} C_n^k P_L^k (1-P_L)^{n-k} = 1$$

$$1 - \sum_{k=0}^{L-1} C_n^k P_L^k (1-P_L)^{n-k} = \sum_{k=L}^{n} C_n^k P_L^k (1-P_L)^{n-k} \tag{4-20}$$

根据前面的假定，事件 $X=k$ 发生 $k=L$、$L+1$、…、n 的所有概率之和等于0.9974，即：

$$\sum_{k=L}^{n} P(X=k) = \sum_{k=L}^{n} C_n^k P_L^k (1-P_L)^{n-k} = 0.9974$$

上式代入式（4-20）得：

$$1 - \sum_{k=0}^{L-1} C_n^k P_L^k (1-P_L)^{n-k} = 0.9974$$

$$1 - C_n^0 P_L^0 (1-P_L)^n - C_n^1 P_L^1 (1-P_L)^{n-1} - C_n^2 P_L^2 (1-P_L)^{n-2} - \cdots - C_n^{L-1} P_L^{L-1} (1-P_L)^{n-L+1} = 0.9974$$

把上式的二项系数代入并整理可得：

$$1 - (1-P_L)^n - nP_L (1-P_L)^{n-1} - \frac{n(n-1)}{2!} P_L^2 (1-P_L)^{n-2} - \cdots - C_n^{L-1} P_L^{L-1} (1-P_L)^{n-L+1} = 0.9974 \tag{4-21}$$

利于上式即可求出在 L 个以上螺栓进入承压的概率达99.74%时，一个螺栓进入承压所应有的概率 P_L。孔距偏差 δ 可看作是符合正态分布的随机变量。接头所产生的变形，注意这里所讲的变形仅是由于孔距偏差 δ 而引起接头发生的变形，没有考虑螺栓和连接板本身的变形，因此和孔距偏差一样，也是符合正态分布的随机变量，即 $X \sim N\ (0,\ \sigma^2)$。利用标准正态分布曲线（见图4-16）可以求出在概率 P_L 下，接头所应该发生的变形，即 $U_{BL}=\sigma Z$，式中 Z 可由下式确定：

$$\varphi(Z) = \frac{1}{\sqrt{2\pi}} \int_{-\infty}^{z} \mathrm{e}^{-\frac{t^2}{2}} \mathrm{d}t = \frac{1}{2} + \frac{P_L}{2} = \frac{1+P_L}{2} \tag{4-22}$$

对于一个螺栓来讲，由于孔距偏差 δ 所引起的连接板间的相对位移（见图4-17），即前面所说的变形理论上都会在 $[-2\delta_{max},\ +2\delta_{max}]$ 区间以内，根据正态分布的所谓“3σ 规则”，即 $3\sigma=2\delta_{max}$，不难得到 $\sigma=2/3\delta_{max}$，因此接头变形 U_{BL} 即为：

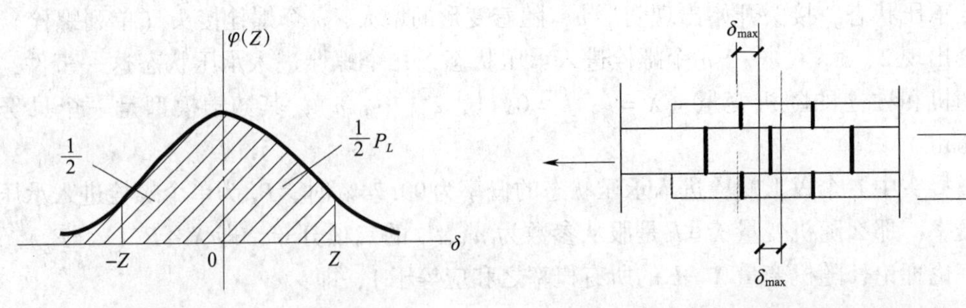

图 4-16 N（0，1）分布　　　　图 4-17 单个螺栓连接变形示意

$$U_{BL}=\frac{2}{3}Z-\delta_{\max} \tag{4-23}$$

对一个 n 个螺栓的多栓接头，U_{BL} 均可由上面的公式计算确定。变形 U_{BL} 的含意是指接头主滑动以后，当接头变形达到 U_{BL} 时，接头中至少 L 个螺栓有 99.74% 的可能性已进入了承压状态。

作为一个例子，采用上述公式对一个 3 栓接头进行验算。其计算简图和计算参数见图 4-18。计算结果见表 4-11。

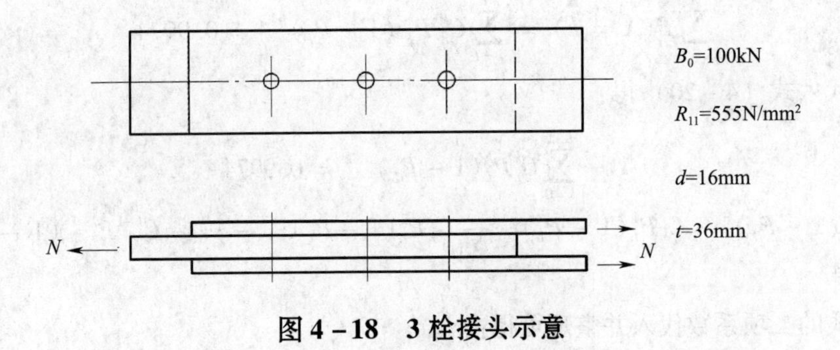

图 4-18 3 栓接头示意

表 4-11 3 栓接头计算结果

$\delta_{\max}$	U_{B1}	U_{B2}	U_{B3}	备注
±0.5mm	0.490mm	0.717mm	1.103mm	
±0.7mm	0.705mm	1.003mm	1.545mm	
±1.0mm	0.980mm	1.433mm	2.207mm	
±1.5mm	1.480mm	2.150mm	3.310mm	

从表 4-11 可以看出，U_{B1} 与 $\delta_{\max}$ 相近，这是合乎情理的，也从某种意义上验证了该计算理论的可靠性。实际上 U_{B1} 的计算无意义，因为计算假定中已假定接头滑动后已有一个螺栓进入承压状态。

利用上述计算结果，根据试验所得到的单栓荷载-变形关系曲线，可以得到三个螺栓不同时进入承压状态时极限承载力 N'（图中虚线）和三个螺栓同时进入承压状态时极限承载力 N，参见图 4-19。接头中螺栓不同时承压系数为：

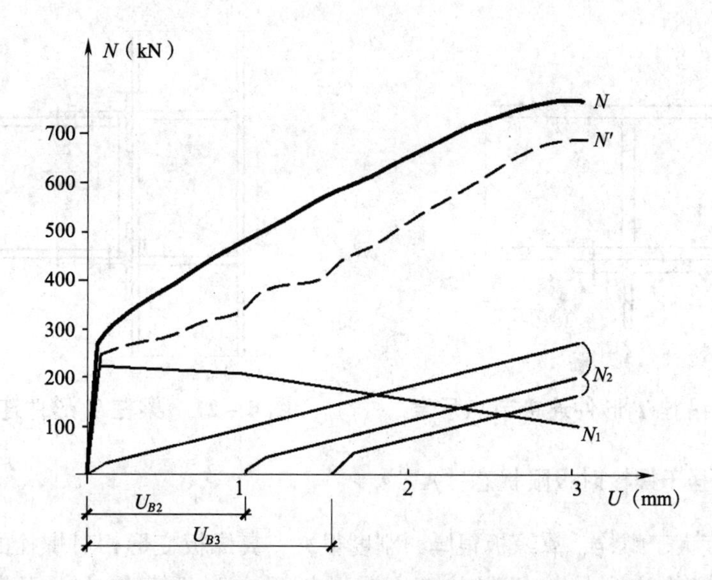

图 4－19　3 栓接头不同时承压载力计算示意图（δ_{max} =0.7mm）

$$\gamma_{B1} = N'/N \tag{4-24}$$

计算结果见表 4－12。

表 4－12　接头螺栓不同时承压系数计算结果

δ_{max}（mm）	±0.5	±0.7	±1.0	±1.5
γ_{B1}	0.94	0.89	0.81	0.58

从表 4－12 的计算结果可以看出，不同时承压系数 γ_{B1} 随 δ_{max} 的增大而明显减小，我国现行国家标准《钢结构工程施工质量验收规范》GB 50205 规定同一组栓孔距的允许偏差小于 ±0.7mm，此时计算结果 γ_{B1} =0.89，考虑到该值为理论极限值，实际上由于种种原因，接头的变形在达到 B_{UL} 之前，L 个螺栓很可能相继进入承压状态了，因此建议不同时承压系数 γ_{B1} 取 0.9。

4.5　高强度螺栓 T 形受拉连接接头

4.5.1　T 形受拉连接接头及其破坏极限状态

T 形受拉件是沿螺栓杆轴方向受拉连接的接头，高强度螺栓承受并传递拉力，适用于吊挂 T 形件连接节点（见图 4－20）或梁柱端板连接受拉翼缘 T 形件节点（见图 4－21）。

不考虑与翼缘板连接的柱子的破坏，T 形受拉连接件有以下三种承载能力极限状态或正常使用极限状态：

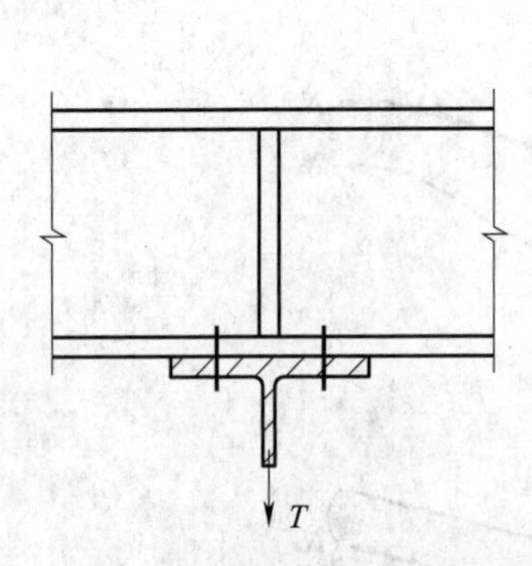

图4-20 吊挂T形件连接节点示意

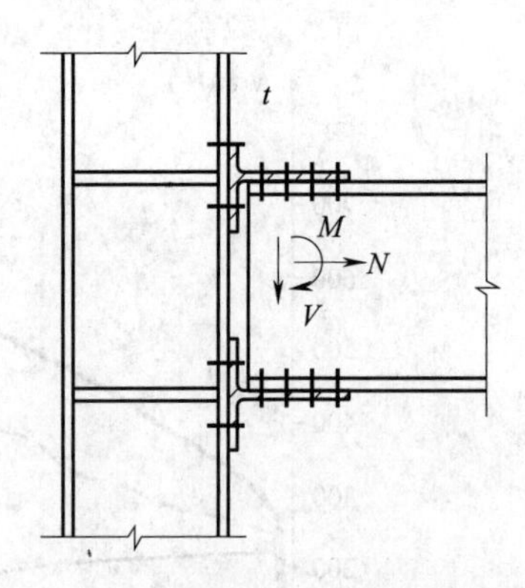

图4-21 梁柱T形件连接节点

1. 翼缘板强于螺栓时极限状态“A”

翼缘板强度大于螺栓，翼缘板很厚，刚度很大，翼缘板变形相对螺栓的变形小得多，破坏时，高强螺栓达到抗拉极限状态，翼缘板仍在弹性范围内，不产生撬力［见图4-22（a）］。

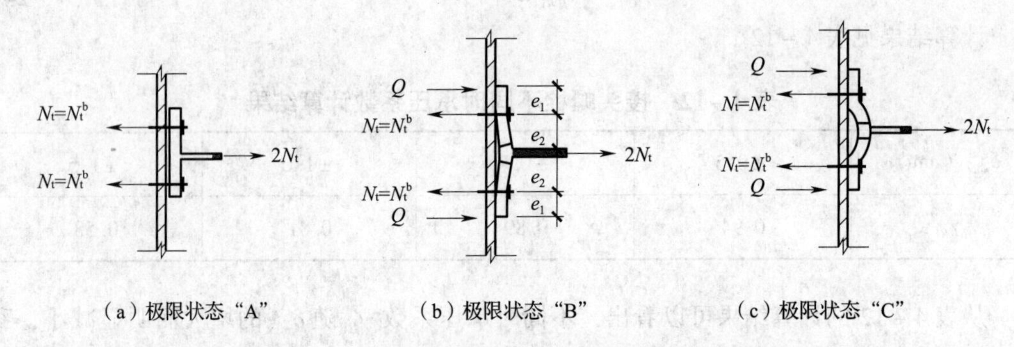

图4-22 T形受拉连接接头破坏极限状态示意

2. 翼缘板和螺栓强度相当时极限状态“B”

翼缘板和螺栓强度相当，同时达到承载能力极限状态，破坏时螺栓拉断，翼缘板与腹板连接处出现塑性铰。翼缘板发生塑性变形，板边缘产生撬力［见图4-22（b）］。此种状态是T形受拉连接接头理想的极限状态，对高强度螺栓来讲，正常使用极限状态意味着翼缘板被拉开；承载力极限状态为螺栓被拉断。T形受拉连接接头采用极限状态“B”作为计算模型是经济、合理的。

3. 翼缘板弱于螺栓时极限状态“C”

翼缘板强度弱于螺栓，翼缘板刚度小，破坏时，螺栓正常工作，而翼缘板在螺栓中线处和焊缝边缘处出现塑性铰，翼缘板屈服，螺栓板边缘产生撬力［见图4-22（c）］。

从上述三种极限状态可以看出，螺栓和翼缘板的相对强弱决定了撬力存在及大小，当螺栓和翼缘板构造确定，当接头所受拉力一定时，撬力将随翼缘板厚度变化而变化。

4.5.2　撬力计算

以极限状态“B”作为T形受拉连接接头撬力的计算模型，如图4-23所示。

分析时，假定翼缘与腹板连接处弯矩M_1与翼缘板栓孔中心净截面处弯矩M_2'均达到塑性弯矩值，如图4-23所示，得出M_2'取值如下：

$$M_2' = Qe_1 \tag{4-25}$$

根据力学平衡条件，隔离T形件计算单元，如图4-24所示，得出以下平衡公式：

$$M_1 + M_2' - N_t e_2 = 0 \tag{4-26}$$

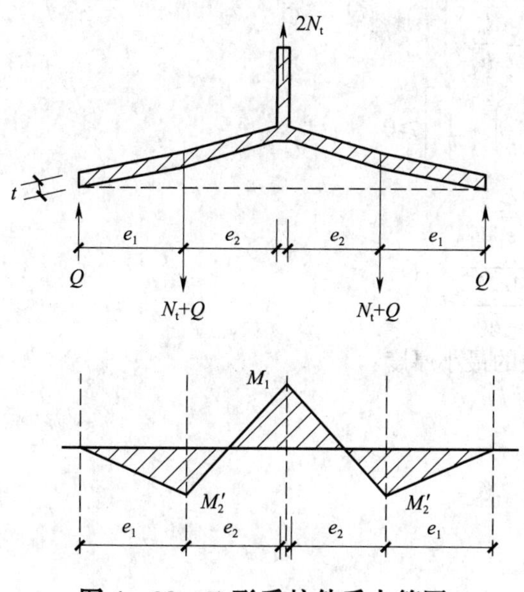

图4-23　T形受拉件受力简图

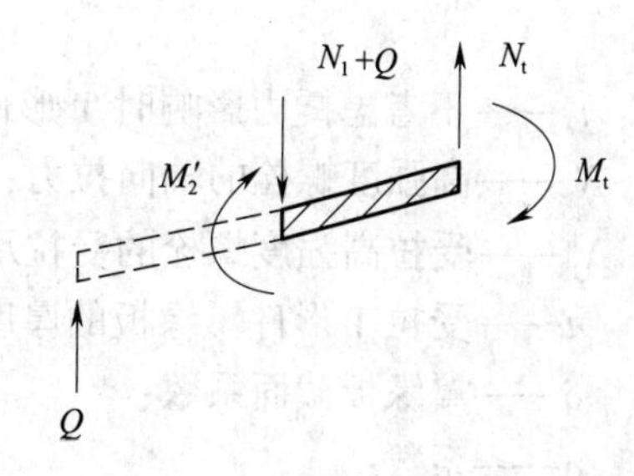

图4-24　T形件隔离单元的计算简图

引入净截面系数δ，翼缘板螺栓处毛截面弯矩M_2，则

$$M_1 + \delta M_2 - N_t e_2 = 0$$

引入系数$\alpha = \dfrac{M_2}{M_1}$，带入上式，则

$$M_1 = \frac{N_t e_2}{1 + \alpha\delta}$$

由$M_2' = \delta M_2 = \alpha\delta M_1 = \alpha\delta \dfrac{N_t e_2}{1 + \alpha\delta}$，将此代入公式（4-25）得到

$$Q = \frac{\alpha\delta}{1 + \alpha\delta} \cdot \frac{e_1}{e_2} N_t$$

当翼缘板与腹板交界处达到塑性弯矩时，即

$$M_1 = \frac{bt^2 f}{4} = \frac{N_t e_2}{1 + \alpha\delta}$$

即可得到：

$$t = \sqrt{\frac{4N_t e_2}{bf\ (1 + \alpha\delta)}}$$

当 $\alpha = 0$ 时，$M_2 = 0$，即 $Q = 0$，此时翼缘板厚为：

$$t_e = \sqrt{\frac{4N_t^b e_2}{bf}} \tag{4-27}$$

经推导后，得出以下撬力 Q 的计算公式：

$$Q = N_t^b \left[\delta\alpha\rho \left(\frac{t}{t_e} \right)^2 \right] \tag{4-28}$$

$$\delta = 1 - \frac{d_0}{b}$$

$$\alpha = \frac{1}{\delta} \left[\frac{N_t}{N_t^b} \left(\frac{t_e}{t} \right)^2 - 1 \right] \geqslant 0$$

$$\rho = \frac{e_2}{e_1}$$

$$t_e = \sqrt{\frac{4e_2 N_t^b}{bf}}$$

式中：t_e——不考虑撬力影响时 T 形件翼缘板的最小厚度；

N_t——高强度螺栓的轴向拉力；

N_t^b——受拉高强度螺栓的受拉承载力；

t——受拉 T 形件翼缘板的厚度；

δ——翼缘板截面系数；

ρ——系数；

Q——撬力；

α——系数，$\alpha \geqslant 0$；

d_0——螺栓孔径；

b——T 形件翼缘板宽度；

f——钢材抗拉强度。

4.5.3 撬力 Q 与翼缘板厚度 t 关系

当 N_t 一定时，Q 与 t 存在着一定的关系，为了确定这个关系，就需要从已知的公式（4-28）中推导。

因为 $\alpha = \frac{1}{\delta} \left[\frac{N_t}{N_t^b} \left(\frac{t_e}{t} \right)^2 - 1 \right]$，$\rho = \frac{e_2}{e_1}$，代入公式（4-28），则：

$$
\begin{aligned}
Q &= N_t^b\left[\delta\alpha\rho\left(\frac{t}{t_e}\right)^2\right] = N_t^b\left\{\delta\,\frac{1}{\delta}\left[\frac{N_t}{N_t^b}\left(\frac{t_e}{t}\right)^2 - 1\right]\rho\left(\frac{t}{t_e}\right)^2\right\} \\
&= N_t^b\left\{\left[\frac{N_t}{N_t^b}\left(\frac{t_e}{t}\right)^2 - 1\right]\rho\left(\frac{t}{t_e}\right)^2\right\} = N_t^b\left\{\left(\frac{t}{t_e}\right)^2\rho\left[\frac{N_t}{N_t^b}\left(\frac{t_e}{t}\right)^2 - 1\right]\right\} \\
&= N_t^b\rho\left[\frac{N_t}{N_t^b} - \left(\frac{t}{t_e}\right)^2\right] = \rho\left[N_t - N_t^b\left(\frac{t}{t_e}\right)^2\right] \\
&= \frac{e_2}{e_1}\left[N_t - N_t^b\left(\frac{t}{t_e}\right)^2\right] = \rho N_t - \frac{e_2}{e_1}\cdot\frac{N_t}{\psi} \\
&= \rho N_t - \frac{4bf}{4bf}\cdot\frac{e_2}{e_1}\cdot\frac{N_t}{\psi} \\
&= \rho N_t - \frac{bf}{4e_1}\cdot\frac{4e_2N_t}{\psi bf} = \rho N_t - \frac{bf}{4e_1}t^2
\end{aligned}
$$

$$
Q = \rho N_t - \frac{bf}{4e_1}t^2 \tag{4-29}
$$

公式（4－29）表明，撬力 Q 与翼缘厚度 t 呈椭圆关系，如图 4－25 所示。

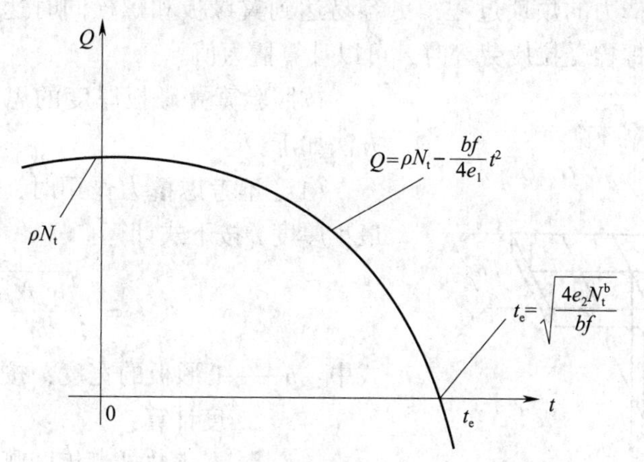

图 4－25　撬力 Q 与翼缘板厚 t 关系示意图

4.5.4　螺栓所承担撬力最大值及相应翼缘板厚

当 T 形连接接头所受拉力 N_t 确定时，按照螺栓极限状态即可得知螺栓所能承担的最大撬力值：

$$
Q_{max} = N_t^b - N_t
$$

根据公式（4－29），可以得到相应翼缘板厚度：

$$
t_0 = \sqrt{\frac{4e_1}{bf}[(\rho+1)\ N_t - N_t^b]} \tag{4-30}
$$

厚度 t_0 可以认为是翼缘板最小厚度（见图 4－26），当翼缘板厚度 t 在 t_0 和 t_e 之间时，可以保证螺栓和翼缘板均能满足承载力极限状态。

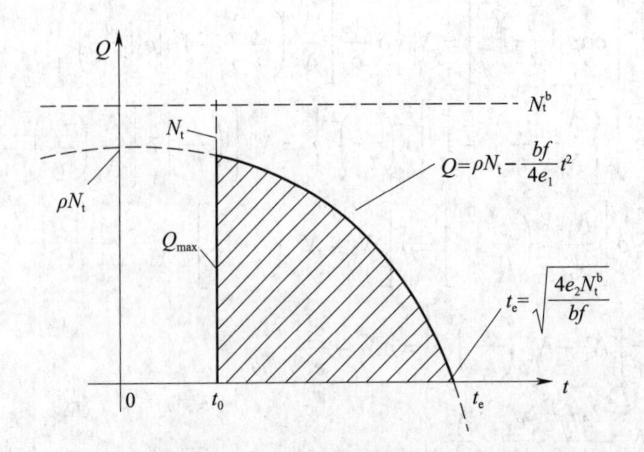

图 4－26　螺栓所承担的最大撬力及相应翼缘板厚度

4.5.5　T 形受拉连接接头实用设计

高强度螺栓 T 形受拉连接接头（见图 4－27）设计宜采用验算翼缘板厚度的方法，该方法省去计算螺栓撬力的烦琐过程，更容易达到翼缘板和螺栓同时达到极限状态的理想模型。当需要验算螺栓受拉疲劳等时，可以计算撬力值。

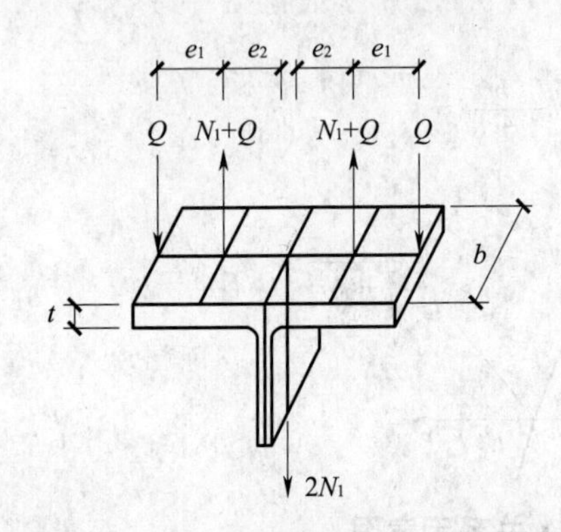

图 4－27　T 形接头设计参数图示

按照验算翼缘板厚度的思路，所建议的设计方法如下：

（1）不考虑撬力作用时，T 形连接翼缘板的最小厚度 t_e 按下式计算：

$$t_e=\sqrt{\frac{4e_2N_t^b}{bf}}$$

式中：b——T 形板的宽度，按一个螺栓覆盖的宽度计算；

e_2——考虑热轧型钢圆弧过渡和焊接 T 形件焊缝坡角过渡后，螺栓中心到 T 形件腹板边的计算距离。

一个受拉高强度螺栓抗拉承载力应满足：

$$N_t \leqslant N_t^b$$

式中：N_t——一个高强度螺栓所受的轴向最大拉力；

N_t^b——一个高强度螺栓的抗拉承载力设计值。

（2）当 T 形连接件翼缘厚度小于 t_e 时，应考虑撬力作用。

1）螺栓撬力最大允许值按下式计算：

$$Q_{max}=N_t^b-N_t$$

式中：N_t——一个高强度螺栓所受的轴向最大拉力；

N_t^b——一个高强度螺栓的抗拉承载力设计值。

2）螺栓撬力在最大允许值情况下，T形件翼缘板最小厚度 t_0 按下列公式计算：

$$t_0 = \sqrt{\frac{4e_1}{bf}\left[(\rho+1)N_t - N_t^b\right]}$$

$$\rho = \frac{e_2}{e_1}$$

且满足：

$$N_t^b/(1+\rho) \leqslant N_t \leqslant N_t^b$$

式中：N_t——一个高强度螺栓所受的轴向最大拉力；

N_t^b——一个高强度螺栓的抗拉承载力设计值，按照正常使用极限状态设计时取 $0.8P$；按照承载能力极限状态设计时取 P；

e_1——螺栓边距，且应符合 $e_1 \leqslant 1.25e_2$ 的要求。

3）T形件翼缘板最小厚度 t_0 不宜小于连接螺栓的直径，且不宜小于16mm。

4.6　高强度螺栓与焊缝并用连接

栓焊并用连接是指在接头中的连接部位同时以高强度螺栓连接和贴角焊缝连接共同承受同一剪力作用的连接。它可以提高节点承载力，缩小节点几何尺寸，是一种重要的钢结构连接形式，目前在工程实践中已得到应用，如柱牛腿的连接、纯栓连接的焊接补强等。

4.6.1　栓焊并用连接中螺栓和焊缝承担荷载的历程分析

对于栓焊并用连接接头，螺栓在起始时承担很小的一部分荷载，直到焊缝承担的荷载大约达到其极限承载力的80%时，螺栓才逐渐承受较大荷载；此后螺栓所承担的荷载迅速增大，焊缝所承受的荷载也有所增加；直至后来焊缝屈服，螺栓承载力有所增加再到最后节点的破坏（见图4-28）。

对纯栓连接在拉伸荷载作用下的焊缝后补强节点来说，一旦有了角焊缝的存在，则角焊缝所受荷载会迅速增加，且相当大地承担所增加的荷载；螺栓承担的荷载有所回落，但在焊缝承担荷载到一定程度时，螺栓所承受的荷载仍继续增加；最后焊缝屈服，螺栓也达到一定承载力后并用连接节点受拉而破坏（见图4-29）。

栓焊并用连接中的螺栓和焊缝各自承担荷载的历程是螺栓在起始时承担较小荷载，直到焊缝达到一定的承载力后才承受较大荷载；栓焊并用中的螺栓和焊缝基本都能发挥各自的承载力作用；尤其是焊缝的作用发挥得更为充分，由以上的分析可知，其并用效率基本上都可以达到1.0。

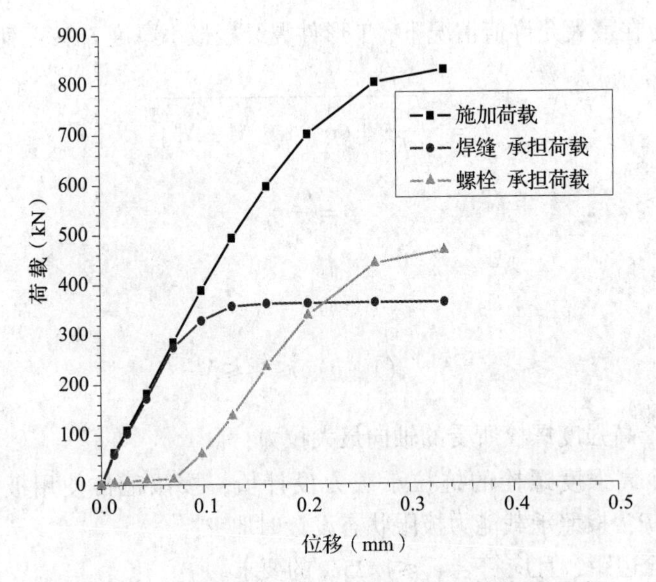

图 4－28 栓焊并用接头模型各自承担荷载历程

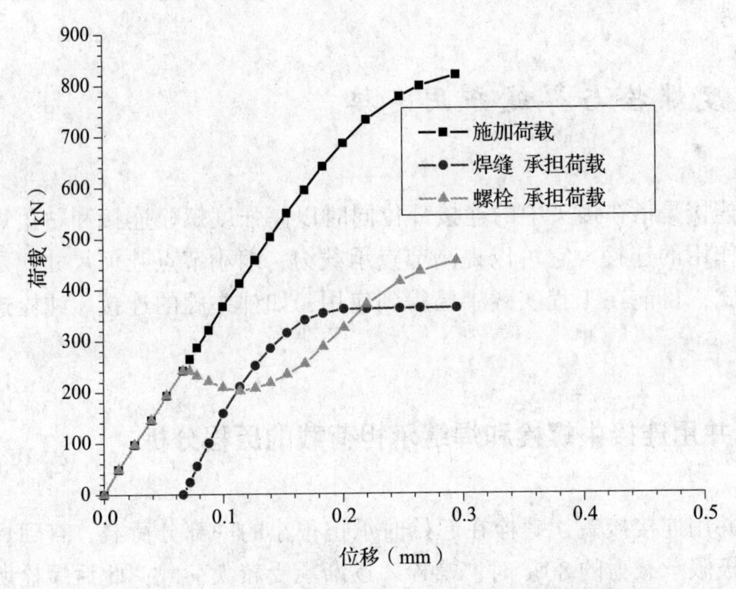

图 4－29 焊缝后补强接头模型各自承担荷载历程

4.6.2 栓焊并用连接的焊缝应力变化

以往关于侧面角焊缝的研究表明，侧焊缝主要承受剪力的作用，在弹性阶段，应力沿焊缝长度方向分布不均匀，两端大而中间小，说明侧焊缝长度较大时，焊缝作用不能充分发挥，但在并用连接时，栓接不仅能自身发挥功效，还能使焊缝的应力沿长度均匀化，提高利用效率。

在模拟分析试件中，采用焊脚高度为 6mm 的侧面角焊缝，焊缝长度相对于焊脚高度来说长度较大，例如 210mm、280mm 和 350mm。从图 4－30 可知，侧面角焊缝的抗剪承载力随着焊缝长度的增加并不呈线性增加，相反有明显的折减。

对焊脚高度 $h_f = 6$mm，长度为 280mm 的侧焊缝单独连接和栓焊并用连接时沿焊缝长度方向上的第四强度应力进行比较，如图 4－30 所示。

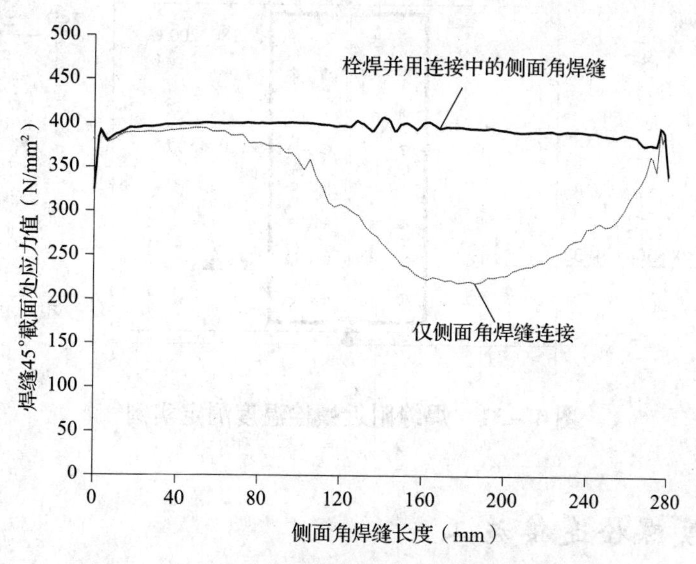

图 4－30 纯焊与并用连接时侧焊缝应力比较

从图 4－30 可以看出，侧焊缝连接中，焊缝在有效截面上的应力随着焊缝长度的增加呈明显的马鞍形分布，两端大而中间小。但是当侧面角焊缝与高强度螺栓并用连接时，侧面角焊缝的应力得到了明显改善。由此可以看出，随着螺栓数目的增加，焊缝有效截面上的应力分布愈加趋向均匀。这是因为施加了高强度螺栓使得连接板之间夹紧，从而在栓焊并用连接节点受剪力作用的过程中，限制了侧面角焊缝的变形，使得侧面角焊缝产生应力重分布，有效截面上应力分布比较均匀，从而使栓焊并用连接的承载力得到了明显提高。

4.6.3 焊接对高强度螺栓紧固的影响

栓焊并用的施工顺序为先栓后焊。钢材焊接时局部受高温作用，冷却后其性能可以得到恢复，而焊接对施加了预应力的螺栓会产生一定的影响。如螺栓受热温度在 100～150℃时，螺栓预应力的松弛损失值约为 10%，温度超过此范围松弛损失会增大，且这种损失在短时间内就会发生。以图 4－31 所示的 H 形钢腹板焊接为例，工厂内焊接环境温度为 30℃时，采用 CO_2气体保护焊（热输出量相对较小），实测外侧边排螺栓的温度达到 100℃以上，围焊角部的螺栓温度可超过 150℃，持续高温的时间达到 20min。如果在现场阳光曝晒之下，采用手工电弧焊，则螺栓的温度会更高，持续时间也会加长。为克服焊接热作用对栓焊抗滑移性能的影响，对加固补强节点，应在焊接 24h 后对离焊缝 100mm 范围内的高强度螺栓（端头和边排螺栓）予以补拧，补拧扭矩为螺栓的终拧扭矩。

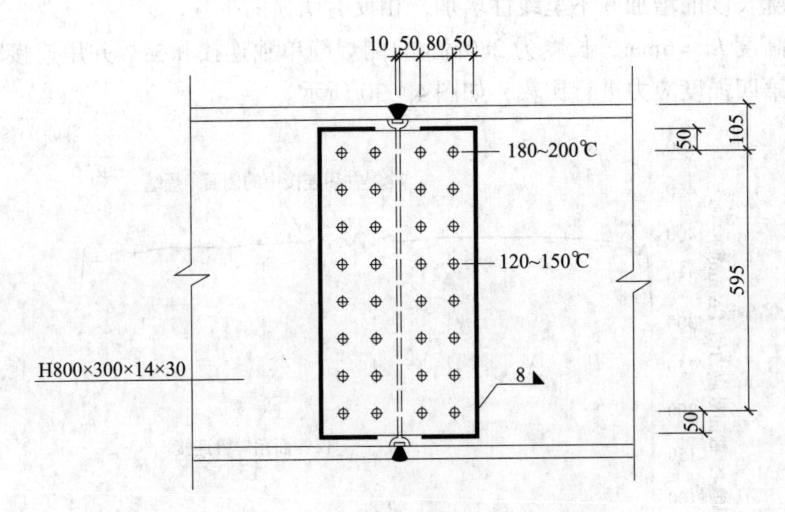

图4－31　焊缝附近螺栓温度测定实例

4.7　高强度螺栓连接施工

4.7.1　连接件加工与制孔

（1）高强度螺栓孔径按照表4－13匹配。

表4－13　高强度螺栓连接的孔径匹配（mm）

<table>
<tr><td colspan="4">螺栓公称直径</td><td>M12</td><td>M16</td><td>M20</td><td>M22</td><td>M24</td><td>M27</td><td>M30</td></tr>
<tr><td rowspan="4">孔型</td><td>标准圆孔</td><td colspan="2">直径</td><td>13.5</td><td>17.5</td><td>22</td><td>24</td><td>26</td><td>30</td><td>33</td></tr>
<tr><td>大圆孔</td><td colspan="2">直径</td><td>16</td><td>20</td><td>24</td><td>28</td><td>30</td><td>35</td><td>38</td></tr>
<tr><td rowspan="2">槽孔</td><td rowspan="2">长度</td><td>短向</td><td>13.5</td><td>17.5</td><td>22</td><td>24</td><td>26</td><td>30</td><td>33</td></tr>
<tr><td>长向</td><td>22</td><td>30</td><td>37</td><td>40</td><td>45</td><td>50</td><td>55</td></tr>
</table>

（2）不得在同一个连接摩擦面的盖板和芯板同时采用扩大孔型（大圆孔、槽孔）。当盖板按大圆孔、槽孔制孔时，应增大垫圈厚度或采用孔径与标准垫圈相同的连续型垫板。垫圈或连续垫板厚度应符合下列规定：

1）M24及以下规格的高强度螺栓连接副，垫圈或连续垫板厚度不宜小于8mm；

2）M24以上规格的高强度螺栓连接副，垫圈或连续垫板厚度不宜小于10mm；

3）冷弯薄壁型钢结构的垫圈或连续垫板厚度不宜小于连接板（芯板）厚度。

（3）高强度螺栓孔距和边距的容许间距应按表4－14的规定采用。

表 4－14　高强度螺栓孔距和边距的容许间距

名称	位置和方向			最大容许间距（两者较小值）	最小容许间距
中心间距	外排（垂直内力方向或顺内力方向）			$8d_0$或$12t$	$3d_0$
	中间排	垂直内力方向		$16d_0$或$24t$	
		顺内力方向	构件受压力	$12d_0$或$18t$	
			构件受拉力	$16d_0$或$24t$	
	沿对角线方向			—	
中心至构件边缘距离	顺力方向			$4d_0$或$8t$	$2d_0$
	切割边或自动手工气割边				$1.5d_0$
	轧制边、自动气割边或锯割边				

注：1. d_0为高强度螺栓连接板的孔径，对槽孔为短向尺寸；t为较薄板件的厚度。

2. 钢板边缘与刚性构件（如角钢、槽钢等）相连的高强度螺栓的最大间距，可按中间排的数值采用。

（4）设计布置螺栓时，应考虑工地专用施工工具的可操作空间要求。常用板手可操作空间尺寸宜符合表 4－15 的要求。

表 4－15　施工扳手可操作空间尺寸

扳手种类		参考尺寸（mm）		示意图
		a	b	
手动定扭矩扳手		$1.5\ d_0$且不小于45	$140+c$	
扭剪型电动扳手		65	$530+c$	
大六角电动扳手	M24 及以下	50	$450+c$	
	M24 以上	60	$500+c$	

（5）高强度螺栓连接构件制孔允许偏差应符合表 4－16 的规定。

表 4－16　高强度螺栓连接构件制孔允许偏差（mm）

公称直径			M12	M16	M20	M22	M24	M27	M30
孔型	标准圆孔	直径	13.5	17.5	22.0	24.0	26.0	30.0	33.0
		允许偏差	+0.43 0	+0.43 0	+0.52 0	+0.52 0	+0.52 0	+0.84 0	+0.84 0
		圆度	1.00		1.50				
	大圆孔	直径	16.0	20.0	24.0	28.0	30.0	35.0	38.0
		允许偏差	+0.43 0	+0.43 0	+0.52 0	+0.52 0	+0.52 0	+0.84 0	+0.84 0
		圆度	1.00		1.50				

续表 4－16

公称直径				M12	M16	M20	M22	M24	M27	M30
孔型	槽孔	长度	短向	13.5	17.5	22.0	24.0	26.0	30.0	33.0
			长向	22.0	30.0	37.0	40.0	45.0	50.0	55.0
		允许偏差	短向	+0.43 0	+0.43 0	+0.52 0	+0.52 0	+0.52 0	+0.84 0	+0.84 0
			长向	+0.84 0	+0.84 0	+1.00 0	+1.00 0	+1.00 0	+1.00 0	+1.00 0
中心线倾斜度				应为板厚的 3%，且单层板应为 2.0mm，多层板叠组合应为 3.0mm						

（6）高强度螺栓连接构件的栓孔孔距允许偏差应符合表 4－17 的规定。

表 4－17　高强度螺栓连接构件孔距允许偏差（mm）

孔距范围	<500	501～1200	1201～3000	>3000
同一组内任意两孔间	±1.0	±1.5	—	—
相邻两组的端孔间	±1.5	±2.0	±2.5	±3.0

注：孔的分组规定：

1. 在节点中连接板与一根杆件相连的所有螺栓孔为一组；
2. 对接接头在拼接板一侧的螺栓孔为一组；
3. 在两相邻节点或接头间的螺栓孔为一组，但不包括上述 1）、2）两款所规定的孔；
4. 受弯构件翼缘上的孔，每米长度范围内的螺栓孔为一组。

（7）制孔的施工要求：

1）主要构件连接和直接承受动力荷载重复作用且需要进行疲劳计算的构件，其连接高强度螺栓孔应采用钻孔成型。次要构件连接且板厚小于或等于 12mm 时可采用冲孔成型，孔边应无飞边、毛刺。

2）采用标准圆孔连接处板迭上所有螺栓孔，均应采用量规检查，其通过率应符合下列规定：

- 用比孔的公称直径小 1.0mm 的量规检查，每组至少应通过 85%；
- 用比螺栓公称直径大 0.2～0.3mm 的量规检查（M22 及以下规格为大 0.2mm，M24～M30 规格为大 0.3mm），应全部通过。

3）凡量规不能通过的孔，必须经施工图编制单位同意后，方可扩钻或补焊后重新钻孔。扩钻后的孔径不应超过 1.2 倍螺栓直径。补焊时，应用与母材相匹配的焊条补焊，严禁用钢块、钢筋、焊条等填塞。每组孔中经补焊重新钻孔的数量不得超过该组螺栓数量的 20%。处理后的孔应做出记录。

4.7.2　高强度螺栓连接安装

1. 高强度螺栓长度的确定

高强度螺栓长度 l 应保证在终拧后，螺栓外露丝扣为 2～3 扣。其长度应按下式计算：

$$l = l' + \Delta l \tag{4-31}$$

$$\Delta l = m + n_w s + 3p$$

式中：l'——连接板层总厚度（mm）；

Δl——附加长度（mm）；

m——高强度螺母公称厚度（mm）；

n_w——垫圈个数，扭剪型高强度螺栓为 1，大六角头高强度螺栓为 2；

s——高强度垫圈公称厚度（mm）；

p——螺纹的螺距（mm）。

当高强度螺栓公称直径确定之后，Δl 可按表 4－18 取值。但采用大圆孔或槽孔时，高强度垫圈公称厚度（s）应按实际厚度取值。根据式（4－31）计算出的螺栓长度按修约间隔 5mm 进行修约，修约原则为 2 舍 3 进，修约后的长度为螺栓公称长度，可以作为螺栓的订货依据。

表 4－18　高强度螺栓附加长度 Δl（mm）

螺栓公称直径	M12	M16	M20	M22	M24	M27	M30
高强度螺母公称厚度	12.0	16.0	20.0	22.0	24.0	27.0	30.0
高强度垫圈公称厚度	3.00	4.00	4.00	5.00	5.00	5.00	5.00
螺纹的螺距	1.75	2.00	2.50	2.50	3.00	3.00	3.50
大六角头高强度螺栓附加长度	23.0	30.0	35.5	39.5	43.0	46.0	50.5
扭剪型高强度螺栓附加长度	—	26.0	31.5	34.5	38.0	41.0	45.5

2. 高强度螺栓连接接触面间隙处理

对因板厚公差、制造偏差或安装偏差等产生的接触面间隙，应按表 4－19 的规定进行处理。

表 4－19　接触面间隙处理

项目	示 意 图	处 理 方 法
1		$\Delta < 1.0$mm 时，可不予处理（摩擦型连接除外）

续表 4－19

项目	示 意 图	处 理 方 法
2	磨斜面	$\Delta=$（1.0～3.0）mm 时，将厚板一侧磨成 1∶10 缓坡，使间隙小于 1.0mm
3		$\Delta>3.0$mm 时加垫板，垫板厚度不小于 3mm，最多不超过三层，垫板材质和摩擦面处理方法应与构件相同

3. 临时螺栓和冲钉数量

高强度螺栓连接安装时，在每个节点上应穿入的临时螺栓和冲钉数量，由安装时可能承担的荷载计算确定，并应符合下列规定：

（1）不得少于节点螺栓总数的 1/3。

（2）不得少于两个临时螺栓。

（3）冲钉穿入数量不宜多于临时螺栓数量的 30%。

4. 紧固扳手和连接副组装

（1）高强度螺栓施工所用的扭矩扳手，班前必须校正，其扭矩相对误差应为 ±5%，合格后方准使用。校正用的扭矩扳手，其扭矩相对误差应为 ±3%。

（2）高强度螺栓的安装应在结构构件中心位置调整后进行，其穿入方向应以施工方便为准，并力求一致。高强度螺栓连接副组装时，螺母带圆台面的一侧应朝向垫圈有倒角的一侧。对于大六角头高强度螺栓连接副组装时，螺栓头下垫圈有倒角的一侧应朝向螺栓头。

5. 螺栓孔修孔与扩孔

（1）安装高强度螺栓时，严禁强行穿入。当不能自由穿入时，该孔应用铰刀进行修整，修整后孔的最大直径不应大于 1.2 倍螺栓直径，且修孔数量不应超过该节点螺栓数量的 25%。修孔前应将四周螺栓全部拧紧，使板迭密贴后再进行铰孔。严禁气割扩孔。

（2）按标准孔型设计的孔，修整后孔的最大直径超过 1.2 倍螺栓直径或修孔数量超过该节点螺栓数量的 25% 时，应经设计单位同意。扩孔后的孔型尺寸应做记录，并提交设计单位，按大圆孔、槽孔等扩大孔型进行折减后复核计算。

6. 初拧、复拧、终拧

（1）高强度大六角头螺栓连接副的拧紧应分为初拧、终拧。对于大型节点应分为初拧、复拧、终拧。初拧扭矩和复拧扭矩为终拧扭矩的 50% 左右。初拧或复拧后的高强度螺栓应用颜色在螺母上标记，按本批次连接副扭矩系数值所计算的终拧扭矩值进行终拧。

终拧后的高强度螺栓应用另一种颜色在螺母上标记。高强度大六角头螺栓连接副的初拧、复拧、终拧宜在一天内完成。

（2）扭剪型高强度螺栓连接副的拧紧应分为初拧、终拧。对于大型节点应分为初拧、复拧、终拧。初拧扭矩和复拧扭矩值为 $0.065P_c d$，或按表4－20选用。初拧或复拧后的高强度螺栓应用颜色在螺母上标记，用专用扳手进行终拧，直至拧掉螺栓尾部梅花头。对于个别不能用专用扳手进行终拧的扭剪型高强度螺栓，应按扭矩系数取0.13所计算的终拧扭矩值进行终拧。扭剪型高强度螺栓连接副的初拧、复拧、终拧宜在一天内完成。

表4－20　扭剪型高强度螺栓初拧（复拧）扭矩值

螺栓公称直径	M16	M20	M22	M24	M27	M30
初拧扭矩（N·m）	115	220	300	390	560	760

（3）高强度螺栓在初拧、复拧和终拧时，连接处的螺栓应按一定顺序施拧，确定施拧顺序的原则为由螺栓群中央顺序向外拧紧，和从接头刚度大的部位向约束小的方向拧紧（图4－32）。几种常见接头螺栓施拧顺序应符合下列规定：

1）一般接头应从接头中心顺序向两端进行［图4－32（a）］；

2）箱型接头应按A、C、B、D的顺序进行［图4－32（b）］；

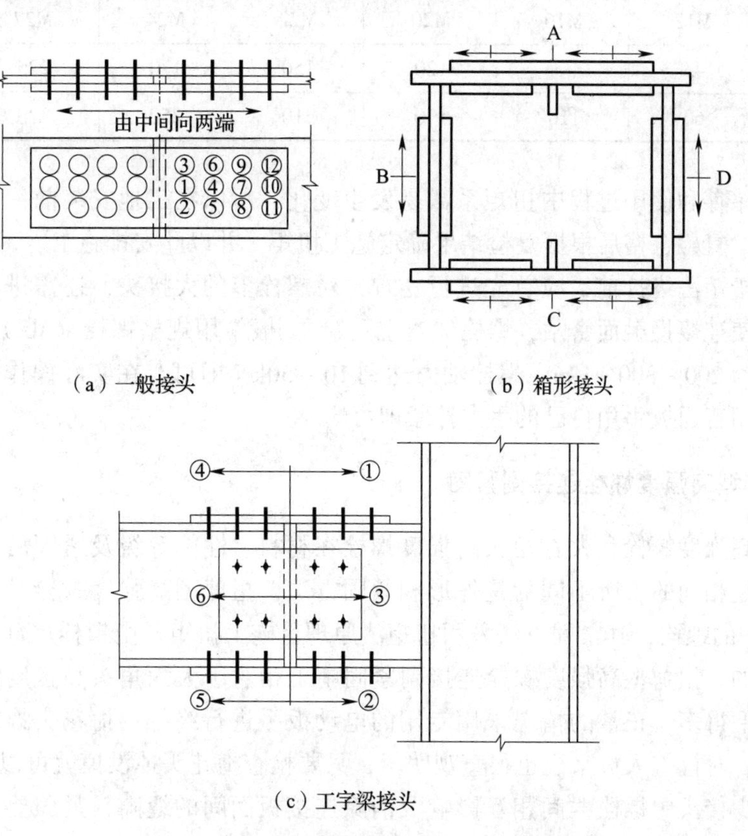

（a）一般接头　（b）箱形接头

（c）工字梁接头

图4－32　常见螺栓连接接头施拧顺序

3）工字梁接头栓群应按①~⑥顺序进行［图4-32（c）］；

4）工字形柱对接螺栓紧固顺序为先翼缘后腹板；

5）两个或多个接头栓群的拧紧顺序应先主要构件接头，后次要构件接头。

4.7.3 高强度螺栓紧固

1. 大六角头高强度螺栓连接副扭矩法紧固

对大六角头高强度螺栓连接副来说，当扭矩系数 K 确定之后，由于螺栓的轴力（预拉力）P 是由设计规定的，则螺栓应施加的扭矩值 M 就可以容易地计算确定，根据计算确定的施工扭力矩值，使用扭矩扳手（手动、电动、风动）按施工扭矩值进行终拧，这就是扭矩法施工的原理。

在确定螺栓的轴力 P 时应根据设计预拉值，一般考虑螺栓的施工预拉力损失10%，即螺栓施工预拉力（轴力）P 按1.1倍的设计预拉力取值，表4-21为大六角头高强度螺栓施工预拉力（轴力）P 值。

表4-21　高强度螺栓施工预拉力（kN）

性能等级	螺栓公称直径（mm）						
	M12	M16	M20	M22	M24	M27	M30
8.8级	45	75	120	150	170	225	275
10.9级	60	110	170	210	250	320	390

螺栓在储存和使用过程中扭矩系数易发生变化，所以在工地安装前一般都要进行扭矩系数复检，复检合格后根据复检结果确定施工扭矩，并以此安排施工。

在采用扭矩法终拧前，应首先进行初拧，对螺栓多的大接头，还需进行复拧。初拧的目的就是使连接接触面密贴，螺栓“吃上劲”，一般常用规格螺栓（M20、M22、M24）的初拧扭矩为200~300N·m，螺栓轴力达到10~50kN即可，在实际操作中，可以让一个操作工使用普通扳手用自己的手力拧紧即可。

2. 扭剪型高强度螺栓连接副紧固

扭剪型高强度螺栓和大六角头高强度螺栓在材料、性能等级及紧固后连接的工作性能等方面都是相同的，所不同的是外形和紧固方法，扭剪型高强度螺栓是一种自标量型（扭矩系数）的螺栓，其紧固方法采用扭矩法原理，施工扭矩是由螺栓尾部梅花头的切口直径来确定的。扭剪型高强度螺栓连接副紧固施工相对于大六角头高强度螺栓连接副紧固施工要简便得多，正常的情况采用专用的电动扳手进行终拧，梅花头拧掉标志着螺栓终拧的结束，对检查人员来说也很直观明了，只要检查梅花头掉没掉就可以了。

为了减少接头中螺栓群间相互影响及消除连接板面间的缝隙，紧固要分初拧和终拧两个步骤进行，对于超大型的接头还要进行复拧。扭剪型高强度螺栓连接副的初拧扭矩可适当加大，一般初拧螺栓轴力可以控制在螺栓终拧轴力值的50%～80%，对常用规格的高强度螺栓（M20、M22、M24）初拧扭矩可以控制在400～600N·m，若用转角法初拧，初拧转角控制在45°～75°，一般以60°为宜。

由于扭剪型高强度螺栓是利用螺尾梅花头切口的扭断力矩来控制紧固扭矩的，所以用专用扳手进行终拧时，螺母一定要处于转动状态，即在螺母转动一定角度后扭断切口，才能起到控制终拧扭矩的作用。否则由于初拧扭矩达到或超过切口扭断扭矩或出现其他一些不正常情况，终拧时螺母不再转动切口即被拧断，失去了控制作用，螺栓紧固状态成为未知，造成工程安全隐患。

扭剪型高强度螺栓终拧过程如下：

（1）先将扳手内套筒套入梅花头上，再轻压扳手，再将外套筒套在螺母上。完成本项操作后最好晃动一下扳手，确认内、外套筒均已套好，且调整套筒与连接板面垂直。

（2）按下扳手开关，外套筒旋转，直至切口拧断。

（3）切口断裂，扳手开关关闭，将外套筒从螺母上卸下，此时注意拿稳扳手，特别是高空作业。

（4）启动顶杆开关，将内套筒中已拧掉的梅花头顶出，梅花头应收集在专用容器内，禁止随便丢弃，特别是高空坠落伤人。

图4－33为扭剪型高强度螺栓连接副终拧示意图。

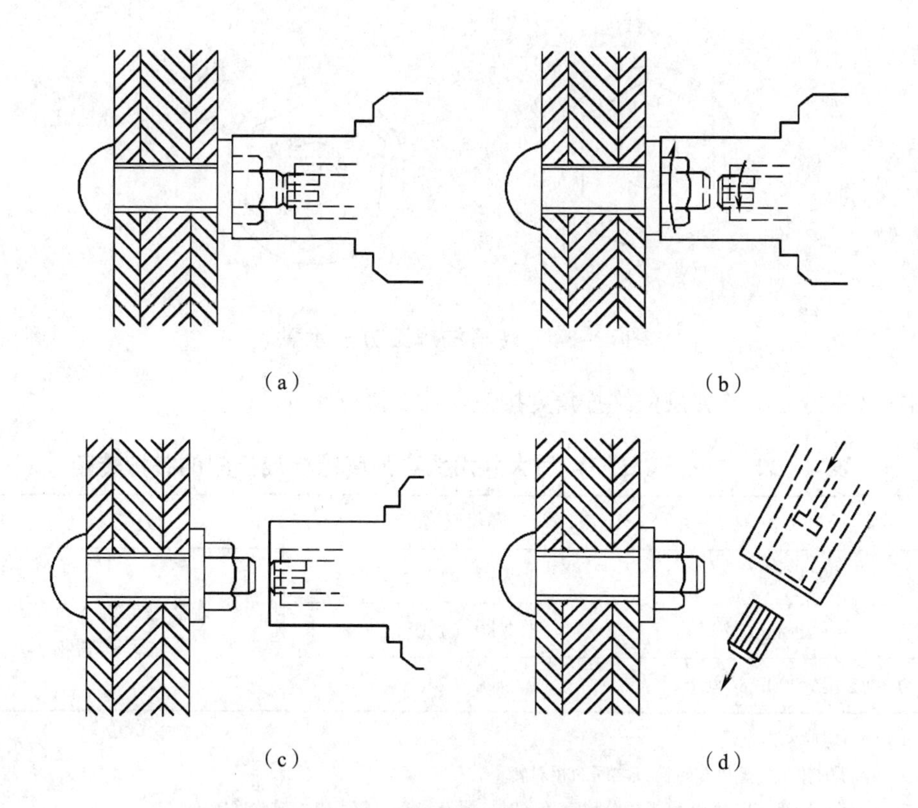

图4－33　扭剪型高强度螺栓连接副终拧示意

3. 高强度螺栓连接副转角法紧固

因扭矩系数的离散性，特别是螺栓制造质量或施工管理不善，造成扭矩系数超过标准值（平均值和变异系数），在这种情况下采用扭矩法施工，即用扭矩值控制螺栓轴力的方法就会出现较大的误差，欠拧或超拧问题突出。为解决这一问题，引入转角法施工，即利用螺母旋转角度以螺杆弹性伸长量来控制螺栓轴向力的方法。

试验结果表明，螺栓在初拧以后，螺母的旋转角度与螺栓轴向力成对应关系，当螺栓受拉处于弹性范围内，两者呈线性关系，因此根据这一线性关系，在确定了螺栓的施工预拉力（一般为1.1倍设计预拉力）后，就很容易得到螺母的旋转角度，施工操作人员按照此旋转角度紧固施工，就可以满足设计上对螺栓预拉力的要求，这就是转角法施工的基本原理。

高强度螺栓转角法施工分初拧和终拧两步进行（必要时需增加复拧），初拧的要求比扭矩法施工要严，因为起初连接板间隙的影响，螺母的转角大都消耗于板缝，转角与螺栓轴力关系极不稳定，初拧的目的是为消除板缝影响，给终拧创造一个大体一致的基础。转角法施工在我国已有30多年的历史，但对初拧扭矩的大小没有标准，各个工程根据具体情况确定，一般地讲，对于常用螺栓（M20、M22、M24），初拧扭矩定为200～300N·m比较合适，原则上应该使连接板缝密贴为准。终拧是在初拧的基础上，再将螺母拧转一定的角度，使螺栓轴向力达到施工预拉力。图4－34为转角法施工方法示意。

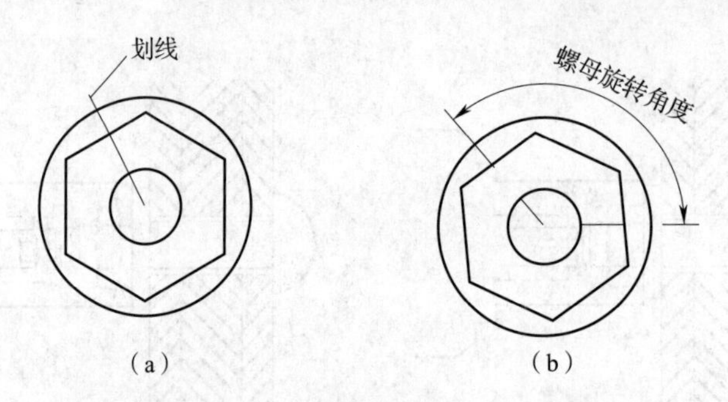

图4－34 转角法施工方法示意

初拧（复拧）后连接副的终拧角度按表4－22执行。

表4－22 初拧（复拧）后大六角头高强度螺栓连接副的终拧转角

螺栓长度 L 范围	螺母转角	连接状态
$L\leqslant 4d$	1/3圈（120°）	连接型式为一层芯板加两层盖板
$4d<L\leqslant 8d$ 或200mm及以下	1/2圈（180°）	
$8d<L\leqslant 12d$ 或200mm以上	2/3圈（240°）	

注：1. d 为螺栓公称直径。

2. 螺母的转角为螺母与螺栓杆之间的相对转角。

3. 当螺栓长度 L 超过12倍螺栓公称直径 d 时，螺母的终拧角度应由试验确定。

转角法施工次序如下：

（1）初拧：采用定扭扳手，从栓群中心顺序向外拧紧螺栓。

初拧检查：一般采用敲击法，即用小锤逐个检查，目的是防止螺栓漏拧。

划线：初拧后对螺栓逐个进行划线，如图4-34所示。

（2）终拧：用专用扳手使螺母再旋转一个额定角度，如图4-34所示，螺栓群紧固的顺序同初拧。

终拧检查：对终拧后的螺栓逐个检查螺母旋转角度是否符合要求，可用量角器检查螺栓与螺母上划线的相对转角。

做标记：对终拧完的螺栓用不同颜色笔作出明显的标记，以防漏拧和重拧，并供质检人员检查。

终拧使用的工具目前有风动扳手、电动扳手、电动定转角扳手及手动扳手等，一般的扳手控制螺母转角大小的方法是将转角角度刻画在套筒上，这样当套筒套在螺母上后，用笔将套筒上的角度起始位置划在钢板上，开机后待套筒角度终点线与钢板上标记重合后，终拧完毕，这时套筒旋转角度即为螺母旋转的角度。当使用定扭角扳手时，螺母转角由扳手控制，达到规定角度后，扳手自动停机。为保证终拧转角的准确性，施拧时应注意防止螺栓与螺母共转的情况发生。

4.7.4 储运与保管

（1）高强度螺栓连接副应按批配套进场，并附有出厂质量保证书。高强度螺栓连接副应在同批内配套使用。大六角头高强度螺栓连接副由一个螺栓、一个螺母和两个垫圈组成，扭剪型高强度连接副由一个螺栓、一个螺母和一个垫圈组成。

（2）高强度螺栓连接副应按包装箱上注明的批号、规格分类保管；室内存放，堆放应有防止生锈、潮湿及沾染脏物等措施。高强度螺栓连接副在安装使用前严禁随意开箱。高强度螺栓连接副在运输、保管过程中，应轻装、轻卸，防止损伤螺纹。

（3）高强度螺栓连接副的保管时间不应超过6个月。当保管时间超过6个月后使用时，必须按要求重新进行扭矩系数或紧固轴力试验，检验合格后，方可使用。

4.7.5 高强度螺栓连接施工质量检验与验收

1. 高强度大六角头螺栓连接副检验

高强度大六角头螺栓连接副出厂时应进行扭矩系数、螺栓楔负载、螺母保证载荷检验，其检验方法和结果应符合现行国家标准《钢结构用高强度大六角头螺栓、大六角螺母、垫圈技术条件》GB/T 1231的规定。

高强度大六角头螺栓连接副进场时，按照检验批抽检扭矩系数，扭矩系数的平均值及标准偏差应符合表4-23的要求。

表 4－23　高强度大六角头螺栓连接副扭矩系数平均值及标准偏差值

连接副表面状态	扭矩系数平均值	扭矩系数标准偏差
符合现行国家标准《钢结构用高强度大六角头螺栓、大六角螺母、垫圈技术条件》GB/T 1231 的要求	0.110～0.150	≤0.0100

注：每套连接副只做一次试验，不得重复使用。试验时，垫圈发生转动，试验无效。

2．扭剪型高强度螺栓连接副检验

扭剪型高强度螺栓连接副出厂时应进行紧固轴力、螺栓楔负载、螺母保证载荷检验，检验方法和结果应符合现行国家标准《钢结构用扭剪型高强度螺栓连接副》GB/T 3632 的规定。

扭剪型高强度螺栓连接副进场时，按照检验批抽查紧固轴力，紧固轴力平均值及标准偏差应符合表 4－24 的要求。

表 4－24　扭剪型高强度螺栓连接副紧固轴力平均值及标准偏差值

螺栓公称直径		M16	M20	M22	M24	M27	M30
紧固轴力值（kN）	最小值	100	155	190	225	290	355
	最大值	121	187	231	270	351	430
标准偏差（kN）		≤10.0	≤15.4	≤19.0	≤22.5	≤29.0	≤35.4

注：每套连接副只做一次试验，不得重复使用。试验时，垫圈发生转动，试验无效。

3．摩擦面抗滑移系数检验

摩擦面（含涂层摩擦面）的抗滑移系数应按下列规定进行检验：

（1）抗滑移系数检验应以钢结构制作检验批为单位，由制作厂和安装单位分别进行，每一检验批三组；单项工程的构件摩擦面选用两种及两种以上表面处理工艺时，则每种表面处理工艺均需检验。

（2）抗滑移系数检验用的试件由制作厂加工，试件与所代表的构件应为同一材质、同一摩擦面处理工艺（含涂层）、同批制作，使用同一性能等级的高强度螺栓连接副，并在相同条件下同批发运。

（3）抗滑移系数试件宜采用图 4－35 所示型式（试件钢板厚度 $2t_2 \geqslant t_1$）；试件的设计应考虑摩擦面在滑移之前，试件钢板的净截面仍处于弹性状态。

（4）抗滑移系数应在拉力试验机上进行并测出其滑动荷载；试验时，试件的轴线应与试验机夹具中心严格对中。

（5）抗滑移系数 μ 应按下式计算，抗滑移系数 μ 的计算结果应精确到小数点后 2 位。

$$\mu = \frac{N}{n_{\mathrm{f}} \sum P_{\mathrm{t}}} \tag{4-32}$$

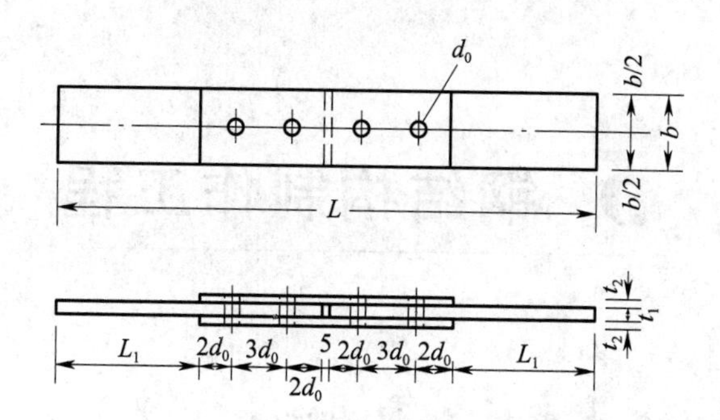

图4－35　抗滑移系数试件

式中：N——滑动荷载；

n_f——传力摩擦面数目，$n_f=2$；

P_t——高强度螺栓预拉力实测值（误差小于或等于2%），试验时控制在$0.95P\sim1.05P$范围内；

$\sum P_t$——与试件滑动荷载一侧对应的高强度螺栓预拉力之和。

（6）抗滑移系数检验的最小值必须大于或等于设计规定值。当不符合上述规定时，构件摩擦面应重新处理。处理后的构件摩擦面应重新检验。

5 钢结构制作工程

5.1 钢结构制作基本规定和制作流程

5.1.1 钢结构制作基本规定

（1）钢结构制造企业应有相应的技术标准，完善的质量管理体系和质量控制及检验制度。

（2）钢结构产品制造前，企业技术部门应根据设计文件、施工详图及工厂条件，编制产品制造工艺方案（工艺卡或作业指导书），工艺方案（工艺卡或作业指导书）应作为车间（或班组）产品制造时的主要技术文件，并在产品制造过程中认真执行。

（3）钢结构制造过程中应按下列规定进行质量控制：

1）采用的原材料及半成品应进行进场验收，凡涉及安全、功能的原材料、半成品应按有关规定进行复验，并应经监理人员（或业主单位认定的技术负责人）见证取样、送样。

2）各工序应按制造工艺方案（工艺卡或作业指导书）标明的技术标准进行质量控制，每道工序完成后都应及时进行检查，并有相应记录。

3）相关各专业工序之间应进行交接检验。

（4）钢结构制造质量验收必须采用经计量检定、校准合格并在其有效期内的计量器具。

（5）钢结构制造质量验收按现行国家标准《钢结构工程施工质量验收规范》GB 50205 及相关专业标准的规定执行，企业制订的技术标准和相应文件不得低于国家规范及相关专业标准的要求。

5.1.2 钢结构制造工艺流程

钢结构制造工艺流程如图 5－1 所示。

5.1.3 钢结构制造的主要设备

钢结构制造的主要设备配置如下：

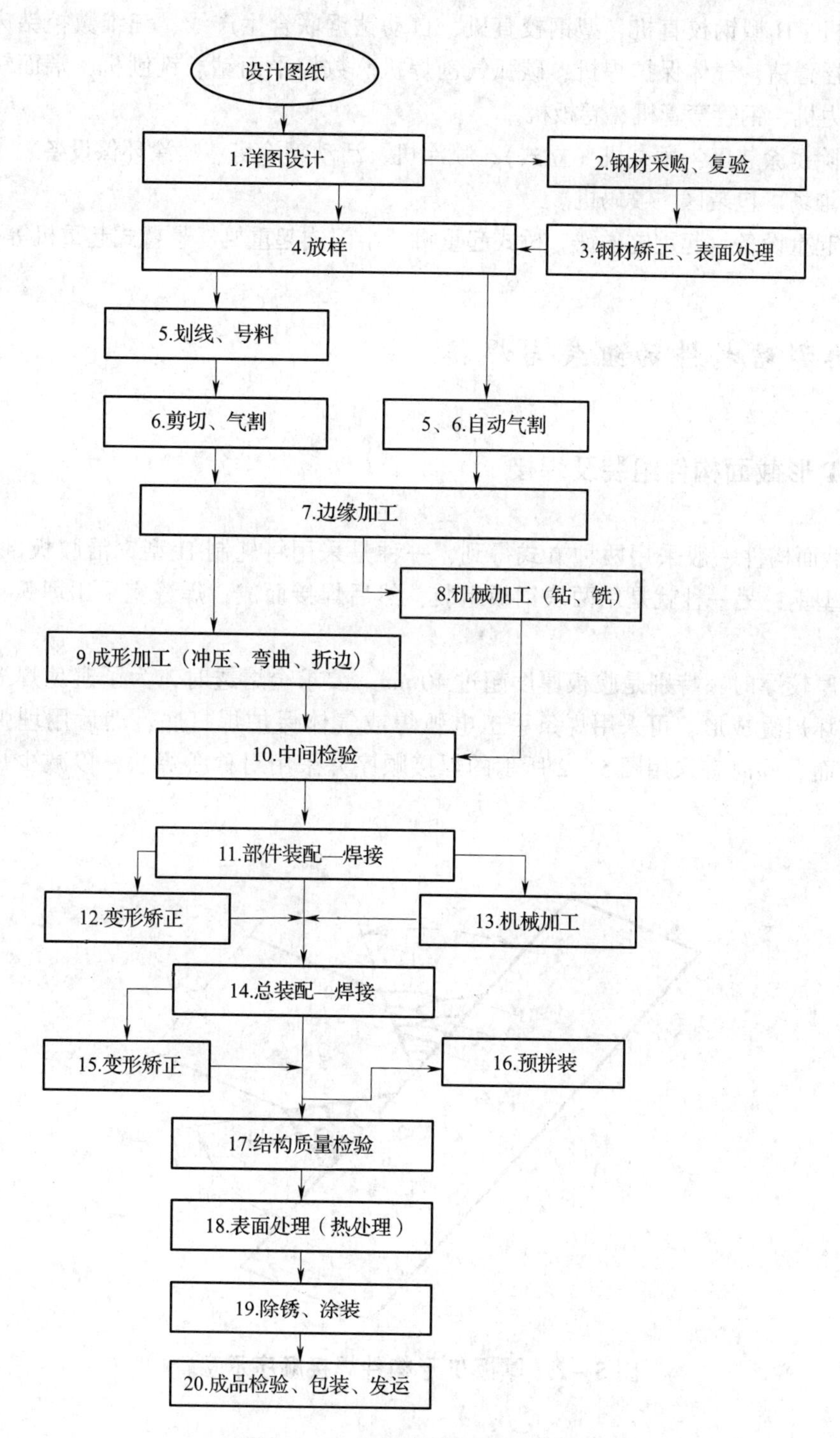

图 5－1　钢结构制造工艺流程

（1）下料区：数控等离子切割机、多头气割机，刨边机，埋弧焊机、气体数控切割机、数控相贯线气割机。

（2）组立焊接区：卧式 H 型钢组立机、门型双丝埋弧焊机、门型气保焊机、门型三丝埋弧焊机、H 型钢校直机、型钢校直机、自动钻锯联合生产线、三维数控钻床、转角带锯机、摇臂钻、气体保护焊机，碳弧气刨焊机。数控平面钻、铣刨机、端面铣、埋弧焊机、压力机、钢管弯管机、卷板机。

（3）除锈涂装区：抛丸机（立式）、喷涂机、活动喷涂房、喷涂环保设备。

（4）堆场、包装区：喷码机。

（5）起重设备：起重电磁铁、桥式起重机、半门式起重机、悬臂式起重机等。

5.2 典型结构件的组装与焊接

5.2.1 T 形截面构件组装及焊接

T 形截面构件一般采用两种方式得到，一种是采用将轧制 H 型钢沿腹板剖分而成，称剖分 T 型钢；另一种就是用两块钢板组装，然后焊接而成，焊缝宜采用埋弧自动焊双面焊。

当板厚较厚时，特别是腹板厚度超过 40mm，要求全熔透时，为了避免焊缝根部因焊漏而破坏焊缝成形，可采用焊条手工电弧焊或气体保护焊打底，然后用埋弧自动焊填充和盖面。同时宜采用图 5－2 所示的焊接顺序并采用对称跳焊法，以减少焊接变形和应力。

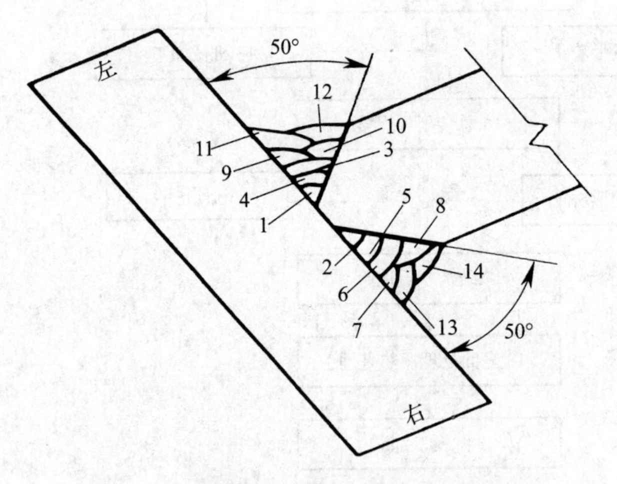

图 5－2 厚板 T 形构件焊接顺序示意

5.2.2 H 形截面构件组装及焊接

H 形截面构件一般采用两种方式得到，一种是直接采用轧制 H 型钢，另一种就是用三块钢板组装，然后焊接而成，焊缝宜采用埋弧自动焊双面焊。

翼缘板与腹板之间的4条焊缝可采用对称焊接和单面焊接两种焊接顺序，组装胎架及焊接顺序见图5－3。

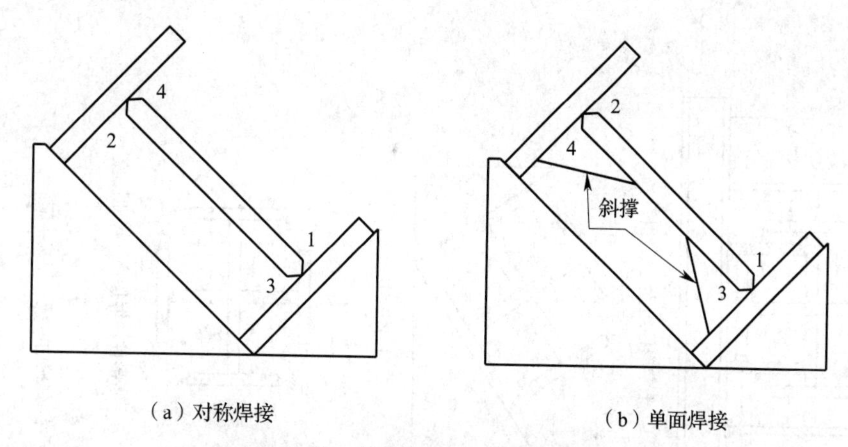

（a）对称焊接　　（b）单面焊接

图5－3　组装胎架及焊接顺序

当板厚较厚时，特别是腹板厚度超过40mm，要求全熔透时，为了避免焊缝根部因焊漏而破坏焊缝成形，可采用焊条手工电弧焊或气体保护焊打底，然后用埋弧自动焊填充和盖面。同时宜采用对称跳焊法，以减少焊接变形和应力。

5.2.3　十字形截面构件组装及焊接

十字形截面构件一般采用两种方式得到，一种是采用一个H截面和两个T形组装焊接而成，称带翼缘十字柱；另一种就是用三块钢板组装，然后焊接而成，焊缝宜采用埋弧自动焊双面焊。

图5－4为全焊接带翼缘十字柱组装及焊接流程示意。

当板厚较厚时，特别是腹板厚度超过40mm，要求全熔透时，为了避免焊缝根部因焊漏而破坏焊缝成形，可采用焊条手工电弧焊或气体保护焊打底，然后用埋弧自动焊填充和盖面。同时宜采用图5－5所示的焊接顺序并采用对称跳焊法，以减少焊接变形和应力。

5.2.4　箱形构件组装及焊接

箱形截面构件一般采用两种方式得到，一种是直接采用轧制或冷弯成型方矩钢管；另一种就是用4块钢板组装，然后焊接而成，焊缝宜采用埋弧自动焊，隔板与柱面板至少有1条焊缝必须用电渣焊施焊。

一般情况下，箱形柱装配焊接顺序如下：

①腹板焊接衬板→②铺设底面翼板→③装配隔板→④装配两侧腹板→⑤焊接隔板→⑥装配顶面翼板→⑦箱形构件角接焊缝焊接→⑧隔板电渣焊（单边）→⑨连接牛腿组装及焊接。

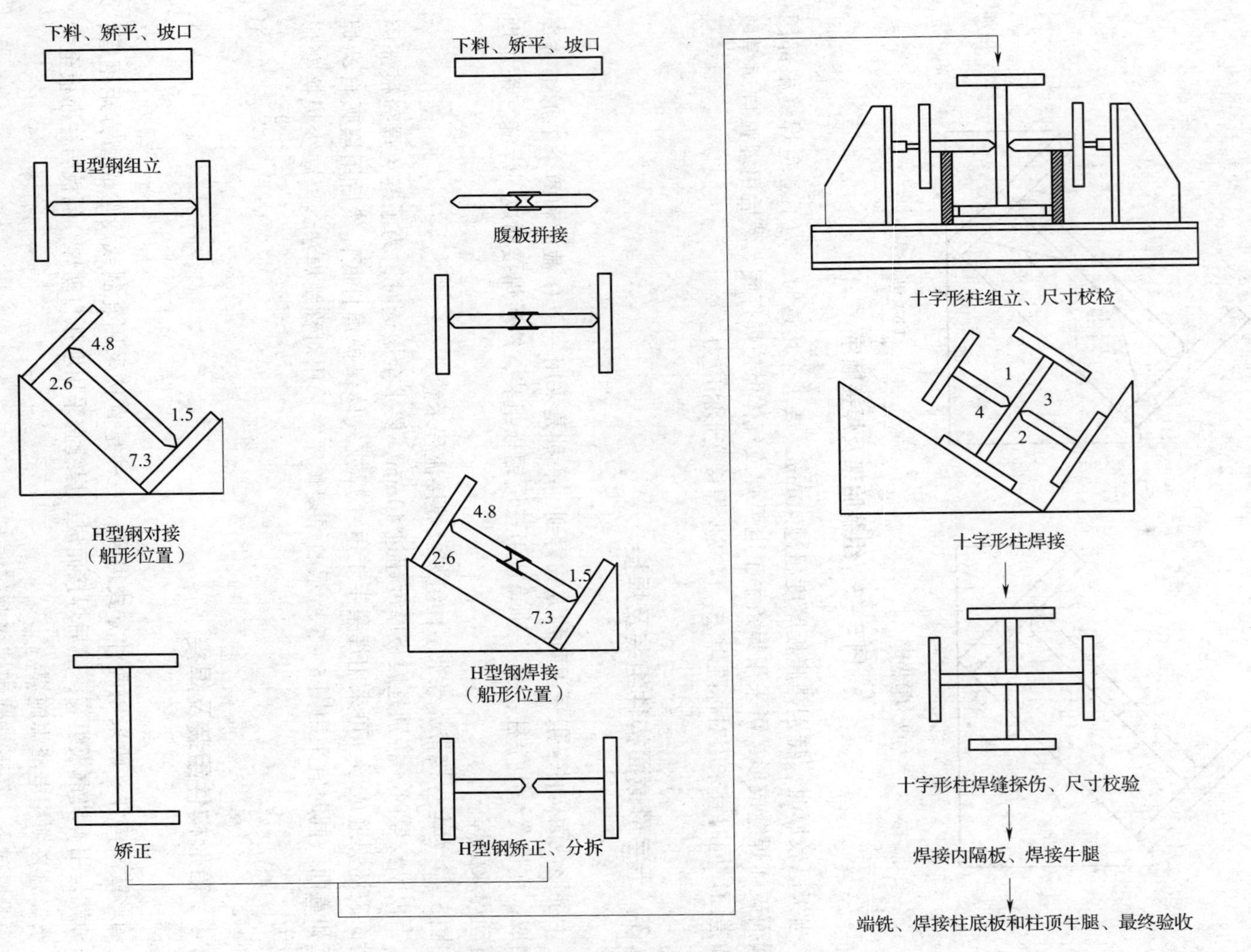

图5-4　全焊接带翼缘十字柱组装及焊接流程示意

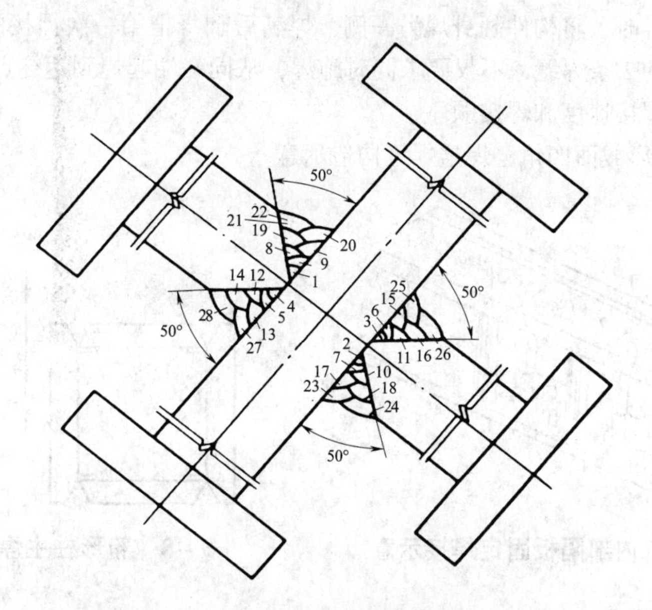

图 5-5 厚板十字形柱焊接顺序示意

1. 隔板、翼板、腹板组装

箱形截面构件组装应在组装胎架上进行，图 5-6 为组装胎架及组装示意。

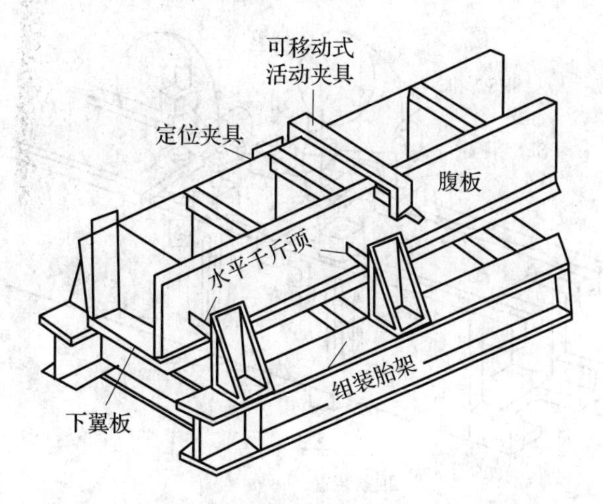

图 5-6 箱形截面组装胎架及组装示意

2. 内部隔板固定焊接

在箱形柱组装焊接流程中，每块隔板的三面可以用手工焊或 CO_2 气体保护焊与柱面板焊接（图 5-7）。

3. 主焊缝焊接

箱形截面角部的 4 条主焊缝采用多层多道焊，同一块腹板上的 2 条焊缝同时施焊，焊至坡口深度的一半时，将构件翻身焊另一侧，焊满后翻身把第一次焊接的 2 条焊缝焊完。对于同一腹板上的2 条焊缝，不仅要求同时施焊，从同一端起焊到达终点，还要求保持相同的焊接方向、焊接速度和焊接顺序。

图 5 - 8 为箱形截面四角全焊透焊缝构造示意。

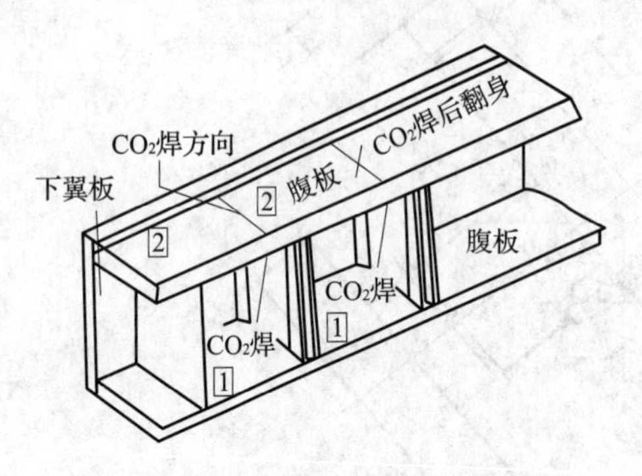

图 5 - 7　内部隔板固定焊接示意

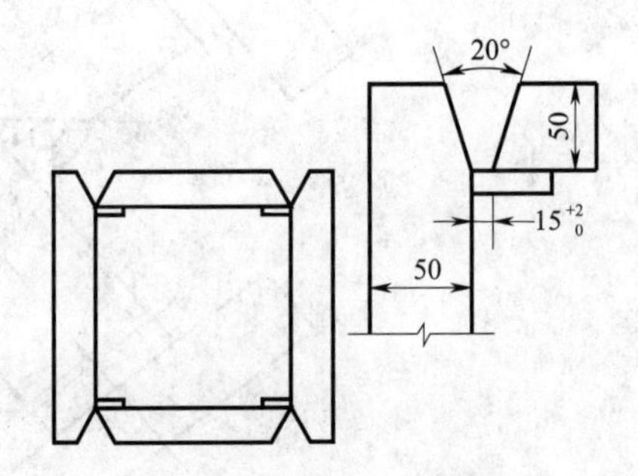

5 - 8　箱形柱主焊缝构造示意

4. 隔板电渣焊

在柱截面封闭后，隔板与柱面板至少有 1 条焊缝须用电渣焊施焊。为了达到对称焊接控制变形的目的，也可以留两条焊缝用电渣焊方法对称施焊。

图 5 - 9 为箱形柱隔板电渣焊（SES）示意。

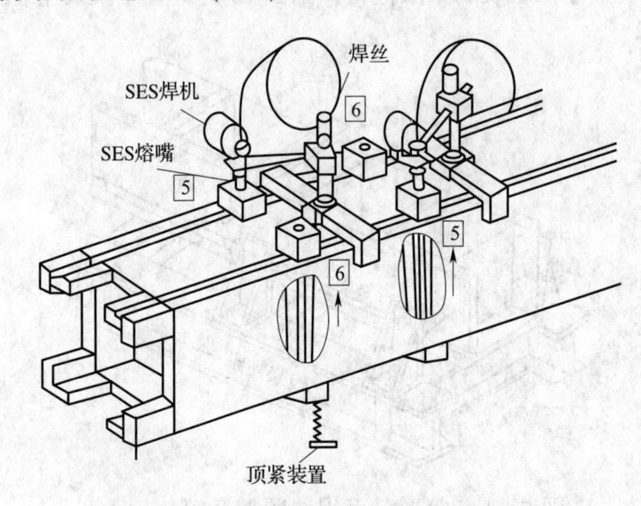

图 5 - 9　箱形柱隔板电渣焊（SES）示意

5.2.5　异型目字形组合构件的组装与焊接

在超高层钢结构或大跨度钢结构中，越来越多地采用一些异型复杂截面构件，如日字形、目字形等，图 5 - 10 为目字形组合柱的组装及焊接流程示意。

典型异型目字形组合柱装配、焊接流程如下：

（1）下料及反变形。组合柱的外侧两翼缘板为非对称施焊，焊后易产生较大的焊接角变形，且难于矫正。组装前采用大功率油压机进行预设反变形。反变形参数根据工艺试验确定。角变形产生情况和反变形设置如图 5－11 所示。

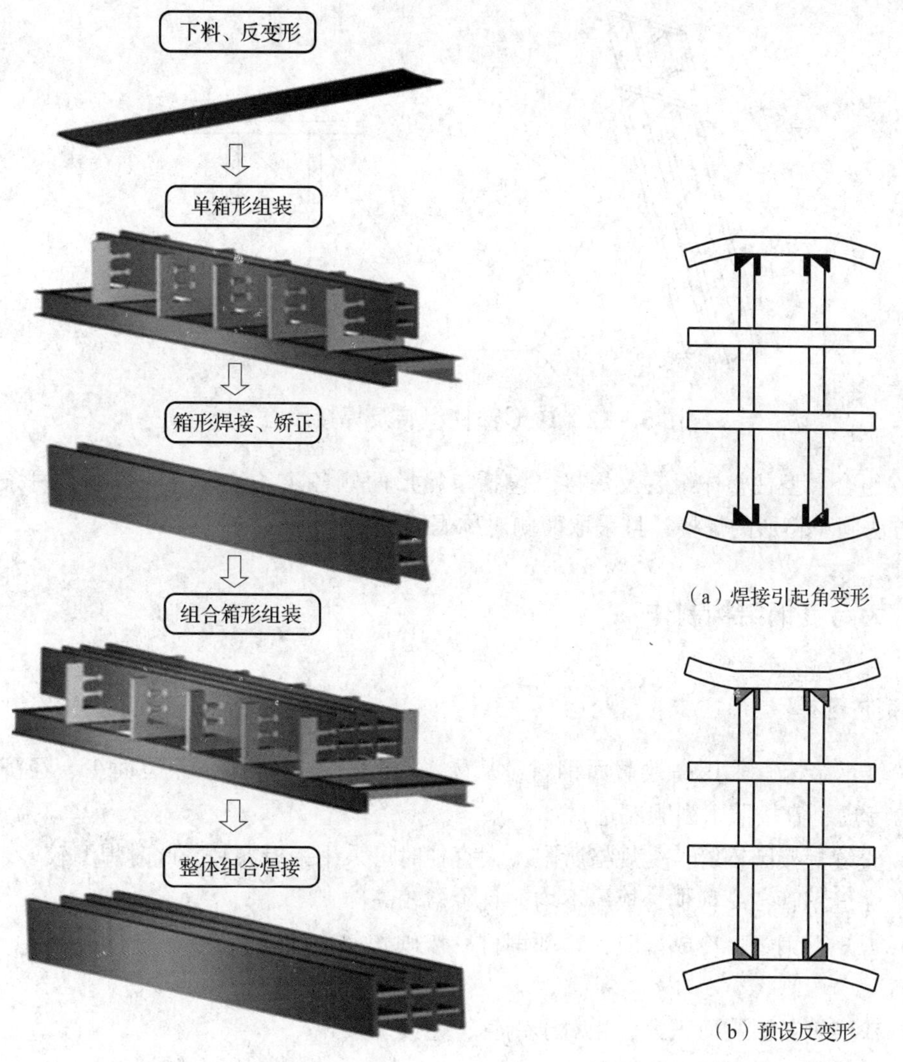

图 5－10 异型组合构件的装配焊接流程图

图 5－11 不对称结构产生的焊接角变形及反变形设置

（2）单箱形组装及焊前预热。腹板焊接前应进行预热，其预热温度根据工艺试验确定，一般控制在 100～150℃；预热方式采用远红外电加热板进行加热。

（3）单箱形焊接。箱形柱腹板的内部施焊空间小，腹板与翼缘板的角焊缝坡口宜采用单面坡口（反面贴衬垫）形式。其箱体的四条纵缝焊接方法采用 CO_2 气体保护焊打底 2～3 道，埋弧焊盖面的方法进行。先对称施焊上侧两角焊缝至 1/3 腹板厚度，再翻身对称焊接下侧两角焊缝至 1/3 腹板厚度，采取轮流施焊直至全部焊完。

（4）单箱形焊后矫正。焊后进行箱形矫正，宜采用热矫正，其矫正温度宜控制在600～800℃。

（5）组装并焊接Π形部件。装焊两侧腹板（腹板开双面坡口，内侧为板厚 T 的 1/3），同时、同方向、同焊接内侧两条焊缝，外侧碳刨再焊接，见图5－12。

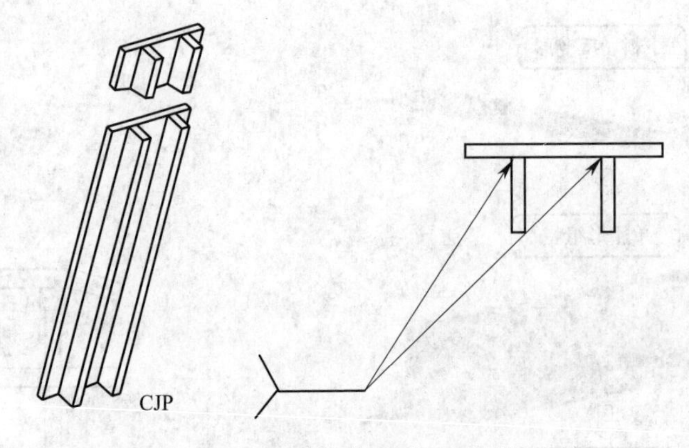

图5－12 Π形部件组装及焊接示意

（6）组合异型柱整体组装及焊接。包括单箱形两侧各4条主焊缝的焊接，每条焊缝的焊接方法同单箱形的焊接，且采取两侧对称焊缝。

5.2.6 大跨度钢结构制作

1. 钢材选择

大跨度钢结构宜采用高效截面钢材，从受力合理、连接简易、涂装面少、经济等几方面综合考虑，宜按照下列顺序选材：

（1）直缝焊接圆钢管：受规格所限，大直径时可采用钢板卷制，此时焊缝较多。

（2）无缝钢管：品种少，板厚不均，且价格较高。

（3）方矩型钢管：冷成型时，角部钢材冷作硬化效应明显；热成型（热处理）钢管价格偏高。

（4）H型钢：涂装面积大，相对于钢管，连接复杂。

（5）铸钢管：材料质量不宜保证。

2. 钢材弯曲成型

钢管弯曲宜优先选用冷弯，当冷弯不能满足要求时，可采用热弯。直缝焊管弯曲时，其纵向焊缝宜避开受拉区，一般可放置在侧面区域。

（1）冷弯曲的限制温度：冷弯曲应在常温情况下进行，当碳素结构钢在环境温度低于－16℃、低合金结构钢在环境温度低于－12℃时，不应进行冷弯曲。碳素结构钢和低合金结构钢在加热矫正时，加热温度不应超过900℃（一般为700～800℃，最高温度严禁超过900℃，最低温度不得低于600℃）。低合金结构钢在加热矫正后应自然冷却。

（2）热弯曲的限制温度：当杆件采用热弯曲成型时，根据材料的含碳量，可选择不同的加热温度。加热温度（一般）应控制在900～1000℃；碳素结构钢和低合金结构钢在温度分别下降到700℃和800℃之前，应结束加工；低合金结构钢应自然冷却。

（3）杆件弯曲成型的最小曲率半径见表5－1。

表5－1　冷弯曲成型和热弯曲成型加工的最小曲率半径

钢材类别	图　例		冷弯最小曲率半径	热弯最小曲率半径	备注
热轧钢板	钢板卷压成钢管	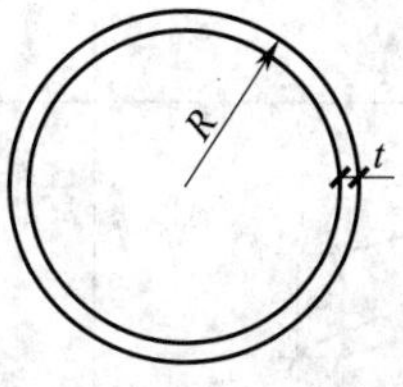	$R/t \geqslant 15 \sim 20$	$R/t \geqslant 3$	
	平板弯成120°～150°	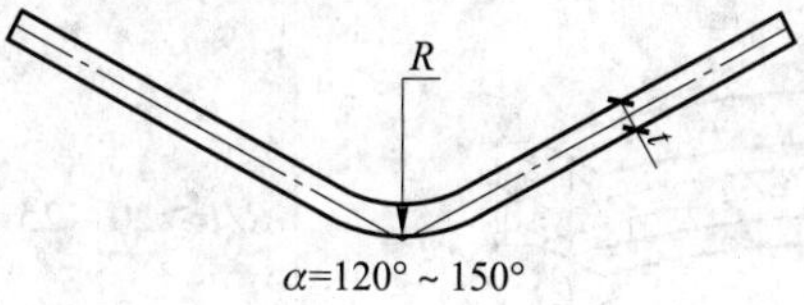 $\alpha=120° \sim 150°$	$R/t \geqslant 10 \sim 12$		
	方矩管弯成直角	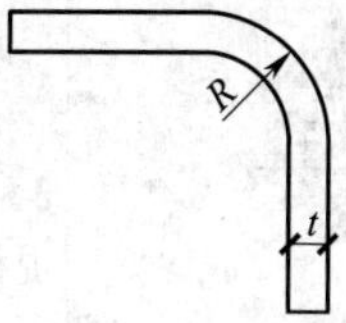	$R/t \geqslant 3 \sim 4$		
热轧无缝钢管	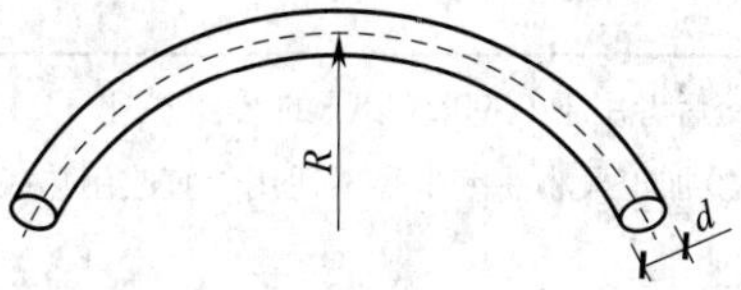		$R/d \geqslant 20 \sim 25$	$R/d \geqslant 10$	
冷成型直缝钢管	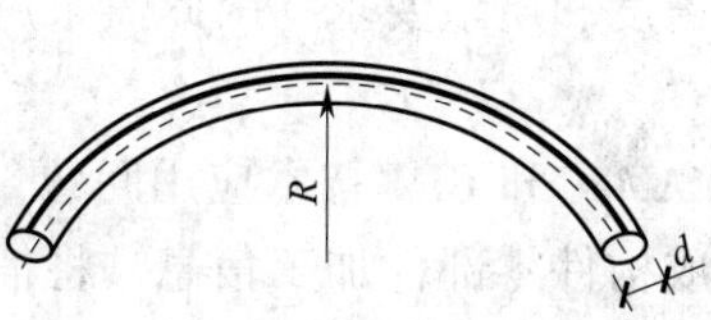		$R/d \geqslant 25 \sim 30$	$R/d \geqslant 15$	焊缝放置在弯弧中心线位置

续表 5－1

钢材类别	图例	冷弯最小曲率半径	热弯最小曲率半径	备注
冷成型方矩管	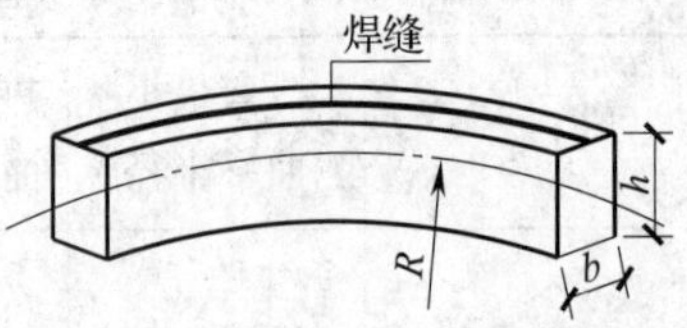	R/b（或 R/h）≥30～35	R/b（或 R/h）≥20	焊缝放置在弯弧中心线位置
热轧 H 型钢	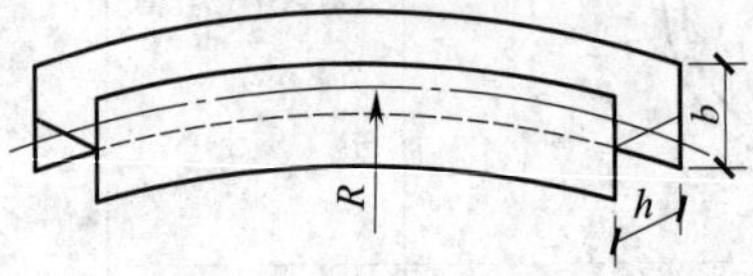	R/h ≥25～30	R/b（或 R/h）≥8	也适用于工字钢和槽钢对高度弯曲
	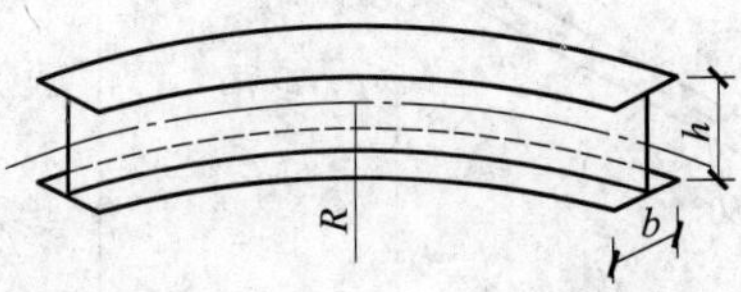	R/b≥20～25		
槽钢、角钢	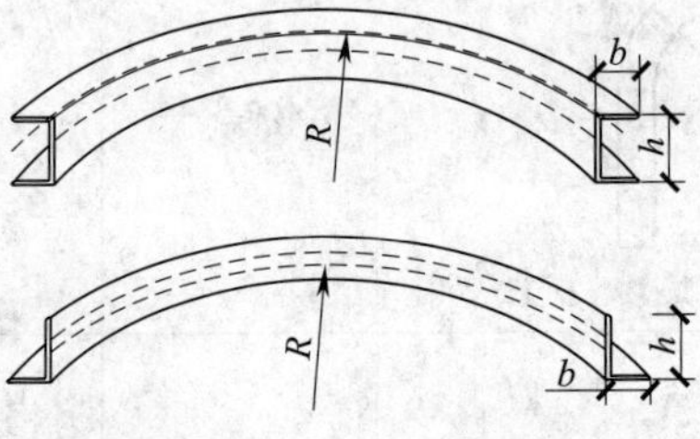	R/b≥25～30	R/b≥8	

注：1. 冷弯时最小曲率半径限值前者用于碳素钢，后者用于 Q390 级以下的低合金钢。

2. 钢管直径和型钢宽度大于 400mm 时，以上冷加工最小曲率半径不适用，宜改用热成型。

3. 管材料相贯线加工

管与管采用相贯连接是比较常用和经济的节点方式，相贯线及其焊缝坡口角度是很复杂的变量参数，单靠人工下料难以达到精度和质量要求，因此需采用多维数控相贯线切割机进行下料和坡口加工。

其实这里涉及计算机辅助制造技术（CAM）和 BIM 技术应用问题，通过计算机软件建立三维结构计算模型，经过参数运算形成构件零部件加工信息，将信息输入加工设备（切割机）后，设备就会自动完成零部件的加工。

未来，随着 BIM 和 CAM 技术应用水平提高，钢结构零配件可以由专业的配料中心来完成，只要钢结构公司将设计图纸传送给配料中心，配料中心就会自动进行套料、下料和坡口加工，钢结构公司只需要进行组装工序，既节省材料、提高精度，又加快施工速度。

5.3 预拼装工程

5.3.1 预拼装及其方法

1. 预拼装目的

钢结构特别是大跨度钢结构往往是几何尺寸较为复杂的空间体，受运输和起吊能力的限制，不可能整体而要分段、分杆件制作或吊装，因此，要求在工厂进行预拼装，通过预拼装要解决以下问题：

（1）设计问题。对于几何形状复杂的空间结构，空间定位角度和尺寸虽然能显示在电脑模型上，但很难落实在工厂制作环节上，通过预拼装反而容易测量和定位，利用预拼装实测数据来解决设计模型及图纸难以实施的问题。同时，预拼装还是检验设计及图纸错误的重要关口，将设计问题化解于施工的开始阶段。

（2）预起拱问题。钢结构特别是大跨度钢结构变形（挠度）量大，影响正常使用和观感，因此，设计都会提出预起拱要求，即使设计没有要求，施工单位也要根据经验进行预起拱。大跨度结构特别是空间结构起拱以后，几乎所有杆件的几何位置都会发生变化，杆件长度、空间角度以及节点中杆件距离都有微小改变。

一种办法是计算出每一杆件几何尺寸变化量，然后据实加工、组装，实践证明此方法事倍功半，不具备可操作性；通过预拼装就能很好地解决这一复杂的问题，在预拼装时只要合理地调整节点位置及其之间的间隙，就轻而易举地实现起拱，避免了调整杆件尺寸所带来的烦琐，因此，预拼装是能够事半功倍地解决预起拱问题的经济实用措施。

（3）现场安装问题。钢结构安装场地一般都比较有限，很少能提供在现场整体拼装的条件，在这种情况下，构件运至工地后直接进行安装，和地面拼装相比，高空安装的难度和危险性很大，因此，往往因为一个节点或一个螺栓，导致现场安装作业的吊车迟迟不能落钩，安装效率和安全性大打折扣。

通过工厂预拼装，可以轻而易举地将连接节点精度问题提前发现并处理，将预拼装时每个现场连接节点的间隙、相对距离等数据，通过打钢印的办法记录下来，现场安装的时候，只要按照预拼装时记录的数据进行定位，就能很顺利地进行节点装配，同时安装质量得以保证。

（4）施工质量问题。通过工厂预拼装，可以及早地发现制作过程中质量问题并及时解决；通过预拼装可以提前获得现场安装时所需要安装数据，保证现场安装顺利，自然就提高了现场安装的质量。因此，预拼装是大跨度钢结构施工质量保证措施之一。

2. 需要进行预拼装的结构和构件

(1) 复杂结构及其构件。

(2) 空间尺寸及构件间相互关系难以用图纸表述，需要用预拼装来确定的节点或构件，采用螺栓连接的节点连接件，必要时可在预拼装后进行钻孔。

(3) 设计要求起拱的大跨度空间桁架结构，需要通过预拼装确定起拱后尺寸。

(4) 设计或合同中规定的需要进行预拼装的结构和构件。

(5) 结构相同或类似的构件，在加工制作质量较高且稳定的基础上，可实行对首批构件预拼装、交验、进行评审，经评审后确认质量合格且稳定可免除或减少后续构件的预拼装。

3. 预拼装方法

(1) 整体预拼装：将需进行预拼装范围内的全部构件，按施工详图所示的平面（空间）位置，在工厂（现场）借助于拼装胎架进行整体拼装，所有连接部位的接缝，均用临时工装连接板给予固定。

(2) 累积连续预拼装：如果预拼装范围较大，可将该范围切分成若干个小单元，各单元内的构件可分别进行预拼装，位于相邻两单元之间的构件应分别参与两个单元的预拼装。

(3) 缩拼法：在单根构件制作精度较高的前提下，位于同一平面内的桁架结构预拼装时，可将上、下弦杆间的距离缩小，将其在拼装胎架上定位、固定，测量各节点部位外伸构件端面的位置与角度偏差，达到预拼装目的。

(4) 计算机模拟预拼装：在单根构件制作精度较高的前提下，可采用计算机模拟预拼装。

5.3.2 预拼装技术要点

1. 选择预拼装基准面

根据预拼装范围内构件的结构特点、曲形变化、空间坐标体系的高差，选取合适的基准面，并符合下列要求：

(1) 能最大限度地降低拼装胎架高度。

(2) 能方便对拼装过程中各构件的定位与定位后构件端面定位测量点进行测量、检验。

2. 绘制拼装胎架基面划线图

(1) 选定的拼装基准面置于水平状态。

(2) 将各参与拼装构件的端面（测量点）、轴心线（外形轮廓线）、节点部位测量点投影至拼装基准面上，绘制成图。

（3）将上述各测量点相对于基准面的标高值编制成表。

3. 基面划线

（1）将拼装胎架基面划线图上的点、线划制在拼装胎架基面上。

（2）拼装胎架的基面应有足够的承载力和牢固的连接件（埋件）。

（3）重要的点、线位置应设置能经得起防撞、牢固且明显的硬质标记。

（4）在预拼装范围内，选择不易受到碰撞的区域树立高度测量标杆，并将各点位的标高标记于其上。

4. 制作拼装胎架

（1）拼装胎架应具有足够的承载力和与基面牢固的连接强度。

（2）每一根构件与胎架的接触点不得小于2处。

（3）在拼装胎架的竖向构件上应标有沉降观察水平线（面）。

5. 构件拼装定位

（1）构件在拼装、定位过程中，应严格按照构件上原有的定位、测量点（线），相对于拼装胎架基面上对应的点（线）和标高进行精确定位，不得任意修改。

（2）构件与胎架、各相邻构件之间的临时连接固定应通过标记明显的连接板用螺栓或焊接进行连接固定。

（3）构件在拼装定位过程中，不应对构件随意进行切割、修正。

（4）构件拼装定位结束，应去除对其产生较大强制外力的全部工装连接板，方可进行测量交验。

6. 累积连续预拼装

（1）累积连续预拼装均在拼装胎架上进行，操作步骤与整体预拼装相似。

（2）累积连续预拼装中，相邻两单元间的构件分别参与两个单元的预拼装时，其第二次定位的基准面必须与首次预拼装的基准面保持一致，在首次预拼装中的定位偏差必须在第二次预拼装定位中如实显示，不得任意修改。

7. 计算机模拟预拼装

（1）钢构件除采用实体预拼装外，还可采用计算机辅助模预拼装方法。采用计算机辅助模拟预拼装构件或单元的外形尺寸应与实物相同。

（2）当采用计算机辅助模拟预拼装的偏差超过现行国家标准《钢结构工程施工质量验收规范》GB 50205的相关要求时，应进行实体预拼装。

5.3.3 预拼装允许偏差

（1）高强度螺栓和普通螺栓连接的多层板叠，预拼装时宜使用冲钉定位和临时螺栓紧固，试装螺栓在一组孔内不得小于螺栓孔数量的20%，且不小于2只，试装应使板层密贴，冲钉数不得少于螺栓孔总数的10%。应采用试孔器进行验收，并应符合下列规定：

1）当用比孔公称直径小1.0mm的试孔器检查时，每组孔通过率应为不小于85%；

2）当用比螺栓公称直径大0.3mm的试孔器检查时，通过率应为100%；

3）按上述检查，不能通过的孔，经施工图编制单位或设计同意后，方可扩钻或补焊后重新制孔，扩孔后的孔径不得大于原设计孔径2.0mm。

（2）当预装单元中构件与构件之间的连接为摩擦面进行连接时，应对摩擦面连接处各板之间的密贴度进行检查，检查方法为以塞尺插入板边缘深度20mm，测量板件间的间隙应符合下列要求：

1）间隙应小于0.2mm；

2）深度内的间隙为0.2～0.3mm，其长度不宜超过板边长的10%；

3）深度内的间隙为0.3～1mm，其长度不宜超过板边长的5%。

（3）构件预拼装后应按表5－2的要求进行检查。

表5－2 钢结构预拼装允许偏差

<table>
<tr><th>项次</th><th>构件类型</th><th colspan="2">项　目</th><th>允许偏差（mm）</th></tr>
<tr><td>1</td><td rowspan="6">多节柱</td><td colspan="2">预拼装单元总长</td><td>±5.0</td></tr>
<tr><td>2</td><td colspan="2">预拼装单元弯曲矢高</td><td>L/1500，且不应大于10.0</td></tr>
<tr><td>3</td><td colspan="2">接口错边</td><td>2.0</td></tr>
<tr><td rowspan="3">4</td><td colspan="2">预拼装单元柱身扭曲</td><td>H/200，且不应大于5.0</td></tr>
<tr><td rowspan="2">铣平顶紧面至连接节点的距离</td><td>至第一安装孔</td><td>±1.0</td></tr>
<tr><td>至任一牛腿</td><td>±2.0</td></tr>
<tr><td>5</td><td rowspan="5">梁、桁架</td><td colspan="2">跨度最外两端安装孔或两端支承面最外侧距离</td><td>L/1500，±5.0</td></tr>
<tr><td>6</td><td colspan="2">接口截面错位</td><td>2.0</td></tr>
<tr><td rowspan="3">7</td><td rowspan="2">拱度</td><td>设计要求起拱</td><td>±L/5000</td></tr>
<tr><td>设计未要求起拱</td><td>L/2000</td></tr>
<tr><td colspan="2">节点处杆件轴线错位</td><td>4.0</td></tr>
<tr><td>8</td><td rowspan="5">管状、壳体构件</td><td colspan="2">壳体中心对预拼装平台检查中心的距离</td><td>H/1000，且不应大于8.0</td></tr>
<tr><td rowspan="2">9</td><td colspan="2">圆形壳体的最大直径与最小直径之差</td><td>D/500，且不应大于8.0</td></tr>
<tr><td colspan="2">预拼装单元总长</td><td>±5.0</td></tr>
<tr><td rowspan="2">10</td><td colspan="2">矩形壳体对角线长度之差</td><td>≤5.0</td></tr>
<tr><td colspan="2">预拼装单元弯曲矢高</td><td>L/1500，且不应大于10.0</td></tr>
</table>

续表 5－2

项次	构件类型	项 目	允许偏差（mm）
11	管状、壳体构件	壳体上口水平度	$D/500$，且不应大于 5.0
12		对口错边	$t/10$，且不应大于 3.0
13		坡口间隙	+2.0 －1.0
14	构件平面总体预拼装	各楼层柱距	±4.0
15		相邻楼层梁与梁之间距离	±3.0
16		各层间框架两对角线之差	$H/2000$，且不应大于 5.0
17		任意两对角线之差	$\Sigma H/2000$，且不应大于 8.0

注：L 为构件纵向长度，H 为构件断面高度，t 为管构件壁厚。

5.4 钢构件包装要求

5.4.1 包装类型及包装材料

钢结构件基本分为梁柱类、桁架类、管道类、壳体及球体类、平台栏杆类等，规格型号各异，部分超大型构件需工厂解体以满足运输和安装等条件的限制。

钢结构件的包装形式一般有裸装、托盘装、笼装、箱装等多种形式，对于大型钢结构件通常采用裸装。

包装材料主要有木材和钢材两种。对于出口钢构件，由于海关要求包装用木材需在构件发货前 15 日之内熏蒸，因工期、船期等各种因素的限制，除少数货物采用木材进行包装之外，其余基本上采用钢材进行包装。

5.4.2 包装通用要求

1. 控制尺寸

控制出厂单元尺寸首先应考虑工程当地的运输能力。

对于船甲板上裸装运输构件，虽然构件的尺寸不受限制，但运输能力以及码头吊运能力限制了构件的最大尺寸及重量。每个包装的重量一般不超过 25t；汽车运输，一般长度不超过 12m，个别件不应超过 18m，宽度不超过 2.5m，高度不超过 4m。上述要求均应将包装材料考虑入内。

对于采用集装箱运输构件，根据国际上通常使用的干货柜尺寸确定出厂单元重量及最大尺寸（见表 5－3）。

表 5－3　国际标准干货柜参数

国际标准干货柜尺寸代码	国际标准干货柜外形尺寸长×宽×高	国际标准干货柜类型	净空尺寸长×宽×高(m)	配货毛重(t)	体积(m^3)
22G0	20′×8′×8′6″	普通箱	5.69×2.13×2.18	17.5	24～26
22U1	20′×8′×8′6″	开顶箱	5.89×2.32×2.31	20	31.5
22P1	20′×8′×8′6″	端部固定的板架集装箱	5.85×2.23×2.15	23	28
42G0	40′×8′×8′6″	普通箱	11.8×2.13×2.18	22	54
42U1	40′×8′×8′6″	开顶箱	12.01×2.33×2.15	30.4	65
42P1	40′×8′×8′6″	端部固定的板架集装箱	12.05×2.12×1.96	36	50
45G0	40′×8′×9′6″	高柜	11.8×2.13×2.72	22	68

2. 通用包装形式与要求

(1) 对于6m以内的构件，可只设置2个支撑点。对于6m以上的构件，需设置3个以上支撑点。

(2) 钢结构件成品高度大于400mm的，吊装时为防止单螺杆受力不均，引起螺帽的松动，应采用双螺杆作拉杆（见图5－13）。

(3) 在包装材料和构件面接触处，采用加垫柔性材料（如胶皮）等进行保护（见图5－14）。

图5－13　双螺杆张紧

图5－14　接触面处保护

(4) 构件可用吊索或吊带进行吊装。采用吊索时，包装结构上可设置吊耳（见图5－15）。采用吊带时，在构件吊点处边角用300mm胶皮保护，外侧加钢管切割的瓦片保护，吊点间距适中，10m以上的构件，吊点设置在离端头$L/4$处左右（见图5－16）。

图 5-15 包装结构上设置吊耳

图 5-16 构件吊带吊装保护

5.4.3 典型构件的包装

1. 梁、柱类包装

梁、柱类构件的包装形式为裸装，采用工字钢或槽钢作支撑型钢，用螺杆压紧的形式进行包装。

（1）大型梁、柱构件的包装，通常在构件上加焊吊耳（见图 5-17），吊耳不仅可以作为运输倒运的吊点，也可作为现场安装的吊点。

（2）为降低包装材料用量，当多件构件进行叠装时，应采用铁丝将各根梁相连，形成整体（见图 5-18）。

图 5-17 单根构件包装加设吊耳

图 5-18 小型构件采用叠装

（3）异型梁、柱，其悬挑牛腿在运输过程中易失稳破坏，需要对其进行加固（见图 5-19）。

2. 桁架类包装

（1）对于大型桁架因其重量大，几何尺寸大，无法成组进行包装，采取单榀卧式包装（见图 5-20）。

（2）对于中、小型桁架可采取立式叠装（单榀桁架高度不大于 2m）（见图 5-21）。

图 5-19　构件包装薄弱部位进行加固

图 5-20　大型桁架单榀卧式包装

3. 管、壳体、球体包装

（1）管道。

在管道的管口处必须加支撑来保护构件，防止管道变形。一般口径小于 1200mm 的管道，端头设置十字支撑；口径大于 1200mm 的管道，端头设置米字形支撑（见图 5-22）；也可在管口处沿周长加设通长衬板板条以加强管口强度，但是圆形衬板需要特别压制，需要增加制作工序，但是对管口的固定及防止变形的能力较前两种方案强。

图 5-21　多榀桁架立式包装

图 5-22　管道端头米字形支撑

多件管构件可以采用叠装方式（见图 5-23）。

（2）壳体及球体。

壳体及球体在确定出厂单元时尽量使其加工成整体出厂以减少包装材料用量。

对于曲面壳体构件，应采用钢支架加固支撑以保证壳体、曲面半径不变形（见图 5-24）。

大型球体可采用在球底部加焊四根钢管作支撑（见图 5-25）。

图 5-23　管构件叠装方式

图 5-24　大直径曲面壳体出厂包装单元

4. 平台和栏杆

平台板和栏杆类构件包装的形式基本相同，主要是制作钢托盘，用螺杆进行拉紧固定，形成框架以便进行堆摞。要求构件的最大尺寸不超过托盘的尺寸，并能牢固固定于托盘上。平台板、平台栏杆的包装见图 5-26。

图 5-25　球的出厂包装

图 5-26　栏杆的包装

5.4.4　包装标识

1. 构件号标识

构件号的标识分为喷涂构件号（见图 5-27）和敲击钢印代号（见图 5-28）。喷涂构件号在构件上比较醒目，容易辨识，但在多次倒运过程中，由于油漆刮伤而造成脱落；敲击钢印代号则相对不容易被破坏，但是敲击起来比较麻烦，一般来说只是标识构件代号，而构件和构件代号的一一对应关系则在有关资料中反映出来。

构件的标识往往同时采用上述两种方式。

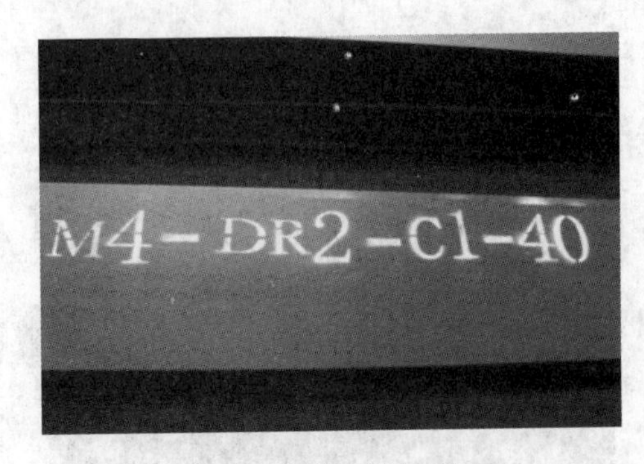

图 5-27 喷涂构件号

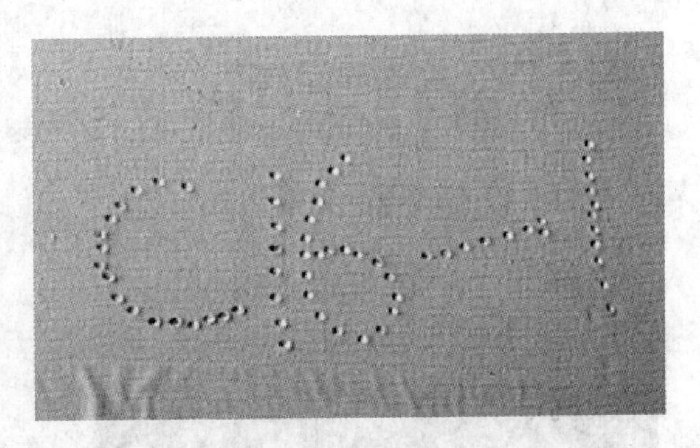

图 5-28 钢印代号

2. 重心与吊点

(1) 重心。重量在5t以上的复杂构件，一般要标出重心（见图5-29）。

(2) 吊点。复杂构件，如果在外包装上无法设置吊耳，则需在构件上标识出吊点位置（见图5-30）。

图 5-29 重心标识

图 5-30 吊点标识

6 钢结构安装工程

6.1 大跨度钢结构安装

6.1.1 大跨度钢结构体系分类

大跨度钢结构的形式和种类众多，也存在不同的分类方法，可以按照大跨度钢结构的受力特点分类；也可以按照传力途径，将大跨度钢结构分为平面结构和空间结构，平面结构又可细分为桁架、拱及钢索、钢拉杆形成的各种预应力结构；空间结构也可细分为薄壳结构、网架结构、网壳结构及各种预应力结构；根据结构受力特点对大跨度钢结构进行分类见表6－1。

表6－1 大跨度钢结构体系分类

体系分类	常见形式
以整体受弯为主的结构	平面桁架、立体桁架、空腹桁架、网架、组合网架以及与钢索组合形成的各种预应力钢结构
以整体受压为主的结构	实腹钢拱、平面或立体桁架形式的拱形结构、网壳、组合网壳以及与钢索组合形成的各种预应力钢结构
以整体受拉为主的结构	悬索结构、索桁架结构、索穹顶等

6.1.2 大跨度钢结构受力特点

大跨度钢结构的设计应结合工程的建筑功能、平面形状、体形、跨度、支承情况、荷载大小综合分析确定，结构布置和支承形式应保证结构具有合理的传力途径和整体稳定性。具体体现在以下几个方面：

（1）结构的支承形式应和结构的受力特点相匹配，对以整体受弯为主的结构，应提供竖向约束和必要的水平约束；对整体受压为主的结构，应提供可靠的水平约束；对整体受拉为主的结构，应提供可靠的锚固；对平面结构，应设置可靠的平面外支撑体系。设计大跨钢结构时，应考虑下部支承结构的影响，特别是在温度和地震荷载作用下，应考虑下部支承结构刚度的影响。考虑结构影响时，可以采用简化方法模拟下部结构刚度，必要时需采用上部大跨钢结构和下部支承结构组成的整体模型进行分析。

（2）大跨度空间钢结构在各种荷载工况下应满足承载力和刚度要求。预应力大跨度钢结构应进行结构张拉形态分析，确定索或拉杆的预应力分布，并保证在各种工况下索力不为负值。

在大跨度钢结构施工分析、设计时，应考虑以下因素：

1）大跨钢结构的温度作用不可忽视，其对结构构件和支座设计都有较大影响。除考虑正常使用阶段的温度荷载外，建议根据工程的具体情况，必要时考虑施工过程的温度荷载，与相应的荷载进行组合。

2）当大跨钢结构的屋面恒荷载较小时，风荷载影响较大，可能成为结构的控制荷载，应重视结构抗风分析。

3）支座沉降会引起受弯为主的大跨钢结构的附加弯矩，会释放受压为主的大跨钢结构的水平推力，增大结构应力。支座变形也会使预应力结构、张拉结构的预应力状态和结构形态发生改变。

4）预应力结构的计算应包括初始预应力状态的确定及荷载状态的计算，初始预应力状态确定和荷载状态分析应考虑几何非线性影响。

（3）对以受压为主的拱形结构、单层网壳以及跨度较大的双层网壳，应进行非线性稳定分析。

（4）大跨度钢结构应按抗震规范考虑水平及竖向地震作用效应。对于大跨度钢结构楼盖，应按使用功能满足相应的舒适度要求。

大跨度钢结构的地震作用效应和其他荷载效应组合时，同时计算竖向地震和水平地震作用，应包括竖向地震为主的组合。大跨钢结构的关键杆件和关键节点的地震组合内力设计值应按照现行国家标准《建筑抗震设计规范》GB 50011 的规定调整。

大跨度钢结构用于楼盖时，除应满足承载力、刚度和稳定性要求外，还应根据使用功能的不同，满足相应舒适度的要求。可以采用提高结构刚度或采取耗能减振技术来满足结构舒适度要求。

（5）应对施工过程复杂的大跨度钢结构或复杂的预应力大跨钢结构进行施工过程分析。

结构形态和结构状态随施工过程发生改变，施工过程不同阶段的结构内力同最终状态的数值不同，应通过施工过程分析，对结构的承载力、稳定性进行验算。

6.1.3 大跨度钢结构安装方案的选择原则

大跨度钢结构特别是网架、网壳等空间网格结构属于超静定结构，对变形、稳定性及周边边界条件反应敏感，常用的安装方法主要有：高空散装法、分条分块安装法、高空滑移法、逐条积累滑移法、整体吊装法、整体提升法和整体顶升法等。在选择安装方法时应遵循以下原则：

1. 工况相似原则

大跨度钢结构一般要进行两个工况验算，即正常使用工况和吊装工况，每一杆件截面的选择基于两种工况的计算结果，并取两者中的较大者。因此，大跨度空间结构内有些杆件截面是由正常使用工况控制，而有些杆件截面则是由吊装工况控制，一个理想的情况应该是杆件截面都是由正常使用工况控制，或两种工况相同，只有这样，杆件截面才是最经济的。

因此，力求正常使用工况和吊装工况相似，是选择大跨度钢结构安装方案的最主要原则。如果做不到相似或相近，要最大限度地降低吊装工况控制影响，或采取临时加固的措施。

2. 安全与经济原则

一个大跨度钢结构可以有多种安装方案选择，评价一种安装方案的好坏主要是看安全与经济因素，既安全又经济无疑是最佳的方案。在这里特别要强调两对关系，一是“土”与“洋”的关系，对于安装方案来说，并不是越先进的东西水平越高，相反，越“土”的东西可能越安全，并且还经济；另一个是“慢”与“快”的关系，越慢的过程越易于控制，相反越快越不易控制，一旦出意外则难以应对。

6.1.4 高空散装安装方法

1. 适用范围及特点

高空散装法是指小拼单元或散件直接在设计位置进行总拼的方法。高空散装法有全支架（临时支撑或满堂脚手架）法和悬挑法两种。全支架法多用于散件拼装，而悬挑法则多用于小拼单元在高空总拼或者球面网壳三角形网格的拼装。

散件在高空拼装、垂直运输等不需要大型起重机，但需要搭设大规模的拼装支架，耗用大量材料。悬挑法拼装桁架或网架时，需要预先制作好小拼单元，再用起重机将小拼单元吊至设计标高就位拼装。悬挑法拼装桁架或网架可以少搭支架，节省材料。但悬挑部分的分段构件必须具有足够的刚度，而且几何不变。

2. 关键技术要点

（1）确定合理的拼装顺序。拼装时可以从脊线开始，或从中间向两边发展，以减少累积误差和便于控制标高。

（2）控制好标高及轴线位置。在拼装过程中，应随时对标高和轴线进行测量并依次调整，使结构总拼后纵向、横向总长度偏差、支座中心偏移、相邻支座偏差、最低最高支座差值等指标满足有关要求。

3. 临时支架或满堂脚手架设计

(1) 具有足够的强度和刚度。对结构应进行施工工况分析，对承重支架进行验算，满足强度及整体稳定性要求。

(2) 具有稳定的沉降量。临时支架沉降原因很多，如承重架本身弹性压缩、接头压缩变形、地基沉降等。一般采用千斤顶调整，施工过程进行跟踪监测，一旦发现支架产生不稳定的沉降，应及时采取措施。

4. 临时承重架卸载

首先进行卸载工况分析，根据结构自重挠度曲线进行等比卸载；对于周边支撑或结构刚性较大，在自重情况下挠度值可控的情况，一般采用等距卸载，每次卸载量 10mm 左右。

5. 典型工程案例

国家体育场（鸟巢）采用临时支撑高空散装法施工（见图 6－1)，国家游泳中心（水立方)、北京大学体育馆等采用满堂红脚手架高空散装法施工。

图 6－1　国家体育场（鸟巢）采用临时支撑高空散装法施工

6.1.5　单榀或分条、分块安装法

1. 适用范围及特点

该法是指将结构分成单榀或条状、块状单元，分别吊装至高空设计位置就位，然后再拼装成整体的安装方法。

其主要特点为大部分焊接、拼装工作在地面进行，有利于提高工程质量；可省去拼装支架；根据现有起重机的起重能力决定单榀或分条、分块单元重量，有效降低成本；高空作业量少。

2. 关键技术要点

（1）桁架或网格结构单元划分。主要根据起重的负荷能力和结构特点确定，并进行吊装验算。

（2）桁架或网格结构挠度的调整。网格结构条状单元在吊装就位过程中的受力状态为平面结构体系，而网格结构是空间结构体系，所以条状单元两端搁置在支座上后，其挠度值必然比网格结构设计挠度值大，因此条状单元合拢前应先将其顶高，使跨中挠度与网格结构形成整体后的挠度值相近。

（3）桁架或网格结构尺寸控制。单榀或分条（块）网格单元尺寸必须准确，以保证高空总拼时节点吻合。

3. 典型工程

沈阳奥林匹克体育中心、中国农业大学体育馆等采用单榀桁架安装法（见图6－2）。

图6－2　大跨度桁架安装图

6.1.6　高空滑移法

1. 适用范围及特点

高空滑移法是指分条的桁架或网格结构单元在事先设置的单条或多条滑轨上滑移到设计位置拼接成整体的安装方法。

条状单元可以在地面拼成后用起重机吊至支架上，在设备不足等情况下也可用小拼单元甚至散件在高空拼装平台上拼成条状单元，高空拼装平台一般设在建筑物的一端，滑移时条状单元由一端滑向另一端。

高空滑移法，按滑移方式分为单条滑移法和逐条累积滑移法；按直线或曲线滑移分为直线式和曲线式；按摩擦方式分为滚动式和滑动式；按滑动坡度分为水平滑移、下坡滑移和上坡滑移；按滑移时力的作用方向分为牵引法和顶推法。

2. 关键技术要点

（1）挠度控制。当单条滑移时，施工挠度情况与分条安装法相同；当逐条累积滑移时，滑移过程中仍然是两自由搁置的立体桁架，这时网架或桁架滑移时的挠度将会趋向形成整体后的挠度。

挠度控制措施主要有：增加拼装时的施工预起拱，开口部分增设反梁，在中间增设滑道，将滑移单元下弦加设预应力等。

（2）滑轨与导向轮。常用滑轨形式见图6-3。

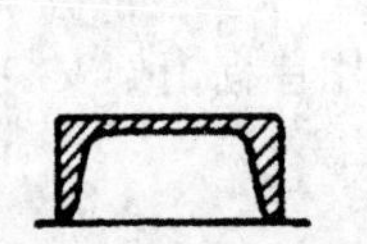
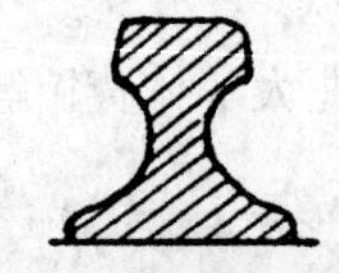

图6-3 常用滑轨形式

（3）牵引力计算。

滑动摩擦时：

$$F_t \geqslant \mu_1 \xi G_{ok} \tag{6-1}$$

滚动摩擦时：

$$F_t \geqslant \left(\frac{k}{r_1} + \mu_2 \frac{r}{r_1}\right) G_{ok} \tag{6-2}$$

式中：F_t——总牵引力（t）；

G_{ok}——结构总自重标准值（t）；

μ_1——滑动摩擦系数，在自然扎制表面，经粗除锈充分润滑的钢与钢之间可取0.12~0.15；

ξ——阻力系数，当有其他因素影响牵引力时，可取1.3~1.5；

k——钢制钢轮与钢滚动摩擦系数，可取0.5；

μ_2——摩擦系数在滚轮与滚轮轴之间，或经机械加工后充分润滑的钢与钢之间可取0.1；

r_1——滚轮的外圆半径（mm）；

r——轴的半径（mm）。

（4）同步控制。网架滑移同步控制的精度是滑移技术的关键指标之一，不同步易造成网架滑出轨道。滑移时一般加导向装置，导向装置与滑轨的间隙不大于10mm，网架滑移时一般情况下两端不同步值不大于50mm。

(5) 支座就位。对周边支撑结构，撤出滑轨采用千斤顶同时顶起等距降落做法；如有中间滑道，根据结构情况，柔性大挠度大可根据挠度曲线采用等比同时降落做法；刚性大挠度小也可采用等距同时降落做法。

3. 典型工程

比如，国家体育馆和五棵松篮球馆采用分条累积顶推滑移法进行安装（见图6-4）。

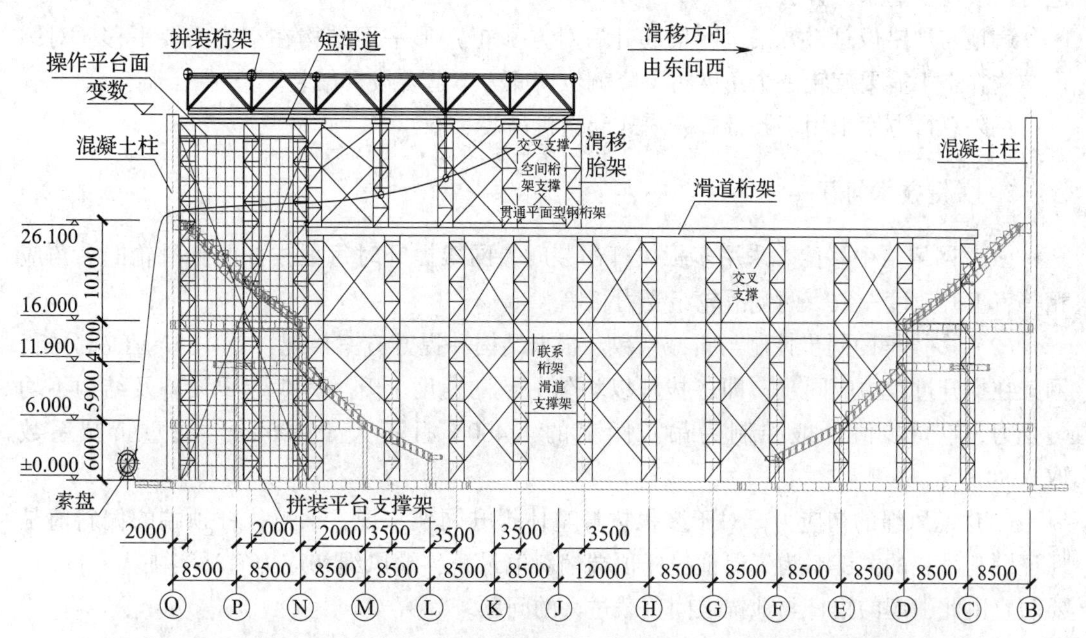

图6-4 国家体育馆大跨度屋盖结构累积滑移图

6.1.7 整体吊装法

1. 适用范围及特点

网架整体吊装法系指网架在地面总拼后，采用单根或多根拔杆，一台或多台起重机进行吊装就位的施工方法。

就地与柱错位总拼方案，网架起升后对方（矩）形平面结构在空中需要平移，对圆形结构在空中需要旋转一个角度再下降就位，此方案适合拔杆吊装。

场外总拼方案采用于履带式、塔式起重机吊装。

2. 关键技术问题

（1）网架空中移位。采用多根拔杆吊装时，网架提升时每根拔杆两侧滑轮的夹角应相等，上升速度一致，两侧滑轮组受力相等。

（2）多拔杆的同步控制与折减系数。根据结构和提升方案情况，首先进行工况分析，网架在提升过程中应同步，即各拔杆以均匀一致的速度上升，减少起重设备及结构不均匀受力，不同步值一般控制为吊点距离的1/400，且不大于100mm。起重折减系数取0.80。

（3）缆风绳的初应力。对于多根拔杆整体提升网架来说，保持拔杆顶端的偏斜值是保证顺利吊装的关键。为了保证拔杆顶端偏斜值最小，缆风绳初应力宜适当加大；同时，要防止由此引起的拔杆与地锚之间负载过大的问题。

（4）多机抬吊的折减系数与升降速度。多机抬吊的关键是每台起重机的吊钩升降速度要一致，否则会造成有的起重机超载、网架受扭等事故。

3. 典型工程

老山自行车馆采用拔杆群接力整体提升法进行安装（见图6－5）。

6.1.8 整体提升法

1. 适用范围及特点

整体提升法系指将大跨度结构、网架在地面就位拼成整体，用起重设备（一般为液压千斤顶和钢绞线）垂直的将网架整体提升至设计标高并固定的方法。

其主要特点是：利用小的起重设备提升大重量的结构；提升阶段的被提升单元，除用专用承重支架外，一般多借用结构柱或核芯筒等；结构整体提升一般都是垂直上升，如果需要就位到设计位置尚需做水平滑移。

提升牵引设备有：倒链、倒链加滑轮组、卷扬机加滑轮组、液压千斤顶加钢扳带、计算机控制穿心式液压千斤顶整体提升。

2. 关键技术

以计算机控制穿心式千斤顶整体提升为例。

（1）提升吊点确定。应用计算机有限元分析软件，顺序模拟提升施工各工况，结合工程设计状况，通过计算机分析确定最佳提升吊点的位置和提升吊点所需提升力。

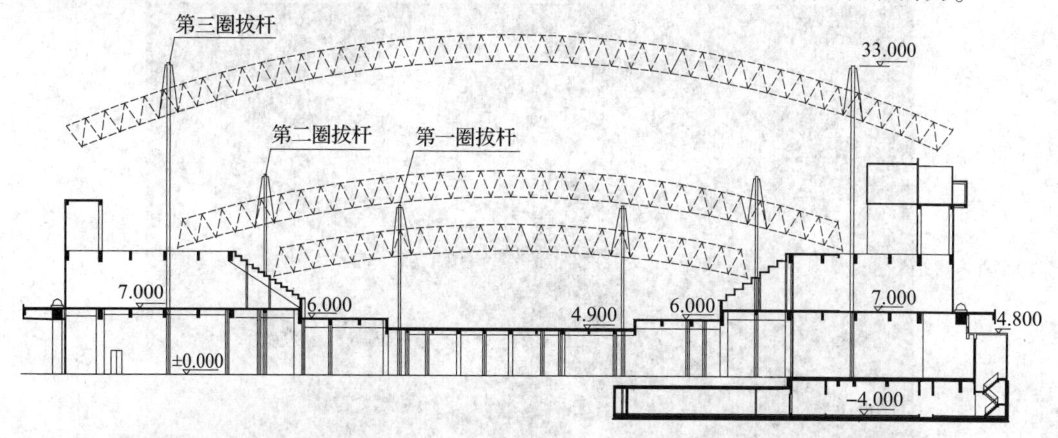

图 6－5　老山自行车馆大跨度屋盖拔杆提升图

（2）提升重量重、结构面积大。采用多布置吊点、多使用千斤顶、安全储备系数大。

（3）同步控制要求高。采用位置同步控制策略，包括传感器系统的控制、液压系统的控制、计算机系统控制等。

（4）空中悬停。采用机械锁定，并采取防风措施。

（5）对承受千斤顶的结构牛腿设计，要按动荷载设计，并考虑单个千斤顶偏心受力，双支千斤顶的其中一支千斤顶失灵的大偏心受力状态进行核算。

3. 典型工程

新加坡会展中心、国家图书馆工程采用液压千斤顶整体提升法进行安装（见图6-6）。

图6-6 国家图书馆工程整体提升法安装

6.1.9 大跨度钢结构合龙

由于大跨度钢结构合龙时处于室外，季节气温变化很大。在冬季时可以认为钢构件的温度与室外气温相同。夏季时室外气温最高，同时太阳照射强度也最大，太阳照射将引起构件温度显著升高。由于屋架上、下弦之间的空气流动性较差，屋架内部温度明显高于室外气温，形成“温箱”效应。另外，结构在迎光面与背光面的温差，以及屋面、立面钢构件的温差将形成梯度较大的温度场分布。大跨度钢结构的平面尺度很大，温度变化将在结构中将引起很大的内力和变形。太阳辐射照度引起结构温升的计算方法在相关设计规范中没有明确规定，需要设计和施工安装企业根据结构和现场温度变化进行研究和计算。

北京地区大型体育场屋盖结构合龙施工时的温度计算和施工措施可以借鉴。

1. 太阳辐射照度计算

根据体育场夏季太阳照射的情况，将体育场屋盖结构划分为屋面区（含主桁架上弦、次结构）、屋架区（含主桁架腹杆与下弦）和立面区（含桁架柱及柱间次结构）。

屋面区上弦层钢构件表面的太阳辐射照度各不相同，由于布置方向的不同，构件的侧面方位多种多样。为了简单起见，构件侧面的太阳辐射照度取各朝向的平均值。

体育场平面一般呈椭圆形，在正午时刻立面区太阳辐射照度变化很大。由于立面区构件的布置方向是逐渐变化的，故各表面的太阳辐射照度也不相同。

2. 太阳辐射引起的温度升高与安装合龙温度

由于体育场钢结构暴露于室外，主要部分均无防火涂料，防腐涂层的保温隔热作用很小。在太阳辐射引起温升的影响因素中，围护结构外表面的太阳辐射吸收系数ρ影响很大。在钢结构表面应选择太阳辐射吸收系数小、红外线反射能力强的浅颜色防锈涂层，有效控制面漆红外线反射率，尽量降低太阳辐射吸收系数。结构外表面的太阳辐射热吸收系数ρ随面层材料的不同变化幅度很大，选取面层材料时将考虑使用低吸收系数之材料，在温度场计算时按$\rho=0.55$考虑。

根据北京气象局近30年统计数据，北京地区的极端最高气温为40.6℃，极端最低气温为-27.4℃。北京地区的气候类型属典型的温带大陆性气候，季节气温变化很大。由于体育场结构的钢构件直接暴露于室外，冬季时钢构件的温度与室外气温基本相同。

由于体育场大跨度钢结构的平面尺度很大，温度变化将在结构中引起很大的内力和变形，对结构的安全性与用钢量将产生显著的影响。加之，体育场钢结构工程量大，结构安装需经历较长的时间跨度，为控制安装过程的变形，减少结构使用过程中的极限温度变形和温度应力，在安装主桁架的过程中，采用了分块安装法，即先将各分段主桁架在高空依次拼接为均匀布置的独立板块，然后再将各独立板块连成一个整体，这一分块连成整体的过程就叫作合龙。合龙时的钢构件平均温度即为合龙温度，它有别于合龙时的大气温度，它是结构使用过程中温度的基准点。为保证使用过程中的安全，特别是北京地区极限最高温度和极限最低温度时的安全，必须选择合适的合龙温度，以减少结构使用过程中的温度变形和温度应力。

为防止合龙时因温度变化而产生过大的温度变形和温度应力，选择气温相对稳定的情况下进行合龙，即合龙安排在夜间进行。由于合龙口数量多，焊接量大，要在短时间内将合龙口焊接完毕，难度较大。为此，实际合龙时，先将合龙口的所有卡马焊接固定，然后再进行合龙口焊缝的焊接。卡马的焊接在1h内完成，卡马的连接焊缝高度根据受力计算结果确定。卡马焊接完毕后，及时进行合龙口对接焊缝的焊接，并确保焊接过程中钢结构的本体温度尽可能处于设计要求的合龙温度范围内。

6.1.10 大跨度空间钢结构支架卸载

大跨度空间钢结构支座落位是指钢结构拼装完成后拆除支架上支撑点（即临时支座），使大跨度空间钢结构由临时支撑（承）状态平稳过渡到设计永久支座的操作过程，此过程简称钢结构“支座落位”，亦称支架“卸载”。

支座落位过程是使屋盖大跨度空间钢结构缓慢协同受力的过程，此期间，大跨度空间钢结构发生较大的内力重分布，并逐渐过渡到设计工况，因此，支座落位工作至关重要，必须针对不同结构和支承情况，确定合理的落位顺序和正确的落位措施，以确保大跨度空间钢结构安全落位。为此，要遵循以下原则和规定：

1. 拼装支撑点（临时支座）拆除的原则

拆除临时支座实际就是荷载转移过程，在荷载转移过程中，必须遵循“变形协调、卸载均衡”的原则。否则有可能造成临时支撑超载失稳，或者大跨度空间钢结构局部甚至整体受损。因为施工阶段的受力状态与结构最终受力状态不完全一致，必须通过施工验算，制定切实可行的技术措施，确保满足多种工况要求，这是大跨度空间钢结构施工的特点。

2. 临时支座的拆除顺序和措施

根据“变形协调、卸载均衡”的原则，将通过放置在支架上的可调节点支撑（承）装置（柱帽、千斤顶），多次循环微量下降来实现“荷载平衡转移，卸载的顺序为由中间向四周，中心对称进行”。

在卸载过程中由于无法做到绝对同步，支架支撑点卸载先后次序不同，其轴力必然造成增减，应根据设计要求或计算结果，在关键支架支撑点部位应放置检测装置（如贴应变片）等，检测支架支点处轴力变化，确保临时支架和大跨度空间钢结构安全。

在卸载过程中，必须严格控制循环卸载时的每一级高程控制精度，设置测量控制点，在卸载全过程进行监测，并与计算结果对照。

大跨度空间钢结构增设临时支座（拼装支点），其状态相当于给大跨度空间钢结构增加节点荷载，而临时支座分批逐步下降，其状态相当于支座的不均匀沉降，这都将引起大跨度空间钢结构内力的变化和调整。对少量杆件可能超载的情况，应事先采取措施，局部加强或根据计算事先换加强杆件，为防止个别支撑点集中受力，宜根据各支撑点的结构自重挠度值，采用分区、分阶段按比例下降或用每步不大于10mm的等步下降法拆除支撑点（临时支座）。

3. 大跨度空间钢结构支座落位应注意事项

（1）落位前需检查可调节支撑装置（千斤顶）的下降行程量是否符合该点挠度值的

要求，计算千斤顶行程时要考虑由于支架下沉引起行程增大的值，据此预留足够的行程预留量（应大于50mm）。

（2）落位过程中要“精心组织、精心施工”，要编制专门的“卸载责任制”，设总指挥和分指挥分别把关；整个落位过程在总指挥统一指挥下进行工作。操作人员要明确岗位职责，上岗后按指定位置“对号入座”。发现问题向所在区分指挥报告，由分指挥向总指挥报告，由总指挥统一处理。

（3）用千斤顶落位时，千斤顶每次下降时间间隔应大于10min，以确保结构各杆件之间内力的调整与重分布。

（4）落位后要按设计要求固定支座，并作出记录，同时要继续检测大跨度空间钢结构挠度值，直至全部设计荷载上满为止。

6.1.11 大跨度钢结构预应力施工

1. 张拉设备

张拉千斤顶常用的有：100～250t群锚千斤顶（YCQ、YCW），60t穿心千斤顶（YC型）、18～25t前卡千斤顶（YCN、YDC型）等。前两者可用于钢纹线束与钢丝束张拉，后者用于单根钢绞线张拉。

2. 张拉力与预应力损失

预应力筋的张拉力：

$$P=\sigma_{con}A_p$$

式中：σ_{con}——预应力筋的张拉控制应力，对钢结构的杆为（0.5～0.35）f_{ptk}，对柔性结构的拉索为（0.2～0.35）f_{ptk}（f_{ptk}为预应力筋的抗拉强度标准值）；

A_p——预应力筋的截面面积。

在钢结构的预应力筋张拉时和张拉后，预应力损失包括：孔道摩擦损失、锚固损失、弹性压缩损失、应力松弛损失等。当预应力筋有效预应力值不大于±0.5f_{ptk}时，应力松弛损失等于零。

3. 张拉顺序与方法

预应力筋的张拉顺序：应考虑结构受力特点、施工方便、操作安全等因素确定，以对称张拉为基本原则。

预应力筋的张拉方法：对直线筋，右端采取一端张拉；对折线束，应采取两端张拉。张拉力宜分级加载；采用多台千斤顶同时工作时，应同步加载。实测张拉伸长值与计算值比较，其允许误差为+10%、-5%。

6.2 高层及超高层钢结构安装

6.2.1 高层及超高层钢结构安装工艺

高层及超高层钢结构安装工艺流程如图6－7所示。

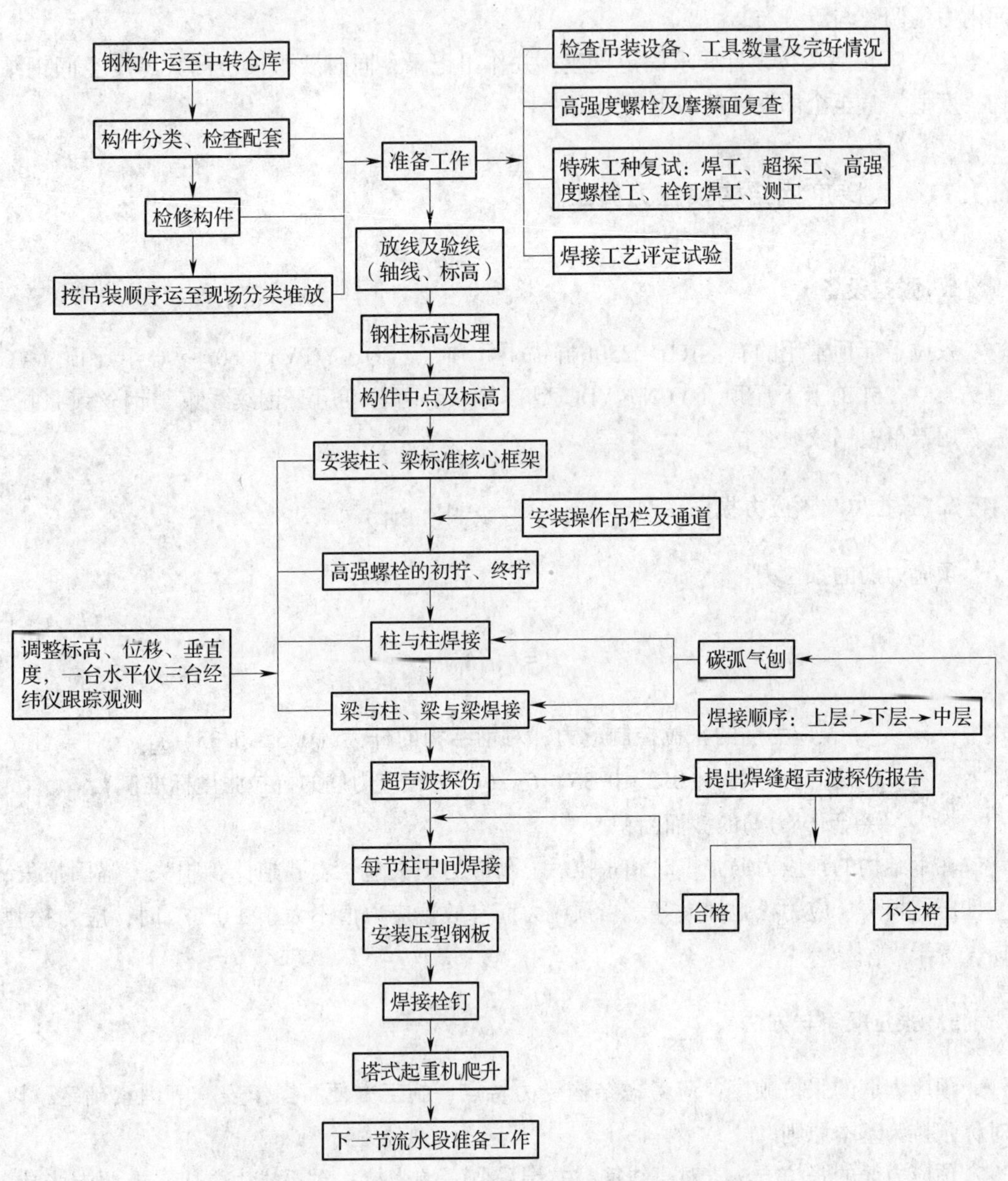

图6－7 高层及超高层钢结构安装工艺流程

6.2.2 高层及超高层钢结构安装阶段的测量

1. 建立基准控制点

根据施工现场条件，建筑物测量基准点有两种测设方法。

一种方法将测量基准点设在建筑物外部，俗称外控法，它适用于场地开阔的工地。根据建筑物平面形状，在轴线延长线上设立控制点，控制点一般距建筑物（0.8～1.5）H（建筑物高度）处。每点引出两条交会的线，形成控制网，并设立半永久性控制桩。建筑物垂直度的传递都从该控制桩引向高空。

另一种测设方法是将测量控制基准点设在建筑物内部，俗称内控法。它适于现场狭窄，无法在场外建立基准点的工地。控制点的多少根据建筑物平面形状决定。当从地面或底层把基准线引至高空楼面时，遇到楼板要留孔洞，最后修补该洞。

根据国内外高层及超高层钢结构安装经验，为确保整体安装质量，在每层都要选择一个标准框架结构体（或剪力筒），依次向外发展安装。标准化框架体是指建筑物核心部分，几根标准柱能组成不可变的框架结构，便于其他柱安装及流水段的划分。

2. 平面轴线控制点的竖向传递

（1）地下部分。一般高层、超高层钢结构工程中，均有地下部分2～6层左右，对地下部分可采用外控法，建立十字形或井字形控制点，组成一个平面控制格网，测出行列中轴线，其相邻柱中心间距的测定，允许误差为1mm。第一根钢柱至第 n 根钢柱间距的测量允许误差为 $\sqrt{n-1}$ mm。

（2）地上部分。控制点的竖向传递采用内控法，投递仪器采用全站仪。在控制点架设仪器精密对中调平。在控制点正上方，在传递控制点的楼面预留孔300mm×300mm上设置一块有机玻璃制成的光靶，光靶固定在控制架或埋在楼板上的螺栓上。

3. 柱顶平面放线

利用传递上来的投测点，利用全站仪或经纬仪进行平面控制网放线，把轴线放到柱顶上。

4. 悬吊钢尺传递高程

利用高程控制点，采用水准仪和钢尺测量的方法引测，如图6－8所示。

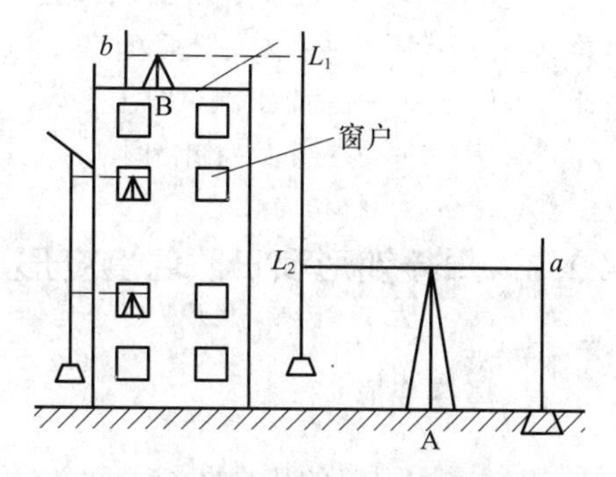

图6－8 悬吊钢尺传递高程

高程计算公式为：

$$H_m = H_h + a + [(L_1 - L_2) + \Delta t + \Delta k] - b$$

式中：H_m——设置在建（构）筑物上的水准点高程；

H_h——地面上水准点高程；

a——地面上 A 点置镜时水准尺的读数；

b——建（构）筑物上 B 点置镜时水准尺上的读数；

L_1——建（构）筑物上 B 点置镜时钢尺上的读数；

L_2——地面上 A 点置镜时钢尺上的读数；

Δt——钢尺的温度改正值；

Δk——钢尺的尺长改正值。

当超过钢尺长度时，可分段向上传递标高。

5. 钢柱垂直度测量

钢柱垂直度的测量有以下几种方法：

（1）激光准直仪法。将准直仪架设在控制点上，通过观测照在接受靶上的激光束光斑，以此判断柱子是否垂直。当建筑物过高时，激光的离散性较大。

（2）铅垂法。铅垂法是一种较为原始的方法，用锤球吊校柱子，观测直观，但不适于过长的柱子，如图 6－9 所示。为避免铅垂线因风吹而摆动，可将线套在塑料管中，并将锤球放在黏度较大的油液中。

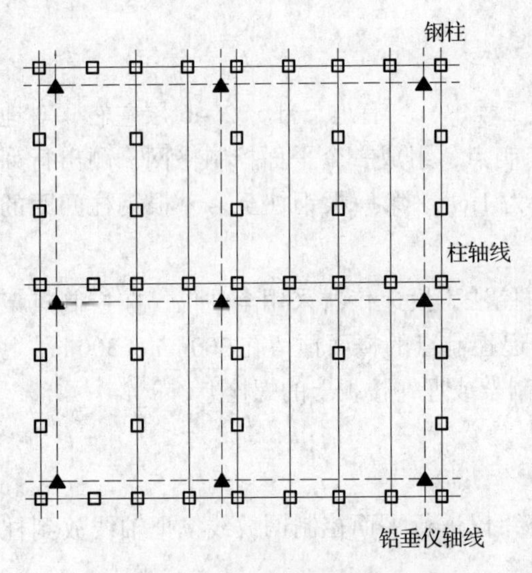

图 6－9　钢柱安装铅垂仪布置

□—钢柱位置；▲—铅垂仪位置；
—— 钢柱控制格图；
－－－ 铅垂仪控制格图

（3）经纬仪法。用两台经纬仪分别架设在引出轴线上，对柱子进行测量校正。经纬仪法精度较高，设备易解决，是施工单位常用的方法。

（4）标准柱法。根据建筑物的平面形状，建立标准柱，其他柱子的垂直度都以此柱为准，用钢尺或钢线、工具式卡尺等工具平测量其他柱子的垂直度。

当主梁吊装时，可用强制复位法纠正温差对钢结构垂直度产生的偏差，待偏差达设计要求时，再紧固柱子和梁接头腹板上的高强度螺栓，使结构几何尺寸固定下来。

不论采用哪种方法施工，都必须在柱子和主梁焊完后，下层柱的柱顶位移和标高作好记录后，再进行柱顶放线。并将调整量反馈回钢构件加工单位，对未安装构件进行地面修理，消除已出现的误差。

6.2.3　焊接变形和日照温度变形

1. 焊接变形

钢板熔透焊缝的横向收缩值可按下式计算：

$$S = kA/t$$

式中：S——焊缝的横向收缩值（mm）；

A——焊缝横截面面积（mm）；

t——焊缝厚度（mm），包括熔深；

k——常数，一般可取0.1。

钢板焊缝的横向收缩值及相应构件尺寸增量参考值见表6－2。

表6－2 熔透焊缝的横向收缩及构件尺寸增量参考值

钢材厚度（mm）	焊缝收缩值（mm）	构件制作增加长度（mm）	焊缝坡口形式
19	1.3～1.6	1.5	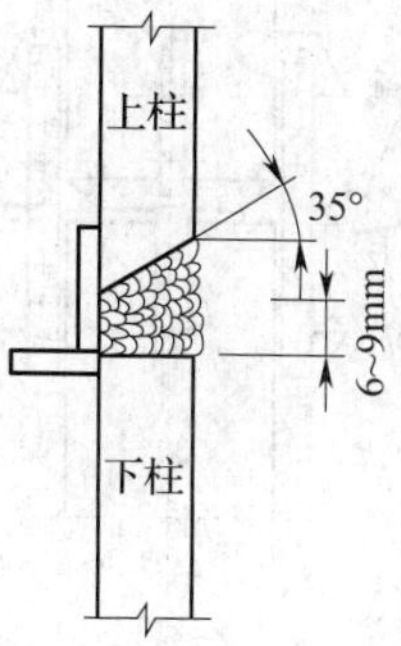 上柱 35° 6~9mm 下柱
25	1.5～1.8	1.7	
32	1.7～2.0	1.9	
40	2.0～2.3	2.2	
50	2.2～2.5	2.4	
60	2.7～3.0	2.9	
70	3.1～3.4	3.3	
80	3.4～3.7	3.5	
90	3.8～4.1	4.0	
100	4.1～4.4	4.3	
16	1.1～1.4	1.3	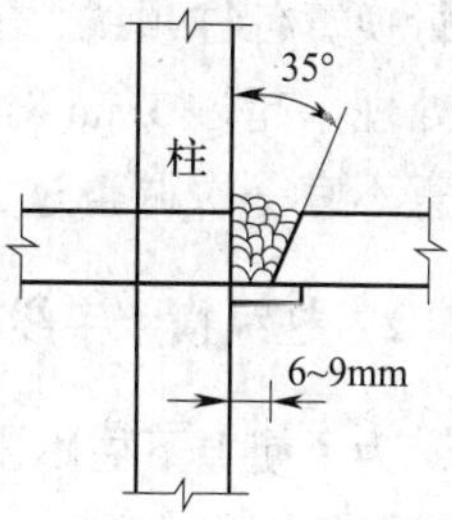 35° 柱 6~9mm
19	1.2～1.5	1.4	
22	1.3～1.6	1.5	
28	1.5～1.8	1.7	

2. 日照温度变形

日照温度对柱子垂直度的影响与柱子的长细比，温度差成正比，与钢柱断面形式、钢板厚度都有直接关系。较明显影响发生在上午9～10时和下午2～3时，以北京地区为例，柱两侧温差为3～8℃，450×450×10000，箱型钢板厚度50mm，柱顶竖向倾斜5mm左右。

6.2.4 钢柱安装

为使高层及超高层钢结构安装质量达到最优，主要控制钢柱的水平标高、十字轴线位置和垂直度。

1. 柱子标高控制

柱顶标高调整和标高控制可采用两种方法：一种是按相对标高安装，另一种是按设计标高安装，通常按相对标高安装。

钢柱吊装就位后，用高强度螺栓固定连接，即上下耳板，不加紧，通过起重机起吊，橇棍微调柱间间隙。量取上下柱顶预先标定标高值，符合要求后打入钢楔，点焊限制钢柱下落，考虑到焊缝收缩及压缩变形，标高偏差调整至5mm以内，如图6－10所示。

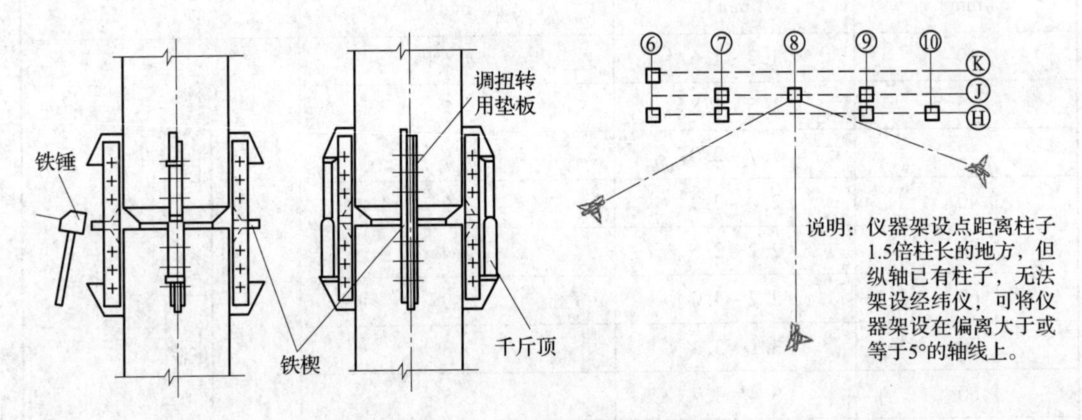

图6－10　无缆风绳校正示意

柱子安装后在柱顶安置水平仪，测相对标高，取最合理值为零点，以零点为标准进行换算各柱顶线，安装中以顶线控制，将标高测量结果与下节柱顶预检长度对比进行处理。超过5mm对柱顶标高做调整，调整方法是：采用填塞一定厚度的钢板，但须注意不宜一次调整过大，因为过大的调整会增加其他构件安装难度。

2. 柱纵横十字线校正

为了使上下柱不出现错口，尽量做到上下柱十字线重合，如有偏差，在柱连接耳板的不同侧面夹入垫板（垫板厚度0.5～1.0mm），拧紧螺栓，钢柱的十字线偏差每次调整3mm以内，若偏差过大，可分2～3次调整。

每一节柱子的定位轴线不允许使用下一节柱子的定位轴线，应从地面控制轴线引到高空，以保证每节柱子安装正确无误，避免产生过大的积累偏差。

3. 第二节钢柱垂直校正

钢柱校正重点是对钢柱尺寸预检，对影响钢柱垂直的因素进行预先控制，如：下层钢柱的柱顶垂直度偏差、位移量、焊接变形、日照温度等。可采取预留垂偏值校正安装误差，预留值大于下节柱积累偏差值时，只预留累积偏差值，其方向与偏差方向相反。

经验值测定：梁与柱一般焊缝收缩值小于2mm，柱与柱焊缝收缩值一般为3.5mm。

4. 标准柱的垂直校正

采用三台经纬仪对钢柱及钢梁安装跟踪观测。钢柱垂直度校正可分两步：

第一步：采用无缆风校正，在钢柱偏斜方向的一侧打入钢楔或顶升千斤顶。在保证单节柱垂直度不超标的前提下，将柱顶轴线偏移控制到零，最后拧紧临时连接耳板的高强度螺栓。

注意：临时连接耳板的螺栓孔应比螺栓直径大 4.0mm，利用螺栓孔扩大足够的余量调节钢柱制造误差 -1 ~ +5mm。

第二步：标准框架柱的梁安装，先安上层梁，再安中、下层梁，过程会对柱垂直度有影响，可采用钢丝绳缆索（只适宜向跨内柱）、千斤顶、钢楔和手拉葫芦进行，如图 6-11 所示。其他框架柱依标准柱、框架柱向四周安装，其做法与上同。

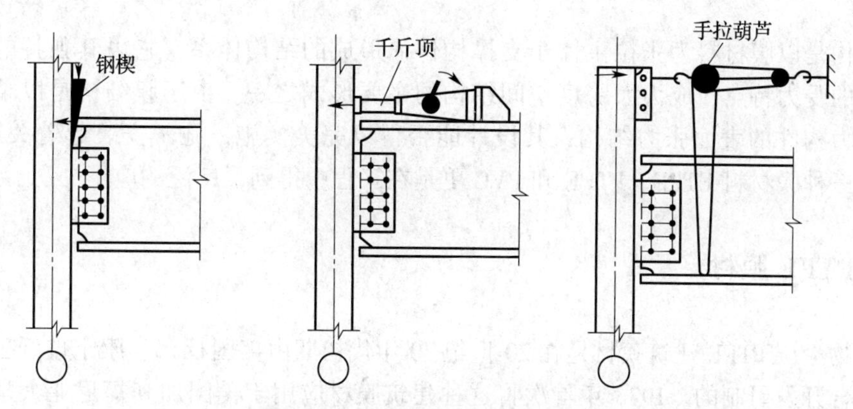

图 6-11 标准柱垂直度的校正

6.2.5 钢梁安装

（1）主梁采用专用卡具，为防止高空因风或碰撞物体落下，主要做法如图 6-12 所示，卡具放在钢梁端部 500mm 的两侧。

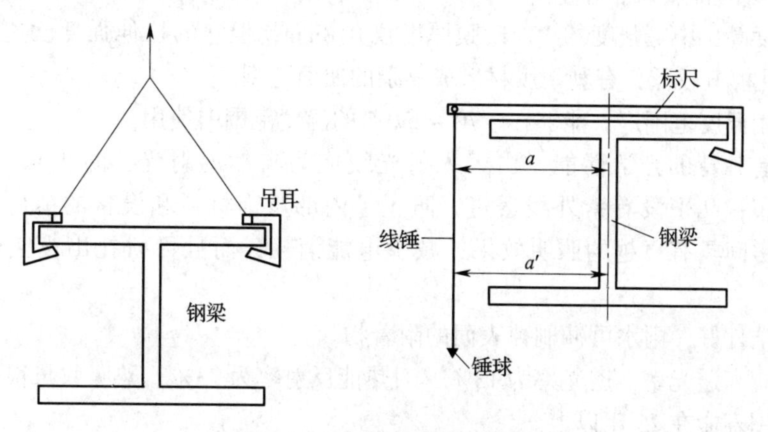

图 6-12 钢梁吊装示意

(2) 一节柱有2层、3层、4层梁，原则上竖向构件由下向上逐件安装，由于上部和周边都处于自由状态，同一列柱的钢梁宜从中间跨开始对称地向两端扩展。同一跨钢梁，宜先安上层梁再按中下层梁。

(3) 在安装和校正柱与柱之间的主梁时，可把柱子撑开。测量必须跟踪校正，预留偏差值，留出接头焊接收缩量，这时柱子产生的内力在焊接完毕焊缝收缩后也就消失了。

(4) 柱与柱接头和梁与柱接头的焊接，以互相协调为好，一般可以先焊一节柱的顶层梁，再从下向上焊各层梁与柱的接头。

6.3 膜结构制作与安装

膜结构是以膜材料为张拉主体于支撑构件而形成的结构体系，它以其独特的建筑造型，良好的受力特点，成为大跨度空间结构的主要形式之一。由于膜结构是以柔性材料为主要受力构件的表面张力结构，其设计能否得以完美实施，施工安装起着关键作用。膜结构中三种膜材料ETFE、PTFE和PVC更是在工程中得到了广泛的应用。

6.3.1 PTFE膜材

纤织物涂层PTFE建筑膜材是在20世纪70年代初期由美国杜邦、康宁玻纤公司等几家公司联合开发研制的。1973年首次将这种建筑膜材应用于美国加利福尼亚大学学生活动中心的屋顶上。该建筑在使用了20多年后。经跟踪检测其PTFE建筑膜材质基本完好如初。

目前，PTFE膜材应用范围已比较广泛，包括各类体育建筑、展览建筑、机场建筑及设施、海滨娱乐休闲建筑及设施等。国际顶级场馆有日本的东京穹顶、美国亚特兰大的佐治亚穹顶、英国的千年穹顶等。国内有上海八万人体育场、上海F1赛车馆等。

PTFE膜材的特点如下：

(1) 强度高，中等强度的PTFE膜厚度仅0.8mm，但它的拉伸强度已达到钢材的水平；而且弹性模量较低，有利于膜材形成复杂的曲面造型。

(2) 使用温度范围广，能够在-70~230℃的温度范围内使用。

(3) 具有独特的光学性能，白天入射光线成为自然温射光，防止眩目，无阴影，光线均匀分布；几乎没有紫外线透过，防止了内部装饰材料和设备的褪色；夜间高反射性能使得房间具有卓越的照明效果，减少电能消耗，而且可衬托出夜空中建筑物的辉煌。

(4) 自洁性好，雨水可冲刷掉表面的附着物。

(5) 具有高透光率，透光率为13%，对热能反射率为73%，热吸收量很少。

(6) 使用寿命在25年以上。

6.3.2 ETFE 膜材

1. 厚度和质量

ETFE 膜材的厚度通常为 0.05～0.25mm。随着厚度的增加，膜材将更硬更脆，难以加工。ETFE 的密度约为 1.75g/cm^3。以 0.20mm 厚的 ETFE 膜材为例，其质量约 350g/m^2。

2. 抗拉强度

ETFE 膜材的抗拉强度大于 40MPa。

3. 应力－应变关系

常温下张拉应力在 20MPa 以下时，ETFE 膜材呈完全弹性性质，张拉模量达 800～1000MPa；当张拉应力在 25MPa 附近会出现屈服点，此后进入塑性强化阶段。

4. 破断伸长率

ETFE 膜材的破断伸长率达 300% 以上。

5. ETFE 膜材的其他性能

（1）耐久性。ETFE 膜材具有好的抗老化性能，使用年限达 25 年以上。

（2）颜色及透光率。ETFE 膜材通常为无色透明状，也可以制成白色。根据需要可在透明或白色薄膜上印制各种图案。以 0.20mm 厚的 ETFE 膜材为例，单层透明膜材的透光率高达 95%，白色膜材为 50%～55%。利用白色膜材或在透明膜材上印制不同的颜色和图案，可调节进入建筑物内的光线。

（3）防火性能。ETFE 为阻燃材料，即使在火焰中，膜材热熔后会收缩，但无滴落物。由于 ETFE 膜材很薄很轻，万一发生火灾，其危害性较小。

（4）自洁性能。ETFE 膜材表面非常光滑，具有极佳的自洁性能。在用 ETFE 膜材建造的膜结构上，灰尘及污迹会随雨水冲刷而去。

（5）气候适宜性能。ETFE 膜材的工作温度范围为－200～150℃，材料熔点为 275℃左右。ETFE 膜材具有极好的稳定性和气候适应性。实践表明，暴露在恶劣气候条件中 15 年以上的 ETFE 膜材，其力学和光学性能并没有改变。在多雹地区，即使玻璃屋面被冰雹砸碎，ETFE 膜材屋面上也仅留下一些小小的凹痕。

（6）ETFE 膜材具有良好的抗撕裂性能、柔韧性和可加工性。

（7）回收性。ETFE 膜材可以被热熔成颗粒状并重新整合。

6.3.3 膜结构类型

1. 单层张拉式膜

ETFE 膜材可以像 PVC 膜材或 PTFE 膜材一样，以单层张拉方式应用于膜结构中。尽管 ETFE 材料本身的抗拉强度并不低，但由于做成的膜材很薄（厚度小于织物类膜材的1/5），因而 ETFE 以单层张拉方式应用于膜结构时，结构的跨度要比采用织物类膜材的结构小。

2. 双层或多层气垫式膜

ETFE 膜材常被做成双层或多层气垫而应用于膜结构中，即将 ETFE 膜材按设计的形式和层数裁剪、拼接在一起，向层间充气使之成为气垫。气垫的形状可以是圆形、椭圆形、三角形、矩形、六边形或其他形状。通过铝合金构架或索网将多个气垫连接在一起，可组成大覆盖空间。

6.3.4 ETFE 气垫的工作原理

1. ETFE 气垫中空气的作用

在 ETFE 气垫中，空气的作用主要有以下几点：

（1）稳定作用。气垫内的空气使表面的 ETFE 膜材形成张力，维持形状并提供刚度。

（2）传递外荷载。将作用于外表面的荷载传递给内表面或将作用于内表面的室内正压传给外表面的膜材料。

（3）隔热。气垫是良好的隔热层。对于多层气垫，通常外层用 0.20mm、中间层用 0.05mm、内层用 0.15mm 的 ETFE 膜材。气垫的层数取决于隔热的要求。

2. 外荷载的传递及气垫的承载能力

在内压作用下，气垫表面的 ETFE 膜材受拉，这个拉力将传递给支承气垫的边界构件（通常为铝合金构架）。

当外荷载（风压力、雪载等）作用于气垫表面时，气垫的外表面会发生变形，通过气垫内气压的作用，气垫内表面的张力将会增大；当作用于气垫外表面的风作用为吸力时，气垫外表面的张力则会增大。相应地，作用于边界构件上的力也会发生改变。

当多个气垫组合在一起时，相邻单元间的作用会互相平衡，仅在整个结构边缘处，支承结构承受气垫表面传来的作用力。

气垫的承载能力取决于所用 ETFE 膜材的厚度、气垫的跨度、矢高、形状和充气压力。以 5m 跨度的长方形气垫为例，一般可承受 $2kN/m^2$ 以上的风吸力和 $3kN/m^2$ 的雪荷载。通过在气垫内部采用不锈钢支架或索网加强的方法，可获得更大的跨度或承载能力。

3. 气垫内空气压力的变化与调节

气垫内的空气压力决定了气垫的刚度和承载能力，即气垫内的压力越大，气垫表面的 ETFE 膜材张得就越紧，气垫的刚度就越大。在强风或降雪时，需要增加气垫内的气压，以增强气垫的刚度或承载能力，防止外膜因受压而发生曲面翻转。

ETFE 气垫的内压可以随外荷载的不同在 200～800Pa 之间变化。

另外，由于太阳光的照射，气垫内的空气温度会升高，体积膨胀，导致压力增大。为保证气垫的安全，当气垫的内压超过限值时，需要排气减压；当没有阳光照射、温度下降后，又需要充气补压。

4. 控制系统及充气设备

由于 ETFE 气垫内的空气压力需要不间断地监控、调节，每个气垫上都要有连通管连接到控制系统及充气设备上。控制系统及充气设备包括动力（含应急动力供应）、气泵、控制柜、空气净化器（除湿、除尘）、感应器、减压阀、单向阀、连通管等。由于气垫内、外表面的温度不同，湿空气进入气垫后会在气垫内结露，影响气垫的透光率及外观，故要进行除湿处理。

由于气泵的作用仅仅是维持气垫内的气压，因而消耗的能量非常低。以总面积 $1000m^2$ 的 ETFE 气垫为例，一般需要一台功率为 220W 的备用气泵，一台功率为 100W 的工作气泵。工作泵在压力感应器控制下工作，运行时间为额定时间的 50% 左右，即实际能量消耗约 50W。

6.3.5 ETFE 膜材的裁剪与制作

1. ETFE 膜材的剪裁

与织物类膜材相类似，ETFE 膜材也是以卷材形式供应的（幅宽为 1.5m 左右），要根据所需的形状，将膜材裁剪、拼接成整体。合适的剪裁式样和正确的应变补偿是避免膜面出现褶皱的保证。

2. ETFE 膜材的制作

ETFE 膜材可通过热熔焊接在一起。焊缝宽度通常为 8mm，远低于织物类膜材的焊缝宽度。合适的加热温度、压力和加热时间以及恰当的冷却程序，是焊接质量的重要保障。

尽管 ETFE 膜材具有良好的柔韧性，但折叠会在膜面上留下折痕，影响外观。加工成型后的 ETFE 膜材，需要放置特制的保护容器内保存和运输。

6.3.6 ETFE 气垫膜安装

1. 充气系统的安装

充气膜结构在使用过程中，要保证合理的气压差需要不断进行充气，这就要求配备有充足数量的供气设备（包括风扇、驱动装置和控制装置），以确保当某一个设备出现故障时，充气系统（见图 6－13）有足够的后备来满足结构的使用要求。

图 6-13 充气系统

(1) 充气系统转接件的安装。充气系统转接件按照分格尺寸焊接在支撑结构的方管上。充气系统转接件安装后，要进行卡箍的安装，卡箍与转接件是螺栓连接，充气管由卡箍固定在方管上。

(2) 直线段充气管的安装。主气管采用 PVCU 管，管径为 63mm，转弯处与气垫连接管为软管。在安装充气系统前要对充气管路进行全面的检查，检查内容主要有充气管道外表质量、对充气管道管径的核对、对充气管壁厚度的校核。

直线段充气管可以根据实际测量的尺寸在现场进行下料，两个直线段充气管道通过插芯连接。

充气管道备料完毕后要对充气管道内侧彻底清洗，清洗后要经过质检员检查合格后才可以安装。将通过检查的充气管按照图纸安装，用卡箍连接固定。

(3) 三通及软管的安装。直线段道通过三通连接时，一端用带胶的拉铆钉固定，连接处用耐候密封胶密封处理。与气垫相连的软管为直径 25mm 的 ETFE 透明软管，与另一端三通或者直线段上的直径 25mm 的接口用专用的管箍进行连接。

(4) 检查充气系统的气密性。当充气管道安装完后，将所有的开口部位用专用的堵盖进行封闭，留下最终充气口，用临时气泵充气。将气泵气压调节到额定气压值 200～250Pa，在每一个接缝处浇清水，观察是否漏气，所有接缝逐一检查。发现漏气现象，需进行补胶处理，全部合格后，充气口与临时气泵分离，并将冲气口用专用的堵盖封闭，待正式气泵就位后连接充气口。所有封闭口到正式安装气垫时再打开，以免灰尘落入充气管路中，日后对气垫造成污染。

2. 气垫膜的安装

(1) 铝合金夹具的安装。ETFE 气垫铝合金夹具是固定 ETFE 气垫的夹具、夹具定座、夹具扣板、密封胶条、衬垫和连接的组合装备系统。

(2) 气垫的安装。ETFE 气垫是由若干个一定幅宽的 ETFE 膜材经过裁剪、热合组装而成的，对每一个气垫而言它都有几条热合缝。检查气垫型号使之与要安装的型号相对应。气垫安装前应按规定的次序和方向展开，按规定编号穿入气垫周围夹具，气垫夹具间宜留 5mm 缝隙。各边同时拉起气垫，并将夹具依次序把各边卡住天沟边缘。切除气垫转角部位多余的胶条，胶条对接整齐。调整直线段夹具间隙，使间隙均匀，用不锈钢自攻自钻钉进行固定。然后用自攻自钻钉固定转角部位的夹具。在固定夹具的同时，将防鸟支架同时固定在天沟上。最后将 ETFE 和充气系统相连。

7 金属围护结构工程

7.1 彩色金属板

金属围护结构通常是指使用彩色压型金属板与保温材料等组合而成的建筑屋面、墙面、楼面等建筑围护系统。

彩色金属板由基板、镀层、涂层三部分构成，按照其基板的用途不同、镀层不同、涂层不同等分为若干类别，其使用环境和寿命是由基板、镀层、涂层综合性能决定的。

7.1.1 金属板基材

金属围护结构中常用金属板主要分钢板（钢带）、铝板、铝镁锰合金板等三种。钢板又分低碳钢冷轧钢带、小锌花平整钢带、大锌花平整钢带、锌铁合金钢带和电镀锌钢带五种，鉴于建筑围护结构的特点，一般情况下不建议使用低碳钢冷轧钢带和电镀锌钢带。

7.1.2 彩色钢板镀层

彩色钢板镀层有热镀锌、热镀铝锌、热镀锌铝、热镀铝、热镀锌合金化板、电镀锌六种：

1. 热镀锌钢板

热镀锌钢板是在连续热镀锌生产线上把冷轧或热轧钢浸入熔化的锌液中镀锌，经卷取后以卷状供货。

热镀锌钢板的镀锌厚度通常是用镀锌的重量标示，即“g/m^2”。它是指钢板正反两面的镀层重量。建筑用彩色钢板镀锌的重量（厚度）有 $150g/m^2$、$180g/m^2$、$200g/m^2$ 和 $275g/m^2$ 等。

镀锌厚度对彩色钢板的寿命有直接影响。日本国新日铁株式会社对不同厚度镀锌的实测试验说明了厚度与寿命的关系，见表 7－1。

从寿命和经济两方面考虑，镀锌厚度宜不小于 $180g/m^2$。

有特殊要求时应加大厚度。在订货时应注明彩色钢板镀层的厚度要求，并对锌花结构作出选择。

表 7-1 镀锌厚度与彩色钢板寿命的关系

有效寿命（年） 镀锌量（g/m^2） 环境	100	185	200	275	500
乡村	4.5	9.6	10.5	15.5	32.2
工业区	2.6	5.3	5.8	7.4	16.9
海洋区	2.0	4.0	4.4	6.4	12.8

2. 热镀锌铝合金钢板

热镀锌铝合金钢板是在连续热镀锌铝合金生产线上把冷轧钢带浸入熔融的锌铝合金的锌铝液中，经卷取后以卷状供货。

锌铝合金是一种含 Zn 和 5% Al 的混合稀土合金镀层。该产品是热镀锌的换代产品，镀层保持了热镀锌层的各种优点，其耐腐蚀性能提高了 2~4 倍，加工成型性能好。它的裸板耐腐性、切边部位牺牲保护性能、涂装后的耐腐蚀性和加工成型后的耐腐蚀性等综合性能，经比较是最理想的镀层类别。

镀锌铝合金的厚度与其耐腐蚀性能呈正比关系。因此订货时应标明供货厚度，建议使用厚度不小于 $150g/m^2$。

3. 热镀铝锌合金钢板

热镀铝锌合金钢板是在连续热镀铝合金生产线上把冷轧钢带浸入熔融的锌铝合金的铝锌液中，经卷取后以成卷供货。

热镀铝锌合金钢板是一种含 55% Al、1.5% Si、43.5% Zn 合金的热浸镀层钢板产品。该产品我国已能生产并有相应的现行国家标准《连续热镀铝锌合金镀层钢板及钢带》GB/T 14978。

热镀铝锌合金钢板是 20 世纪 80 年代发展起来的，它兼具有镀锌和镀铝钢板的性能特点。镀锌层不仅为钢板面提供了较好的耐腐蚀性，而且可提供一种被称为阳极保护的独特性能，其在裸露的切边处，或在镀层庇点处，通过腐蚀镀锌层来对钢板起保护作用。镀铝层可在不同的腐蚀性大气中为钢板提供更高的耐腐蚀性；而在大多数环境中，铝镀层不提供阴极保护，因此铝镀板在被划伤和切边处呈现易腐蚀现象。因此镀铝锌板钢板具有镀锌板 2~6 倍的耐腐蚀性和抗高温氧化性。但切边牺牲保护性能比镀锌的差，比镀铝的好。

4. 热镀铝钢板

热镀铝钢板的铝表面极易形成一层非常致密的氧化铝层，具有优异的耐大气腐蚀性能。它的氧化膜十分稳定，起隔离膜的作用。美国钢铁公司使用实践证明，其耐腐蚀性是热镀锌板钢板的5~9倍。它还具有优良的抗硫化物腐蚀性、热反射性和高温抗氧化性。

5. 热镀锌合金化板

其表面有层较厚、致密、不溶解于水的非活性氧化膜，可阻止进一步氧化。合金层的标准电极电位介于铁与纯锌之间，比铁活泼，比纯锌迟钝，电化学腐蚀比纯锌慢。该种钢板加工性能好，有良好的可焊性。镀层表面显微特征呈凹凸不平，这些表面为涂装提供了良好的黏附性。锌铁镀层的耐热性较好，纯锌的熔点为419℃，锌合金化相应的熔点为640℃左右，纯铝的熔点为650℃，其耐热性接近镀铝板，但价格便宜。我国武汉钢铁公司生产这种镀层板。

6. 电镀锌钢板

电镀锌钢板是一种电镀锌的镀层钢板产品，国外最大镀层重量可达180g/m^2，国内通常电镀层重量为20g/m^2。由于电镀锌的成本高，镀层厚度小，一般不在建筑工程中应用。

以上6种镀层的各项性能的综和指标比较见表7－2。该表中的9项内容，对彩色钢板的基层板而言，以第1项~第6项和第9项为关键项目。

表7－2 镀层性能比较表

序号	镀层种类 级别性能	1 镀锌铝合金板	2 镀锌合金化板	3 镀锌钢板	4 镀铝锌钢板	5 电镀锌板	6 镀铝钢板	备注
1	加工成型性	5	3	5	3	3	2	5最好，1最差
2	裸板耐腐	4	3	3	2	5	5	
3	切边牺牲性保护	5	5	5	5	3	1	
4	成型后耐蚀	5	3	3	3	3	2	
5	漆膜附着力	5	4	5	5	4	2	
6	涂漆后耐蚀	5	4	4	5	4	3	
7	可焊性	4	4	5	5	2	1	
8	耐热性/反射性	3	3	3	2	4	5	
9	相对成本	3	4	2	4	3	3	

综合考虑各项的性能指标的排列顺序是：镀锌铝合金板、镀锌合金化钢板、镀锌钢板、镀铝锌钢板、电镀锌板和镀铝钢板。这种排列不意味着镀铝锌和镀铝钢板的裸板高耐腐蚀性能被否定，而是综合比较的结果，从而更经济合理地发挥它们的特点，国外常选择直接采用不涂层的这两种钢板加工成建筑制品，使得它们的版面与切边牺牲保护性能相匹配，而且经济合理。

7.1.3 彩色钢板涂层

彩色钢板的涂层是钢板抵抗大气和环境腐蚀的重要屏障和建筑色彩艺术的重要手段，是彩色钢板能够在世界范围内大量推广应用的重要前提。当今国际上彩色钢板的涂层种类很多，选择时应综合考虑涂层的使用寿命和价格。

彩色涂层的种类有：聚酯涂料、有机硅改性聚酯涂料、聚偏氟乙烯涂料，以上为建筑常选用的涂料（防火防腐双功能涂料除外）。还有丙烯酸涂料、聚氯乙烯涂料，这些涂料有各自匹配的底层涂料。另外还有聚氯乙烯基贴膜、聚氟乙烯基贴膜、丙烯酸基贴膜等贴膜彩板。

为便于使用者选择比较，表7－3摘录了美国国家卷材涂装协会收集编制的各类卷材涂料性能比较。表中所列室外耐久性和耐褪色性是我国所指的耐候性，耐盐雾性和耐潮性是指涂料的耐蚀性。

选择涂料的种类要根据其用途、成型工艺、使用环境介质（气候、腐蚀性或化学介质、湿度等）、预期使用寿命、成本等因素综合考虑。

表7－3 各类卷材涂料性能比较

涂膜分类	聚氨酯	塑融胶	环氧酯	硅改聚酯	聚偏氟乙烯
施工难度	2	2	2	2	2
涂膜硬度	1	3	2	2	2
涂膜附着力	1	2	1	2	2
涂膜柔韧性	2	1	2	2	2
涂膜储存老化保色性	2	2	3	1	1
指甲试验耐磨损性	2	3	2	2	2
室外耐久性	2	2	4	1	1
耐褪色性	2	2	4	1	1
耐磨损性	3	1	2	2	1
耐盐雾性	1	1	1	1	1
耐潮性	1	1	1	1	1
耐油脂性	2	1	2	2	1
耐溶剂性：脂肪烃	1	1	1	1	1
耐溶剂性：芳香烃	1	3	1	1	1
耐溶剂性：酮或含氧溶剂	2	1	2	2	1
耐一般化学药品性：酸碱点滴试验	2	1	2	2	1

注：表中数字表示：1—优；2—良；3—可；4—劣。

7.1.4 彩色钢板的寿命

彩色钢板的使用寿命涉及彩色钢板所使用的镀层种类、镀层厚度、涂层种类、涂层厚度、生产工艺、产品质量、彩色钢板建筑制品加工工艺、设备和成型方法、加工精度和质量管理、制品的包装、运输和保护、施工方法、操作要求及成品半成品的保护、建筑物的使用环境和周围的腐蚀介质情况等多种因素，另外设计的合理性也是不可忽视的重要因素。

因建筑使用的要求不同，对彩色钢板的寿命概念也不完全相同。为此把彩色钢板在建筑上的使用寿命划分为（三个阶段）：

1. 第一阶段——装饰性寿命

一些在城市中具有重要性的建筑，或一些标志性建筑，都对建筑物的色彩有着较高的要求。对于有一定的色彩装饰艺术要求的建筑，当彩色钢板的表面色彩出现严重老化褪色以前，需要进行维修着色，但一般此时彩板并未出现粉化，龟裂或脱落现象。

第一类使用寿命，一般是彩色钢板生产厂家认可的使用寿命，是彩色钢板生产厂家介绍产品性能特点的应用年限，这个寿命往往偏于保守。

在相同的使用条件下，国内外资料对各种涂料彩色钢板的第一类寿命的参考值见表7－4。

表7－4 第一类寿命参考值

涂层种类	寿命（年）
丙烯酸类	5~8
聚酯类	8~12
聚氨酯类	8~10
硅改性聚酯类	8~15
PVC 塑溶胶	8~12
聚偏二氟乙烯类	20以上

2. 第二阶段——维修寿命

该寿命是指当彩色钢板大面积出现漆膜严重老化、粉化和出现局部漆膜脱落和个别锈斑，需进行维修的时间。

第二类使用寿命，是彩色钢板建筑制品的生产厂家在第一类使用寿命的基础上，根据彩板建筑制品应用实例而预测的实用性年限，这个年限往往偏于高限。

对第二类使用寿命，国外一般估计乡村地区可达30~40年，在重污染气候环境下可达20年。我国使用进口彩板的建筑工程，至今已有30年的历史，这些建筑物还在使用，这些应用实践说明，国外的估计与使用时间是一致的。

3. 第三阶段——极限使用寿命

该寿命是指使用彩色钢板的建筑物，因使用和经营的原因，使用过程中不再维修，直到失去围护功能的时间。

第三类使用寿命，多是用户经营期满，或老建筑物不需再维修时的寿命，可作为用户估计投资和概算决策时参考使用。

7.2 压型金属板

压型金属板是指以彩色金属板卷通过开卷，多道辊轧冷弯成梯波形状的板，经过定尺切断后的建筑板材。它有平面压型板、曲面压型板、拱形结构屋盖板和瓦形压型板等。

7.2.1 压型板分类

1. 平面压型板

按波高可分为低波板、中波板和高波板，低波板波高为12～35mm，中波板波高0～50mm，高波板波高大于50mm。低波板多用于墙面板和现场复合的保温屋面和墙面的内板。中波型多用于屋面板。高波型多用于单坡长度较长的屋面，高波板一般需配专用支架。

2. 曲面压型板

用于曲线形屋面或曲线檐口。当屋面曲率半径较大时，可用平面板的长向自然弯曲成型，不需另成型。当自然弯曲不能达到所需曲率时，应用曲面压型板。曲面压型板一般是将平面压型板通过曲面成型机侧立成型。其波型与平面压型板相同。

3. 压型钢板拱形结构屋面板

与曲面压型板成型方法相似，通过板间咬合锁边形成整体拱形屋盖结构，它无须另加屋盖承重结构。

4. 瓦形压型板

瓦形压型板是指彩色钢板经辊压成波型，再冲压成瓦型或直接冲压成瓦型的产品。成型后的形状类似常用的黏土瓦、筒型瓦等形状，多用于民用建筑。

7.2.2 压型板的接缝构造

彩色钢板是密实不透水的，但由于彩色钢板压型板是装配式围护结构，板间的拼接缝成为渗漏雨水的直接来源。$10000m^2$ 的压型板屋面一般要有 15km 长的接缝，因此缝的构造合理与否则成为选择压型板屋面至关重要的因素。板缝的构造直接体现于每块板的两个长边形状上。目前国内外有几种压型板边部的接缝构造方式，即：自然搭结法、防水空腔法、扣盖法、咬口卷边法（见图 7－1）。

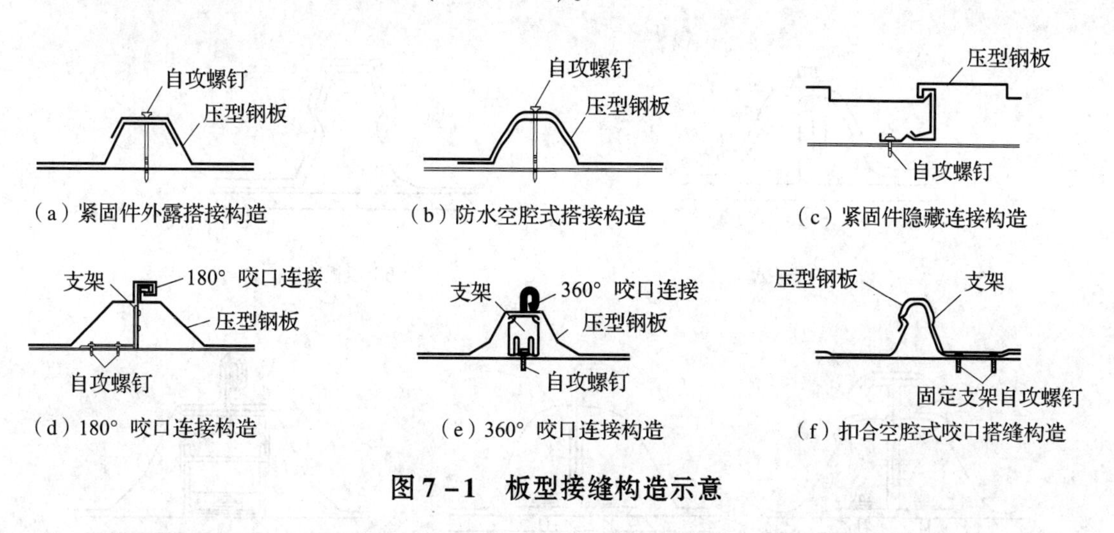

图 7－1　板型接缝构造示意

1. 自然扣合式

自然扣合式是延续水泥石棉波形瓦、镀锌铁皮瓦的形式来的。不过老式的扣合法要求至少搭接一个半波距。而彩色钢板的使用，波距一般较大，用作屋面时如再搭接一个半波，将使经济指标提高。所以不少作法采用了搭接一个波的方法，这种边部形状使屋面板接缝防水存在一定的隐患。不过作墙面时一般不会出现问题。

2. 防水空腔式

防水空腔式是在两个扣合边处形成一个 4mm 左右的空腔。这个空腔切断了两块钢板相附着时会造成的毛细管通路，同时空腔内的水柱还会平衡室内外大气静压差造成的雨水渗入室内的现象，这种方法已被应用到新一代压型板的断面形状设计中。

3. 咬口式

分为 180°和 360°咬口式。这种方法是利用咬边机将板材的两搭接边咬合在一起，180°咬边是一种非紧密式咬合，而 360°是一种紧密咬合，它类似于白铁工的手工咬边的形式，因此有一定的气密作用。铝镁锰合金板采用直立锁边构造，也属于这类方式。

4. 扣盖式板型

扣盖式板型是两个边对称设置，并在两边部作出卡口构造边，安装完毕后在其上扣以扣盖。这种方法利用了空腔式的原理设置扣盖，防水可靠，但彩板用量偏多。

7.2.3 板与檩条和墙梁的连接构造

(1) 压型板的屋面连接：有穿透连接、压板连接、咬边连接三种，见图7-2。

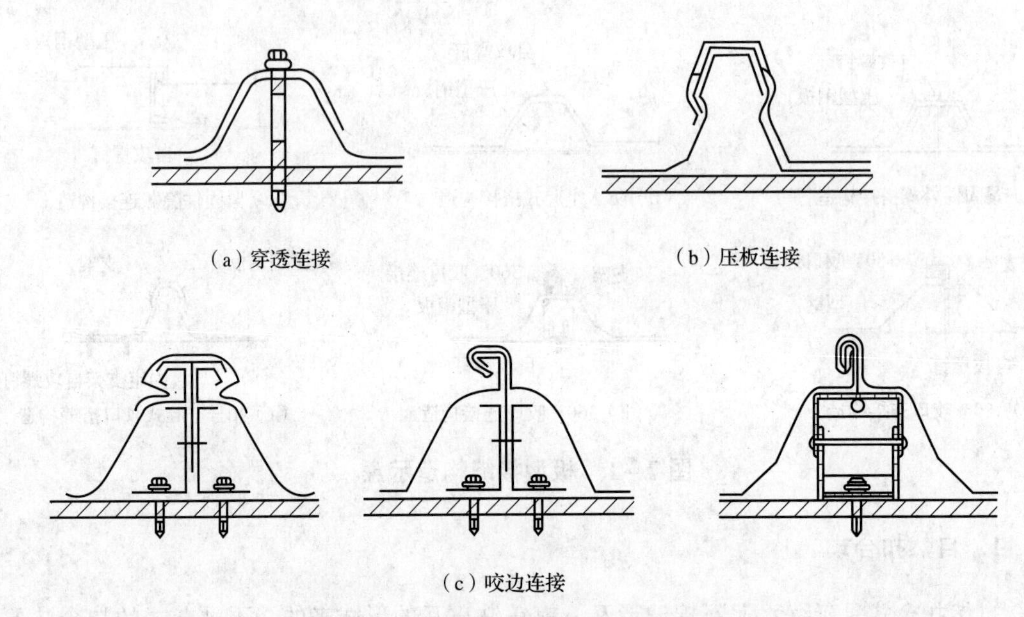

(a) 穿透连接 (b) 压板连接

(c) 咬边连接

图7-2 压型板与檩条连接方式示意

1) 穿透连接。穿透连接是一种外露连接件的连接方式，它是在彩色钢板压型板上用自攻自钻的螺丝将板材与屋面轻型钢檩条或墙梁连在一起。早期人们还曾使用钩螺栓单面施工的方法。凡是外露连接的紧固件必须配以寿命长、防水可靠的密封垫、金属帽和装饰彩色盖。

2) 压板连接。压板连接是一种隐蔽连接，是按板型需要专门设计的压板连接件。压板将压型板扣板压在下面，压板与屋面檩条相连接，用以抵抗屋面的负风压（风吸力）。这种方法多用在屋面上，如澳大利亚 BHP 公司的屋面连接方式，这种方式屋面要求彩色钢板基材为结构用钢材，牌号达到 G345 以上，在台风多发的沿海地区慎用这种板型。

3) 咬边连接。咬边连接是一种隐蔽的连接方法，利用连接件的底座，支撑板的波峰内表面，并利用连接在底座上的钢板钩将两侧的钢板边咬连在一起。钢板构件起着重要的连接作用，因此宜用结构钢板。

(2) 压型板的墙面板连接有外露连接和隐蔽连接两种：

1) 外露连接。外露连接是将连接紧固件在波谷上将板与墙梁连接在一起，这样的连接使紧固的头处在墙面凹下处，比较美观；在一些波距较大的情况下，也可以将连接紧固件设在波峰上。

2) 隐蔽连接。隐蔽连接是将第一块板与墙面连接后，将第二块板插入第一块板的板边凹槽中，起到抵抗负风压的作用。

7.3 彩色钢板夹芯板

彩色钢板夹芯板是以彩色钢板为面板，经连续成型机将芯材与面板粘结成整体的建筑用板材。这种复合板材具有承力、保温、装修、防水的综合功能。

7.3.1 夹芯板分类

彩色钢板夹芯板按芯材的不同，分为聚苯乙烯泡沫塑膜夹芯板、岩棉夹芯板和聚氨酯泡沫塑膜夹芯板。彩色钢板夹芯板按功能不同分为屋面夹芯板、墙面夹芯板，屋面板按形状分为波形屋面夹芯板和平面夹芯板。彩色钢板夹芯板墙面按连接方式分为工字型铝材连接和承插口连接两类。彩色钢板夹芯墙面板按布置方法分为竖向布置夹芯板和横向布置夹芯板。

彩色钢板夹芯板的芯材是夹芯板保温隔热、隔声和传递剪力的部件。目前夹芯板的芯材有聚苯乙烯泡沫板、硬质聚氨酯、岩棉板等。

1. 聚苯乙烯泡沫塑膜（EPS）夹芯板

EPS 夹芯板是以彩色钢板为面层，以阻燃聚苯乙烯泡沫板为芯材，用双组分聚氨酯作为胶结剂。经连续加热加压复合成型，定尺同步切割而成的夹芯板，它是由五层材料复合而成，即彩色钢板 - 聚氨酯胶 - 聚苯乙烯泡沫塑膜板 - 聚氨酯胶 - 彩色钢板。

EPS 夹芯板是 20 世纪 80 年代初由国外引进的，产品是正反面为平板，板间接口采用工型铝，作屋面时则采用将上表面相邻两边翻起，上盖彩板扣槽的方法。由于这种方法存在着耗用工型铝材，作屋面时防水不易做好，温差作用下板面易产生褶皱等问题，继而我国开发了承插口的墙面板型和上层板作成波形板的屋面板型，板间为波形板搭接。

承插口板型省去了铝材，减少了施工环节，外观整齐简单，同时屋面板成波形，防水可靠，增大了板材刚度，避免了温差造成的上表面褶皱，加大了使用长度。

2. 聚氨酯泡沫（PU）夹芯板

PU 夹芯板是以彩色钢板为层面，以阻燃聚氨酯泡沫塑膜为芯材，利用连续成型机，对彩色钢板压型后在两板中间喷注聚氨酯，经密封加压将彩板与聚氨酯粘结成复合板材，即聚氨酯夹芯板。

PU 夹芯板分为层面板和墙面板两类，墙面板又分为一般承插口板和横向墙板。横向墙板采用上下塔接口和隐蔽连接的接口形式。

3. 岩棉夹芯板

岩棉夹芯板是以彩色钢板作面层，以非燃烧材料岩棉板为芯材，用双组分聚氨酯胶为胶结剂，经连续加热加压复合成型，定尺同步切割制成夹芯板。

岩棉夹芯板是20世纪90年代末从国外引进的产品。板型与规格尺寸与聚氨酯夹芯板的基本相同。

4. 玻璃棉板芯材

玻璃棉板是将玻璃用火焰法、离心法、高压载能气体喷吹技术，将熔融玻璃纤维并施加热固性粘结剂制成的具有一定刚度的板状建材，它的纤维长，含渣球量少，使用温度低于岩棉板。

玻璃棉板用作夹芯板芯材时，对尺寸和物理性能的要求与岩棉板相同。

7.3.2 彩色钢板夹芯板的选择

彩色钢板夹芯板的选型应遵守的原则：防水可靠，保证防火要求，满足保温隔热要求，施工方便，经济合理，外形和色彩美观。

1. 防水选择

当屋面单坡较短时，上板面为波形或上表面为平板的板型均可选用；在用夹芯板制作组合房时，墙面板和屋面板选用平板时施工方便，平板中承插口的墙板可优先考虑。但当需要对板材有较多纵向切割后使用时，插工型铝的板型浪费板材较少。当屋面单坡较长时，选用上板面为波形的板型防水更可靠。

2. 防火选择

EPS、PU夹芯板的防火性能差，其表面钢材板为不燃材料，即A级。芯材应为阻燃型（ZR），燃烧性能应为B2级以上，其夹芯板复合材应为B1级。但是EPS夹芯板达不到B1级要求，因此在一些耐火等级要求不高的建筑中可以选用，一般多用于临时建筑、半永久性建筑、受荷载限制的建筑中。对防火要求严格的建筑应选用岩棉夹芯板，它的耐火极限可达120min以上。

3. 保温隔热的选择

夹芯板的保温隔热性能与它的导热系数λ［单位为W/(m·K)］、板材厚度及板间接缝处理有关。其中λ与环境温度、材料密度、含湿情况有关，但在正常使用范围内λ值变化不大，故导热系数的取值可以各种材料相应的国标所示值为基准。即：

$$\text{聚苯乙烯泡沫塑料}\ \lambda = 0.041\text{W/(m·K)}$$

$$\text{聚氨酯泡沫塑料}\ \lambda = 0.027\text{W/(m·K)}$$

$$\text{岩棉板}\ \lambda = 0.046\text{W/(m·K)}$$

确定了夹芯板λ值后，进行热工计算时应按现行国家标准《民用建筑热工设计规范》GB 50176中的要求增加计算厚度30%~80%。

在选择夹芯板保温隔热性能时，要特别注意这种材料与常用大密度材料的不同特点，即热惰性小。因此这种材料具有对房间加速提温和降温的特点，对间断使用采暖和空调的建筑有特别的效应，对连续取暖的房间有起暖时间快的特点。

4. 施工方便选择

EPS与PU夹芯板在安装、运输、存放等方面，施工方便性相类似；而岩棉夹芯板的施工难度相对大，因为它的自重量是前者的2~5倍，运输安装笨重，且岩棉吸水率大，必须考虑防水措施。

5. 经济比较选择

三种夹芯板的经济比较，在表面材料相同的情况下，其实是芯材的比较和生产增值成本的比较。三种夹芯板中以岩棉夹芯板为贵，PU夹芯板次之，EPS夹芯板最便宜。

6. 外形与美观选择

屋面夹芯板有外露连接和隐蔽连接两种。我国平板夹芯板多用隐蔽连接；上表面采用波形夹芯板时，我国多用外露连接。外墙选择中，夹芯板可选择竖向和横向布置，给建筑艺术处理提供更多的选择余地。外墙板的连接也分外露和隐蔽连接两种。从美观看，外墙以隐蔽连接为好。

7.4 彩色钢板围护结构的构造

彩色钢板围护结构的构造处理好坏是涉及彩板围护结构的建筑使用功能和建筑形象的重要环节，应认真研究并详尽地给出构造图纸，以达到安装时的每一部位的有章可循，避免施工安装的随意性。

彩板围护结构的构造分为三类，即非保温的单层压型板，现场组装由双层压型板中间置保温棉的围护结构和夹芯板围护结构。

7.4.1 压型钢板围护结构的构造

1. 屋面板的连接构造设计

单层彩色压型钢板与檩条（墙梁）的连接有外露连接和隐蔽连接两类。外露连接应优先采用自攻自钻的螺丝，该种连接为单面施工，操作方便，简单易行。隐蔽连接是通过特制的连接件与专有板型相配合的一种连接形式，这种形式连接件不外露，彩色钢板表面不打孔，彩板不受损伤，不因打孔而漏雨，表面美观，但更换维修某一块板时困难。

对于每种连接方法的连接件，应有充分的连接强度的实验数据作为依据，来进行连接件的选用和每平方米使用数量的选用。即在连接件与其连接的钢构件的连接强度，连接件上的挂钩与连接间的连接强度和连接件与屋面彩色钢板间的连接强度之中，取其最弱值来检验其抵抗屋面最不利区域风吸力的能力是否满足要求。

2. 墙面板的连接构造设计

彩板墙面的连接，大都采用自攻自钻方法或拉铆钉的连接方法。分为外露连接和隐蔽连接两种，不论哪种方法，其连接件是相同的，不过隐蔽式连接是采用板型间互相遮盖的方法，无须用其他手段。但这种方法所采用的墙板板型为单波板，因波距较大，板的自身刚度不如多波板。

墙板连接点的抗拉能力和连接点的数量应通过计算来确定。

在考虑自攻螺丝（或拉铆钉）与彩板间的紧固能力时应考虑板的厚度、自攻螺丝的直径和自攻螺丝头的直径等因素。这些因素都对钢板会不会从墙面上被拉起有直接影响。

7.4.2 纵向搭接

单层彩色压型钢板的纵向板间搭接，有彩板与彩板间搭接，彩板与采光板的搭接等。彩色钢板单层压型板的纵向搭接主要应考虑提高其防水功能。

1. 搭接长度

搭接长度与屋面坡度有关，当屋面坡度大于1/10时，搭接长度不宜小于200mm，当小于1/10时搭接长度不宜小于250mm。

墙面板的搭接长度不宜小于120mm。

2. 搭接处密封

搭接处的密封宜采用双面粘贴的密封带，不宜采用密封胶，因两板搭接处空隙很小，连接后的密封胶被挤压后的厚度很小，且其固化时间较长，在这段时间里由于施工人员的走动造成搭接处的搭接板间开合频繁，使密封胶失效。

3. 搭接

当搭接线在一条水平线上时，出现四块的板边互相搭接的现象，此处的第1块板与第3块板以及第2块板与第4块板间出现较大缝隙，且因四块板的搭接外形尺寸相一致，在搭接时，采用强制紧固的办法，使搭接缝隙增大，造成了可能漏雨的条件，建议采用如图7－3所示位置切除第2、第3块板的搭接斜角，这种方法会改善这种方板间的搭接密合程度。

同样，墙板的安装宜采用上面的方法，这样的做法会改善墙面的外观质量。

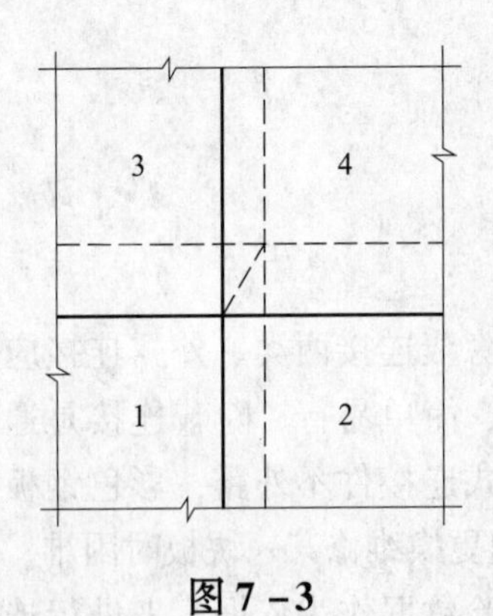

图7－3

7.4.3 横向搭接

板的横向搭接是指板的长边之间的搭接。凡采用了隐蔽连接的板型，其相应的搭接边或扣合或咬合或咬边，已将连接和边部防水做了处理。

采用外露连接的板型，其边部已做了防水的构造处理，因此一般不再做材料防水，但当檩距过大时，应做钢板间的构造连接。

7.4.4 夹芯板围护结构的构造

1. 夹芯屋面板的连接

我国早期出现的聚苯乙烯泡沫塑料夹芯平板用作屋面板时，当使用在夹芯板材组合房工程中，其连接是靠铝型材和合金铝拉铆钉或自攻螺丝连接，这种构成方法经多年的实践证明是可靠的。当用于大跨度屋面时，上面这种连接方法已不可能，而是采用螺丝连接，螺栓通过 U 型件将板材压住，这是一种早期隐蔽的连接形式。这种连接方便，施工简单易行，在有些情况下也采用平板表面穿透连接，但是由于芯材有一定的可压缩性，往往在连接点形成凹下现象，易积雨水。

波形屋面夹芯板为外露连接，这种连接的连接点多，用自攻螺丝穿透连接，自攻螺丝六角头下设有带防水垫的倒槽形盖片，加强了连接点的抗风能力。

在平板夹芯屋面的基础上改造成的隐蔽连接形式，改变了平板夹芯板作屋面时现场人工翻边不易控制，造成漏雨等现象，改善了屋面的防水效果，并使连接更可靠，更方便。

2. 夹芯墙板的连接

夹芯板用于墙板时多为平板，用于组合房屋时主要靠合金铝型材与拉铆钉连成整体；对需要有墙面檩条的建筑，竖向布置的墙板多为穿透连接，横向布置的墙板多为隐蔽连接。鉴于墙面是建筑外观的重要因素，因此宜选用隐蔽连接的墙面板型。

3. 夹芯板搭接

夹芯板纵向搭接的构造与单层压型板的纵向搭接做法相同，不过要将夹芯板的底板在搭接处切掉搭接长度，并除去该部分的芯材。由于搭接处上下板的支撑檩条宽度较小，故应在该处设置双檩条，或在单檩条上加焊连接用角钢。

不论是隐蔽连接防水扣盖还是明露连接的搭接边间的扣合关系，均应选好构造连接的构造形状，特别是其应具有切断毛细现象的空间，普遍依赖密封胶封堵的方法是不可取的，这种方法只能用于局部修补。

7.5 彩色钢板围护结构的排板设计

7.5.1 屋面排板设计

1. 彩钢屋面板长度和纵向的排板设计

首先确定每坡屋面的首末檩条与定位轴线间的尺寸关系，进而确定屋面板的起点、终点与首末檩条的尺寸关系，首末檩条间距加上这个尺寸即为板的总长度。根据板的力学性能和连接件的力学性能确定最大檩条间距，按此间距将首末檩条间距划分成设计檩距。

应根据选用彩板屋面板的供应情况，运输条件、现场制作还是工厂制作等因素，确定每一块屋面板由一块或几块组成。首末屋面板的长度为数个檩距加搭接长度再加首(末）点的构造尺寸。中部板长为数个檩距加搭接尺寸。

2. 屋面板横向的排板设计

屋面板的板材有效覆盖宽度为屋面板排板的基本模数，屋面板的排板设计即是屋面总宽度与基本板宽的尺寸协调。

屋面总宽度的确定：屋面总宽度应为建筑物的首末柱轴线间的距离加屋面在首末柱处伸出的构造尺寸（该尺寸应在排板前按构造详图确定）。

鉴于现行的彩色钢板屋面板宽度尺寸大多数与柱距的尺寸不相协调，故屋面的总宽度往往不是屋面板的倍数关系，因此合理排列屋面板是很重要的，确定好屋面板的排板方式后，应在图纸上标出排板起始线，供板材安装时使用。正确的排板起始线设计可以简化施工，并可得到理想的视觉效果。

当屋面上设有采光板时，采光屋面板的宽度尺寸应与彩板屋面板的宽度尺寸相协调。这对于采光屋面板嵌在彩板屋面中间的布置方法尤为重要。

处理好首、末屋面板构造关系可简化屋面的构造处理。一般应使首末屋面板的边部标志尺寸到首、末柱的尺寸相同，则山墙檐口的构造可做成一样。

7.5.2 墙面板的排板设计

1. 墙面板的长度及排板设计

(1）竖向布置墙板。彩板墙面的长度有：檐口处的封闭标高到地上的起始高度；从檐口处的封闭标高到洞口上表面的高度；洞口下表面到洞口上表面的高度和洞口下表面到地的起始高度等三种。因此确定板长以前必须确定檐口处、窗口处、门口处和其他洞口处的标高和构造做法，并以此布置墙面檐条位置，从而计算出墙面板的长度。一般情况下，由于美观效果，彩板墙面在竖向布置时不宜做搭接布置。当墙面高度较大时才考虑用搭接的方法，这时的墙板长度应加上搭接长度。山墙的檐口为斜面时，板材长度应计算到每块板的斜面最高点。

（2）横向布置墙板。横向布置墙板多用彩板夹芯板，有时也采用单层压型板。这种方法是以板的宽度为模数做竖向布置的。设计时，大于板宽的孔洞宜尽量将空洞的上下边沿与板的横向接缝相协调，以免造成构造复杂。

横向布置墙面的长度：横向布置墙板多在柱的中轴线上划分开，首、末柱间的板长应为柱距尺寸加首、末柱的轴线外伸的构造尺寸，中间柱处的墙板长度应为柱距尺寸，另有柱轴线至洞口边部的板长尺寸等。斜面山墙处的板长应视斜率而变化。

2. 墙面的立面设计

当竖向布置墙板时，宜采用带形窗，这种划分可以减少洞口处的构造，有利于防雨水。当采用独立窗时，对压型板墙面，其独立窗的两侧边构造较复杂，若施工不好，则易出现漏雨现象，应在板材排列时选好排板起始线，以使板的排列与洞口尺寸相协调。平面夹芯板对洞口无特殊要求。

在横向布置墙板时，要解决好板的竖向排列与各洞口高度的协调问题。带形或独立式窗的布置均不存在问题，对平面夹芯板墙面，其排板灵活性较大。

3. 彩色钢板墙面的温度膨胀对板长设计的影响

彩色钢板建筑围护板材在冬季和夏季或昼夜温差作用下会产生较大的膨胀变形。对于单层压型钢板板材，其宽度膨胀对每块板而言变形很小，且由波浪变形吸收。屋面板的长度较长，变形的应力由连接件来承受，当长度过长时需使用滑动支座调整板的变形，因此在使用中无突出问题。但对于夹芯板，特别是平板夹芯板，在内外钢板所处温差较大时，其内外钢板的伸长（或缩短）不同，致使夹芯板上拱或下挠，在连接件的约束下，钢板与夹芯板芯材产生较大的剪切应力，当剪应力大于钢板或芯材的粘结抗剪强度时，会在粘结较弱的部位产生褶皱，呈条形凸起。但这时的夹芯板并未完全丧失承载能力，实验和实践表明，在一般情况下平板夹芯板的长度不宜大于9m。上表面为波形的夹芯板时，因板面自身刚度较大，所以可适当增加到12m。

7.6 压型钢板的加工

7.6.1 单层压型钢板加工与检验

单层压型钢板的加工一般在工厂内加工，也可在工地加工。单层板包括屋面板（上、下层）、墙面板（外、内面）、楼面板、吊顶板、装饰板等。

1. 彩色钢板压型板的加工设备

单层彩色钢板压型机是采用多道成型辊将彩色钢板连续冷弯成型的原理设计的。它由开卷机（架）、OPP 覆膜机、送料台、成型机、切断机和成品辊架组成。

当加工曲板时还需曲面压型机或冲压机。目前有立式无皱褶式浪板弯曲机和齿形浪板弯曲机，其机身小，搬动方便，适合各种曲面板的制作。

各种成型机及分条机见图 7－4～图 7－10。

图 7－4　开卷机

图 7－5　覆膜架

图 7－6　立式成型机

图 7－7　屋面板压型机

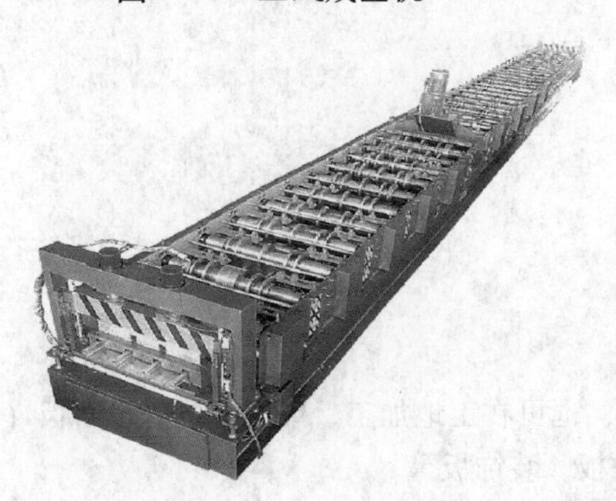

图 7－8　闭口楼面板压型机

图7-9　墙面板压型机

图7-10　彩板分条机

2. 压型钢板的检验

彩色钢板作为建筑制品的原材料，从生产厂家或供应商处购入后，均已附有产品材质单、工厂的检验合格证。彩色钢板的用户一般不再做质量检验，按现行国家标准《彩色涂层钢板及钢带》GB/T 12754 的规定进行检验。

压型彩色钢板的质量要求如下：

（1）外观质量。

经加工成型后的板内外表面不得有划出镀层的划痕和板面脏污。

（2）压型板的长度允许偏差。

对于屋面板，不论屋面是由几块板搭接还是由一块板构成，都有搭接长度和屋脊盖板做调整，故对长度偏差规定在实际使用中并不十分严格，按现行国家标准《钢结构工程施工质量验收规范》GB 50205 所规定的范围为5mm（板长小于10m）和10mm（板长大于10m），不允许有负偏差。现行国家标准《建筑用压型钢板》GB/T 12755 则规定允许偏差为±7mm。实际在加工屋面压型板时，可参照±7mm 为宜。对于墙面板的长度加工偏差控制应视墙面板在墙面上的位置不同而异。如墙上的安装空间上下是限定的，应在加工墙板时按负偏差控制，不宜出现正偏差，以免出现就位困难和要用切割锯重新切短的现象。如墙高方向由多块压型板搭接构成，则对压型板的长度偏差要求不严格，负偏差可控制在7mm 左右。

（3）板的制作的允许偏差。

压型板的截面尺寸加工控制是较重要的控制项目，现行国家标准《建筑用压型钢板》GB/T 12755 规定的覆盖宽度允许偏差是（见表7-5）：截面高度不大于70mm 时，允许偏差为+10.0mm，-2.0mm；截面高度大于70mm 时，允许偏差为+6.0mm，-2.0mm。

（4）压型板的波高允许偏差。

压型板的波高偏差往往与宽度偏差相关联，宽度正偏差时，高度为负偏差，反之亦然。

表 7－5 《建筑用压型钢板》GB/T 12755 规定的制作的允许偏差

项　目		允许偏差（mm）
波高	截面高度≤70mm	±1.5
	截面高度＞70mm	±2.0
覆盖宽度	截面高度≤70mm	+10.0 −2.0
	截面高度＞70mm	+6.0 −2.0
板长		+9.0 −0.0
波距		±2.0
横向剪切偏差沿（截面全宽）		1/100 或 6.0
侧向弯曲	在测量长度 L_1 范围内	20.0

注：L_1 为测量长度，指板长扣除两端各 0.5m 后的实际长度（小于 10m）或扣除后任选的 10m 长度。

压型板的波高偏差允许值，现行国家标准《建筑用压型钢板》GB/T 12755 的规定值是波高不大于 70mm 时，允许偏差为 ±1.5mm，波高大于 70mm 时，允许偏差为 ±2.0mm。

（5）压型板的横切允许偏差。

横切允许偏差是指压型板的横向切断面与压型板的板长中心线的垂直度偏差，一般用图 7－11 示意的方法进行检验。

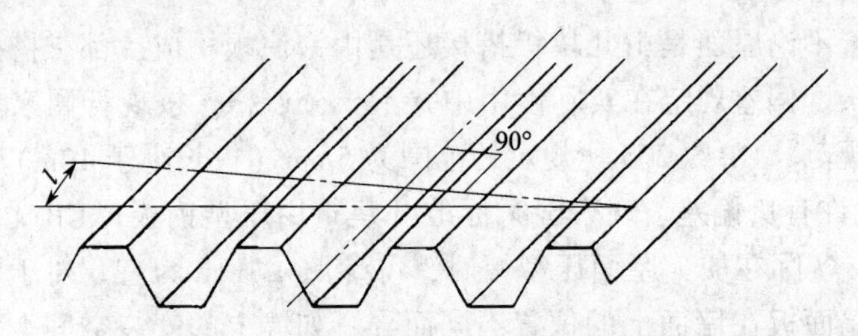

图 7－11 压型板横切允许偏差检验方法

压型板横切偏差值的控制应从严，这个偏差值反映在檐口、压型板的搭接处会呈现锯齿形边沿现象，可能严重影响建筑美观。如果该偏差在屋面上出现时，一般视距较远，或不呈现在看面上，影响较小；而作为墙面则直接影响外观质量。故墙面压型板加工时更应从严执行。

（6）压型板的侧向弯曲（镰刀弯）允许偏差。

压型板的侧向弯曲是指成型后的压型板中心线为一曲线，与标准中心线的最大距离为其侧向弯曲值，见图 7－12。

压型板的侧向弯曲允许偏差值，现行国家标准《建筑用压型钢板》GB/T 12755 规定长度大于或等于 10m 的板为 20mm，长度小于 10m 的板为 10mm。

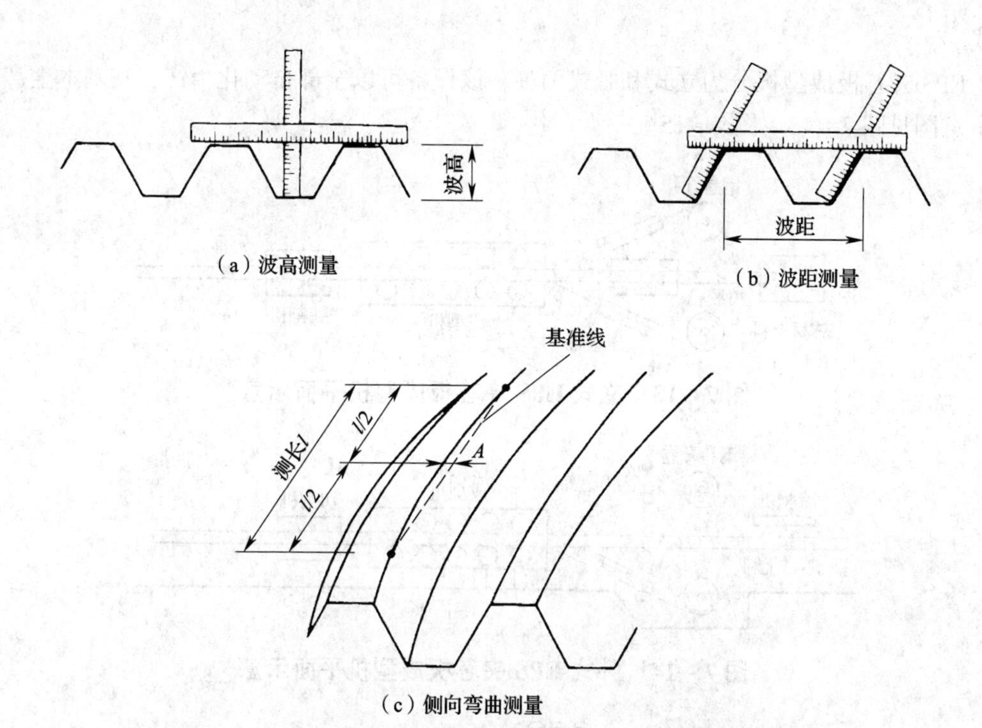

图 7-12　压型板的波高、波距和侧向弯曲变形检验方法

压型板的侧向弯曲变形是较难调整的变形，当采用带有固定支座的板型时，这种侧向弯曲变形较小时还可以通过支座使其强制变形；当用没有支座的板型时，板的施工变得很困难，尤其压型板中弯曲变形不同时，施工安装更为困难。

(7) 压型板的端部扩张变形（喇叭口)。

这种变形是先剪板后成型工艺过程中经常出现的现象。经过十几年的实践经验积累，在制定新的标准时应该增加端部扩张变形的规定。

从施工安装角度出发，端部扩张变形宜控制在 10mm 以内。

(8) 压型板边部不平度。

在加工压型板中，由于原板的不平整或机器的原因，压型板的两个搭接边会出现波浪形不平现象。对此现行国家标准《建筑用压型钢板》GB/T 12755 规定了“压型钢板的平直部分和搭接边的不平度每米不应大于 1.5mm”。

压型板的波高、波距和侧向弯曲变形检验方法见图 7-10。

7.6.2　夹芯板加工与检验

1. 夹芯板生产线

彩板夹芯板的加工是在工厂内进行的，采用连续的自动或半自动化生产工艺。

夹芯板加工设备基本分为三种，一种是以聚苯乙烯泡沫板（EPS）为芯材的夹芯板成型机，一种是以聚氨酯为芯材的夹芯板生产线，一种以岩棉、矿渣棉为芯材的夹芯板生产线。

EPS 夹芯板成型机分为立式和卧式两种。该设备可以全部自动化生产，其基本生产工艺示意图见图 7 – 13 ~ 图 7 – 15。

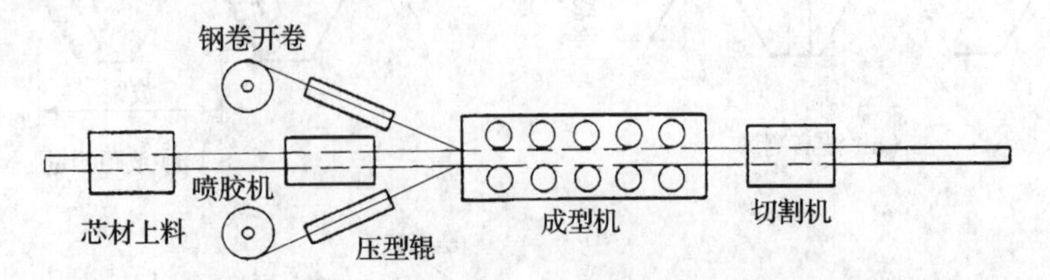

图 7 – 13　立式 EPS 夹芯板成型机平面示意

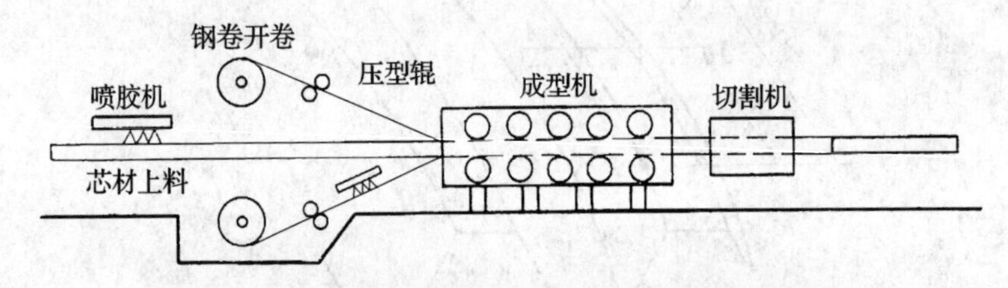

图 7 – 14　卧式 EPS 夹芯板成型机平面示意

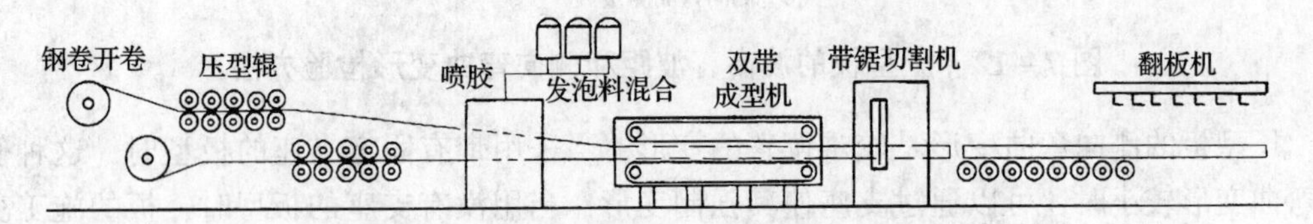

图 7 – 15　卧式 PU 夹芯板生产线立面示意

PU 夹芯板生产线，20 世纪 90 年代从意大利等国引进，现在我国已有不少厂家能制造。这种生产线可以生产聚氨酯、岩棉、矿渣棉夹芯板和 EPS 夹芯板，一机多用。其生产线示意图见图 7 – 16。

图 7 – 16　卧式聚氨酯（PU）夹芯板生产线

2. 夹芯板检验

由于各类金属夹芯板均在工厂生产线上生产，按各自企业标准和国家现行标准检验后出厂，在施工现场进行安装。

7.7 压型钢板的安装

7.7.1 施工组织设计

由于彩色钢板围护结构面积大，单件构件长，表面已完成装修面，又涉及防水、保温和美观等重要因素，故而施工中应计划周全，谨慎施工，做好施工组织设计是保障高质量完成任务的重要环节。

彩板围护结构的施工组织设计是工程总组织设计的组成部分，并纳入总施工组织设计中。由于彩板围护结构的特殊性，在编写施工组织设计时应注意以下问题。

1. 对施工总平面的要求

(1) 由于屋面、墙面板多为长尺板材，故应准备施工现场的长车通道及车辆回转条件。

(2) 充分考虑板材的堆放场地，减少二次搬运，有利于吊装。

(3) 现场加工板材时应将加工设备放置在平整的场地上，有利于板材二次搬运和直接吊。

(4) 认真确定板材安装的起点和施工顺序及施工班组数量。

(5) 确定经济合理的安装方法，充分考虑板材重量小而长度大、高作业、不断移动的特点。

(6) 留出必要的现场板材二次加工的场地，这是保证板材安装精度和板材减少在现场损坏的重要因素。

2. 安装工序

彩板围护结构的安装工序应设在工程总施工工序中合理的位置上。

(1) 对于纯板材构成的建筑或由板材厂家独立完成的工程项目，由承包方安排施工工序。

(2) 对于多工种、多分包项目的工程，彩板围护结构的施工工序宜安排在一个独立的施工段内连续完成。屋面工程的施工中，如相邻处有高出屋面的工程施工，应在相邻工程作业完成后开工，以保护屋面工程不被损坏，或不被用作脚手架的支撑面。

(3) 彩板围护结构应在其支承构件的全部工序完成后开工。

(4) 墙面工程应在其下的砖石工程和装修工程完成后开工。

(5) 围护结构工序确定后应设计屋面工程和墙面工程的施工工序。

屋面工程种类较多，各有其安装工序特点，但基本特点是相同的，见图 7－17。墙面板的工序也相类似。

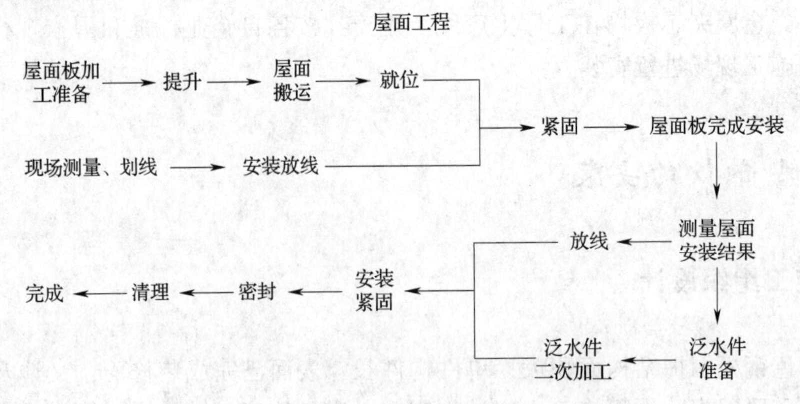

图 7－17　屋面工程施工基本工序示意图

3. 施工机械及施工工具

彩板围护结构的施工机械与施工工具的准备应在安装前做好，确定水平运输和垂直提升的方式，重点应以垂直运输为主，有条件的可利用总包的提升设备，当垂直提升设备不能满足子项目的运输要求时，应设立独立的垂直提升设备。板材施工安装多为手提式电动机具。每班组应配置齐全，并应有备用。合理配置手提式电动工具的电源接入线，这对大型工程的施工进度是必要的。

7.7.2　板材现场加工

对使用长度大于 12m 的单层彩色钢板压型板的项目，使用量较大时多采用现场加工的方案。现场加工的注意事项如下：

(1) 现场加工的场地应选在屋面板的起吊点处。设备的纵轴方向应与屋面板的板长方向相一致。加工后的板材放置位置靠近起吊点。

(2) 加工的原材料（彩板卷）应放置在设备附近，以利更换彩板卷。彩板卷上应设防雨措施，不得堆放在低洼地上，彩板卷下应设垫木。

(3) 设备宜放在平整的水泥地面上，并应有防雨设施。

(4) 设备就位后需做调试，并做试生产，产品经检验合格后方可成批生产。

单层彩板压型板现场加工中，对特长板采用的一种方法如图 7－18 所示，这种方法是为了解决特长板材的垂直运输困难的问题。它是将压型板机放置在临时台架上，将成品板直接送到屋面上，而后做水平移动。采用该方法适用于大型屋面。

7.7.3　安装放线

由于彩板屋面和墙面板是预制装配结构，故安装前的放线工作对后期安装质量起到保证作用，不可忽视。

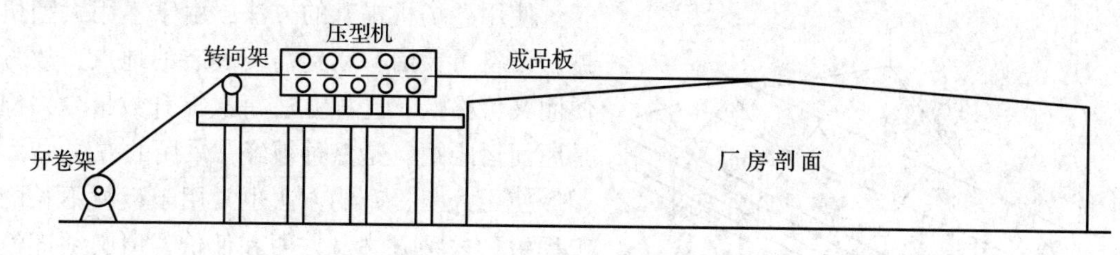

图 7－18 特长板现场加工

（1）安装放线前应对安装面上的已有建筑成品进行测量，对达不到安装要求的部分提出修改意见。对施工偏差做出记录，并针对偏差提出相应的安装措施。

（2）根据排板设计确定排板起始线的位置。屋面施工中，先在檩条上标定出起点，即沿跨度方向在每个檩条上标出排板起始点，各个点的连线应与建筑物的纵轴线相垂直，而后在板的宽度方向每隔几块板继续标注一次，以限制和检查板的宽度安装偏差积累，见图 7－19（a）。不按规定放线将出现如图 7－19（b）所示的锯齿现象和超宽现象。

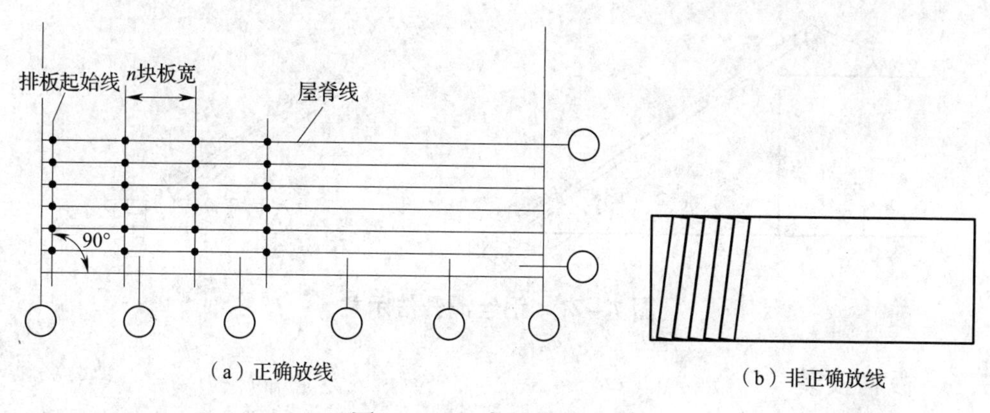

图 7－19 安装放线示意

同样墙板安装也应用类似的方法放线，除此之外还应标定其支承面的垂直度，以保证形成墙面的垂直平面。

（3）屋面板及墙面板安装完毕后应对配件的安装做二次放线，以保证檐口线、屋脊线、窗口门口和转角线等的水平直度和垂直度。忽视这种步骤，仅用目测和经验的方法，是达不到安装质量要求的。

7.7.4 板材吊装

彩色钢板压型板和夹芯板的吊装方法很多，如采用汽车吊、塔吊、卷扬机吊升和人工提升等方法。

塔吊、汽车吊的提升方法，多使用吊装钢梁多点提升，见图 7－20。这种吊装法一次可提升多块板，但往往在大面积工程中，提升的板材不易送到安装点，增大了屋面的长距离人工搬运，屋面上行走困难，易破坏已安装好的彩板，不能发挥大型吊车提升能力的特长，使用率低，机械费用高。

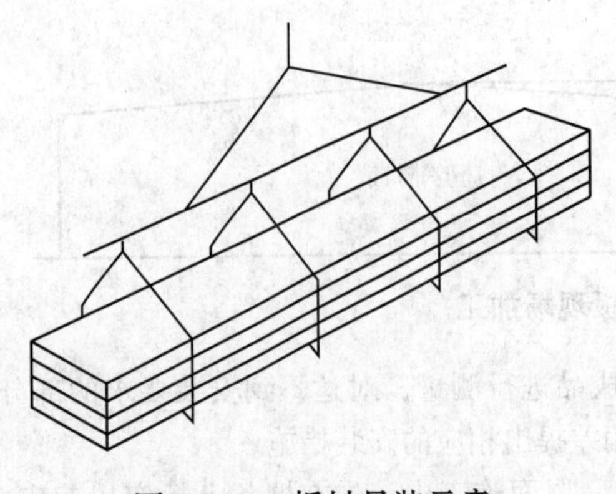

图 7－20　板材吊装示意

使用卷扬机提升的方法，由于不用大型机械，设备可灵活移动到需要安装的地点，故方便而又价格低。这种方法每次提升数量少，但是屋面运距短，是一种被经常采用的方法。

使用人工提升的方法也常用于板材不长的工程中，这种方法最方便和低价，但必须谨慎从事，否则易损伤板材，同时使用的人力较多，劳动强度较大。

提升特长板的方法用以上几种方法都较困难，人们创造了钢丝滑升法，见图 7－21。这种方法是在建筑的山墙处设若干道钢丝，钢丝上设套管，板置于钢管上，屋面上工人用绳沿钢丝拉动钢管，则特长板被提升到屋面上，而后由人工搬运到安装地点。

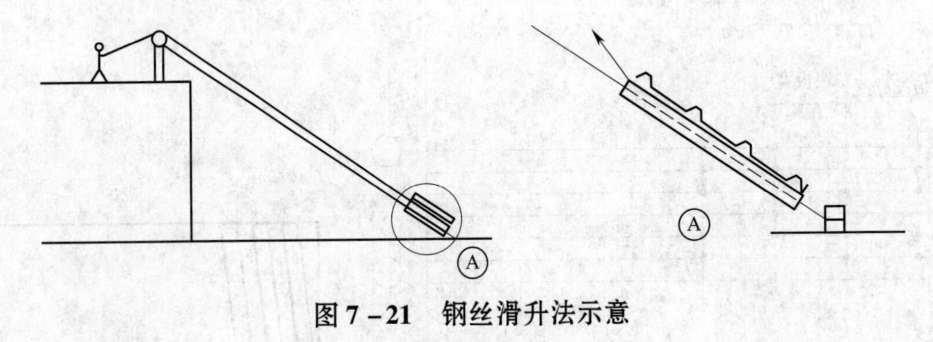

图 7－21　钢丝滑升法示意

7.7.5　板材安装

（1）实测安装板材的实际长度，按实测长度核对对应板号的板材长度，需要时对该板材进行剪裁。

（2）将提升到屋面的板材按排板起始线放置，并使板材的宽度覆盖标志线对准起始线，并在板长方向两端排出设计的构造长度，见图 7－22。

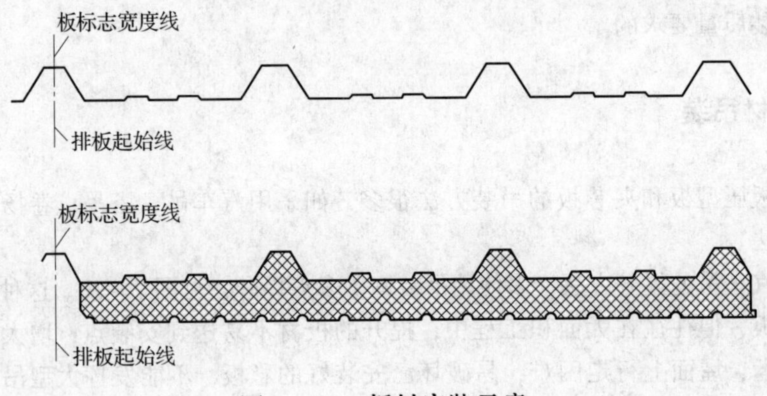

图 7－22　板材安装示意

(3) 用紧固件紧固两端后，再安装第二块板，其安装顺序为先自左（右）至右（左），后自下而上。

(4) 安装到下一放线标志点处，复查板材安装的偏差，当满足要求后进行板材的全面紧固。不能满足要求时，应在下一标志段内调正，当在本标志段内可调正时，可调整本标志段后再全面紧固。依次全面展开安装。

(5) 屋面板和墙板出现纵向接缝时，就会出现四块板垂叠的现象，此时可采用两种方法以避免这种搭接的出现，一是上下搭接时错开一个檩距，二是对对角线上的两块板在重叠部分沿对角线裁切。

(6) 安装夹芯板时，应挤密板间缝隙，当就位准确，仍有缝隙时，应用保温材料填充。

(7) 安装现场复合的板材时，上下两层钢板均按前叙方法。保温棉铺设应保持其连续性。

(8) 安装完的屋面应及时检查有无遗漏紧固点，对保温屋面，应将屋脊的空隙处用保温材料填满。

(9) 在紧固自攻螺丝时，应掌握紧固的程度，不可过度，过度会使密封垫圈上翻，甚至将板面压得下凹而积水。紧固不够会使密封不到位而出现漏雨，见图7－23。我国已生产出新一代自攻螺丝，在接近紧固完毕时可发出一响声，可以控制紧固的程度。

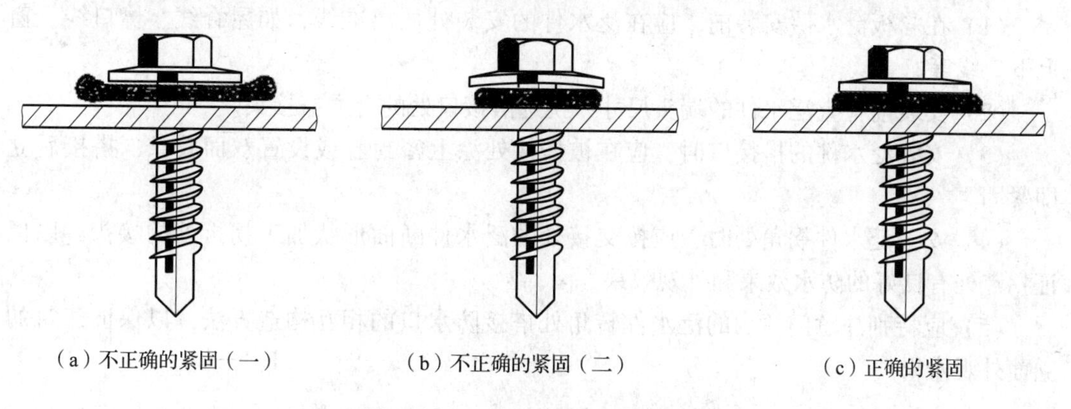

（a）不正确的紧固（一）　（b）不正确的紧固（二）　（c）正确的紧固

图7－23　自攻螺丝紧固程度

(10) 板的纵向搭接，应按设计铺设密封条和密封胶，并在搭接处用自在螺丝或带密封垫的拉铆钉，连接紧固件应拉在密封条处。

7.7.6　采光板安装

采光板的厚度一般为1～2mm，故在板的四块板搭接处将产生较大的板间缝隙，产生漏雨隐患，应该采用前面提到的切角方法处理。采光板的选择中应尽量选用机制板，以减少安装中的搭接不合口现象。采光板一般采用屋面板安装中留出洞口，而后安装的方法。

固定采光板紧固件下应增设面积较大的彩板钢垫，以避免在长时间的风荷载作用下将玻璃钢的连接孔洞扩大，以至于失去连接和密封作用。

保温屋面需设双层采光板时，应对双层采光板的四个侧面密封，否则保温效果减弱，以至于出现结露和滴水现象。

7.7.7 门窗安装

(1) 在彩板围、护结构中，门窗的外廓尺寸与洞口尺寸为紧密配合，一般应控制门窗尺寸比洞口尺寸小5mm左右。过大的差值会导致安装中的困难。

(2) 门窗一般安装在钢墙梁上，在夹芯板墙面板的建筑中也有门窗安装在墙板上的做法，这时应按门窗外廓的尺寸在墙板上开洞。

(3) 门窗安装在墙梁上时，应先安装门窗四周的包边件，并使泛水边压在门窗的外边沿处。

(4) 门窗就位并做临时固定后，应对门窗的垂直和水平度行进测量，无误后做固定。

(5) 安装完的门窗应对门窗周边做密封。

7.7.8 泛水件安装

(1) 在彩板泛水件安装前，应在泛水件的安装处放出准线，如屋脊线、檐口线、窗上下口线等。

(2) 安装前检查泛水件的端头尺寸，挑选搭接口处的合适搭接头。

(3) 安装泛水件的搭接口时，应在被搭接处涂上密封胶或设置双面胶条，搭接后立即紧固。

(4) 安装泛水件拐角处时，应按交接处的泛水件断面形状加工拐折处的接头，以保证拐点处有良好的防水效果和外观效果。

(5) 应特别注意门窗洞的泛水件转角处搭接防水口的相互构造方法，以保证建筑的立面外观效果。

7.7.9 竣工验收

在彩板屋面和墙面施工完毕后应进行自检和检后的修整，才可交工验收。

(1) 彩板围护结构在竣工验收时应提交下列文件：

1) 压型板及夹芯板所采用的彩板出厂材质证书；

2) 保温材料的材质证书；

3) 压型板、夹芯板的出厂合格证；

4) 防水密封材料的出厂合格证；

5) 连接件的出厂合格证；

6) 围护结构的施工图设计文件及变更通知书；

7) 围护结构的质量事故处理记录。

（2）对围护结构应做如下外观检查：

1）目测屋面、墙面平整，屋面檐口、屋脊、山墙及墙面下端等处成一直线；

2）彩板面色泽一致，污染、损伤处有修复等；

3）彩板围护结构的长向搭接成一直线，板间缝成一直线且与各有关轴线垂直或平行；

4）目测各泛水件成一直线；

5）目测各连接件是否纵横成一直线；

6）抽检连接件的紧固情况，有无松动，板面有无被紧固件压凹现象；

7）彩板板面有无褶皱，错打孔等；

8）密封胶的封闭是否到位，有无假封现象。

（3）屋面板、墙面板的安装偏差分别按现行国家标准《压型金属板工程应用技术规范》GB 50896 和《钢结构工程施工质量验收规范》GB 50205 的规定验收。

目前在工程中按现行国家标准《钢结构工程施工质量验收规范》GB 50205 规定的分部工程或子分部工程组织相关人员进行工程验收。屋面和墙面工程中还需执行现行国家标准《建筑工程施工质量验收统一标准》GB 50300、《屋面工程质量验收规范》GB 50207 的其他相关规定。

7.8 金属屋面系统抗风揭性能及检测方法

7.8.1 金属屋面系统抗风揭性能与风荷载计算

装配式金属屋面系统包括金属屋面板、底板、支座、保温层、檩条、支架、紧固件等。

金属屋面系统的恒载包括金属屋面系统自重和上部屋面设备系统的重量，活荷载包括风荷载和其他维护荷载。其中恒载可以通过计算得到并采用相应的设计来满足安全的需要。活荷载中的维护荷载也可以通过计算得到并经设计达到屋面性能要求。

屋面正、负风压，按照现行国家标准《建筑结构荷载规范》GB 50009 的规定取值，考虑建筑物的高度、体型、位置等因素，并考虑综合风压系数和荷载概率，其最大不利荷载为建筑物屋面转角和边缘部位的负风压。

图 7－24、图 7－25 为典型钢结构厂房金属屋面风负压（吸力）计算结果。风吸力与屋面坡度和部位有关，屋面坡度越平，风吸力越大；四周边缘比中间部位风吸力大，四角部位风吸力最大。

图 7－25 中，“＋”代表风压力，“－”代表风吸力，“－2.0”代表四个角部（10m 长，4m 宽的区域）的风吸力为 2.0 倍的风荷载标准值，且为整个屋面最大的风吸力。

有些情况下，屋面系统中的抗风吸力无法通过计算直接得到，需要由风洞试验来确定。风洞试验结果与模拟计算分析相结合，可以为屋面系统抗风吸荷载安全设计提供可靠的依据。

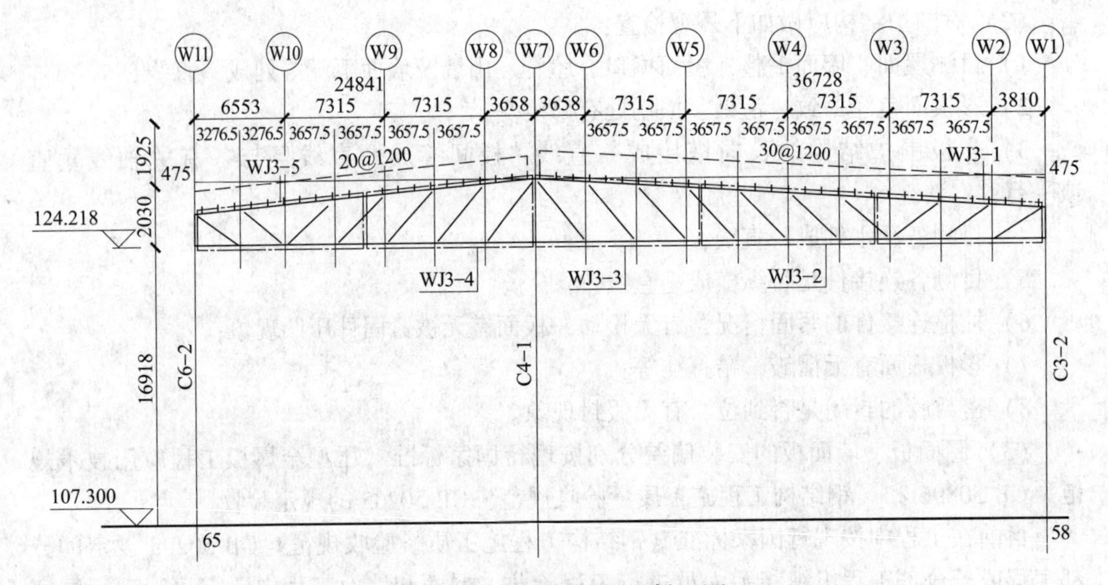

图 7-24 钢结构屋面断面图

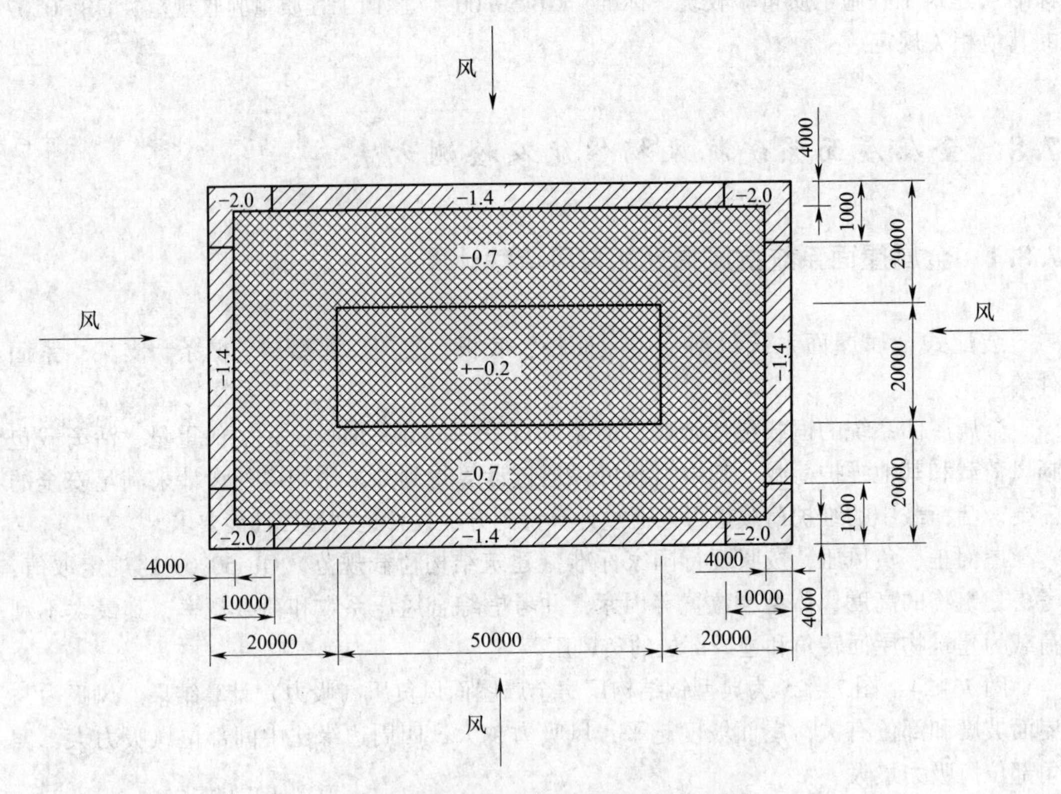

图 7-25 屋面外部风压系数分区图

7.8.2 金属屋面系统抗风揭性能检测要求

金属屋面系统抗风揭性能检测采用实验室模拟静态、动态压力加载法。金属屋面系统抗风揭性能检测应选取金属屋面中具有代表性的典型部位进行检测，被检测屋面系统中的材料、构件加工、安装施工质量等应与实际工程情况一致，并应符合设计和相应技术标准的要求。

金属屋面系统抗风性能检测应符合下列规定：

（1）金属屋面系统应包括金属屋面板、底板、支座、保温层、檩条、支架、紧固件等。

（2）对于强（台）风地区（基本风压≥0.5kN/m²）的金属屋面和设计要求进行动态风载检测的建筑金属屋面应采用动态风载检测。

（3）金属屋面系统抗风揭性能检测应选取金属屋面中具有代表性的典型部位进行检测，被检测屋面系统中的材料、构件加工、安装施工质量等应与实际工程情况一致，并应符合设计和相应技术标准的要求。

（4）金属屋面典型部位的风荷载标准值 w_s，应由设计单位给出，检测单位应根据设计单位给出的风荷载标准值 w_s 进行检测。

7.8.3　金属屋面静态压力抗风揭检测

检测装置应由测试平台、风源供给系统、压力容器、测量系统及试件系统组成；测试平台的尺寸应为：长度 L≥7320mm，宽度 B≥3660mm，高度 H≥1200mm，检测装置的构成如图 7-26 所示。

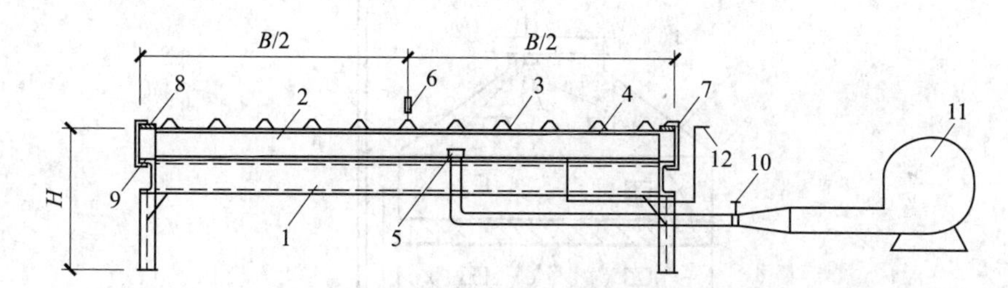

图 7-26　抗风揭性能检测装置示意图

1—测试平台；2—压力容器；3 试件系统；4—檩条；5—进风口挡板；6—位移计；7 固定夹具；8—木方；9—密封环垫；10—压力控制装置；11—供风设备；12—压力计

检测装置应满足构件设计受力条件及支撑方式的要求，测试平台结构应具有足够的强度、刚度和整体稳定性能。

压力测量系统最大允许误差应不大于示值的±1%且不大于 0.1kPa；位移测量系统最大允许测量误差应不大于满量程的 0.25%；使用前应经过校准。

（1）检测步骤应符合以下规定：

1）从 0 开始，以 0.07kPa/s 加载速度加压到 0.7kPa；

2）加载至规定压力等级并保持该压力时间 60s，检查试件是否出现破坏或失效；

3）排除空气卸压回到零位，检查试件是否出现破坏或失效；

4）重复上述步骤，以每级 0.7kPa 逐级递增作为下一个压力等级，每个压力等级应保持该压力 60s，然后排除空气卸压回到零位，再次检查试件是否出现破坏或失效；

5）重复测试程序直到试件出现破坏或失效，停止试验并记录破坏前一级压力值。

(2) 以下情况之一为应判定为试件的破坏或失效，破坏或失效的前一级压力值应为抗风揭压力值 w_u：

1) 试件不能保持整体完整，板面出现破裂、裂开、裂纹、断裂一级鉴定固定件的脱落；

2) 板面撕裂或掀起及板面连接破坏；

3) 固定部位出现脱落、分离或松动；

4) 固定件出现断裂、分离或破坏；

5) 试件出现影响使用功能的破坏或失效（如影响使用功能的永久变形等）；

6) 设计规定的其他破坏或失效。

检测结果的合格判定应符合下列要求：

$$K = w_u / w_s \geqslant 2.0$$

其中，K 为抗风揭系数，w_s 为风荷载标准值，w_u 为抗风揭压力值。

7.8.4 金属屋面动态压力抗风揭检测

动态风荷载检测装置应由试验箱体、风压提供装置、控制设备及测量装置组成（图 7－27），试验箱体不小于 3.5m×7.0m，应能承受至少 20kPa 的压差。

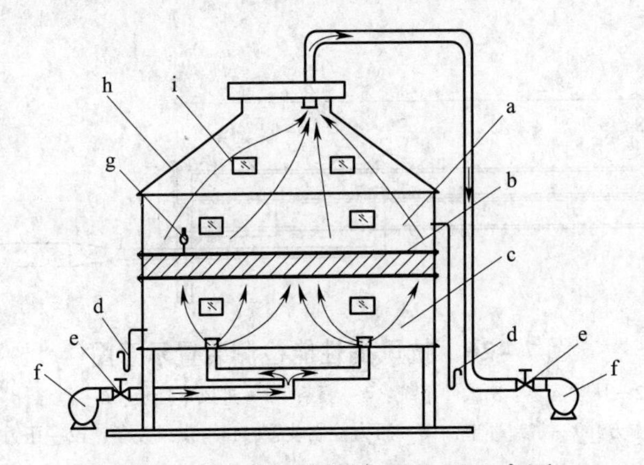

图 7－27 动态风载检测装置示意图

a—上部压力箱；b—试件及安装框架；c—下部压力箱；d—压力测量装置；
e—压力控制装置；f—供风设备；g—位移测量装置；h—集流罩；i—观察窗

差压传感器精度应达到示值的 1%，测量响应速度应满足波动加压测量的要求；位移计的精度应达到满量程的 0.25%。

动态风荷载检测应取 1.4 倍风荷载标准值（$w_d = 1.4 w_s$）。

(1) 检测步骤应符合下列规定：

1) 对试件下部压力箱施加稳定正压，同时向上部压力箱施加波动的负压。待下部箱体压力稳定，且上部箱体波动压力达到对应值后，开始记录波动次数；

2) 波动负压范围应为负压最大值乘以其对应阶段的比例系数，波动负压范围和波动次数应符合表 7－6 的规定；

表 7-6 波动加压顺序

阶段	项目								
第一阶段	加压顺序	1	2	3	4	5	6	7	8
	加压比例（w_d%）	0～12.5	0～25.0	0～37.5	0～50.0	12.5～25.0	12.5～37.5	12.5～50.0	25.0～50.0
	循环次数	400	700	200	50	400	400	25	25
第二阶段	加压顺序	1	2	3	4	5	6	7	8
	加压比例（w_d%）	0	0～31.2	0～46.9	0～62.5	0	15.6～46.9	15.6～62.5	31.2～62.5
	循环次数	0	500	150	50	0	350	25	25
第三阶段	加压顺序	1	2	3	4	5	6	7	8
	加压比例（w_d%）	0	0～37.5	0～56.2	0～75.0	0	18.8～56.2	18.8～75.0	37.5～75.0
	循环次数	0	250	150	50	0	300	25	25
第四阶段	加压顺序	1	2	3	4	5	6	7	8
	加压比例（w_d%）	0	0～43.8	0～65.6	0～87.5	0	21.9～65.6	21.9～87.5	43.8～87.5
	循环次数	0	250	100	50	0	50	25	25
第五阶段	加压顺序	1	2	3	4	5	6	7	8
	加压比例（w_d%）	0	0～50.0	0～75.0	0～100.0	0	0	25.0～100.0	50.0～100.0

3）波动压力差周期为 10s ±2s，如图 7-28 所示。

（2）动态风荷载检测一个周期次数为 5000 次，检测应不小于一个周期。出现以下情况之一应判定为试件破坏或失效：

1）试件与安装框架的连接部分发生松动和脱离；

2）面板与支承体系的连接发生失效；

3）试件面板产生裂纹和分离；

4）其他部件发生断裂、分离以及任何贯穿性开口；

5）设计规定的其他破坏或失效。

（3）检测结果的合格判定应符合下列要求：

1）动态风荷载检测结束，试件未失效；

2）继续进行静态风荷载检测至其破坏失效，满足下式要求：

$$K = w_u / w_s \geq 1.6$$

式中：K——抗风揭系数；

w_s——风荷载标准值；

w_u——抗风揭压力值。

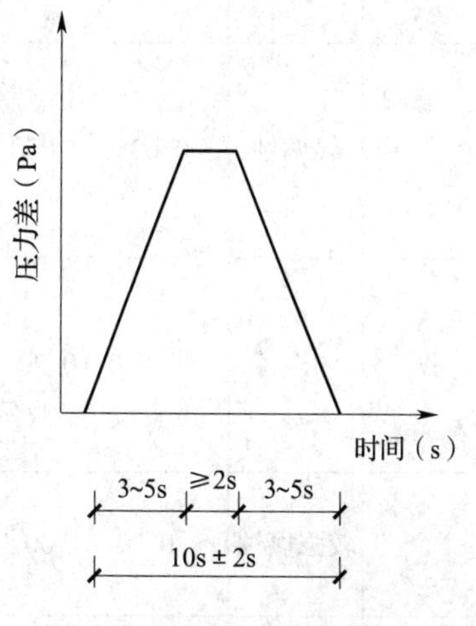

图 7-28 一个周期波动压力示意图

8 钢结构防腐涂装工程

8.1 大气环境条件对钢结构腐蚀作用的分类

为了规范和合理地对钢结构进行防腐涂装的防护，必须有统一的腐蚀环境分类标准，这方面国内外已有多项技术标准与规范可作为防腐涂装设计与施工的依据。

8.1.1 普通钢结构大气腐蚀作用分类

按钢结构在农村大气、城市大气、工业大气和海洋大气4类大气环境中的介质条件与腐蚀速率不同，将腐蚀等级分为微腐蚀、弱腐蚀、轻腐蚀、中腐蚀、较强腐蚀与强腐蚀等6个等级，大气环境腐蚀作用分类见表8－1。

表8－1 大气环境腐蚀作用分类

腐蚀（侵蚀）		钢腐蚀速率（mm/年）	腐蚀环境		
等级	名称		腐蚀气体类型	相对湿度（年平均）（%）	大气环境
Ⅰ	微腐蚀	<0.001	A	<60	乡村大气
Ⅱ	弱腐蚀	0.001～0.025	A	60～75	乡村大气、城市大气
			B	<60	
Ⅲ	轻腐蚀	0.025～0.050	A	>75	乡村大气、城市大气和工业大气
			B	60～75	
			C	<60	
Ⅳ	中腐蚀	0.050～0.20	B	>75	城市大气、工业大气和海洋大气
			C	60～75	
			D	<60	
Ⅴ	较强腐蚀	0.20～1.00	C	>75	工业大气
			D	60～75	
Ⅵ	强腐蚀	1～5	D	>75	工业大气

表8－1中腐蚀气体类型和含量细化规定见表8－2。

表8－2 按腐蚀介质含量的气体分类

腐蚀介质	按腐蚀介质含量（mg/m^3）的气体分类			
	A	B	C	D
二氧化碳	<2000	>2000	—	—
二氧化硫	<0.5	0.5～10	10～200	200～1000
氟化氢	<0.05	0.05～5	5～10	10～100
硫化氢	<0.01	0.01～5	5～100	>100
氮氧化物	<0.1	0.1～5	5～25	25～100
氯	<0.1	0.1～1	1～5	5～10
氯化氢	<0.05	0.05～5	5～10	10～100

注：当大气中同时含有多种腐蚀气体时，腐蚀级别取最高的一种或几种为基准。

由表8－1和表8－2可知，介质类别含量和湿度是影响腐蚀作用的主要因素，从技术经济合理性考虑，钢结构一般宜用于中等腐蚀及其以下等级的环境中。

8.1.2 冷弯薄壁型钢结构大气腐蚀作用分类

冷弯薄壁型钢由于其钢板厚度薄以及使用环境特殊，对冷弯薄壁型钢结构的防腐设计和施工有更严格的要求，冷弯薄壁型钢结构大气环境腐蚀作用分类见表8－3。

表8－3 大气环境条件对冷弯薄壁型钢结构侵蚀作用的分类

序号	地区	相对湿度（%）	对钢结构的侵蚀作用分级		
			室内（采暖房屋）	室内（非采暖房屋）	露天
1	农村、一般城市的商业区及住宅	干燥，<60	微侵蚀性	微侵蚀性	弱侵蚀性
2		普通，60～75	微侵蚀性	弱侵蚀性	中侵蚀性
3		潮湿，>75	弱侵蚀性	弱侵蚀性	中侵蚀性
4	工业区、沿海地区	干燥，<60	弱侵蚀性	中侵蚀性	中侵蚀性
5		普通，60～75	弱侵蚀性	中侵蚀性	中侵蚀性
6		潮湿，>75	中侵蚀性	中侵蚀性	中侵蚀性

注：1. 表中相对湿度系指当地的年平均相对湿度，对于恒温恒湿或有相对湿度指标的建筑物，则按室内相对湿度采用；

2. 商业区及住宅区泛指无侵蚀性介质的地区，工业区是包括受侵蚀介质影响及散发轻微侵蚀性介质的地区。

8.1.3 侵蚀性介质环境中钢结构腐蚀作用的分类

有侵蚀性介质生产车间及其周边环境中钢结构防腐涂装设计与施工时，其腐蚀作用可分为强腐蚀、中腐蚀、弱腐蚀、微腐蚀4个等级，其分类规定见表8－4。

表8－4 气态介质对钢结构的腐蚀性等级

介质类别	介质名称	介质含量（mg/m^3）	环境相对湿度（%）	对钢侵蚀作用分类
Q1	氯	1.00～5.00	>75	强
			60～75	中
			<60	中
Q2		0.10～1.00	>75	中
			60～75	中
			<60	弱
Q3	氯化氢	1.00～10.00	>75	强
			60～75	强
			<60	中
Q4		0.05～1.00	>75	强
			60～75	中
			<60	弱
Q5	氮氧化物（折合二氧化氮）	5.00～25.0	>75	强
			60～75	中
			<60	中
Q6		0.10～5.00	>75	中
			60～75	中
			<60	弱
Q7	硫化氢	5.00～100.0	>75	强
			60～75	中
			<60	中
Q8		0.01～5.00	>75	中
			60～75	中
			<60	弱

介质类别	介质名称	介质含量（mg/m^3）	环境相对湿度（%）	对钢侵蚀作用分类
Q9	氟化氢	1.00～10.0	>75	强
			60～75	中
			<60	中
Q10	二氧化硫	10.00～200.0	>75	强
			60～75	中
			<60	中
Q11		0.50～10.00	>75	中
			60～75	中
			<60	弱
Q12	硫酸酸雾	经常作用	>75	强
Q13		偶尔作用	>75	强
			<75	中
Q14	醋酸酸雾	经常作用	>75	强
Q15		偶尔作用	>75	强
			<75	中
Q16	二氧化碳	>2000	>75	中
			60～75	弱
			<60	弱
Q17	氨	>20	>75	中
			65～75	中
			<60	弱
Q18	碱雾	偶尔作用	—	弱

8.2 钢结构防腐涂装工程设计

8.2.1 涂装设计内容和涂装使用年限

本着“预防为主，防护结合”的原则，设计人员应明确钢结构的防腐设防决不仅是简单的涂漆防护，而是一个防护体系的完善和合理设防。应综合考虑提高结构自身的防护能力，合理择选建筑物场地和朝向，降低环境侵蚀作用的影响，合理地选择结构形式和节点构造等系统的防护措施。

对大气环境或侵蚀介质环境中的钢结构，应采取防锈与涂装措施进行防护。在设计文件中应列入防腐涂装的专项内容与技术要求，其内容应包括：

（1）对结构环境条件、侵蚀作用程度的评价及防腐涂装设计使用年限的要求；

（2）对钢材表面锈蚀等级、除锈等级的要求；

（3）选用的防护涂层配套体系、涂装方法及其技术要求；

（4）所用防护材料、密封材料或特殊钢材（镀锌钢板、耐候钢等）的材质、性能要求；

（5）对施工质量及验收标准的要求和施工、验收应遵循的技术标准；

（6）对使用阶段的维护（修）的要求。

钢结构防腐涂装工程的设计，应综合考虑结构的重要性、所处腐蚀介质环境、涂装防护层使用年限要求和维护条件等要素，并在全寿命周期成本分析的基础上，选用性价比良好的防腐涂装措施。防腐涂装可按涂装使用年限为短效（2～5年）、中效（5～10年）、长效（10～15年）及特长效（15～30年）分类设防，设防适用的涂装作法见表8－5。

表8－5　不同使用年限的适用涂装方法

不同使用年限涂装类别	涂装做法	涂层最小厚度（μm）				钢材表面等级最低要求
		微侵蚀	弱侵蚀	中侵蚀	强侵蚀	
短效（2～5年）	普通油漆涂料，4层做法	120	120	160	200	Sa2、St3
中效（5～10年）	（1）高性能涂料，5～6层做法	120	160	200	240	Sa2 $\frac{1}{2}$
	（2）冷镀锌加封闭层	—	80	110	150	
	（3）热喷锌（铝）加封闭层			110	150	
	（4）热浸镀锌			85	—	
长效（10～15年）	（1）无机富锌加氟树脂涂层体系	—	160	200	240	Sa2 $\frac{1}{2}$、Sa3（喷铝）
	（2）冷镀锌复合涂层			150	220	
	（3）热喷锌（铝）复合涂层			150	220	

续表 8－5

不同使用年限涂装类别	涂装做法	涂层最小厚度（μm）				钢材表面等级最低要求
		微侵蚀	弱侵蚀	中侵蚀	强侵蚀	
特长效（15～30年）	（1）无机富锌加氟树脂涂层体系	—	—	240	—	同上
	（2）冷镀锌复合涂层			220	300	
	（3）热喷锌（铝）复合涂层			220	300	

注：1. 涂层厚度包括涂料层的厚度或者金属层与封闭层及复合涂层的厚度；

2. 采用喷锌、铝及其合金或冷镀锌涂装时，其金属层厚度不宜小于80μm或者120μm，表中厚度值中封闭层厚度按30μm计；

3. 室外工程的涂装厚度宜增加20～40μm。

8.2.2 钢结构表面质量等级和除锈等级

工程经验表明，质量良好的钢材表面处理，对保证涂装防护效果至关重要，除锈效果不同的基层，其涂层使用寿命的差别达2～3倍。

首先在采购钢材时，对钢材初始表面质量等级应有明确的要求，对主要构件和薄壁结构不应低于B级，钢材表面质量等级见表8－6。

表8－6 钢材表面质量等级

质量等级	锈蚀程度
A级	钢材表面完全被紧密的轧制氧化皮覆盖，几乎没有锈蚀
B级	钢材表面已开始发生锈蚀，部分轧制氧化皮已经剥落
C级	钢材表面已大量生锈，轧制氧化皮已因锈蚀而剥落，并有少量点蚀
D级	钢材表面已全部生锈，轧制氧化皮已全部脱落，并普遍发生点蚀

其次对钢材表面除锈质量等级宜从严要求，规定应保证的最低除锈等级。同时从匹配的合理性考虑，结构不宜再采用手工除锈方法，因其质量和均匀度均难以保证，若必须采用时则应严格要求其除锈等级达到St3级要求。除锈方法和质量等级见表8－7。

表8－7 除锈方法和除锈质量等级

除锈方法	除锈等级	除锈程度	质量要求
喷射和抛射除锈	Sa1	轻度除锈	只除去疏松轧制氧化皮、锈和附着物
	Sa2	彻底除锈	轧制氧化皮、锈和附着物几乎都被除去，至少有2/3面积无任何可见残留物

续表 8-7

除锈方法	除锈等级	除锈程度	质量要求
喷射和抛射除锈	Sa2 $\frac{1}{2}$	非常彻底除锈	轧制氧化皮、锈和附着物残留在钢材表面的痕迹已是点状或条状的轻微污痕，至少有 95% 面积无任何可见残留物
	Sa3	使钢板表观洁净的除锈	表面上轧制氧化皮、锈和附着物都完全除去，具有均匀多点光泽
手工和动力工具除锈	St2	彻底除锈	无可见油脂和污垢，无附着不牢的氧化皮、铁锈和油漆涂层等附着物
	St3	非常彻底除锈	无可见油脂和污垢，无附着不牢的氧化皮、铁锈和油漆涂层等附着物。除锈比 St2 更为彻底，底材显露部分的表面应具有金属光泽
酸洗除锈	相当于 Sa2 $\frac{1}{2}$	非常彻底除锈	轧制氧化皮、锈和附着物残留在钢材表面的痕迹已是点状或条状的轻微污痕，几乎无可见残留物

8.2.3 常用防腐涂装配套做法

钢结构的防腐蚀涂层可分为普通油漆类涂层和喷（镀）金属层上加防腐蚀涂料的复合涂层两大类。为了保证涂层具有良好的防腐性能，设计应选用合理配套的复合涂层组合，其底漆、中间漆和面漆各具自身功能特点，同时能相互良好地结合，即以具有长期防腐性能的涂料为底漆，有优异屏蔽功能的涂料为中间漆，以耐候、耐介质性能好的涂料为面漆，使涂层系统具有综合的优良防腐性能。钢结构常用的防腐涂装配套做法列于表 8-8，以便于设计选用。

选用时，应注意配套中关于除锈质量等级、涂层厚度等匹配的技术要求。关于使用年限，由于其影响的因素较多，故其限值取为一个幅度值，如 5~10 年、10~15 年等，此年限并不是施工单位或厂家的保证值，而可理解为一个分类的参考值。

8.2.4 防腐涂料与防火涂料的相容配套

由于防火材料中的薄型防火涂料具有遇热膨胀的特点，而厚型防火涂料主要是由硅酸盐材料、耐火纤维及轻质隔热材料组成，这两类防火涂料的材料组分、性能和微密度均无法替代防腐涂料（防火防腐双功能涂料除外）。故凡涂覆防火涂料的构件表面仍应按防腐要求进行防锈处理，并进行底漆和封闭层的涂装后，再覆盖防火涂料。

表 8-8　常用防腐涂层配套做法

防腐涂层种类	除锈等级	涂层构造									涂层总厚度（μm）	使用年限（a）		
		底层			中间层			面层						
		涂料名称	遍数	厚度（μm）	涂料名称	遍数	厚度（μm）	涂料名称	遍数	厚度（μm）		强腐蚀	中腐蚀	弱腐蚀
油漆类涂层	Sa2或St3	醇酸底涂料	2	60	—	—	—	醇酸面涂料	2	60	120	—	—	2~5
									3	100	160	—	2~5	5~10
		与面层同品种的底涂料或环氧铁红底涂料	2	60	—	—	—	氯化橡胶、高氯化聚乙烯、氯磺化聚乙烯等面涂料	2	60	120	—	—	2~5
			2	60					3	100	160	—	2~5	5~10
			3	100					3	100	200	2~5	5~10	10~15
		环氧铁红底涂料	2	60	环氧云铁中间涂料	1	70		2	70	200	2~5	5~10	10~15
			2	60		1	80		3	100	240	5~10	10~15	>15
	$Sa2\frac{1}{2}$		2	60	环氧云铁中间涂料	1	70	环氧、聚氨酯、丙烯酸环氧、丙烯酸聚氨酯等面涂料	2	70	200	2~5	5~10	10~15
			2	60		1	80		3	100	240	5~10	10~15	>15
			2	60		2	120		3	100	280	10~15	>15	>15
			2	60		1	70	环氧、聚氨酯、丙烯酸环氧、丙烯酸聚氨酯等厚膜型面涂料	2	150	280	10~15	>15	>15

续表 8-8

防腐涂层种类	除锈等级	涂层构造									涂层总厚度（μm）	使用年限（a）		
		底层			中间层			面层				强腐蚀	中腐蚀	弱腐蚀
		涂料名称	遍数	厚度（μm）	涂料名称	遍数	厚度（μm）	涂料名称	遍数	厚度（μm）				
油漆类涂层	Sa2 $\frac{1}{2}$	环氧铁红底涂料	2	60	—	—	—	环氧、聚氨酯等玻璃鳞片面涂料	3	260	320	>15	>15	>15
								乙烯基酯玻璃鳞片面涂料	2					
金属涂层	Sa2 或 St3	聚氯乙烯萤丹底涂料	3	100	—	—	—	聚氯乙烯萤丹面涂料	2	60	160	5~10	10~15	>15
	Sa2 $\frac{1}{2}$		3	100					3	100	200	10~15	>15	>15
			2	80				聚氯乙烯含氟萤丹面涂料	2	60	140	5~10	10~15	>15
			3	110					2	60	170	10~15	>15	>15
			3	100					3	100	200	>15	>15	>15
	Sa2 $\frac{1}{2}$	富锌底涂料	见表注	70	环氧云铁中间涂料	1	60	环氧、聚氨酯、丙烯酸环氧、丙烯酸聚氨酯等面涂料	2	70	200	5~10	10~15	>15
				70		1	70		3	100	240	10~15	>15	>15
				70		2	110		3	100	280	>15	>15	>15
				70		1	60	环氧、聚氨酯、丙烯酸环氧、丙烯酸聚氨酯等厚膜型面涂料	2	150	280	>15	>15	>15

续表 8-8

防腐涂层种类	除锈等级	涂层构造									涂层总厚度（μm）	使用年限（a）		
		底层			中间层			面层				强腐蚀	中腐蚀	弱腐蚀
		涂料名称	遍数	厚度（μm）	涂料名称	遍数	厚度（μm）	涂料名称	遍数	厚度（μm）				
金属喷涂	Sa3（用于铝层）、$Sa2\frac{1}{2}$（用于锌层）	喷涂锌、铝及其合金的金属覆盖层 120μm，其上再涂环氧密封底涂料 20μm			环氧云铁中间涂料	1	40	环氧、聚氨酯、丙烯酸环氧、丙烯酸聚氨酯等面涂料	2	60	240	10~15	>15	>15
									3	100	280	>15	>15	>15
								环氧、聚氨酯、丙烯酸环氧、丙烯酸聚氨酯等厚膜型面涂料	1	100	280	>15	>15	>15

注：1. 涂层厚度系指干膜的厚度；

2. 当采用正硅酸乙酯富锌底涂料、硅酸锂富锌底涂料、硅酸钾富锌底涂料时，宜为1道；当采用环氧富锌底涂料、聚氨酯富锌底涂料、硅酸钠富锌底涂料和冷涂锌底涂料时，宜为2道。

防锈底漆应与防火涂料互相兼容并有良好的附着力，相匹配的防火涂料的底漆系统见表8-9。国内多个钢结构工程项目中发现，若在富锌涂料表面直接涂装薄型防火涂料，防火涂料层会很快产生气泡，而在富锌涂料表面加涂一层环氧云铁或者环氧铁红隔离层，这一现象就不会出现。

表8-9 防火涂料匹配的底漆系统

涂料系统	漆膜厚度（μm）	涂料系统	漆膜厚度（μm）
醇酸磷酸锌防锈底漆（快干型）	75	改性环氧	125
环氧磷酸锌防锈底漆	75	无机富锌底漆	75
环氧云铁防锈底漆	125	无机富锌底漆+封闭漆	75+25~40
环氧富锌底漆	75	无机富锌车间底漆	15
环氧富锌底漆+封闭漆	75+25~40	无机富锌车间底漆+封闭漆	15+25~40

一般来说，钢结构构件有喷涂防火涂料要求时，不得将防火涂料作为防腐涂料使用，但随着材料科学的发展，薄型或超薄型防火涂料同时具有一定的防腐性能，即防火防腐双功能涂料。

8.3 防腐涂装工程材料

随着材料技术的发展，钢结构防腐涂装用材也呈现多样化的特点，除普通油漆类涂料外，富锌底漆系列涂料、金属热喷涂涂层材料、彩色涂层钢板、锌（铝）镀层钢板都已作为防腐蚀材料在工程中有较多应用，广州新电视塔的高空桅杆等特殊钢结构还采用了高强度焊接耐候钢。

8.3.1 防腐涂料

钢结构防腐涂层体系中一般含底漆、中间漆和面漆，同一涂层体系中各层涂料材性应能匹配互补，并相互间粘接良好。

（1）防腐涂层中，底漆应具有长期防腐性能，这是防腐的关键之一。底漆的选择应符合下列规定：

1）钢材喷（镀）锌、铝表面应采用环氧底涂封闭；底涂的防锈颜料应采用锌黄类，不得采用红丹类；

2）在有机富锌或无机富锌底涂上，宜选用环氧云铁或环氧铁红作隔离层，不得直接采用醇酸涂料、丙烯酸类涂料。

（2）防腐涂层中间漆应具有优异屏蔽功能，面漆应具有耐候、耐介质性能。中间漆和面漆涂料的选择应符合下列规定：

1）用于酸性介质环境时，宜选用氯化橡胶、聚氨酯、环氧树脂、聚氯乙烯萤丹、高氯化聚乙烯、氯磺化聚乙烯、丙烯酸聚氨酯、丙烯酸环氧和环氧沥青、聚氨酯沥青等涂料；用于弱酸性介质环境时，可选用醇酸涂料；

2）用于碱性介质环境时，宜选用环氧树脂涂料，也可选用上述1）所列的其他涂料，但不得选用醇酸涂料；

3）用于室外环境时，可选用氯化橡胶、脂肪族聚氨酯、聚氯乙烯萤丹、高氯化聚乙烯、氯磺化聚乙烯、丙烯酸聚氨酯、丙烯酸环氧和醇酸等涂料，不应选用环氧、环氧沥青、聚氨酯沥青和芳香族聚氨酯等涂料；

4）面漆不宜选用过氯乙烯涂料、氯乙烯醋酸乙烯共聚涂料、聚苯乙烯涂料与沥青涂料。

8.3.2 防腐金属镀层

钢结构表面热喷涂锌、铝或锌铝合金所用喷涂材料的质量要求应符合现行国家标准《热喷涂　金属和其他无机覆盖层　锌、铝及其合金》GB/T 9793 的规定。铝合金可采用符合现行国家标准《变形铝及铝合金化学成分》GB 3190 中的含镁 5% 的铝合金。

金属热喷涂层表面所用的封闭涂层可采用磷化底漆或双组分环氧漆，双组分聚氨酯等不同类别的封闭剂，也可采用双组分环氧或双组分聚氨酯漆等封闭涂料和涂装涂料。

采用镀锌板、镀铝锌板或彩色涂层钢板时，其材质和材料性能要求应符合以下要求：

（1）镀锌板应采用 S250 或 S350 结构级钢板，在微侵蚀、弱侵蚀或中等侵蚀环境中，其相应双面镀锌量应不低于 180g/m^2、250g/m^{2}或 280g/m^2。

（2）热镀铝锌合金基板应采用 S250 或 S350 结构级钢板，在微侵蚀、弱侵蚀或中等侵蚀环境中，其相应双面镀层重量应不低于 100g/m^2、120g/m^{2}或 150g/m^2。

（3）压型钢板用彩涂钢板的材质、性能与镀锌量等应符合现行国家标准《建筑用压型钢板》GB/T 12755 的规定。

8.4 防腐涂装工程施工

8.4.1 钢材表面处理

钢结构钢材表面处理的质量保证是做好钢结构涂装防腐蚀工程的基础，国外大量的统计数据表明，涂装工程质量大约有 60% 以上由基层处理质量决定。

在各种钢结构基层处理工艺中，喷射除锈比动力工具除锈效率高、质量好，适用于一般及较高要求涂装工程的除锈，因而应用最为广泛。其工艺技术要求应符合表 8－10 的规定。

表 8-10 喷射工艺的技术要求

磨料名种	磨料粒径（mm）	压缩空气压力（MPa）	喷嘴直径（mm）	喷射角（°）	喷距（mm）
石英砂	0.63~3.2 0.8 筛余量不小于 40%	0.5~0.6	6~8	35~70	100~200
硅质河砂或海砂	0.63~3.2 0.8 筛余量不小于 40%	0.5~0.6	6~8	35~70	100~200
金刚砂	0.63~2.0 0.8 筛余量不小于 40%	0.35~0.45	4~5	35~70	100~200
钢线砂	线粒直径 1.0，长度等于直径，其偏差不大于直径的 40%	0.5~0.6	4~5	35~75	100~200
铁丸或钢丸	0.63~1.6 0.8 筛余量不小于 40%	0.5~0.6	4~5	35~75	100~200

注：1 喷射除锈宜在独立的喷射房内进行，并应保证操作者具有良好的防护和保护；抛射除锈宜在密闭的抛射机内进行。

2 钢材表面经喷射或抛射除锈后应及时涂装。置于室内的钢材宜在 24h 内涂上底漆，置于室外的钢材宜在 8h 内涂上底漆。

当采用油漆类防腐涂装时，构件钢材除锈后表面粗糙度宜为 30~75μm，且最大粗糙度不宜超过 100μm；当采用金属热喷涂和热浸镀锌防腐时，表面粗糙度宜为 30~50μm。

热浸镀锌、热喷锌（或铝）的钢材表面宜采用酸洗除锈，并符合以下规定：

（1）经酸洗处理后，钢材表面的除锈等级应达到 Pi 级，钢材表面应无可见的油脂和污垢，酸洗未尽的氧化皮、铁锈和油漆涂层的个别残留点允许用手工或机械方法除去，最终该表面应显露金属原貌，并在酸洗后立即进行钝化处理。

（2）采用酸洗除锈的钢材表面必须彻底清洗，在构件角、槽处不得有残酸存留。

（3）钢材表面经酸洗除锈后应及时涂装，表面干燥后到涂装底漆的间隔时间不宜大于 48h（室内作业条件）或 24h（室外作业条件）。

由于环保的要求，酸洗工艺越来越少被采用。

8.4.2 涂料涂装施工

涂料的涂装施工可采用刷涂、滚涂、喷涂或无气喷涂，涂层厚度应均匀，并不得漏涂或误涂。

钢结构涂装时的环境条件应符合涂料产品说明书的要求和下列规定：

（1）当产品说明书对涂装环境温度和相对湿度未作规定时，环境温度宜控制在 5~30℃之间，相对湿度不应大于 85%，钢材表面温度应高于周围空气露点温度 3℃以上，且钢材表面温度不超过40℃。

（2）被涂装构件表面不允许有遗露，涂装后4h内应予保护，避免淋雨和沙尘侵袭。

（3）遇雨、雾、雪和大风天气应停止露天涂装，应尽量避免在强烈阳光照射下施工，风力超过5级时不宜使用无气喷涂。

钢材表面除锈后不得二次污染，并宜在5h之内进行涂装作业，在车间内作业或湿度较低的晴天作业时，间隔时间不应超过12h。同时，不同涂层间的施工应有适当的重涂间隔，最大及最小重涂间隔时间应参照涂料产品说明书确定。

涂装结束，涂层应自然养护后方可使用。

空气露点温度换算见表8－11。

表8－11　空气露点温度换算表（℃）

相对湿度（%）	环境温度（℃）									
	－5	0	5	10	15	20	25	30	35	40
95	－6.5	－1.3	3.5	8.2	10.3	18.3	23.2	28.0	33	38.2
85	－7.2	－2.0	2.6	7.5	12.5	17.4	22.1	27.0	32	37.1
80	－7.7	－2.8	1.9	6.5	11.5	16.5	21	25.9	31	36.2
75	－8.4	－3.6	0.9	5.6	0.4	15.4	19.9	24.7	29.6	35.0
70	－9.2	－4.5	－0.2	4.59	9.1	14.2	18.5	23.3	28.1	33.5
65	－10.0	－5.4	－1.0	3.3	8.0	13.0	17.4	22.0	26.8	32.0
60	－10.8	－6.0	－2.1	2.3	6.7	11.9	16.2	20.6	25.3	30.5
55	－11.5	－7.4	－3.2	1.0	5.6	10.4	14.8	19.1	23.0	28.0
50	－12.8	－8.4	－4.4	－0.3	4.1	8.6	13.3	17.5	22.2	27.1
45	－14.3	－9.6	－5.7	－1.5	2.6	7.0	11.7	16.0	20.2	25.2
40	－13.9	－10.3	－7.3	－3.1	0.9	5.4	9.5	14.0	18.2	23.0
35	－17.5	－12.1	－8.6	－4.0	－0.3	3.4	7.4	12.0	16.1	20.6
30	－19.9	－14.3	－10.2	－6.9	－2.9	1.3	5.2	9.2	13.7	18.0

8.4.3　金属热喷涂施工

钢构件金属热喷涂方法宜采用无气喷涂工艺，也可采用有气喷涂或电喷涂工艺。各项热喷涂施工作业指导书应对工艺参数（热源参数、雾化参数、操作参数、基表参数等）、喷涂环境条件及间隔时限等做出规定。首次进行热喷涂金属施工时，应先进行喷涂工艺试验评定，其内容应包括涂层厚度、结合强度、耐蚀性能、密度试验、扩散层检查与外观检查等。

构件钢材表面经喷砂（丸）处理后，其表面不得二次污染，并应尽快进行热喷涂作业，在晴天或湿度不大环境条件下，间隔时间不应超过12h；在潮湿或含盐雾环境条件下，不应超过2h。当大气温度低于5℃、钢结构表面温度与周围空气露点温度之差低于3℃或者空气相对湿度高于85%时，应停止热喷涂操作。空气露点的换算取值见表8－11。

金属热喷涂采用的压缩空气应干燥、洁净；喷枪与表面宜成一定的倾角，喷枪的移动速度应均匀，各喷涂层之间的喷涂方向应相互垂直，交叉覆盖。一次喷涂厚度宜为25～80μm，同一层内各喷涂带之间应有1/3的重叠宽度。

金属热喷涂层表面应以封闭层进行封闭，封闭层宜选用抗机械破坏性好并对湿气不敏感的构造。热喷涂金属适配的封闭层构造见表8－12。

表8－12　热喷涂金属及其配套封闭体系

环境条件		热喷涂金属	涂层厚度（μm）	封闭体系
农村大气		Al	100	1道乙烯树脂或环氧树脂清漆
		Zn	76	2道铝粉乙烯树脂漆，或1道乙烯树脂漆＋1道乙烯树脂色漆
工业大气	腐蚀性较轻	Al	100	1道乙烯树脂或环氧树脂清漆
	腐蚀性严重	Al	150	
海洋大气	腐蚀性较轻（无盐雾）	Zn	150	2道铝粉乙烯树脂漆，或乙烯树脂色漆
	腐蚀性严重（盐雾重）	Zn	300	
	腐蚀性严重（盐雾重）	Al	150	磷化底漆，或加铝粉乙烯树脂漆
高湿大气		Zn	100	磷化底漆，或加铝粉乙烯树脂漆

8.4.4 涂装施工质量检验

钢结构防腐涂装施工的质量检验，应在原材料进场、配料前、除锈后与涂装后几个时段分别进行。其检验应包括以下内容：

（1）原材料进场时，对其质量保证书、合格证、说明书、使用指南等进行检查验证，必要时应进行抽样复验；

（2）钢材进场时，其表面初始锈蚀状态的检验；

（3）除锈后钢材（包括焊缝）表面除锈等级的检验与粗糙度检验；

（4）涂装前钢材表面清洁度和焊缝、钢板边缘、表面缺陷处理等级的检验；

（5）涂层外观质量、厚度与附着力检验。

钢结构防腐涂层的质量检验要求应符合表8－13的规定。

表 8－13　钢结构防腐涂层质量检验要求

序号	检验项目	检验内容与质量要求	检验方法
1	涂料品种	涂料品种、型号、规格和性能质量应符合设计要求或现行国家标准的规定	检查产品出厂合格证、材料检测报告和现场抽样复验报告
2	外观质量	涂层表面应平整、均匀一致，无漏涂、误涂，且不应有脱皮、返锈、开裂和明显的皱皮、流坠、针眼及气泡等缺陷。 金属涂层表面应均匀一致，不允许有漏涂、起皮、鼓泡、大熔滴、松散、粒子、裂纹和掉块等缺陷，允许轻微结疤和起皱	检查数量：全数检查； 检验方法：观察检查或 5～10 倍放大镜检查，针孔检测采用低压漏涂检测仪或高压火花检测仪检查
3	涂层厚度	复合涂层的构造、涂装道数和涂层厚度，应符合设计要求。设计未提出要求时涂层厚度应符合以下要求： （1）普通涂层干膜总厚度：室外应为 150μm，室内应为 125μm，其允许偏差为 －25μm。每道涂层干膜厚度的允许偏差为 －5μm。 干膜厚度检测值需达到设计要求值 90% 以上，最低值不得低于设计要求的 80% 。 （2）热喷涂铝（锌）的金属喷涂层厚度与其上封闭层厚度应符合使用年限（10～25 年）的规定	检验方法：用干涂膜测厚仪检查。每个构件检测 5 处，每处数值为 3 个相距 50mm 的测点涂层干膜厚度的平均值。 检查数量：按构件数抽查 10%，且同类构件不应低于 3 件。 金属喷涂层厚度按现行国家标准《热喷涂　涂层厚度的无损测量方法》GB 11374 用磁性测厚仪检测，涂层厚度检测数量，在平整表面每 $10m^2$ 表面上测量基准面数不得少于 3 个，复杂表面可适当增加，基准面可按 $100cm^2$ 取值
4	附着力	普通涂料与钢材的附着力不低于 5MPa（拉开法）或不低于 1 级（划格法）。 各道涂层和涂层体系的附着力，涂层厚度不大于 250μm 时，当按划格法检测应不大于 1 级；涂层厚度大于 250μm 时，按拉开法检测，应不小于 3MPa（用于外露钢结构时应不小于 5MPa）	按现行国家标准《色漆和清漆　拉开法附着力试验》GB/T 5210 或《色漆和清漆　漆膜的划格试验》GB/T 9286 检验。 按构件数量抽查 1% 且不少于 3 件，每件测 3 处
		锌、铝涂层附着力应符合现行国家标准《热喷涂　金属和其他无机覆盖层　锌、铝及其合金》GB/T 9793—2012 附录 A 的规定	按现行国家标准《热喷涂　金属和其他无机覆盖层　锌、铝及其合金》GB/T 9793—2012 附录 A 中的栅格试验法规定进行。钢构件每 $200m^2$ 检测数不少于一项，且总检测数不少于 3 次

8.4.5 防腐涂装工程验收

钢结构防腐涂装工程作为钢结构分部工程的分项工程之一，应按现行国家标准《钢结构工程施工质量验收规范》GB 50205 进行验收。防腐涂装工程的验收应提交下列资料：

（1）防腐涂装作业单位的资质证书与质量管理文件（质量管理体系、工程技术标准、技术质量控制措施等）；

（2）原材料质保书、施工指南与复验报告；

（3）各项质量检验报告；

（4）钢结构防腐涂装分项工程检验批质量验收记录；

（5）设计变更单、材料代用单；

（6）修补、返工记录。

防腐涂装分项工程检验批宜与制作或安装分项工程检验批划分相同，亦可以按照涂装日期来划分。

防腐涂装工程施工质量未能达到验收标准时，应进行返修处理，达标后再行验收。经返修仍未达标的工程，严禁验收。

8.5 监测与维护

钢结构防腐涂装施工所形成的防腐保护膜可能存在初始缺陷，加之使用过程中涂层老化等原因，会导致防腐蚀涂装体系功能降低和使用寿命的缩短。因此必须重视使用期内的维护管理，并将其视为防腐涂装整个体系中不可缺少的部分。

8.5.1 管理要求

钢结构设计文件的防腐涂装专项内容中，应明确提出使用期内的监测与维护要求。使用单位应制定相应的维护管理规定，检查维护工作应由专人负责，在执行中应满足以下要求：

（1）保持结构的环境清洁，不潮湿；结构表面无积水、无结露，积灰能定期清扫；

（2）受高温影响或湿度较大的结构部位，应采取有效的隔护或通风降湿措施；

（3）有侵蚀性介质的生产车间内，应采取对生产工艺设备封闭等措施，防止液相或气相介质与结构接触；

（4）定期检查结构防腐涂层的完好情况，及时修补局部涂层出现劣化的部位；根据使用条件与涂层劣化情况，经一定年限后进行防腐涂层的大修；

（5）所有检查维修工作应有规范的记录。对大型钢结构建筑，可选择若干典型部位点进行定点、定时检查；对有遮挡不便检查处，可选择一定部位设检查孔或采取挂板观测的方法进行检查。

8.5.2 局部清理与涂层维修

经检查发现涂层有下列劣化情况时，应及时进行局部清理与涂装维修：

(1) 普通涂层表面有 0.2% ~0.5% 出现锈迹；

(2) 热镀（喷）锌涂层表面有 2% 出现锈迹；

(3) 热镀（喷）锌再加复合涂层的表面有 5% 出现锈迹；

(4) 热喷涂铝再加复合涂层的表面有 1% 出现锈迹。

8.5.3 在役涂层质量监测与评估

在役钢结构在进行防腐蚀涂层的维修施工前，应对在役涂层的表面质量状态进行检查与评估，并以此为依据制定维修涂装的设计、施工方案。检查与评估的内容应包括以下各项：

(1) 在役涂层表面锈蚀等级应按表 8－14 所述方法与标准确定。

表 8－14 在役涂层锈蚀率分类表及标准图

锈蚀率标准图	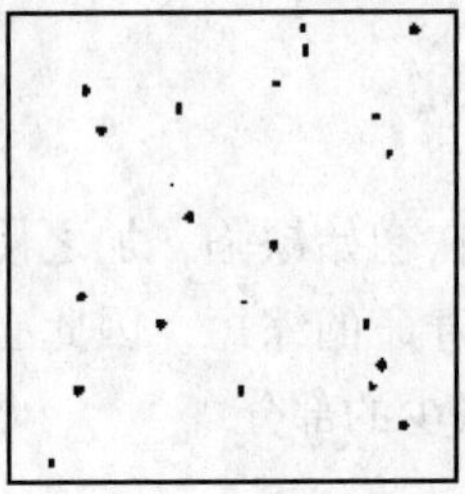	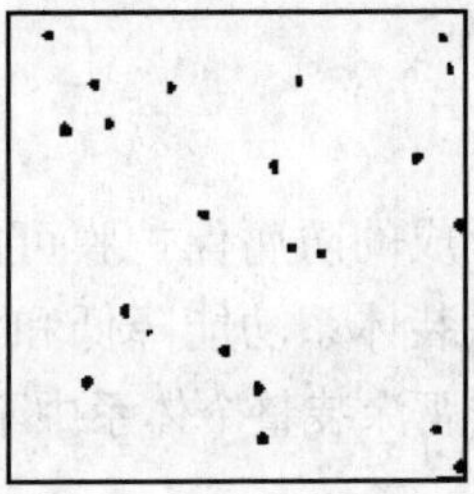	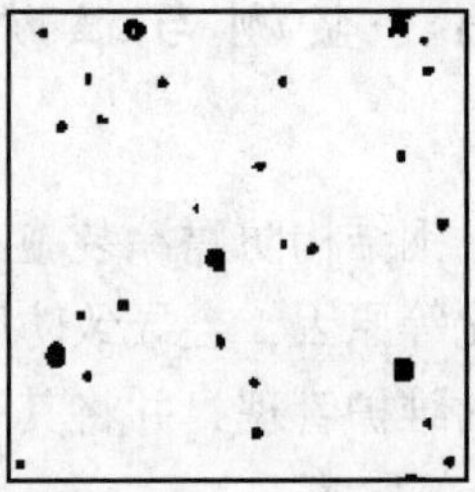
锈蚀率（%）	<0.3	1.0	3.0
锈蚀率等级	1	2	3
锈蚀率标准图	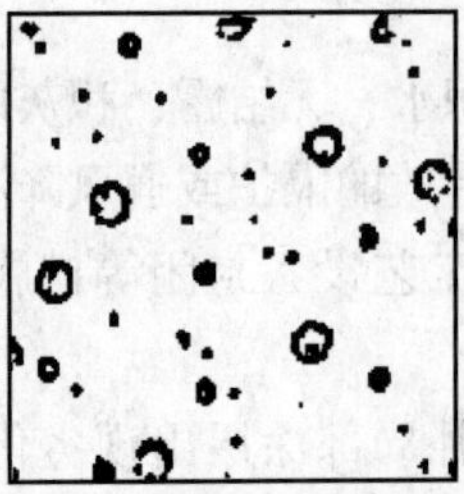	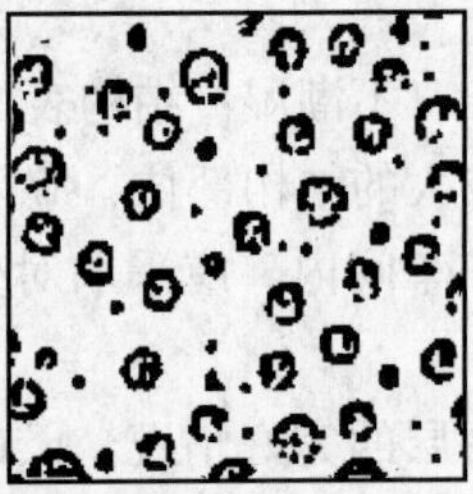	
锈蚀率（%）	10	33	50
锈蚀率等级	4	5	6

（2）在役涂层附着力等级按表8－15所述方法和标准确定。

表8－15 附着力点数及等级

附着力等级	评定点数	划X部位状态	示意图
1	10	无剥落	
	8	交叉无剥落，划X部位稍有剥落	
2－1	6	离划X部交点3.8mm内有剥落	
2－2	4	离划X部交点7.6mm内有剥落	
3	2	划X线处大部分有剥落	
	0	剥落面积大于X划痕部分	

（3）在役涂层表面劣化（涂膜光泽度、变褪色、粉化程度）等级按表8－16确定。

表8－16 漆膜光泽、变褪色、粉化程度等级划分

等级	光 泽	变褪色	粉化
1	光泽好，基本无变化	基本保持原色不褪色、不变色	基本不粉化
2	光泽显著减退	褪色显著或变色明显	粉化
3	无光泽	不能分原有颜色	粉化严重

8.5.4 点检周期

对在役涂层状态检查点应进行定期检查，其检查间隔周期可按涂层表面质量等级由表8－17确定。

表8－17 在役涂层点检的周期

应进行点检的周期（月）	旧涂层表面处于以下任一类等级时		
	表面劣化等级（表8－16）	锈蚀率等级（表8－14）	附着力等级（表8－15）
12	1	1	1
6	2～1	2、3	2－1
3	2～2	4、5	2－2
立即维修	3	6、7	3

8.5.5 重新涂装

对缺陷涂层进行清理与重新涂装时，可按涂层不同状态采用以下方法进行其表面处理：

（1）较完好的涂层表面——保存完好的涂膜表面清理去除表面油污；

（2）轻微老化的涂膜表面——对表面粉化和涂膜外表面磨损处，或有细微裂缝和气泡处进行仔细的清理、清洗，并使其干燥；

（3）一般老化的涂膜表面——其防护层通常完好和有粘结力，可对其粉化、气泡破裂与轻微锈迹处，以刮刀或钢丝刷彻底清理、清洗并使其干燥；

（4）严重老化的涂膜表面——其防护层已经老化到可以感知的程度，对已丧失了粘结力、有明显腐蚀和气泡处，应用动力工具彻底清理到原金属表面。

在局部去除原有失效涂层时，宜按其表面质量状态合理地确定清除范围。在选用重新涂装的涂层材料时，应考虑新旧涂层材料的相容性。

9 钢结构防火涂装工程

9.1 钢结构防火基本要求

与混凝土结构相比，钢结构在某些方面也存在一些不足，特别是钢结构的耐火性能较差，其原因主要有两个方面：一是钢材热传导系数很大，火灾下钢构件升温快；二是钢材强度随温度升高而迅速降低；无防火保护的钢结构的耐火时间通常仅为 15～30min，故极易在火灾下破坏。因此，为了防止和减少建筑钢结构的火灾危害，保护人身和财产安全，必须对钢结构进行科学的防火设计，采取安全可靠、经济合理的防火保护措施。

9.1.1 钢结构构件的设计耐火极限要求

钢结构构件的设计耐火极限能否达到要求，是关系到建筑结构安全的重要指标。依据现行国家标准《建筑设计防火规范》GB 50016 对各类结构构件的设计耐火极限的规定，表 9－1 列出了各类钢结构构件设计耐火极限。

表 9－1 钢构件的设计耐火极限（h）

<table>
<tr><th rowspan="2">构件类型</th><th colspan="6">建筑耐火等级</th></tr>
<tr><th>一级</th><th>二级</th><th colspan="2">三级</th><th colspan="2">四级</th></tr>
<tr><td>柱、柱间支撑</td><td>3.00</td><td>2.50</td><td colspan="2">2.00</td><td colspan="2">0.50</td></tr>
<tr><td>楼面梁、楼面桁架、楼盖支撑</td><td>2.00</td><td>1.50</td><td colspan="2">1.00</td><td colspan="2">0.50</td></tr>
<tr><td rowspan="2">楼板</td><td rowspan="2">1.50</td><td rowspan="2">1.00</td><td>厂房、仓库</td><td>民用建筑</td><td>厂房、仓库</td><td>民用建筑</td></tr>
<tr><td>0.75</td><td>0.50</td><td>0.50</td><td>不要求</td></tr>
<tr><td rowspan="2">屋顶承重构件、屋盖支撑、系杆</td><td rowspan="2">1.50</td><td rowspan="2">1.00</td><td>厂房、仓库</td><td>民用建筑</td><td colspan="2" rowspan="2">不要求</td></tr>
<tr><td>0.50</td><td>不要求</td></tr>
<tr><td>上人平屋面板</td><td>1.50</td><td>1.00</td><td colspan="2">不要求</td><td colspan="2">不要求</td></tr>
<tr><td rowspan="2">疏散楼梯</td><td rowspan="2">1.50</td><td rowspan="2">1.00</td><td>厂房、仓库</td><td>民用建筑</td><td colspan="2" rowspan="2">不要求</td></tr>
<tr><td>0.75</td><td>0.50</td></tr>
</table>

注：1 建筑物中的墙等其他建筑构件的设计耐火极限应符合现行国家标准《建筑设计防火规范》GB 50016 的规定；
2 一、二级耐火等级的单层厂房（仓库）的柱，其设计耐火极限可降低 0.50h；
3 一级耐火等级的单层、多层厂房（仓库）设置自动喷水灭火系统时，其屋顶承重构件的设计耐火极限可降低 0.50h。

9.1.2 钢构件防火保护要求

保证钢结构在火灾下的安全，是建筑防火的最后一道防线，对于防止和减少建筑钢结构的火灾危害、保护人身和财产安全极为重要。钢结构在火灾下的破坏，本质上是由于随着火灾下钢结构温度的升高，钢材强度下降，其承载力随之下降，致使钢结构不能承受外部荷载作用而失效破坏。因此，对于耐火极限不满足要求的钢构件，必须进行科学的防火设计，采取安全可靠、经济合理的防火保护措施，以延缓钢构件升温，提高其耐火极限。

通常情况下，无防火保护钢构件的耐火时间为0.25～0.50h，达不到规定的设计耐火极限，因此需要进行防火保护。防火保护应根据工程实际，合理选用防火保护方法、材料和构造措施，做到安全适用、技术先进、经济合理。防火保护层的厚度应通过构件耐火验算确定，保证构件的耐火极限达到规定的设计耐火极限。

防火保护要求含保护措施及防火材料的性能要求、设计指标，包括：防火保护层的等效热阻、防火保护材料的等效热传导系数、防火保护层的厚度、防火保护的构造等。

9.1.3 钢结构连接节点防火保护要求

钢结构节点是钢结构的一个基本组成部分，因此必须保证钢结构节点在火灾下的安全。但是火灾下钢结构节点受力复杂，防火验算工作量大。钢结构节点处构件、节点板、加劲肋等聚集，其截面形状系数小于邻近构件，节点升温较慢。为了简化设计，基于“强节点、弱构件”的设计原则，规定节点的防火保护不应低于被连接构件的防火保护。例如，采用防火涂料保护时，节点处防火涂层的厚度不应小于所连接构件防火涂层的厚度。

9.2 钢结构耐火验算和防火设计基本原理

9.2.1 钢结构防火设计技术发展

在20世纪80年代以前，国际上主要采用基于建筑构件标准耐火试验的方法来进行钢结构防火设计、确定防火保护。为此，各国及有关组织也都制定了相应的试验标准，包括国际标准组织ISO/CD 834、美国ASTM E119和NFPA 251、英国BS 476、德国DIN 4102、日本JIS A 1304、澳大利亚AS 1530.4、中国《建筑构件耐火试验方法》GB/T 9978等。采用该方法，往往需要进行一系列的试验，方可确定合适的防火保护措施。进行这样一系列的耐火试验，费用是非常昂贵的。为了改善这一情况，尽可能地减少试验次数，在总结大量的构件标准耐火试验结果的基础上，许多国家的规范都给出了通用的构件耐火等级表（如外包一定厚度混凝土的钢构件的耐火等级）。但这些构件耐火等级表也是比较粗略的，没有反映钢构件的截面大小与形状、以及受荷水平等因素的影响。为此，国际上在1970年前后开始研究建立基于结构分析与耐火验算的钢结构防火设计理论与方法，并于20世纪80年代开始编制基于结构分析与耐火验算的钢结构防火设计规范。

9.2.2 基于钢结构耐火承载力极限状态的耐火验算与防火设计

钢结构在火灾下的破坏，本质上是由于随着火灾下钢结构温度的升高，钢材强度下降，其承载力随之下降，致使钢结构不能承受外部荷载而失效破坏。随着温度的升高，钢材的弹性模量急剧下降，在火灾下构件的变形显著大于常温受力状态，按正常使用极限状态来设计钢构件的防火保护是过于严苛的。因此，火灾下允许钢结构发生较大的变形，不要求进行正常使用极限状态验算，但须进行承载力极限状态验算。

当满足下列条件之一时，应视为钢结构整体达到耐火承载力极限状态：

（1）钢结构产生足够的塑性铰形成可变机构；

（2）钢结构整体丧失稳定。

当满足下列条件之一时，应视为钢结构构件达到耐火承载力极限状态：

（1）轴心受力构件截面屈服；

（2）受弯构件产生足够的塑性铰而成为可变机构；

（3）构件整体丧失稳定；

（4）构件发生不适于继续承载的变形。

钢结构的防火设计应根据结构的重要性、结构类型和荷载特征等选择基于整体结构耐火验算或基于构件耐火验算的防火设计方法。

跨度不小于60m的钢结构局部构件失效，有可能造成结构连续性破坏甚至倒塌；预应力钢结构对温度敏感，热膨胀很可能导致预应力的丧失，改变结构受力方式，设计时应予以特别重视，故要求采用基于整体结构验算的防火设计方法。

9.2.3 基于整体结构耐火验算的防火设计方法

基于整体结构耐火验算的防火设计方法适用于各类形式的结构，各防火分区应分别作为一个火灾工况进行验算。当有充分的依据时（例如，周边结构对局部子结构的受力影响不大时），可采用子结构耐火分析与验算替代整体结构耐火分析与验算。

基于整体结构耐火验算的设计方法应考虑结构的热膨胀效应、结构材料性能受高温作用的影响，先施加永久荷载、楼面活荷载等，再逐步施加与时间相关的温度作用进行结构弹塑性分析，验算结构的耐火承载力。

必要时，还应考虑结构几何非线性的影响。

9.2.4 基于构件耐火验算的防火设计方法

基于构件耐火验算的防火设计方法的关键是计算钢构件在火灾下的内力（荷载效应

组合)。

对于受弯构件、拉弯构件和压弯构件等以弯曲变形为主的构件(如钢框架结构中的梁、柱),当构件两端的连接承载力不低于构件截面的承载力时,可通过构件的塑性变形、大挠度变形来抵消热膨胀变形,因此可不考虑温度内力的影响,假定火灾下构件的边界约束和在外荷载作用下产生的内力可采用常温下的边界约束和内力。

对于轴心受压构件,热膨胀将增大其内力并易造成构件失稳;对于轴心受拉构件,热膨胀将减小轴心受拉构件的拉力;因此,对于以轴向变形为主的构件,应考虑热膨胀效应对内力的影响。

计算火灾下构件的承载力时,构件温度应取其截面的最高平均温度;但是,对于截面上温度明显不均匀的构件(例如组合梁),构件抗力计算时宜考虑温度的不均匀性,取最不利部件进行验算。对于变截面构件,则应对各不利截面进行耐火验算。

钢结构构件的耐火验算和防火设计,可采用耐火极限法、承载力法或临界温度法。三种方法的耐火验算结果是相同的,耐火验算时只需采用其中之一即可。

1. 耐火极限法

在设计荷载作用下,火灾下钢结构构件的实际耐火极限不应小于其设计耐火极限,按式(9-1)进行验算。其中,构件的实际耐火极限可按照现行国家标准《建筑构件耐火试验方法》GB/T 9978 系列标准通过试验测定,或按照现行国家标准《建筑钢结构防火技术规范》GB 51249 有关规定计算确定。

$$t_m \geqslant t_d \tag{9-1}$$

式中:t_m——火灾下钢结构构件的实际耐火极限;

t_d——钢结构构件的设计耐火极限。

2. 承载力法

在设计耐火极限时间内,火灾下钢结构构件的承载力设计值不应小于其最不利的荷载(作用)组合效应设计值,按式(9-2)进行验算。

$$S_m \leqslant R_d \tag{9-2}$$

式中:S_m——荷载(作用)效应组合的设计值;

R_d——结构构件抗力的设计值。

3. 临界温度法

在设计耐火极限时间内,火灾下钢结构构件的最高温度不应高于其临界温度,按式(9-3)进行验算。

$$T_m \leqslant T_d \tag{9-3}$$

式中:T_m——在设计耐火极限时间内构件的最高温度;

T_d——构件的临界温度。

9.3　钢结构防火措施与构造

9.3.1　钢结构防火保护措施种类及选用原则

（1）钢结构的防火保护可采用下列措施之一或其中几种的复合：

1）喷涂（抹涂）防火涂料；

2）包覆防火板；

3）包覆柔性毡状隔热材料；

4）外包混凝土、金属网抹砂浆或砌筑砌体。

（2）钢结构的防火保护措施应根据结构的类型、设计耐火极限和使用环境等因素，按照下列原则确定：

1）防火保护施工时，不产生对人体有害的粉尘或气体；

2）钢构件受火后发生允许变形时，防火保护不发生结构性破坏与失效；

3）施工方便且不影响前续已完工的施工及后续施工；

4）具有良好的耐久、耐候性能。

钢结构防火保护措施应和其他施工、作业相匹配。防火保护措施选用时，一方面应考虑不影响前续已完工的施工及后续施工，另一方面还应保证后续施工不影响防火保护的性能。例如，膨胀型防火涂料应与防腐底漆、防腐面漆相容（防腐涂料、防火涂料由里及外的顺序依次为：防腐底漆，防腐中间漆，膨胀型防火涂料，防腐面漆）。为了保证膨胀型防火涂料膨胀不受影响，防腐面漆不应过硬过厚，构件外部应留有足够的膨胀空间，也不应包裹防火毡等。

9.3.2　常用钢结构防火保护措施的特点与适用范围

外包防火材料是绝大部分钢结构工程常用的防火保护方法。根据防火材料的不同，又可分为：喷涂（抹涂、刷涂）防火涂料，包覆防火板，包覆柔性毡状隔热材料，外包混凝土、砂浆或砌筑砖砌体，复合防火保护等，表9－2给出了这些常用方法的特点及适用范围。

表9－2　钢结构防火保护方法的特点与适用范围

序号	方法		特点及适用范围	
1	喷涂防火涂料	膨胀型（薄型、超薄型）	重量轻，施工简便，适用于任何形状、任何部位的构件，应用广，但对涂敷的基底和环境条件要求严。用于室外、半室外钢结构时，应选择合适的产品	宜用于设计耐火极限要求低于1.5h的钢构件；外观好，有装饰要求的外露钢结构
		非膨胀型（厚型）		耐久性好、防火保护效果好

续表 9-2

<table>
<tr><th>序号</th><th colspan="2">方　法</th><th>特点及适用范围</th></tr>
<tr><td>2</td><td colspan="2">包覆防火板</td><td>预制性好，完整性优，性能稳定，表面平整、光洁，装饰性好，施工不受环境条件限制，特别适用于交叉作业和不允许湿法施工的场合</td></tr>
<tr><td>3</td><td colspan="2">包覆柔性毡状隔热材料</td><td>隔热性好，施工简便，造价较高，适用于室内不易受机械伤害和免受水湿的部位</td></tr>
<tr><td>4</td><td colspan="2">外包混凝土、砂浆或砌筑砖砌体</td><td>保护层强度高、耐冲击，占用空间较大，在钢梁和斜撑上施工难度大，适用于容易碰撞、无护面板的钢柱防火保护</td></tr>
<tr><td rowspan="2">5</td><td rowspan="2">复合防火保护</td><td>非膨胀型（厚型）+包覆防火板</td><td rowspan="2">有良好的隔热性和完整性、装饰性，适用于耐火性能要求高，并有较高装饰要求的钢柱、钢梁</td></tr>
<tr><td>非膨胀型（厚型）+包覆柔性毡状隔热材料</td></tr>
</table>

9.3.3　防火涂料保护措施及构造

在钢构件表面涂覆防火涂料，形成隔热防火保护层，这种方法施工简便、重量轻，且不受钢构件几何形状限制，具有较好的经济性和适应性。

长期以来，喷涂防火涂料一直是应用最多的钢结构防火保护手段。早在 1950 年代欧美、日本等国家就广泛采用防火涂料保护钢结构。20 世纪 80 年代初期，国内开始在一些重要钢结构建筑中采用防火涂料保护，但防火涂料均为进口。1985 年后国内研制了多种钢结构防火涂料，并已应用于很多重要工程中。

钢结构防火涂料的品种较多，通常根据高温下涂层变化情况分非膨胀型和膨胀型两大类（见表 9-3）；另外，按涂层厚薄、成分、施工方法及性能特征不同可进一步分成不同类别。现行国家标准《钢结构防火涂料》GB 14907 根据涂层使用厚度将其分为超薄型（小于或等于 3mm）、薄型（大于 3mm，且小于或等于 7mm）、厚型（大于 7mm）。

表 9-3　防火涂料的分类

类型	代号	涂层特性	主要成分	说　明
膨胀型	B	遇火膨胀，形成多孔碳化层，涂层厚度一般小于 7mm	有机树脂为基料，还有发泡剂、阻燃剂、成炭剂等	又称超薄型、薄型防火涂料
非膨胀型	H	遇火不膨胀，自身有良好的隔热性，涂层厚 7～50mm	无机绝热材料（如膨胀蛭石，飘珠、矿物纤维）为主，还有无机粘结剂等	又称厚型防火涂料

钢结构采用喷涂非膨胀型防火涂料保护时，其防火保护构造宜按图9－1选用。有下列情况之一时，应在涂层内设置与钢构件相连接的镀锌铁丝网或玻璃纤维布：

（1）构件承受冲击、振动荷载；

（2）防火涂料的粘结强度不大于0.05MPa；

（3）构件的腹板高度大于500mm且涂层厚度不小于30mm；

（4）构件的腹板高度大于500mm且涂层长期暴露在室外。

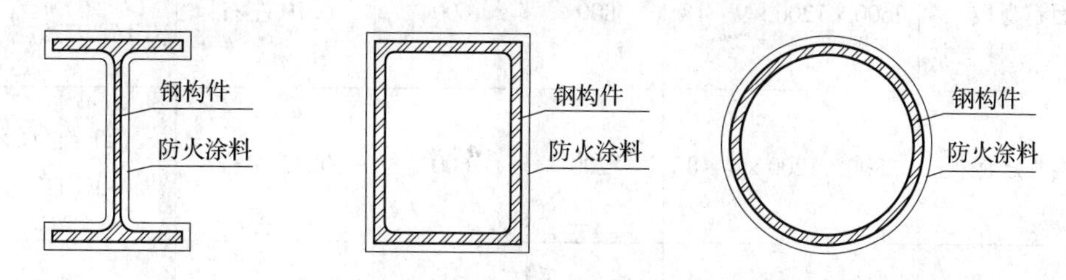

（a）不加镀锌铁丝网

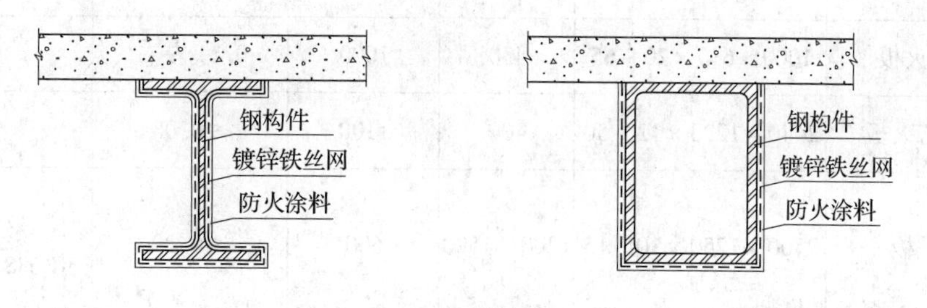

（b）加镀锌铁丝网

图9－1 防火涂料的保护构造图

9.3.4 防火板包覆措施及构造

采用防火板将钢构件包覆封闭起来，可起到很好的防火保护效果，且防火板外观良好、可兼做装饰，施工为干作业，综合造价有一定的优势。尤其适用于钢柱的防火保护。

防火板根据密度可分为低密度、中密度和高密度防火板，根据使用厚度可分为防火薄板、防火厚板两大类（见表9－4）。表9－5列出了常用防火板主要技术性能参数。

表9－4 防火板分类及性能特点

分类 \ 性能特点		密度（kg/m^3）	厚度（mm）	抗折强度（MPa）	热传导系数［W/（m·℃）］
厚度	防火薄板	400～1800	5～20	—	0.16～0.35
	防火厚板	300～500	20～50	—	0.05～0.23
密度	低密度防火板	<450	20～50	0.8～2.0	—
	中密度防火板	450～800	20～30	1.5～10	—
	高密度防火板	>800	9～20	>10	—

表9-5 常用防火板主要技术性能参数

防火板类型	常用外形尺寸（mm）（长×宽×厚）	密度（kg/m³）	最高使用温度（℃）	热传导系数［W/(m·℃)］	执行标准
纸面石膏板	3600×1200×9~18	800	600	0.19左右	《纸面石膏板》GB/T 9775
纤维增强水泥板	2800×1200×4~8	1700	600	0.35左右	《纤维水泥平板》JC 412
纤维增强硅酸钙板	3000×1200×5~20	1000	600	≤0.28	《纤维增强硅酸钙板》JC/T 564
蛭石防火板	1000×610×20~65	430	1000	0.11左右	—
硅酸钙防火板	2440×1220×12~50	400	1100	≤0.08	—
玻镁平板	2500×1250×10~15	1200~1500	600	≤0.29	《玻镁平板》JC 688

防火薄板主要有纸面石膏板、纤维增强水泥板、玻镁平板等，其密度为800~1800kg/m³，使用厚度大多为6~15mm；由于这类板材的使用温度不大于600℃，因此不适用于单独作为钢结构的防火保护，而常用作轻钢龙骨隔墙的面板、吊顶板以及钢梁、钢柱经非膨胀型防火涂料涂覆后的装饰面板。

防火厚板的特点是密度小、热传导系数小、耐高温（使用温度可达1000℃以上），其使用厚度可按设计耐火极限确定，通常在10~50mm之间，由于本身具有优良耐火隔热性，可直接用于钢结构防火，提高结构耐火时间。我国比较成熟的防火厚板主要有硅酸钙防火板、膨胀蛭石防火板两种，这两种防火板的成分也基本上和非膨胀型防火涂料相近。

钢结构采用包覆防火板保护时，应符合下列规定：

(1) 防火板应为不燃材料，且受火时不应出现炸裂和穿透裂缝等现象；

(2) 防火板的包覆应根据构件形状和所处部位进行构造设计，并应采取确保安装牢固稳定的措施；

(3) 固定防火板的龙骨及粘结剂应为不燃材料。龙骨应便于与构件及防火板连接，粘结剂在高温下应能保持一定的强度，并应能保证防火板的包敷完整。

钢结构采用包覆防火板保护时，钢柱的防火保护构造宜按图9-2选用，钢梁的防火保护构造宜按图9-3选用。

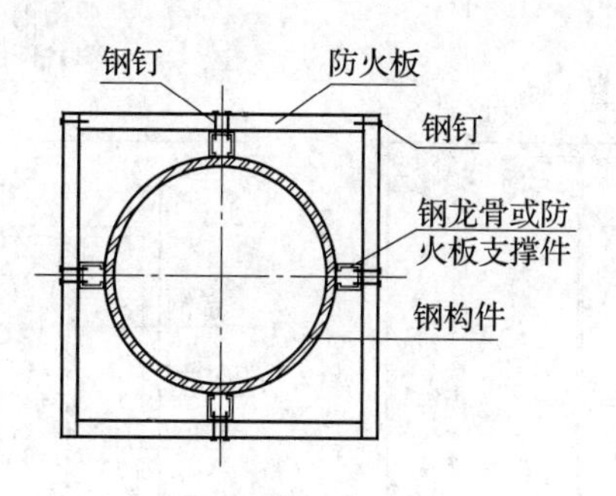

(a)圆柱包矩形防火板

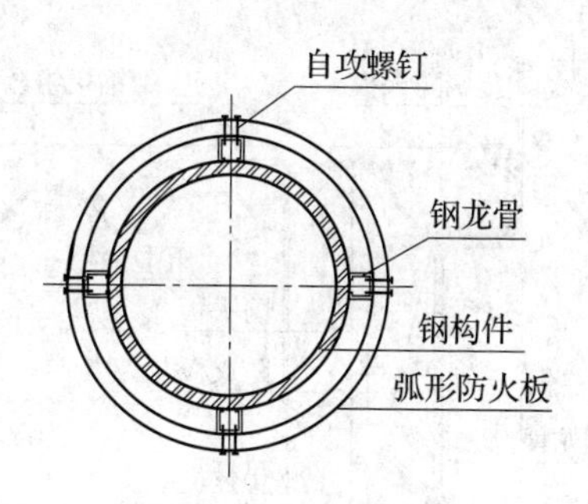

(b)圆柱包圆弧形防火板

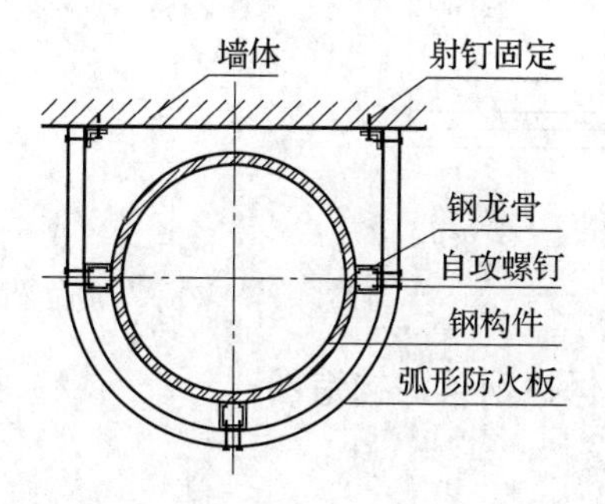

(c)靠墙圆柱包弧形防火板

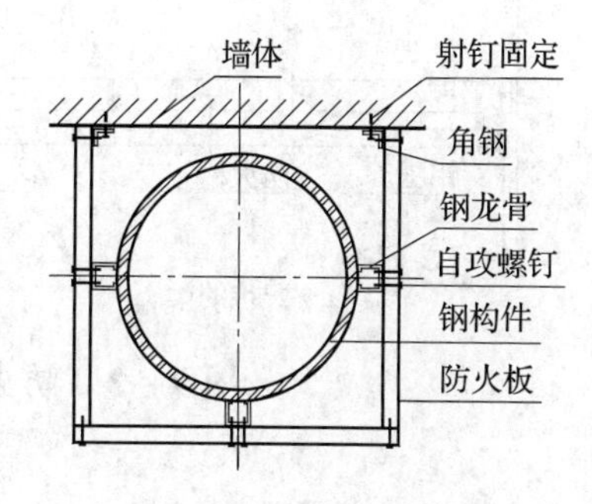

(d)靠墙圆柱包矩形防火板

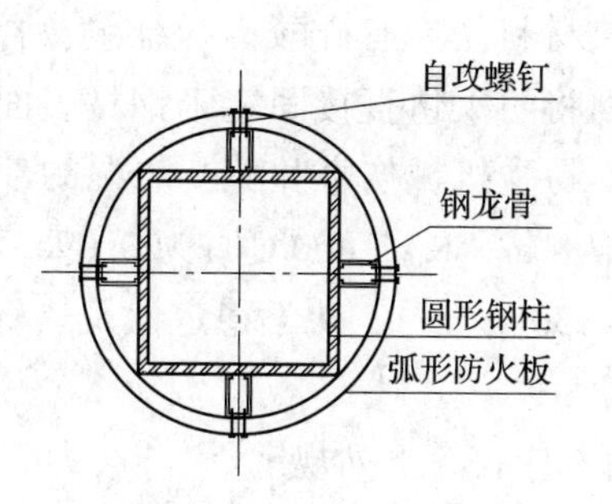

(e)箱形柱包圆弧形防火板

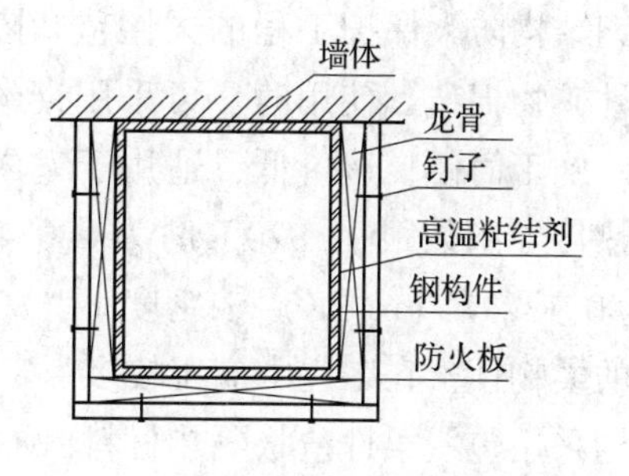

(f)靠墙箱形柱包矩形防火板

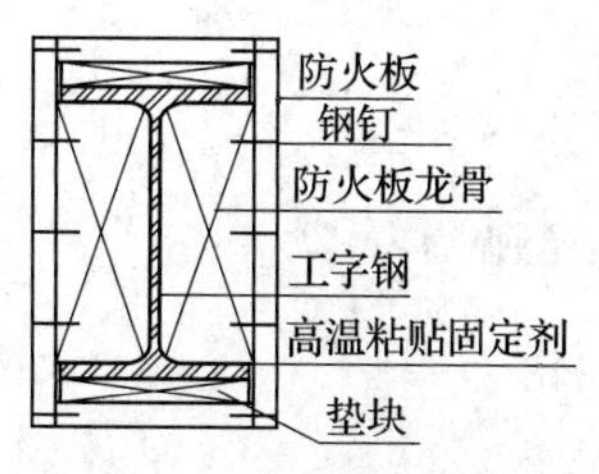

(g)独立H形柱包矩形防火板

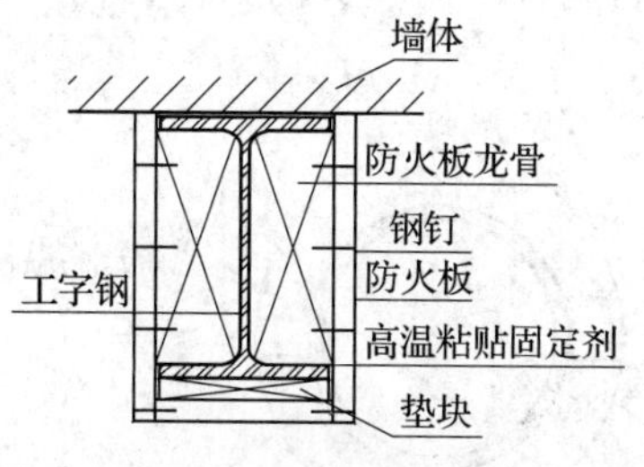

(h)靠墙H形柱包矩形防火板

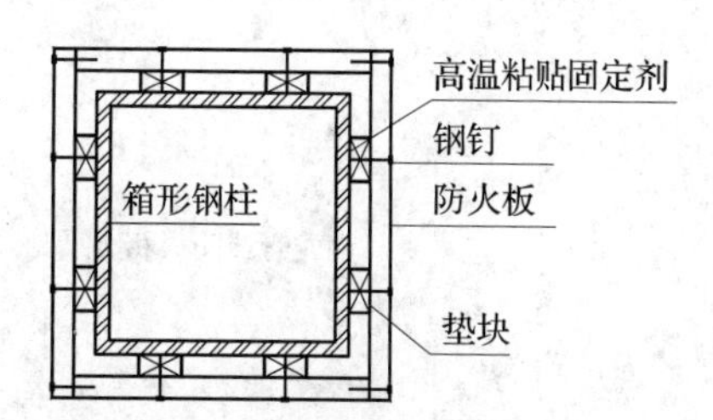

(i)独立矩形柱包矩形防火板

图9-2 防火板保护钢柱的构造图

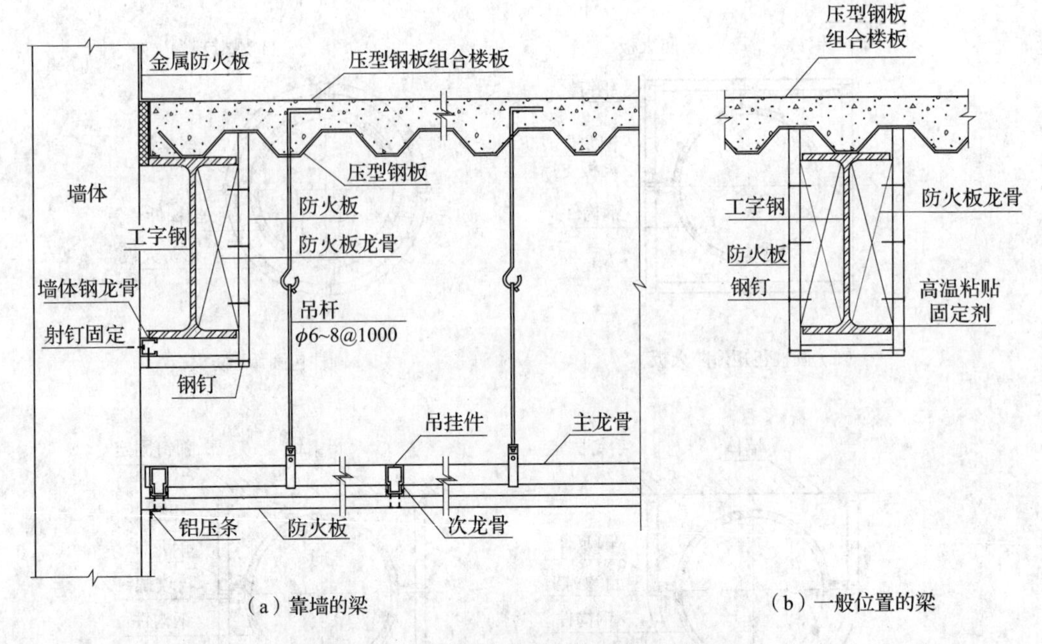

（a）靠墙的梁　　　　（b）一般位置的梁

图 9－3　防火板保护钢梁的构造图

9.3.5　包覆柔性毡状隔热材料的措施与构造

用于钢结构防火保护工程的柔性毡状隔热材料主要有硅酸铝纤维毡、岩棉毡、玻璃棉毡等各种矿物棉毡。使用时，可采用钢丝网将防火毡直接固定于钢材表面。这种方法隔热性好，施工简便，造价低，适用于室内不易受机械伤害和免受水湿的部位。硅酸铝纤维毡的热传导系数很小［20℃时为 0.034 W/(m·K)，400℃时为 0.096 W/(m·K)，600℃时为 0.132 W/(m·K)］，密度小（80～130kg/m^3），化学稳定性及热稳定性好，又具有较好的柔韧性，在工程中应用较多。

钢结构采用包覆柔性毡状隔热材料保护时，应符合下列规定：

（1）不应用于易受潮或受水的钢结构；

（2）在自重作用下，毡状材料不应发生压缩不均的现象。

钢结构采用包覆柔性毡状隔热材料保护时，其防火保护构造宜按图 9－4 选用。

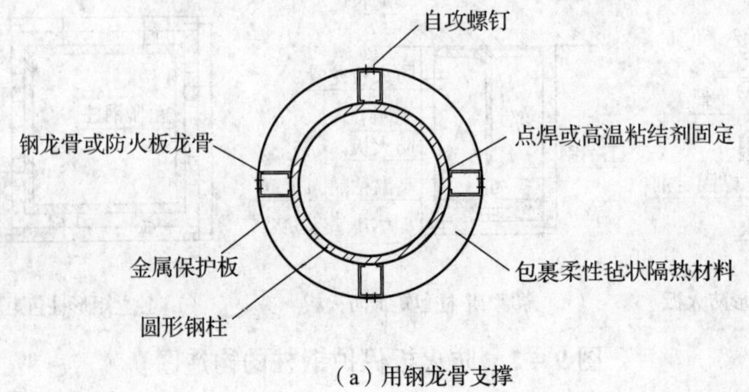

（a）用钢龙骨支撑

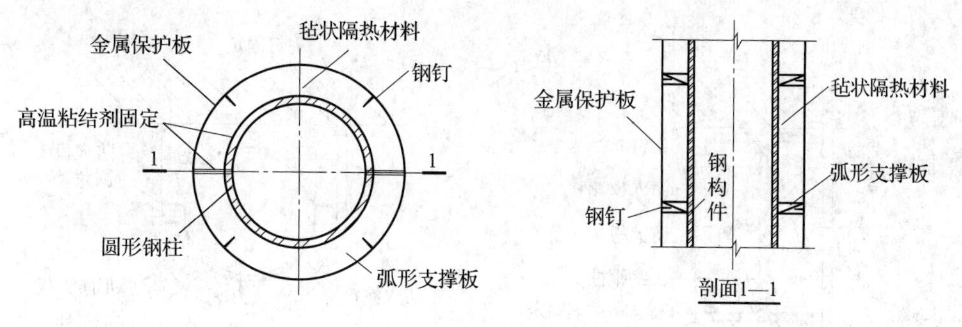

（b）用圆弧形防火板支撑

图 9－4 柔性毡状隔热材料的防火保护构造图

9.3.6 外包混凝土、砂浆或砌筑砖砌体的措施与构造

这种方法优点是强度高，耐冲击，耐久性好；缺点是要占用的空间较大，例如，用C20 混凝土保护钢柱，其厚度为 5～10cm 才能达到 1.5～3.0h 的耐火极限。另外，施工也较麻烦，特别是在钢梁、斜撑上，施工困难。

钢结构采用外包混凝土、金属网抹砂浆或砌筑砌体保护时，应符合下列规定：

（1）外包混凝土时，混凝土的强度等级不应低于 C20；

（2）外包金属网抹砂浆时，砂浆的强度等级不应低于 M5；金属丝网的网格不应大于 20mm，丝径不应小于 0.6mm；砂浆最小厚度不应小于 25mm；

（3）砌筑砌体时，砌块的强度等级不应低于 MU10。

钢结构采用外包混凝土或砌筑砌体保护时，其防火保护构造宜按图 9－5 选用，外包混凝土宜配构造钢筋。

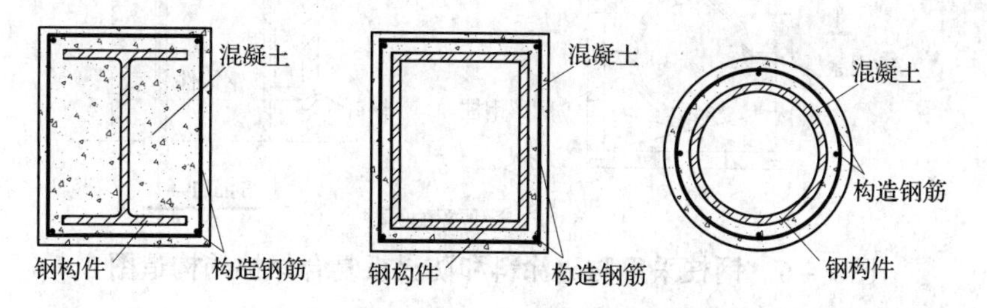

图 9－5 外包混凝土的防火保护构造图

9.3.7 复合防火保护措施与构造

常见的复合防火保护做法有：在钢构件表面涂敷非膨胀防火涂料或采用柔性防火毡包覆，再用纤维增强无机板材、石膏板等作饰面板。这种方法具有良好的隔热性和完整性、装饰性，适用于耐火性能要求高，并有较高装饰要求的钢柱、钢梁。

钢结构采用复合防火保护时，钢柱的防火保护构造宜按图 9－6、图 9－7 选用，钢梁的防火保护构造宜按图 9－8 选用。

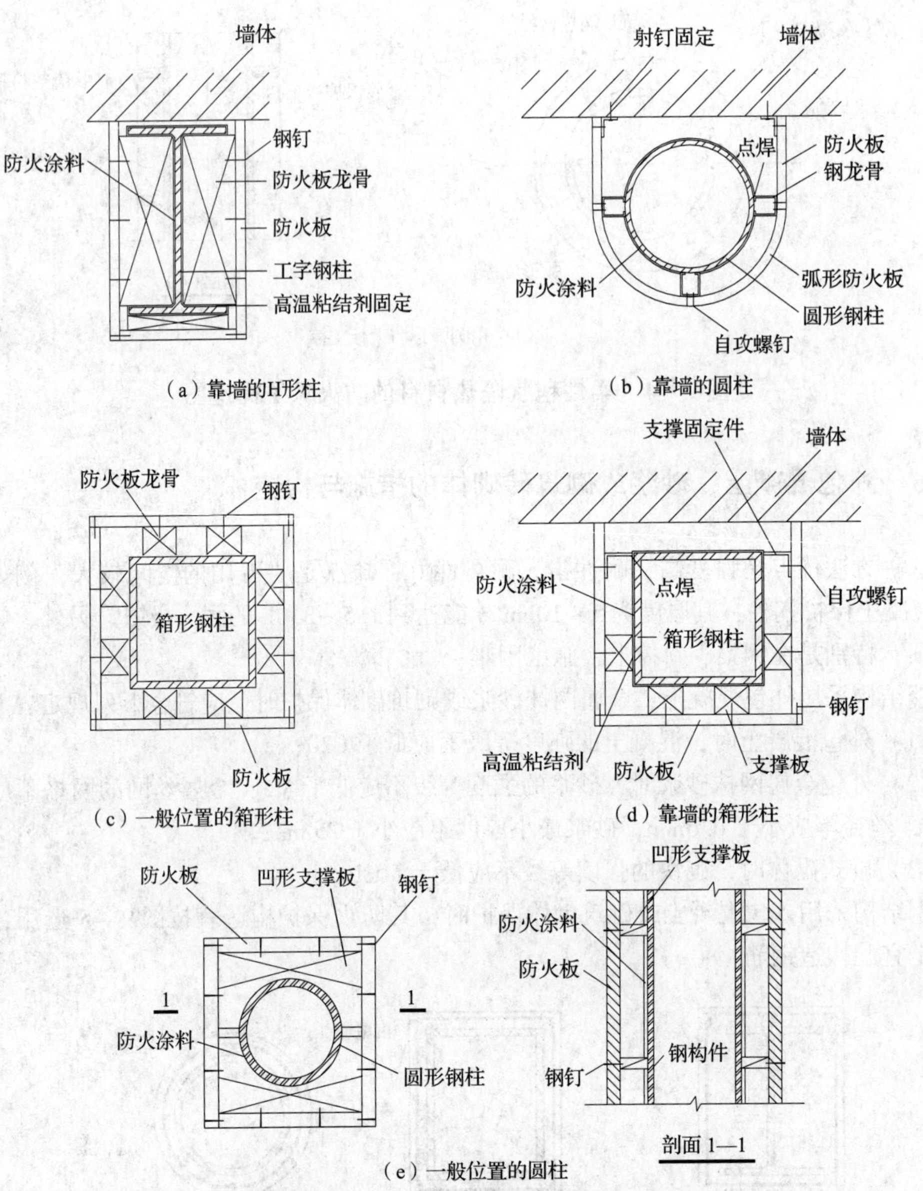

图 9－6　钢柱采用防火涂料和防火板复合保护的构造图

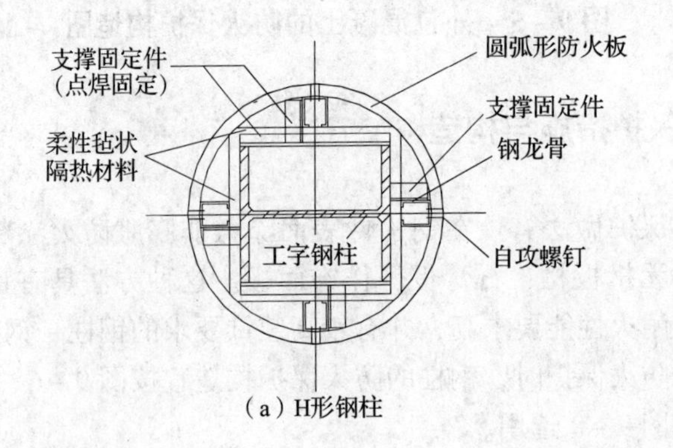

（a）H形钢柱

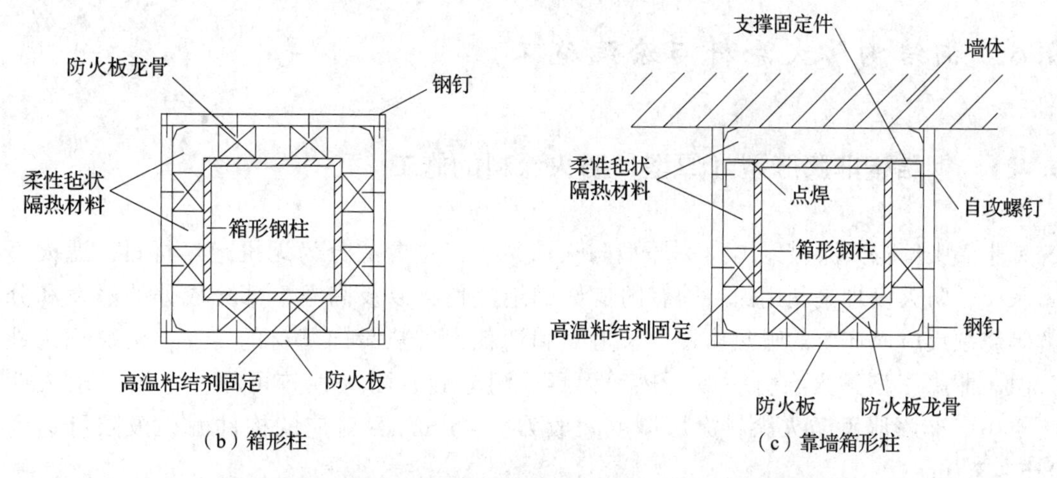

图9－7 钢柱采用柔性毡和防火板复合保护的构造图

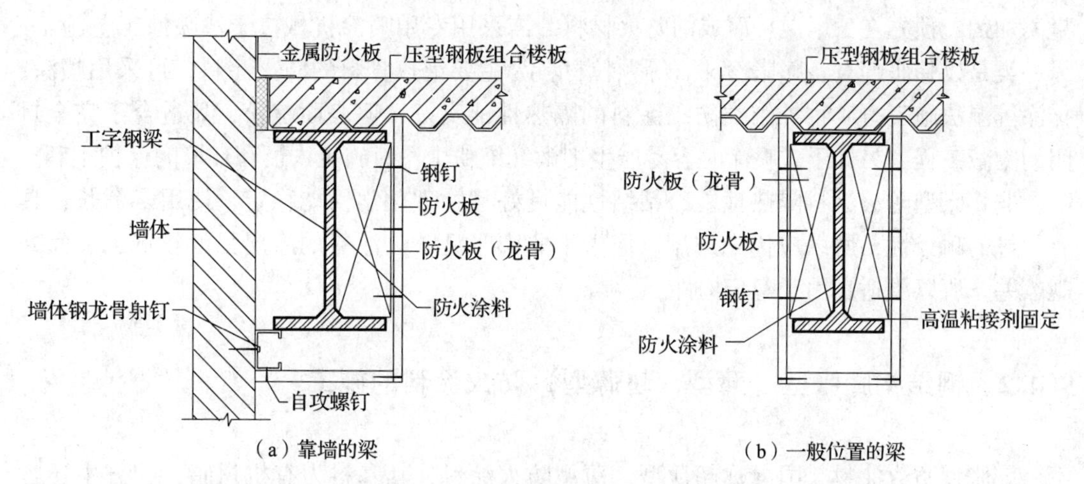

图9－8 钢梁采用防火涂料和防火板复合保护的构造图

9.3.8 其他防火保护措施

其他防火保护措施主要有：安装自动喷水灭火系统（水冷却法）、单面屏蔽法等。

设置自动喷水灭火系统，既可灭火，又可降低火场温度、冷却钢构件，提高钢结构的耐火能力。采用这种方式保护钢结构时，喷头应采用直立型喷头，喷头间距宜为2.2m左右；保护钢屋架时，喷头宜沿着钢屋架、在其上方布置，确保钢屋架各杆件均能受到水的冷却保护。

单面屏蔽法的作用主要是避免杆件附近火焰的直接辐射的影响。其做法是在钢构件的迎火面设置阻火屏障，将构件与火焰隔开。如：钢梁下面吊装防火平顶，钢外柱内侧设置有一定宽度的防火板等。这种在特殊部位设置防火屏障措施有时不失为一种较经济的钢构件防火保护方法。

9.4 钢结构防火涂料与涂装施工

9.4.1 钢结构非膨胀型（厚型）防火涂料的施工

非膨胀型防火涂料，国内称厚型防火涂料，其主要成分为无机绝热材料，遇火不膨胀，其防火机理是利用涂层固有的良好的绝热性，以及高温下部分成分的蒸发和分解等烧蚀反应而产生的吸热作用，来阻隔和消耗火灾热量向基材的传递，延缓钢构件升温。非膨胀型防火涂料一般不燃、无毒，耐老化、耐久性较可靠，适用于永久性建筑中。非膨胀型防火涂料涂层厚度一般为7～50mm，对应的构件耐火极限可达到0.5～3.0h。

非膨胀型防火涂料可分为两类：一类是以矿物纤维为主要绝热骨料，掺加水泥和少量添加剂、预先在工厂混合而成的防火材料，需采用专用喷涂机械按干法喷涂工艺施工；另一类是以膨胀蛭石、膨胀珍珠岩等颗粒材料为主要绝热骨料的防火涂料，可采用喷涂、抹涂等湿法施工。矿物纤维类防火涂料的隔热性能良好，但表面疏松，只适合于完全封闭的隐蔽工程，另外干式喷涂时容易产生细微纤维粉尘，对施工人员和环境的保护不利。

非膨胀型防火涂料隔热性能、粘结性能良好且物理化学性能稳定，使用寿命长，具有较好的耐久性，所以应优先选用。但由于非膨胀型防火涂料的涂层强度较低、表面外观较差，所以更适宜用于隐蔽构件。

9.4.2 钢结构膨胀型（薄型、超薄型）防火涂料的施工

膨胀型防火涂料，国内称超薄型、薄型防火涂料，其基料为有机树脂，配方中还含有发泡剂、阻燃剂、成碳剂等成分，遇火后自身会发泡膨胀，形成比原涂层厚度大数倍到数十倍的多孔碳质层。多孔碳质层可阻挡外部热源对基材的传热，如同绝热屏障。膨胀型防火涂料在一定程度上可起到防腐中间漆的作用，可在外面直接做防腐面漆，能达到很好的外观效果（在外观要求不是特别高的情况下，某些产品可兼作面漆使用）。膨胀型防火涂料应特别注意防腐涂料、防火涂料的相容性问题。膨胀型防火涂料在设计耐火极限不高于1.5h时，具有较好的经济性。目前国际上也有少数膨胀型防火涂料产品，能满足设计耐火极限3.0h的钢构件的防火保护需要，但是其费用高昂。

膨胀型防火涂料以有机高分子材料为主。随着时间的延长，这些有机材料可能发生分解、降解、溶出等不可逆反应，使涂料“老化”失效，出现粉化、脱落或是膨胀性能下降。膨胀型防火涂料的大量应用主要在1990年后，目前尚无直接评价老化速度及寿命标准的量化指标，只能从涂料的综合性能来判断其使用寿命的长短。不过有两点可以确定：一是非膨胀型防火涂料寿命比膨胀型防火涂料寿命长；二是涂料所处的环境条件好，其使用寿命越长。

室外、半室外钢结构的环境条件比室内钢结构更为严酷、不利，对膨胀型防火涂料的耐水性、耐冷热性、耐光照性、耐老化性要求更高。大型露天钢结构不建议采用非膨胀型防火涂料，尽可能使用膨胀型（薄型、超薄型）防火涂料。

膨胀型（薄型、超薄型）防火涂料一般采用多道喷涂施工方法，每道喷涂厚度和时间间隔要遵循其产品说明书和施工作业指导书。

9.4.3 防火涂料厚度的确定

当工程实际使用的非膨胀型防火涂料（防火板）的等效热传导系数与设计要求不一致时，可按式（9－4）确定防火保护层的厚度：

$$d_{i2}=d_{i1}\frac{\lambda_{i2}}{\lambda_{i1}} \tag{9-4}$$

式中：d_{i1}——钢结构防火设计技术文件规定的防火保护层的厚度（mm）；

d_{i2}——防火保护层实际厚度（mm）；

λ_{i1}——钢结构防火设计技术文件规定的非膨胀型防火涂料、防火板的等效热传导系数［W/(m·℃)］；

λ_{i2}——施工采用的非膨胀型防火涂料、防火板的等效热传导系数［W/(m·℃)］。

9.4.4 防火涂料与防腐涂料的相容性

大多数情况是防腐涂装和防火涂装配套使用的，因此，应特别注意防火涂料与防腐涂料的相容性问题，尤其是膨胀型防火涂料，因为它与防腐油漆同为有机材料，可能发生化学反应。

膨胀型（薄型、超薄型）防火涂料、防腐涂料的施工顺序为：防腐底漆＋防腐中间漆＋防火涂料＋防腐面漆，因此在施工时应控制防腐底漆、中间漆、面漆的厚度，一方面避免由于防腐底漆、中间漆的高温变性导致防火涂层的脱落，另一方面避免因面漆过厚、过硬而影响膨胀型防火涂料的发泡膨胀。

非膨胀型（厚型）防火涂料、防腐涂料的施工顺序为：防腐底漆＋防火涂料＋封闭面漆。其中防腐底漆是非常必要的，封闭面漆可以视环境条件选择，干燥和环境良好的隐蔽构件，对面漆要求不严格，甚至可以没有面漆。

9.5 钢结构防火保护工程施工与验收

9.5.1 钢结构防火保护工程施工

钢结构防火保护工程的施工必须由具有相应资质等级的施工单位承担。钢结构防火保护工程的施工，应按照批准的工程设计文件及相应的施工技术标准进行。当需要变更设计、材料代用或采用新材料时，必须征得设计部门的同意、出具设计变更文件，按规定报当地消防监督机构备案、批准。

钢结构防火保护工程的施工过程质量控制应符合下列规定：

(1) 采用的原材料、半成品及成品应进行进场检查验收；凡涉及安全、功能的原材料、半成品及成品应按现行国家标准《建筑钢结构防火技术标准》GB 51249 的规定进行复验，并应经监理工程师（建设单位技术负责人）见证取样、送样；

(2) 各工序应按施工技术标准进行质量控制，每道工序完成后，应进行检查，并应在检查合格后方可进行下道工序；

(3) 相关专业工种之间应进行交接检验，并应经监理工程师检查认可；

(4) 完工后，施工单位应向建设单位提供质量控制资料、施工过程质量检查记录；

9.5.2 钢结构防火保护工程验收主要项目

(1) 钢结构防火保护工程作为一个分项工程进行验收，根据防火保护的类型，验收包括以下分项工程内容：

1) 防火保护材料的进场验收；

2) 防火涂料保护分项工程；

3) 防火板保护分项工程；

4) 柔性毡状材料防火保护分项工程；

5) 混凝土、砂浆和砌体防火保护分项工程；

6) 复合防火保护分项工程。

当工程中只有一种或多种类型防火保护时，没有涉及的防火保护类型自然就没有验收内容。

(2) 钢结构防火保护分项工程的质量验收，应在所含检验批验收合格的基础上，检查质量验收记录。分项工程合格质量标准应符合下列规定：

1) 各检验批均应符合相关规范规定的合格质量标准；

2) 各检验批质量验收记录应完整。

9.5.3 防火保护工验收批划分和验收

钢结构防火保护工程应作为钢结构工程的分项工程，分成一个或若干个检验批进行质量验收。检验批可按钢结构制作或钢结构安装工程检验批划分成一个或若干个检验批，一个检验批内应采用相同的防火保护方式、同一批次的材料、相同的施工工艺，且施工条件、养护条件等相近。

检验批的合格质量应符合下列规定：

(1) 主控项目的质量经抽样检验应合格；

(2) 一般项目的质量经抽样检验应合格；当采用计数检验时，除有专门要求外，一般项目的合格点率应达到80%及以上，且不得有严重缺陷（最大偏差值不应大于其允许偏差值的1.2倍)；

(3) 应具有完整的施工操作依据和质量验收记录；

(4) 对验收合格的检验批，宜标示合格标志。

钢结构防火保护分项工程质量验收的程序和组织，应符合现行国家标准《建筑工程施工质量验收统一标准》GB 50300 和《钢结构工程施工质量验收规范》GB 50205 的规定。

10 钢结构工程事故与分析

10.1 钢结构事故的统计

10.1.1 钢结构固有的问题

首先要了解钢结构本身存在的不足和短板，做到防患于未来。

（1）稳定问题：由于钢材强度高，为充分发挥钢材优势使结构杆件较为柔细，从而在设计和施工中发生的稳定问题较为突出。

（2）低温脆性断裂问题：常温下钢材本是塑性和韧性较好的金属，随着温度的降低，其塑性和韧性逐渐降低，再加之钢材的材质缺陷和焊接缺陷等，使得在低温的环境下发生钢结构的脆性断裂。

（3）耐火性能差：当普通结构钢的温度超过400℃时钢材的强度和弹性模量开始急剧下降，当温度达到600℃时，钢材已基本丧失承载能力。

（4）耐锈蚀性差：常见的钢材腐蚀有大气腐蚀、介质腐蚀和应力腐蚀。

10.1.2 钢结构工程事故统计

对国内外120个事故案例进行了分析，分别从结构类型、事故类型、破坏形式及事故原因等几个方面进行统计，结果如下：

1. 结构类型

从结构类型上来说，工业厂房特别是单层厂房发生的事故最多，占53%，应该说与工业厂房结构所受的荷载复杂、使用环境恶劣等有直接关系。大跨度结构、桥梁及特种钢结构发生事故的概率差不多，主要是由于结构的特殊性造成的（见表10－1）。

表10－1　事故的结构类型统计

结构类型	高层钢结构	大跨度钢结构	工业厂房	桥梁钢结构	特种钢结构	其他
所占百分比（%）	4	13	53	11	15	4

2. 事故类型

从事故类型来说，整体倒塌占49%，说明钢结构整体稳定和结构延性的重要性，变形和脆断破坏也比较常见，这与钢材的特性有关（见表10－2）。

表10－2 事故类型统计破坏形式

事故类型	整体倒塌	局部倒塌	变形事故	脆断事故	裂缝事故	连接错位	其他
所占百分比（%）	49	3	17	15	6	4	6

3. 事故破坏形式

从事故破坏形式来看，钢结构失稳、钢材脆性断裂、火灾失效以及焊接连接破坏为主要破坏形式，占75%以上（见表10－3）。

表10－3 事故破坏形式统计

破坏形式	结构失稳	脆性断裂破坏	火灾	焊接连接破坏	塑性破坏	螺栓连接破坏	其他
所占百分比（%）	33	17	14	11	6	3	16

4. 事故原因

从事故原因来看，在设计、施工和使用三个环节都有可能导致事故的发生，施工质量所占比例最高，达到49%，其次是设计质量31%（见表10－4）。一个事故的必然发生往往是由于设计不合理、施工质量差和使用不当等三者叠加在一起。

表10－4 事故原因统计

事故发生阶段	设计阶段	制造安装阶段	使用维护阶段
所占百分比（%）	31	49	20

10.2 事故原因分析

10.2.1 设计阶段原因分析

设计阶段最容易出现的问题是计算错误，具体来说就是结构设计模型与实际不符，边界条件假定不对，另外就是荷载取值不对或者偏小的问题，这两种问题占引起事故原因的近50%；其他因素如方案、构造等违反现行规范等占50%（见表10－5）。

表 10－5　设计阶段钢结构事故原因统计分析

序号	影 响 因 素	破坏例数	比例（%）
1	计算错误	14	26.4
2	对荷载和受力估计不足	12	22.6
3	没有严格执行设计标准	9	17.0
4	计算简图不当	7	13.2
5	结构构造不合理	6	11.4
6	结构方案不合理	5	9.4
	总　　计	53	100.0

10.2.2　施工阶段原因分析

钢结构是由钢材通过连接而成的结构，因此，决定钢结构质量的重要因素就是钢材质量和连接质量，连接质量中尤其以焊接为主，焊接中关键在于工地焊接质量特别是工地对接熔透焊接的质量，钢材和焊接质量对事故的影响超过 50%。其他主要是管理方面的因素比较多（见表 10－6）。

表 10－6　制作和安装阶段钢结构事故原因统计分析

序号	影 响 因 素	破坏例数	比例（%）
1	安装连接不正确，焊缝质量差	23	30.3
2	钢材质量低劣	18	23.6
3	支撑和结构刚度不足	10	13.2
4	没有按图施工	10	13.2
5	安装施工程序不正确、操作错误	4	5.3
6	安装尺寸偏差大	4	5.3
7	制作中焊接质量低劣	3	3.9
8	制作尺寸偏差大	2	2.6
9	任意改变施工图使得构件受力与设计不符合	2	2.6
	总　　计	76	100.0

10.2.3　使用阶段原因分析

钢结构固有的短板就是抗火能力和抗腐蚀能力差，在使用阶段火灾和腐蚀原因占 80%，其中火灾因素超过 60%，是事故的主要因素（见表 10－7）。

表10－7 使用维护阶段钢结构事故原因统计分析

序号	影响因素	破坏例数	比例（%）
1	火灾	16	64
2	维护不利，材性改变（腐蚀、疲劳）	4	16
3	违反使用规定（超载、乱开洞等）	4	16
4	改造加固方法不当	1	4
	总计	25	100

10.3 对事故的防范措施

钢结构工程建设中常见的事故隐患及事故不少，具体体现在如工程中钢材选用不合理，使用的钢材也不符合设计要求；焊接出现裂缝、达不达规范要求；网架球有深度裂缝，造成网架不能使用；大梁腹板开裂、支撑不能拆除，结构不能使用；起吊设备安装不牢，倾倒在地；钢结构焊接、高空施工安全措施不足，施工支架稳定性不足，造成结构整体破坏倒坍；一场大火更是损失惨重，也给社会带来不良印象。

这些建设过程中出现的种种安全、质量事故，不仅造成经济损失和人员伤亡，也给钢结构行业的发展带来负面影响。

10.3.1 事故的外部原因

（1）工期不合理，违反了建筑工程的施工客观规律，如钢结构焊缝完工不到几小时就要起吊受力。

（2）造价不合理，最低价中标，层层分包，工程费用太低，为安全施工留下很大的隐患。

（3）法律不健全，执行不力，政府和监理单位监管力度不够。

10.3.2 事故的内部原因

（1）对工程质量和安全重视不够，在质量安全和施工进度或成本发生矛盾时往往对质量安全管理和措施没有放在重要地位。

（2）管理不够严格，质量、安全措施没有到位，有些管理仅停留在纸上、挂在墙上。

（3）对质量、安全培训和教育没有落实到每个岗位和每个工人。

10.3.3 防范和遏制钢结构安全事故的措施

(1) 政府加大监管力度，落实建筑工程项目负责人质量终身责任。

(2) 设计单位要加强与施工单位交流、强化设计交底；对施工组织设计进行必要的复核、计算，从源头上防止出现安全事故。

(3) 对施工技术方案的编制和审核，应建立专门的程序和保证措施，对施工方案，建立安全“一票否决权”制度。

(4) 加强钢结构施工全过程的控制：

1) 对钢材采购应重视，钢材各项性能指标、验收标准等资料应齐全。

2) 加强施工过程中组织设计施工方案编制审查。要根据钢结构工程的特点和难点，结合施工现场条件及企业的能力和经验、编制出既满足设计和国家有关标准要求，又便于操作的方案。尤其在钢材采购、制作加工、焊接、吊装、落架、检测验收、安全等方面应有具体内容和要求。

3) 编制具体施工的操作要领，包含技术要领和安全措施，将任务落实到班组和每个岗位。

10.4 典型事故案例

10.4.1 施工方案不当引起的事故

2007 年 7 月，某工地 60m 跨厂房钢屋盖安装坍塌事故。在进行屋顶钢架吊装施工中发生意外倒塌。从 41 轴向 31 轴钢结构桁架（共 8 榀）由西向东依次倒塌，造成 2 人死亡、8 人受伤（见图 10－1）。

图 10－1 厂房钢结构倒塌事故

事故的主要原因：钢排架安装过程中屋盖部分钢桁架间仅安装了纵向系杆和檩条，未安装上下弦间的水平剪刀撑，未形成稳定的结构区格单元，导致 60m 跨钢桁架发生平面外失稳而整体坍塌。

大跨度钢屋架施工事故主要原因分析：

(1) 施工方案不合理，无相关施工验算。钢屋架施工是一项技术性很强、精度要求高的工作，必须由具备专业资质的施工单位和丰富施工经验的安装人员完成，还要制订出详细合理的施工方案和完备的施工组织设计，并进行必要的施工阶段验算，特别是结合安装方法和吊装机械特点的吊装验算。

(2) 结构安装阶段状态与设计成型状态不一致。安装阶段钢桁架之间的连系撑和剪刀撑直接决定了大跨度钢桁架的平面外稳定性，其安装的最少数量应有必要的计算复核。

(3) 不按设计图纸和要求施工。采用滑移法安装网架时，为了方便滑移，将支座预埋锚栓切掉，滑移结束后将支座底板与柱（梁）上的预埋板焊死，从而改变了边界条件，导致个别杆件弯曲。安装螺栓球节点网架时，由于个别杆件长度加工不精确或螺栓孔端面、角度误差较大，螺栓放不进去，而将杆件焊到球体上。

(4) 拼装时偏差过大。胎架或拼装平台不合规格即进行桁架结构拼装，使单元体产生偏差，最后导致整个桁架结构的累积误差很大。杆件或单元体和整个桁架拼装后有较大的偏差而不修正，强行就位或强行吊装，造成杆件弯曲或产生很大的次应力。

(5) 对焊缝收缩和焊接次应力处理不当。焊条不符合规定或不考虑湿度及温度变形。焊接工艺、焊接顺序错误，产生焊接封闭圈，造成焊接应力很大，使杆件或整个网架变形。

10.4.2 工程质量缺陷引起事故

某体育场看台跨度约580m，分为东一区、东二区、中央区和西区。2011年，西侧看台七八十米长的钢结构罩棚塌落，看台座椅被砸得七零八落。造成重大社会影响，其主要原因是工地焊接普遍存在质量问题（见图10－2）。

图10－2 罩棚钢结构发生局部倒塌事故

事故的主要原因为：11 月中旬用于罩棚钢结构焊接的 24 个支撑柱开始卸载，12 月 5 日完成后现场全面停工进入冬歇期，但由于西侧（西区）看台钢结构罩棚部分焊缝存在严重质量缺陷，个别杆件接料不够规范，遇到近期骤冷的天气，钢结构罩棚出现较大伸缩而发生塌落。

现场焊缝质量缺陷主要体现在以下几个方面：

（1）焊缝漏焊。部分杆件、梁端焊缝漏焊，焊缝漏焊将导致力学模型与原设计不符，内力分布与原设计区别较大。

（2）焊缝缺陷（在无检测手段下目测发现的缺陷，见图 10－3）：

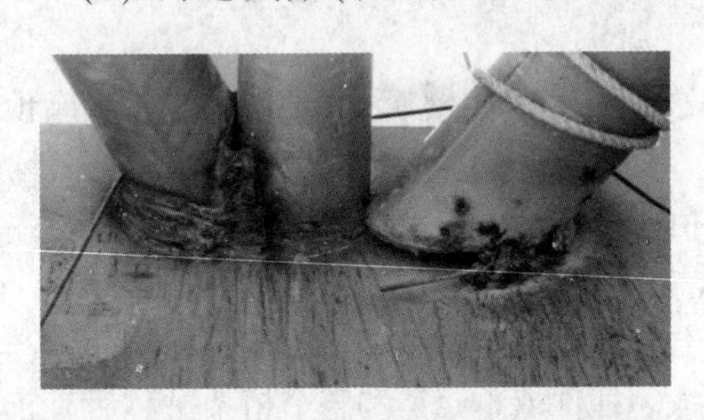

图 10－3　现场焊接节点严重缺陷

1）未熔合；

2）焊缝未焊透；

3）未加衬板。

（3）短杆拼接。短杆拼接处焊缝重叠较多、较近，焊接残余应力显著。

（4）杆件错边：

1）梁与牛腿水平错边，梁端与牛腿错边远超出规范要求，传力偏心且截面削弱较大，存在较大安全隐患；

2）梁与牛腿竖向错边，梁端与牛腿竖向错边远超出规范要求，传力偏心且截面削弱较大，存在较大安全隐患。

（5）焊缝处塞填钢筋、钢板。焊缝处塞填钢筋、钢板无法保证焊接构件内力可靠传递成为受力薄弱环节。

（6）堆焊、未焊满、未开坡口。

10.4.3　设计、制造、安装、管理全面失控的工程事故

2007 年 5 月 9 日某混凝土搅拌站与某生产厂家签订水泥筒仓供货合同，5 月 15 日开始现场加工、7 月 2 日安装完毕，7 月 3 日水泥筒仓试运行，下午将近 15：00 时，筒仓倒塌，造成 3 死 3 伤的重大安全事故（见图 10－4、图 10－5）。

事故原因为：

（1）筒仓罐体所用钢板厚度负偏差普遍超标，属不合格产品。水泥罐体中 6mm 厚钢板材质不符合焊接结构用钢的化学成分要求。

（2）在事故发生时的荷载条件下，罐体与支架结构的连接节点承载力验算不满足要求。

（3）从现场观测、试验结果分析，焊缝整体质量低劣，重要节点焊缝存在严重缺陷。

这是一起设计、制造、安装、管理均存在严重失职的事故。设计无单位负责，凭个人经验画张草图就在现场制作，无人审查图纸，复核计算，制作、安装也无人监理，制造安装后没有验收确认，就开始加料承受水泥荷载。

图 10 - 4 水泥筒倒塌现场

图 10 - 5 水泥筒焊接连接状况

10.4.4 某火车站房电梯井支架节点处钢材层状撕裂

设计缺乏经验，考虑不周产生钢构件裂缝，造成返工多次，耽误工期。在制作立柱与横撑和 X 撑的共同节点处，其立柱面板母材的厚度方向产生了多处层状撕裂。工厂及时派人员进行了返修，经超声波和磁粉探伤均合格。过三天后再次对返修的部位进行探伤，发现在返修部位又有新的撕裂缺陷。

电梯井立柱断面为□450 × 450 × 25、□600 × 900 × 25、□400 × 400 × 25，钢材强度级别为 Q345B。构件节点和裂缝见图 10 - 6 ~ 图 10 - 8。

图 10 - 6

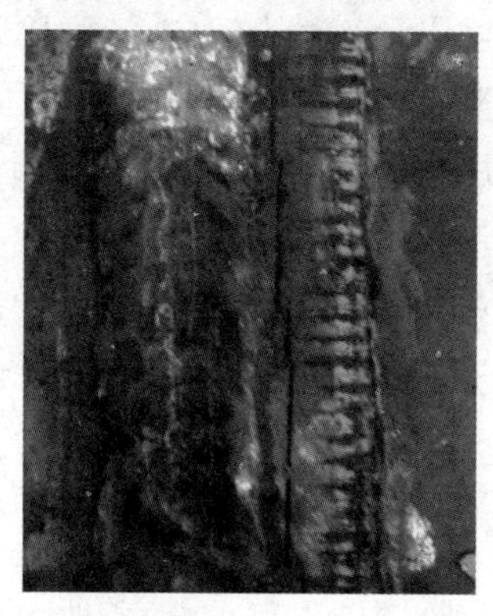

图 10 - 7

图 10 - 8

事故原因是：

（1）电梯井的立柱与横撑、X 撑连接的节点处焊缝过于密集，导致焊接应力太大，这是母材产生层状撕裂的直接诱因。

（2）针对该节点处使用的钢材，设计者未能提出 Z 向抗拉性能要求，以使构件能够承受由于焊接过程而产生的拉应力。

10.4.5 某机场航站楼屋面多次风揭破坏

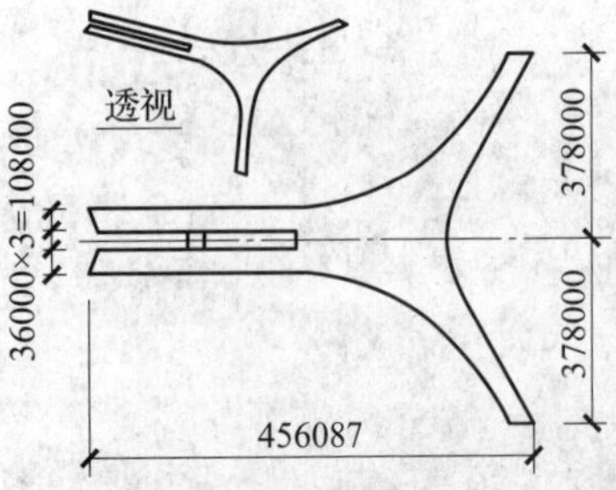

屋面平面简图见图 10－9，屋面呈平缓双曲面，采用牌号 3004，0.9mm 厚，65/400 型压型铝板，檩条间距：檐口区域 1000mm，中间区域 1500mm。设计可抵御 12 级大风，2005 年 10 月建成。据称建成投入使用后，经历了 3 次风揭破损。屋面局部被掀起，保温玻璃棉被吹飞，洒落地面，见图 10－10。经检修后复原使用（图 10－11）。

透视

36000×3=108000

378000

378000

456087

图 10－9

图 10－10

图 10－11 作者站在加固后的屋面上

3 次风揭破损，大多数均从锁边咬合脱开开始并逐渐扩展。分析其原因，主要有：尽管做了风洞试验，但对风揭荷载实际产生的效应、大小、方向、超大屋面不同区域的影响等问题还是缺乏正确认识和把握，风揭时风速达到多少、风压力达到多少，都不太清楚，荷载规范中也不明确。所以设计从计算和连接构造均会有不足之处。从几次风揭来看，屋面连接未达设计要求。

10.4.6 矩形钢管混凝土顶升浇筑挤裂钢板

1. 事故概况

某办公楼工程 2～9 层外框支撑柱均为弧形矩形钢管混凝土结构柱，外形尺寸为东西方向 900mm，南北方向为 700mm，钢板厚度为 30mm。其中楼层节点处上下 600mm 钢板厚度为 40mm。在每层钢梁连接处，箱型柱内节点设置与水平钢梁的上下翼缘板相对应的两块加劲肋板。

矩形钢管混凝土顶升浇筑过程中出现膨胀变形，箱型柱南部翼缘板的西南角中部胀裂，裂口宽度 20mm，长度 3200mm，呈撕裂状，撕裂部位上下 180mm 出现严重变形；东、西部翼板鼓胀变形达 50～85mm，从上到下有膨胀痕迹，表面漆膜脱落（图 10－12）。

图 10 - 12 矩形钢管混凝土顶升浇筑挤裂钢板

2. 事故原因分析

（1）施工单位管理失控、违规。在未按照自密实混凝土方案进行施工，自密实混凝土进场不报告驻场监理进行进场测试、验收，擅自组织施工，并且滞留时间过长，超过180min，无人监控，自密实混凝土特性技术参数基本消失，且所用的砾石也严重超出了不大于20mm的标准，未采取有效措施退场处理。

（2）设计违反了《矩形钢管混凝土结构技术规程》CECS 159—2004 的规定：矩形钢管柱内隔板灌浆孔径应不小于200mm，并在四角设置透气孔，孔径不得小于25mm。一般钢结构工程设计中钢管内混凝土灌浆孔直径均大于350mm。该工程内隔板在柱内仅设置了四个 ϕ150mm 的灌浆孔，同时还是两层隔板，且之间距离不到120mm（图 10 - 13）。

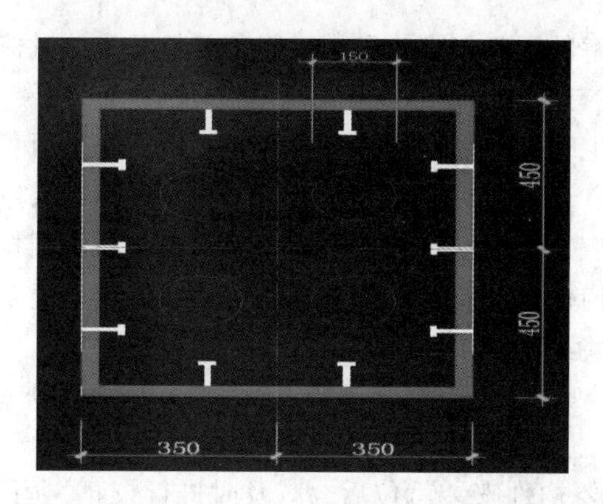

图 10 - 13 矩形钢管混凝土结构柱

由于两层隔板不能同轴，造成自密实混凝土浇筑中在节点面上会形成巨大的流动阻力，使流入柱内和流出节点的混凝土量相差很大，随着混凝土泵的不断加压，钢管内压不断增加，最终导致了矩形钢管柱的变形爆裂。这是造成钢管柱焊缝挤裂的最主要原因。

10.4.7 某工业厂房施工倒塌事故分析

1. 事故概况

某钢结构主厂房的格构柱主要有20m高和30m高两种截面形式。在施工过程中因遭遇突如其来的暴风雨，主厂房的格构柱发生了局部倒塌事故。主要是主厂房格构柱、吊车梁、檩条、系杆及柱间支撑体系倒塌而严重破坏，同时杯口基础、园林绿化和电力等配套设施受到破坏（图10-14）。据当地气象部门反馈，事故发生时的风速为17.2m/s。

图10-14 事故现场一角

2. 事故原因分析

（1）进行结构计算并结合事故现场了解的资料，事故发生时气象条件恶劣，风速瞬间达到17.2m/s，破坏性很强，虽然格构柱有所加固，亦难阻止倒塌事故的发生。

（2）从现场查勘可以了解到，事故发生时少数的格构柱没有及时拉结，暴风雨袭击时首先使没有拉结的一根格构柱（重约11t）发生倒塌，再通过柱间支撑和吊车梁的连接作用影响同轴的邻柱，产生多米诺骨牌效应，使得同轴的格构柱一起倒塌，并砸倒相邻轴的格构柱。可见，施工时没有及时将格构柱全部拉结加固到位，也是导致主厂房结构倒塌的重要原因之一。

3. 经验教训

钢结构格构柱、梁、屋架和支撑等主要构件安装就位后，应及时进行校正、固定，对不能形成稳定的空间体系的结构，应进行临时固定。对于类似该工程的重型格构柱，在安装就位后，必须采用缆风绳对柱体进行临时加固，采取槽钢或枕木对杯口内格构柱柱脚进行临时固定，相邻格构柱之间应及时采用系杆和支撑形成临时稳定体系。同时，安装单位应积极与当地气象部门加强沟通和联系，提前做好突发性气象应急预案，从组织措施、技术措施方面预防类似事故的发生。

10.4.8 出口钢构件油漆剥落损坏造成重大经济损失

该项目地处非洲某国，钢结构的涂装系统为无机富锌底漆、环氧云铁中间漆和环氧面漆。

油漆剥落损坏主要原因：

（1）施工方没有考虑由于运输过程中的吊装碰撞和摩擦产生（从工厂到安装现场共需要6次转运、12次起落）油漆容易脱落。

（2）设计人员缺乏钢构件涂装的经验，没有考虑钢构件长时间（海上运输及港口滞留至少共计70天）在海面环境下，处在海洋强腐蚀性的环境中钢构件容易被腐蚀（图10－15），在选择油漆品种时也有不足之处。

图10－15 运到非洲某港口的钢构件

（3）构件个别部位已在加工厂内遭到破坏，发货前临时补漆没有完全干透，部分构件上漆膜较厚，干燥时发生皱缩，形成相对较脆的漆膜。

10.4.9 轻钢房屋遭台风破坏

某工程位于厦门市，距海边约15km。工程包括3栋工业厂房、办公楼及配套用房等，厂房为单层轻型钢结构。3栋厂房的平面尺寸分别为300m×190m、320m×150m、120m×65m，屋面檩条为Z型冷弯薄壁型钢，屋面采用单层彩板＋保温棉，墙梁为C型冷弯薄壁型钢，墙面采用内外层彩板＋保温棉。当地的设计基本风压为0.80kN/m^2。受灾时工程尚未完工，厂房主钢架、屋面板、墙梁安装完毕，但是仅安装了少量的墙面内板，外墙板均未施工。

1. 房屋破坏情况

台风“莫兰蒂”于2016年9月15日凌晨3点在厦门市沿海登陆。登陆时强台风级别为15级（48m/s）。轻钢房屋受台风直面袭击，现场一片狼藉，损失较重。台风过后，对现场进行勘查发现：厂房主体钢架及基础完好；围护系统中屋面破坏严重，而墙面围护破坏较小。从屋面板的损坏部位来看，损坏多发生屋面边缘、屋脊等部位，破坏形式是彩板变形、被掀起、在支座节点处破损脱离（图 10－16）。

屋面板的破坏形式有以下几种：彩钢板脱离支座被掀起，屋脊屋面彩板大面积被台风掀起吹走，高跨范围的屋面彩板全部掀起破坏，局部一条屋面彩板条状撕开，保温岩棉外露，屋面彩板起鼓，咬口接缝松动，屋脊盖板被风掀起，屋面彩板被外物刮破。

在厂房屋檐、屋脊、屋面角部等边缘区域屋面板破坏最严重。彩板支座被拉变形破坏、支座铆钉被拔出或拉断，甚至整片屋面板脱离结构檩条。屋面板边缘带先发生局部破坏，然后引发更大面积的损坏。掀起的屋面板堆积于屋面上。

图 10－16　轻钢房屋屋面受台风破坏

2. 破坏原因分析

（1）工程设计方面的原因：

1）在屋檐、屋脊、屋面角部等边缘带，风荷载体型系数比较大，设计需对檩条间距和固定点加密。勘查中发现，现场大面积掀起破坏区域，在屋面边区及角部的彩板与结构檩条的支座间距与中间区相同，未进行加密，是抗风的薄弱部位。

2）屋面彩板与结构檩条的连接需进行加强。在强风下，只要有一个屋面板连接支座脱离檩条，其相邻的支座受力必然增大，导致支座被连续拉拔破坏（或者彩板脱离支座），进而导致破坏范围扩大。

3）当屋面板采用自攻螺钉与檩条连接，在风吸力作用下，屋面板由周边支承变为点支承，应验算自攻螺钉的抗拔承载力。

当屋面板采用锁边咬合连接，则应保证支座的刚度和强度，计算支座与檩条连接的自攻螺钉抗拔承载力。

（2）现场施工方面的原因：

1）未根据项目特点进行防台风施工组织。台风来临时，该工程屋面板全部铺设完毕，但是局部外墙内板和内隔墙尚未安装。结构设计时按封闭式房屋考虑，而现场形成了部分封闭式房屋或开敞式房屋，风荷载作用的体型系数相差很大。对于有三面墙体与屋面形成了兜风的“袋口”形房屋，根据荷载规范，单面开敞式双坡屋面开口迎风屋面体型系数高达 -1.3，远大于封闭式房屋。施工过程中房屋体型的变化，是风致损失不可忽视的因素。对于可能受台风影响的项目，施工组织设计时应综合考虑施工顺序。避免形成“大袋口”形兜风房屋，使施工中的房屋一直保持有利的抗风体型。

2）屋面板的直立锁边施工质量不到位。屋面板采用支座 +360°直立锁边形式，安装需专用电动锁边机，而且一定要锁匀、锁牢，密封胶要充满密实。咬合不均、咬合不完全等施工质量缺陷将大幅降低连接强度。在大型空间结构屋面系统中，也可以采用抗风夹加强屋面板抗风揭能力。

3）屋面板 T 形支座的施工质量不到位。连接螺栓配置不足，或者未完全紧固，导致支座底板与檩条没有完全贴合，连接承载力低。在强风吸力作用下，支座从檩条上拔出，造成整块屋面板的掀起破坏。

4）檐沟、屋脊盖板、侧墙女儿墙盖板等部位的构造不合理、连接强度不足，造成屋面局部破坏。

11 钢结构工程常见质量通病及控制措施

11.1 钢结构详图设计与钢材常见质量通病及控制措施

11.1.1 详图制作通病

1. 钢结构施工详图与设计不符

【现象】

施工详图没有依据设计图纸编制。

【原因分析】

深化设计单位无设计资质，或者没有按照《建设工程设计文件编制深度规定》的规定执行。

【防治措施】

由具有钢结构专项设计资质的施工单位（设计部门）完成，详图设计图纸需提交原设计单位确认。

2. 施工详图不符合现行规范

【现象】

详图设计不合规范，细节处理不合理，图纸标注不清晰，视图不明确等。

【原因分析】

详图设计人员对于原设计、加工工艺、构造常识等缺乏理解。

【防治措施】

针对钢结构设计规范、构造要求进行定期培训，保证详图制作人员具备此应用能力后方能开展详图深化工作。

3. 详图编制质量

【现象】

构件编号混乱，同一构件出现两个编号、构件分段错误。

【原因分析】

详图制作人员没有掌握构件编号规则及制作、安装、运输知识。

【防治措施】

制定构件编号规则，并定期进行内部培训，严格按照规则编号，避免重复编号和缺漏编号发生，采取主次建模并做到零件的方法。

4. 材料选用不明确

【现象】

构件材质、规格标注错误。

【原因分析】

重要材质说明一般均在设计总说明中，一般详图不太关注总说明。

【防治措施】

重点注意看清楚原设计图纸总说明，全面看懂整个工程图纸和材料表，全面核对材质、规格。

5. 详图与设计变更不同步

【现象】

设计变更后，详图未及时更改，构件碰撞。

【原因分析】

设计变更信息不及时、理解不到位，原设计施工图不足或表达不清晰导致理解有误。

【防治措施】

将设计变更作为重点项纳入详图设计管理流程中，设计变更作为未完成项进行及时跟踪，变更修改后，要进行相关构件或整体构件的碰撞检查，防止修改不彻底而带来连锁错误。

6. 图纸变更未经设计确认

【现象】

因材料或制作工艺等原因，详图设计变更不经原设计单位确认。

【原因分析】

变更未得到设计单位确认，未按规范执行，存在侥幸心理。

【防治措施】

与设计单位保持紧密联系，加强技术沟通环节，如果改动较大，需重新制作详图而不是在原有基础上修改，避免发生改动不全面而导致返工现象。

7. 详图设计未考虑工程实际

【现象】

详图设计未考虑制作、运输、安装等因素。

【原因分析】

没有深入了解每个项目的基本情况及工程施工方案。

【防治措施】

详图制作前，应对钢结构施工方案、大型运输要求进行主题研究，制定合理的构件拆分分段原则，并确定等强拼接接口采用何种形式以便于施工及操作。

11.1.2 钢材质量通病

1. 钢材质量得不到保证

【现象】

现场使用的钢材未进行检验。

【原因分析】

(1) 使用无质量证明文件或质量证明文件有问题的钢材。

(2) 所使用的钢材化学成分、力学性能不符合设计要求。

(3) 企业管理制度不健全，进厂的钢材不经检验即用。

【防治措施】

(1) 建立企业完善的材料管理制度。

(2) 对进场的钢材按《钢结构工程施工质量验收规范》GB 50205 的规定进行检验。所有进场的钢材都应有质量证明文件，依据质量证明文件进场的钢材实物核对材料炉号、批号、钢材的牌号、规格、质量等级、理化性能是否符合设计要求。

(3) 对钢材的质量有疑义时，应按现行国家标准《钢结构工程施工质量验收规范》GB 50205 的要求进行抽查检验，合格后方可使用。

2. 钢材使用错误

【现象】

进场钢材不符合设计要求。

【原因分析】

(1) 管理不到位，材料采购不严格、不规范。

(2) 对设计意图和图纸没有进行全面了解。

(3) 未经设计单位同意，擅自代用钢材，甚至以小代大。

【防治措施】

(1) 在深化设计前，全面了解设计意图和设计要求，包括结构重要性，荷载特征、连接方法、环境温度等。

(2) 根据设计要求的钢材按牌号、质量等级、理化性能提出采购计划，对进场钢材按设计及规范要求逐批按规格检查质量证明文件。

(3) 深入了解钢材编号、特性及质量等级等的规定。

(4) 钢材代用必须征得原设计单位同意，并将设计变更反映在深化设计中。

3. 钢材尺寸超标

【现象】

材料偏差过大，钢管外径和壁厚偏差大，钢板厚度允许偏差超标。

【原因分析】

(1) 钢管原材料（含热轧、冷弯管）偏差过大，不符合其产品标准要求。

（2）钢板厚度不满足要求，或厚度偏差超过产品标准。

【防治措施】

（1）钢管、钢板进场后应全数检查质量合格证明文件及检验报告等。

（2）将质量证明文件和钢板实物核对，核实实物的钢材牌号、性能规格是否一致，并符合设计要求。

（3）对进场的钢板、钢管，每一个品种规格抽查5处，用游标卡尺测量，检查是否符合产品标准和设计要求。

11.2 钢结构制作常见质量通病与控制措施

11.2.1 钢材切割质量通病

1. 钢零件切割尺寸超差

【现象】

零件或部件气割和剪切后的宽度和长度尺寸过长（宽）或过窄，不符合下道边缘加工、组装的要求。

【原因分析】

（1）两个零件共享一根切割线时，未预留切割余量，见图11-1。

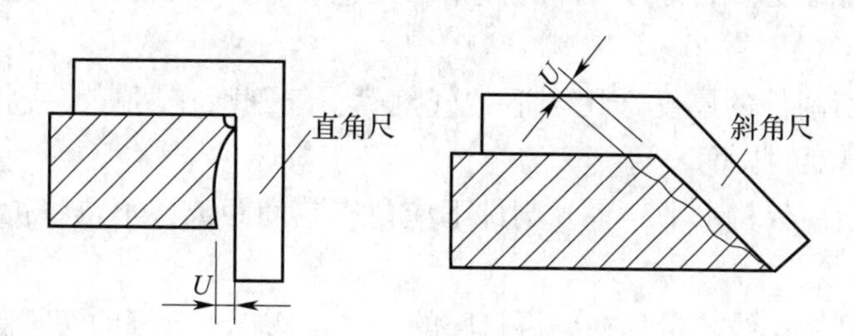

图11-1 切割平面度示意图

（2）对需要加工的部件，没预留加工余量，或余量不足。

（3）焊接件、火焰弯曲加工件或需要矫正变形的构件，未预留校正收缩余量。

（4）放样、号料过程中对工艺不熟悉，错误提供样板或号料误读尺寸。

（5）钢卷尺未经计量检定，长度读数误差较大，或计量方法有误，长距离测量未用弹簧秤。

【防治措施】

（1）为保证产品质量，钢材下料时一定要留出后道工序的加工余量，一般需根据不同加工方法预留（可按下面参考值预留）：

1）自动气割切断的加工余量为3mm/m；

2）手工切割的加工余量为4mm/m；

3）气割后需端铣或刨边加工余量为4～5mm/m；

4）剪切后端铣或刨边加工余量为0；

5）焊接结构零件除放出上述加工余量外，还需要考量零件焊接时的收缩量。

（2）切割前对表面弯曲或起伏呈波浪凹凸不平的钢材应先平直再切割。

（3）切割后的钢材不得有分层和大于1mm/m的缺陷，并应清除切口处的毛刺、熔渣和飞溅物。

（4）切割后平面度的测量见图11-1，$U < 0.05t$（t为切割面厚度）且不应大于2.0mm。

2. 气割表面质量超标

【现象】

钢零件气割下料后切割不平，割纹深度、缺口深度及焊接坡口尺寸超过允许偏差。

【原因分析】

（1）切割嘴风线未调整，与被切割材料面不垂直，或作业平台轨道不水平。

（2）切割嘴选用不合适，气割火焰没有调整好，气割氧压力不当，切割嘴高度太高，切割嘴角度位置不当。

（3）气割速度不当，气割设备运行轨道不平直。

【防治措施】

（1）严格按照气割工艺规程的规定，选用合适的气体配比和压力、切割速度、预热火焰的能率、割嘴高度、割嘴与工件的倾角等工艺参数，认真切割，定期对设备进行检查、保养。

（2）应按被切割件的厚度选用合适的气割嘴，气割嘴在切割前应将风线修整平直，并有超过被割件厚度的长度。

（3）作业平台应保持水平，将气割件下应留有空间距离，不得将被切割物直接垫于被气割件下。

（4）可用打磨、小线能量焊补后再打磨的办法，修正不合格的切割制作。

3. 剪切表面质量超标

【现象】

钢零件机械剪切后剪切表面出现边缘缺棱、毛刺、卷边，型钢端部垂直度超出规范规定的允许偏差，剪切边缘有严重冷作硬化现象出现。

【原因分析】

（1）剪板机上、下刀片间隙不当。间隙过小会使板材的断裂部位易于挤坏，并增加剪切力；间隙过大会使板材在剪切处产生变形，形成较大的毛刺；间隙再增加，会发生卷边。

（2）剪切的板料太厚，剪切边缘会出现严重冷作硬化现象。

【防治措施】

(1) 严格按剪切操作规程操作，刀刃间隙与板厚关系见图 11-2。

(2) 机械剪切面的边缘缺陷应小于 1mm/m。

(3) 剪切面的梯度应小于或等于 2.0ran/m。

(4) 一般的钢零件缺陷，用砂轮打磨清除；重要的钢零件，用刨边机或铣边机清除缺陷；如估计刨去或铣边后尺寸会不够时，应先按焊接工艺要求，用焊接方法"长肉"，然后再刨或铣。钢板的剪切厚度不宜超过 12mm。

(5) 建筑钢结构的钢零件剪切时，其允许偏差应符合表 11-1 的规定。

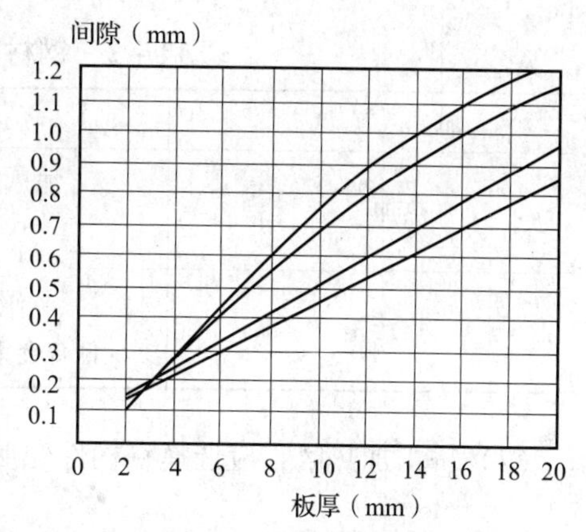

图 11-2　刀刃间隙与板厚关系

表 11-1　钢零件剪切的允许偏差（mm）

项　目	允许偏差
零件宽度、长度	±3.0
边缘切棱	1.0
型钢端部垂直度	2.0

11.2.2　钢材矫正和成型质量通病

1. 热加工与矫正温度不当

【现象】

(1) 钢零件或构件在加热矫正时，温度超过 900℃时，表面产生脱碳、过热、过烧、冷裂纹等现象；低合金结构钢零件或构件在加热矫正和热加工成型后，急风冷却或加水急冷却。

(2) 碳素结构钢和低合金结构钢在温度分别下降到 700℃和 800℃时，还在加热矫正，达不到预期的矫正效果。

【原因分析】

(1) 不执行加热矫正和热加工成型的工艺操作要求，矫正加热区的位置选择不当，不掌握加热火候的方法或加热温度的目的。

(2) 没有加热预温仪器。

(3) 热弯构件，加热温度太高，造成构件表面融化产生过烧。

(4) 加热点的位置和加热大小选择不当，没有按矫正参数原理操作。

【防治措施】

(1) 熟悉钢材特性正确执行加热矫正和成型温度控制要求。钢材热加工和矫正温度控制要求见表11－2。当达到最低矫正温度时，应立即停止加工。

表11－2　钢材热加工的温度控制要求

<table>
<tr><th>加工方式</th><th>加热温度</th><th>结束加工温度</th></tr>
<tr><td>热加工</td><td>加热温度宜控制为900～1000℃</td><td rowspan="2">碳素结构钢，下降到700℃之前；低合金钢下降到800℃之前</td></tr>
<tr><td>热矫正</td><td>碳素钢结构、低合金钢不宜超过900℃</td></tr>
</table>

（2）矫正加热区，应选择在构件变形的拱度处，见图11－3。

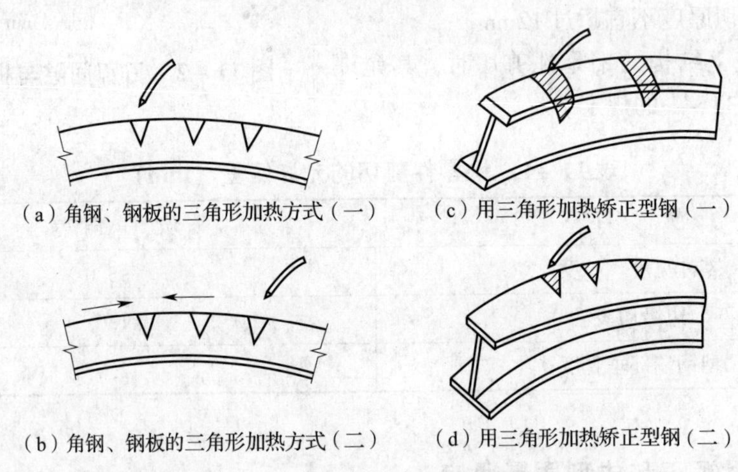

（a）角钢、钢板的三角形加热方式（一）　（c）用三角形加热矫正型钢（一）

（b）角钢、钢板的三角形加热方式（二）　（d）用三角形加热矫正型钢（二）

图11－3　火焰加热的三角形加热方式

（3）熟悉并正确执行冷却要求，碳素结构钢可以浇水急冷，低合金钢严禁浇水急冷或急风冷却。

（4）加强加热操作人员对加热火候和温度控制的培训，必要时采购使用测温仪器。

2. 冷加工温度控制不当

【现象】

碳素钢结构在环境温度低于－16℃，低合金结构钢在环境温度低于－12℃时，进行矫正和冷弯曲。钢材在超出规定的最小曲率半径和最大弯曲矢高情况下冷矫正和冷弯曲。钢材冷加工弯曲成型时出现端部或通长裂缝。

【原因分析】

（1）不熟悉钢材性能。

（2）不熟悉冷加工工艺要求。

（3）不严格按工艺规程操作。

（4）原材料冲击韧性不合格。

【防治措施】

（1）熟悉并正确执行冷加工温度控制要求。

（2）掌握并正确执行冷矫正和冷弯曲的最小曲率半径和最大弯曲矢高（见表11－3）。

（3）原材料机械性能应合格。

（4）弯曲圆角 $R>2.0t$（t 为板厚）。

（5）在端部把折弯圆角4倍半径 R 长范围内的板边缘棱角加工成圆角。

表11－3　冷矫正和冷弯曲的最小曲率半径和最大弯曲矢高（m）

钢材类别	图例	对应轴	矫正		弯曲	
			r	f	r	f
钢板扁钢	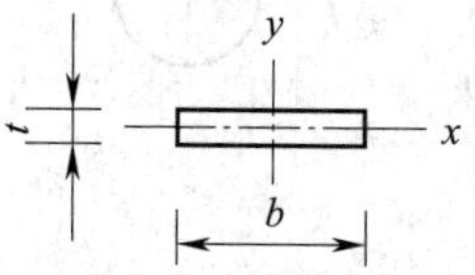	$r-x$	$50t$	$l^2/400t$	$25t$	$l^2/400t$
		$y-y$ 仅对扁钢轴线	$100b$	$l^2/800b \cdot 50b$	$l^2/100b$	
角钢	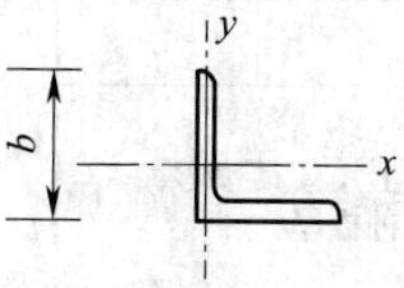	$x-x$	$90b$	$l^2/720b$	$45b$	$l^2/360b$
槽钢	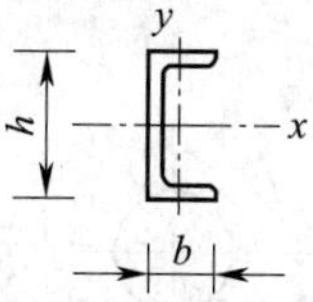	$x-x$	$50h$	$l^2/400h$	$25h$	$l^2/200h$
		$y-y$	$90b$	$l^2/720b$	$45b$	$l^2/360b$
工字钢	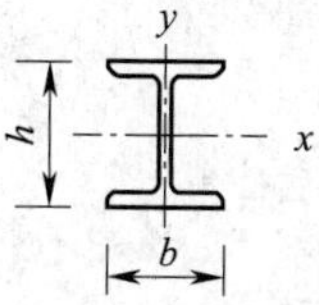	$x-x$	$50h$	$l^2/400h$	$25h$	$l^2/200h$
		$y-y$	$50b$	$l^2/400b$	$25b$	$l^2/200b$

注：r 为曲率半径，f 为最大弯曲矢高，l 为弯曲弦长，t 为钢板厚度。

3. 滚圆圆度不到位

【现象】

冷弯和热弯滚圆的圆度达不到要求，或圆筒产生锥形、鼓腰扭斜、棱角等缺陷。

【原因分析】

（1）冷弯或热弯滚圆的圆度不到位，主要是预弯不达标。预弯压头是将板料两端的剩余直边部分先弯曲到所需的曲率半径，然后再卷弯。

（2）上、下辊互不平行产生锥形。

（3）上辊受力太大或下辊刚度不够产生鼓腰。

（4）卷管进料时未对中或板材不是矩形引起筒体扭斜。

（5）预弯不足产生外棱角，预弯过量产生内棱角。

【防治措施】

（1）注意预弯半径的检查，冷弯或热弯滚圆时速度不应太猛。

（2）滚圆的剩余边可在压力机上预先用磨具压成，或在三辊或四辊弯板机上压成。预弯后，必须用弧线样板检验弧度，合格才能滚圆，见图11－4和图11－5。

图11－4　在三辊弯板上预弯

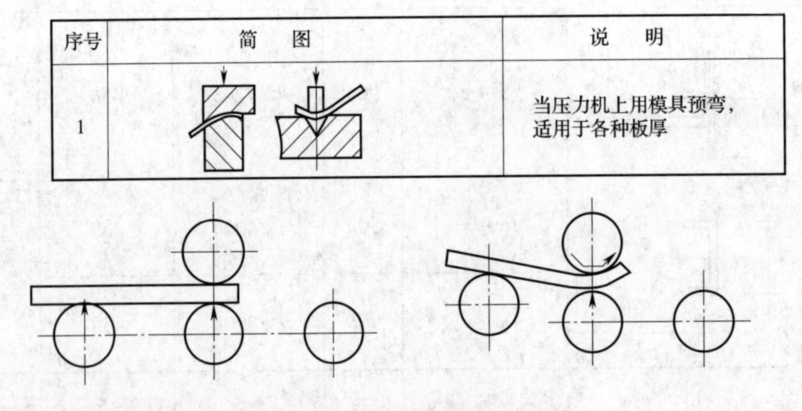

序号	简　图	说　明
1		当压力机上用模具预弯，适用于各种板厚

图11－5　在四辊弯板上预弯

（3）调整上下辊使之平行。

（4）增加滚圆次数，减小辊轴压力。

（5）卷边应成矩形，滚圆进料时应严格对中。

（6）调整预弯量，超过标准应矫正。

11.2.3　零件加工

1. 钢材表面损伤

【现象】

钢材（或构件）在冷、热加工后表面损伤、锤痕压痕较深。

【原因分析】

（1）钢材（或构件）在冷、热加工时，锤击力倾斜或压力过大，引起钢材表面锤痕或压痕。

（2）钢构件过重，起吊家具压紧钢材表面引起压痕。

【防治措施】

（1）为防止加工件表面出现锤痕，应该用方平锤垫在工件上，让敲击通过放平锤传递给工件表面。

（2）改进起吊专用夹具，避免钢材表面压痕与损伤。

（3）对超出允许偏差的凸面或损伤，应按焊接修补与打磨。

2. 端面铣削缺陷

【现象】

（1）磨平顶紧接触面的面积不够。

（2）铣平后构件长度达不到要求。

（3）两端铣平的加劲板长度超标。

（4）铣平面的平面度达不到要求。

（5）铣平面对轴线的垂直度不对。

（6）外露铣平面没有防护措施。

【原因分析】

（1）磨平顶紧接触面积不够，铣平面的平面度不符合要求，这是由于端面铣床的精密度不高，或操作不仔细造成的。

（2）铣平后构件的长度不对，两端铣平的筋板长度不对，是由于铣工在铣削前测量不严格造成的。

（3）铣平面对轴线的垂直度不够，是由于铣工在放置构件到铣床上，位置调整和找正的过程中操作不仔细造成的。

（4）铣削结束并经检验后，未及时抹油、包纸，是外露铣平面锈蚀的主要原因。

（5）铲平作业技能欠佳，铲头未经常加机油冷却，铲头角度控制不稳定。

（6）刨削时进刀量过大。

【防治措施】

（1）构件上刨床后，应找准基准面，仔细校对刨、铣平面与构件中心轴线垂直度。

（2）选择适当的进刀具，切勿贪图快速。

（3）切削过程中勤观察。

（4）刨、铣削结束，并经检验合格后，及时抹油、包纸。

（5）经磨光顶紧检查不合格的铣平面，应吊下来，用砂轮做精细修磨。

（6）钢板坡口可选用辊剪倒角机，钢管割断和坡口加工可选用管子割断坡口机。

3. 端面缺陷

【现象】

（1）零件边线弯曲缺口。

（2）焊接坡口角度小、间隙小、铣边大、面不平整和“反坡口”影响焊接。

（3）承受动荷载的构件，由于边缘加工，边口出现切口、毛边、缺口、粘渣、裂纹、气割硬化层等。

【原因分析】

（1）对采用自动切割、半自动切割、坡口机、刨边机等，机械精度不够或工艺不当。

（2）机加工精度不高。

（3）剪板机剪切后，沿钢板边缘有一个倾斜角度形成“反剖口”。

（4）边缘加工出现缺陷不处理。

【防治措施】

（1）对边缘需加工的钢构件按规定应留有加工余量。

（2）坡口加工可采用样板控制坡口角度和各部分尺寸。

（3）零件边缘加工尺寸、直线度、相邻两边夹角、加工表面粗糙度等应符合表 11－4 和表 11－5 的要求。加工后的表面不应有损伤和裂缝，手工切割后，应清理切割表面，且表面不应有超过 1mm/m 的不平度。

表 11－4 边缘加工允许偏差

项　目	允许偏差值
零件宽度、长度	±1.0mm
加工边直线度	1/3000 且不应大于 2.0mm
项链两边夹角	±6°
加工面垂直度	0.024t 且不应大于 0.5mm
加工面表面粗糙度	50▽

表 11－5 安装焊缝坡口的允许偏差

项　目	允许偏差值
坡口角度	±5°
钝边	±1.0mm

11.2.4 管、球加工质量通病

1. 螺栓球成型缺陷

【现象】

螺栓球成型后有裂纹、皱褶。

【原因分析】

（1）螺栓球的原料为圆钢，锯断后在锻模上锻压成型，锻造前的加热温度应为 900～1000℃，锻造温度过高易出现过烧，使材质热、塑性下降并被锻出皱褶；如温度过低，就会引起裂纹和皱褶。

（2）螺栓球材质含硫、磷过大也易产生裂纹、皱褶。

【防治措施】

（1）螺栓球所采用的原材料，其品质、规格、性能应符合现行国家产品标准和设计要求。

（2）主要锻造前的加热温度最高应在1200～1150℃，且控制加热时间不宜采用急火加热，锻造是应加强作业中的温度和操作控制。

（3）钢锻件的温度在800～850℃之前用结束锻压加工。

（4）螺栓球锻件不应在锻压后即进行冷却。

2. 螺栓球加工尺寸超差

【现象】

螺栓球加工后再圆度、铣平面的平行度与中心距离、与螺栓孔轴线垂直度、相邻螺栓孔中心线夹角等或毛坯直径出现几何尺寸超过规范规定的允许偏差。

【原因分析】

（1）锻造操作不精，会造成毛坯直径和圆度不正确。

（2）铣削操作粗糙会造成两铣平面不平行，铣平面与球中心的距离不对，相邻两螺栓孔中心的夹角不正确等缺陷。

（3）操作马虎会使得铣平面与螺栓孔不垂直。

【防治措施】

（1）强化原材料落料操作的精确性。

（2）强化车削操作的精确性（见图11－6）。

（3）强化铣削操作的精确性。

（4）螺栓球的画线与加工经铣平面、分角度钻孔、改螺纹、检验等，每道工序均需精确操作。

（5）对于螺栓球加工后出现尺寸偏差的螺栓球，应记录球的编号，研究修整或对该节点的套筒或杆件等做补偿调整的方案，提请设计单位认可。

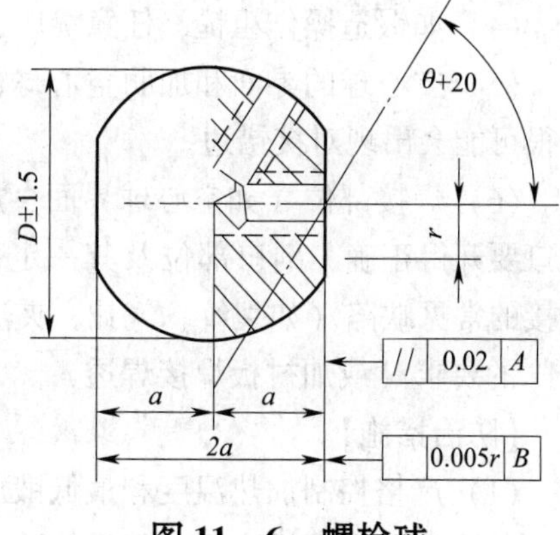

图11－6　螺栓球

3. 焊接球成型缺陷

【现象】

（1）焊接球在钢板压成半圆球后表面不光滑，有裂纹或皱褶。

（2）焊接球直径、圆度、壁厚减薄量，对口错边尺寸超过允许偏差（见图11－7、表11－6）。

【原因分析】

（1）球壁减薄的原因是：热锻过程中上下模之间的间隙太小，被强行压薄。

（2）球径不对是因锻压操作粗糙，过程中又不抽、复检查造成的。

（3）锻造加热温度最高应为1200～1150℃，终锻温度应为800～850℃，如果过热，会使球表面凸起或皱褶过低，产生裂纹缺陷。

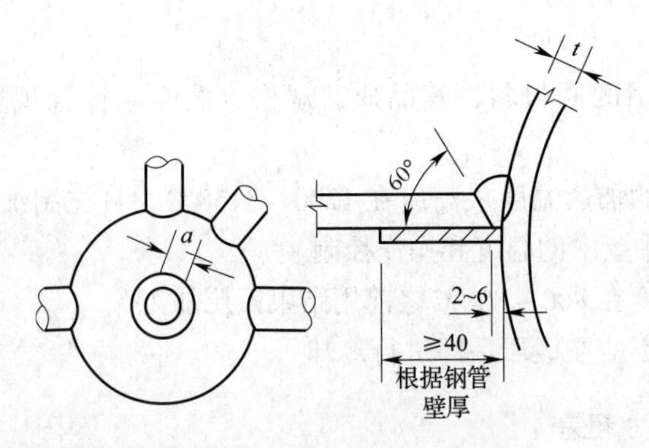

图 11－7　空心球节点连接

表 11－6　焊接球加工的允许偏差

项　目	允许偏差值
直径	±0.005d，±2.5
圆度	2.5
壁厚减薄量	0.13t，且不应大于 1.5
两半球对口错边	1.0

（4）如锻造操作粗糙，任意扔压，过程中又不复查，往往会使球的圆度超差。

（5）空心球的界面和加肋空心球的界面都是要焊接的，如接口部位锻造得粗糙，那么很可能会出现对接错边。

（6）焊接部位（如空心球界面、加肋空心球的界面、杆件端部的界面）都要开剖口，剖口要开得正确，剖口部位及其一定范围内的周边都要清除油、锈、水、污；避免产生焊接的常见缺陷（如裂纹、气孔、夹渣等）。另外，这类焊缝应达到“一面焊接，两面成型”的要求（或加衬板焊接焊透）。

【防治措施】

（1）严格控制加热温度和最低锻压温度，不过烧和低温台下锻压。

（2）注意上下模之间缝隙保持适中。

（3）精心锻造操作，过程中经常检查。

（4）组装球体或钢管时，保持足够的间隙，确保构件焊接质量。

（5）强调焊工的“一面焊接，两面成型”的能力。球拼装时应有胎架保证拼装质量。

（6）球壁薄了、球直径不对、圆度超差、错边等缺陷一经出现，都是无法修补的。

（7）焊缝缺陷，可按常规焊接返修工艺规定处理（如磨后补焊，碳刨后打磨再补焊后再打磨）。

4. 管杆件尺寸超差

【现象】

钢网架（桁架）用钢管杆件表面发纹，接口错位，加工尺寸超差（见表 11－7）。桁架钢管杆件相贯线，间隙过大，坡口角度不当。

表 11－7 钢网架（桁架）用钢管杆件加工的允许偏差

项　　目	允许偏差值	检验方法
圆度	±1.0mm	用钢尺检查
壁厚减薄量	0.005t	用百分表、V 形块检查
两半球对口错边	1.0mm	用套模和游标卡尺检查

【原因分析】

（1）钢管表面发纹是原材料的先天性缺陷。

（2）钢管对接衬板错位是组装不精确造成的，接口错位是不用衬板造成的。

（3）钢管对衬板不密贴，坡口间隙太小，都是组装操作不精确造成的，焊前的间隙大小和坡口不正确也很难满足焊接的质量要求。

（4）钢管下料的正确性会影响钢网架（拼装及安装就位困难的网架、钢桁架）的整体质量。

【防治措施】

（1）钢管下料前，应检查材料质量，外观尺寸、品种规格应符合设计要求且是合格的；钢管下料应考虑到拼装后的长度变化，如球的偏差、温度影响。

（2）杆件下料后应开坡口。

（3）杆件与封板各开 30°坡口，并留 2～5mm/m 间隙，且应在定位牛舌头上进行焊接，确保拼装杆件长度一致性，金属头拼接与封板相同。

（4）精心下料，勤量尺寸，检查坡口，精心组装，以避免出现对口错边、坡口角度不合适、衬垫不密贴、坡口间隙不合适等质量问题。

（5）宜采用数控等离子切割机割制钢管构件相贯线及坡口，对一般平接管口的坡口加工应采用机加工。

（6）有发纹或者已经发展成裂纹的钢管，一经查出应拆换下来，重新制作或打磨，采用小线能量焊，再打磨后，经磁粉探伤（MT）确认已经无裂纹后才能回用。

（7）杆件下料可以按下式计算：

$$L = L_1 - 2\sqrt{R^2 - r^2} + L_2 - L_3 \tag{11-1}$$

式中：L_1——根据起拱要求等计算出的杆长中心线长度；

R——钢管外圆半径；

r——钢管内圆半径；

L_2——预留焊接收缩量（2～3.5mm）；

L_3——对接焊缝根部宽（3～4mm）。

11.2.5 制孔质量通病

1. 制孔粗糙

【现象】

(1) 孔壁表面粗糙度超标。

(2) 孔的直径和圆度达不到要求（见表11-8、表11-9）。

表11-8 A、B螺栓孔径允许偏差（mm）

序　　号	螺栓孔直径	螺栓孔直径允许偏差
1	10~18	+0.18，0.00
2	19~30	+0.21，0.00
3	31~35	+0.25，0.00

表11-9 C级螺栓孔径允许偏差

项　　目	允 许 偏 差
直径	+1.0mm，0.0
圆度	2.0
垂直度	0.03t，且不应大于2.0mm

(3) 孔的垂直度不符合要求。

(4) 孔边缘有毛刺。

【原因分析】

(1) 孔壁粗糙、孔径不对、孔呈椭圆，主要原因是磨钻头切削刀不到位，锋角、后角、横刃斜角没按规定磨好。

(2) 钢板重叠钻孔厚度太大，重叠钻时钢板未夹紧。

(3) 钻孔的平台水平度不准，没有放平引起孔的中心倾斜。

(4) 磁座钻的电磁吸盘吸力不够，引起制孔精度超差。

(5) 钻孔后孔边缘的毛刺未清除干净。

【防治措施】

(1) 充分做好生产前的准备工作，磨好钻头，熟悉工艺及验收标准，发现差距及时纠正，经常自检。

(2) 正确磨好钻头。

(3) 切削时应注入充足的冷却液。钻削钢、铜及铝合金时，可采用3%~8%的乳化油水溶液，为提高钻孔效率，可采用高速锋钢取芯钻头。

（4）孔偏离的情况主要出现在侧向钻孔时，可选用强磁力座钻操作，或采用套模扩孔、钻孔，或先用手持电钻钻出4mm小孔，再用磁力座钻。

（5）在条件允许的情况下，在数控平面钻机或数控三向多轴钻床上钻孔。

（6）毛刺可用砂轮打磨掉。

（7）在设计允许的前提下，用手工铰刀铰孔，以纠正粗糙度、孔径、椭圆度孔距、孔中心线垂直度不符合要求等缺陷，设计不同意用扩孔重新钻孔或用套模时，应按焊接工艺要求用焊接方法补孔、磨平、重新划线、钻孔，严禁塞物进行表面焊接。

2. 孔距超标

【现象】

制孔后，孔与孔的中心距离超出允许偏差（见表11－10）。

表11－10　螺栓孔孔距允许偏差（mm）

螺栓孔孔距范围	<500	501～1200	1201～3000	>3000
同一组内任意两孔间距离	±1.0	±1.5	—	—
相邻两组的端孔距离	±1.5	±2.0	±2.5	±3

【原因分析】

（1）孔距不对，一是没有在钻孔中心打上圆冲印，钻孔时定位不准；二是采用磁座钻时，由于磁性不足而产生滑移。

（2）划线有误差，未采用钻膜钻孔。

（3）钢板重叠钻孔时未对准基准线。

【防治措施】

（1）在条件允许的情况下，尽量在数控平面钻机或数控三向多轴钻床上钻孔。

（2）采用划线的钻孔时，应在构件上用画针和钢尺划出孔的中心和直径，在孔的圆周上（90°位置）打上4个圆冲印，以备钻孔后检查用。孔中心的圆冲印应大而深，以作定心用。

（3）钢板重叠钻孔时，应注意钢板的基准线（面）。

（4）当批量大的同类孔群应采用钻摸钻孔。

（5）钻工应熟悉工艺及验收标准，加强首检，发现问题及时纠正。

11.2.6　钢构件组装质量通病

1. 组装零件乱杂

【现象】

组装、零部件堆放乱杂，不合格的材料、零部件混入组装现场。

【原因分析】

不对材料、零件、构件、部件进行清理，没有交接手续，不对上道工序半成品的质量进行检查，不清点材料、零件部件的数量，不将材料、零件、部件、构件整齐堆放，而是边寻找，边组装，装上去算数，是造成上述缺陷的根本原因。

【防治措施】

（1）对材料、零件、构件、部件进行交接，仔细检查质量，清点数量，分类。

（2）不合格的材料、零件、构件和部件必须清理出来，重新返修。

（3）用错的材料、零件、构件、部件必须重新制作。坡口加工应机加工。

（4）缺少的材料、零件、构件和部件应制作补齐。

（5）加强施工现场的管理。

2. 焊接节点拼接偏差

【现象】

坡口形式、角度、间隙、钝边、错边及清根不符合工艺要求。

【原因分析】

（1）施工技术交底不全面，施工前没有看清图纸，没有了解透焊接接头的形式，没有弄清楚坡口的形式，没有弄明白全熔透要求，匆促施工，是造成各种坡口形式差错的根本原因。

（2）制作粗糙，坡口切割不精细，甚至根本不打磨，组装前又未经过仔细检查和详细清理即组装，是造成坡口角度、钝边、间隙不对，错边、组装尺寸不对等缺陷的根本原因。

（3）碳弧气刨时碳棒同工件短路会造成夹碳。

（4）碳弧气刨手势不稳，往往不能在底部刨出规整的圆槽。

（5）碳弧气刨后，应打磨至呈现金属光泽，否则会造成夹碳。

【防治措施】

（1）强化施工前的技术交底，不盲目开工。

（2）精化坡口制作，如切割、打磨坡口采用刨边或铣边。

（3）精化碳弧气刨＋打磨操作。可以半自动碳弧气刨以提高碳刨面的光泽。

（4）坡口制作和组装两个工序都应强调自查与互查检验。

（5）开错坡口的节点，应拆下零件，返修坡口部位，直到正确后再重装。

（6）截面形状和尺寸不正确的各种构件，应拆下修整，之后再重新组装。

（7）坡口返修的办法是：①钝边过大、间隙过小、角度过小的，可打磨到位；②钝边过小、间隙过大、角度过大的，先用焊接方法堆焊，再打磨到位。堆焊时注意：选用同原材料强度相当的药皮焊条，选用小的焊接线能量（即细焊条、小电流、短电弧、低电压、不摆动、快速度）施焊，确保焊接质量。

3. 组装形位偏差

【现象】

初次组装的部件（如焊接H形钢和箱形截面件），其形位达不到规范要求。

【原因分析】

H形和箱形等截面制作组装（初次）件的各种尺寸达不到规范的允许偏差要求，都是划线、切割超差或零件为预矫正在组装操作中不精细而造成的。

【防治措施】

（1）施工前做好技术交底工作。

（2）H形和箱形截面组装的允许偏差控制。

（3）精心划线，精心切割，精心平整板条，精心割制并打磨坡口，精心组装。

（4）各种尺寸达不到要求的，如在焊前发现，应拆下来，重新组装，如在焊后发现，可仿照焊接变形加以修复。

（5）有坡口要求而未开坡口的T接接头，应拆下来，开制坡口后组装。

4. 板拼接缝位置不当

【现象】

焊接H形钢和箱形柱等的翼腹板拼版焊接缝的位置不符合规范要求。

【原因分析】

（1）拼接位置一般设计图上不做规定，但工厂加工工艺对它应有规定，翼缘板各自的拼接缝位置布置应符合规范规定。

（2）加工厂没有构件材料对接排版图，随意拼接引起接缝位置不符合规范规定。

（3）虽有构件材料对接排版图，但拼接过程中方向位置差错，造成对接缝位置不符合规范规定。

【防治措施】

（1）应对焊接H形钢、箱形柱等构件的拼板进行排版，避免焊缝拼接位置不符合规范要求（特别是大型、重要的构件），避免加劲板或开孔位置处于拼接缝上。

（2）拼接位置弄错的，拆下来，更正后重新组装。

（3）焊接H形钢的翼缘板拼接接缝间距不宜小于200mm，翼缘板拼接长度不应小于600mm，腹板拼接宽度不应小于300mm，长度不应小于600mm，箱形构件的侧板拼接长度不应小于600mm，最小拼接宽度不宜小于板宽的1/4。

5. 吊车梁和吊车桁架下挠

【现象】

吊车梁和吊车桁架产品出现下挠。

【原因分析】

（1）腹板下料或桁架组装时要预放拱度，如不放，那么吊车梁和吊车桁架很难有拱度。

（2）实腹梁在线组焊时，焊接顺序搞错了，如先焊上翼缘/腹板，后焊下翼缘腹板，就难以制作出带拱的实腹梁。

【防治措施】

(1) 腹板下料时预防拱度。

(2) 起拱值的选定应考虑该构件的重量、焊接的各种影响。

(3) 按规定的组装与焊接顺序进行组装与焊接。

(4) 吊车梁和吊车桁架拱度验收测量时，构件直立用水准仪和钢尺检查。

(5) 对吊车梁和吊车桁架出现下挠现象应进行火焰矫正，使之符合要求。

6. 钢屋架（桁架）组装缺陷

【现象】

(1) 桁架各受力杆件的重心轴线未交于一点，参见图 11－8。

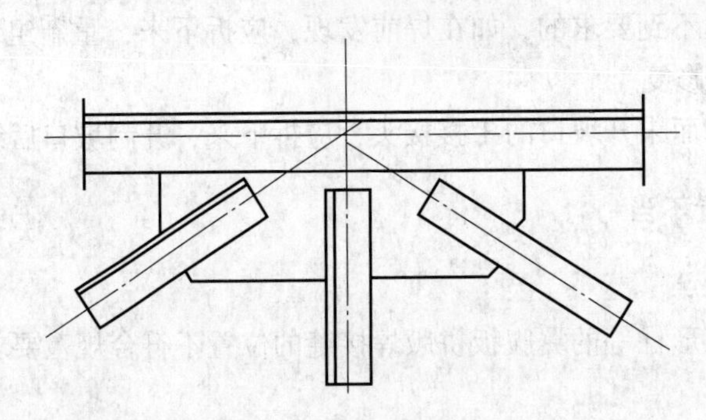

图 11－8 重心轴位置线

(2) 竖杆、斜杆与节点板的搭接长度未达到要求。

【原因分析】

放样草率往往会造成杆件轴线不能汇于一点。

【防治措施】

(1) 组装前 1:1 地仔细放样，就能让杆件轴线交汇在一点。

(2) 仔细按线组装（钢屋架批量大时，靠挡板组装），就能让杆件的实际重心线同理论重心线重合，就能使杆件在节点板上的搭接长度合乎要求，就能避免各种形状和尺寸方面的缺陷的出现。

(3) 对上道工序的杆件尺寸应做检查。组装前杆件应按编号分堆放。

(4) 对不合格的钢屋架应拆开修正后，重新按实样进行组装、焊接。

7. 顶紧面不贴紧

【现象】

零部件刨（铣）平顶紧面不紧贴。梁的端部支承加劲肋的下端，未按设计要求进行刨平顶紧处理。

【原因分析】

(1) 未进行刨铣加工或磨光顶紧工序，擅自进行组装。

（2）主要是操作不精细引起刨铣平面度、垂直度不符合要求。

（3）未掌握刨平顶紧的要求，检验方法不正确。

【防治措施】

（1）零部件（或构件）上刨床，应找准基准面，认真校对中心线、垂直度。

（2）对未经刨铣加工（或无此类设备）的切割面（剪切面），或刨铣不合格的接触面，应用砂轮做精细的修磨，达到磨光顶紧的要求。

（3）顶紧接触面的检验应采用0.3mm塞尺沿顶紧面四周进行塞测，其塞入面积应不小于25%，边缘间隙不应大于0.8mm。

8. 钢构件尺寸超标

【现象】

钢构件外形尺寸偏差超过验收标准的允许偏差。

【原因分析】

（1）不了解钢构件部分外形尺寸，特别是主控项目的质量指标偏差。

（2）对组装零件部件的检查工作不重视，初组装部件尺寸控制措施不严格。

【防治措施】

（1）加强对构件外形尺寸允许偏差的认识和理解，掌握各种不同钢构件外形尺寸的允许偏差，严格控制主控项目质量指标（见表11－11～表11－16）。

表11－11 钢构件外形尺寸主控项目的允许偏差

项 目	允许偏差（mm）
单层柱、梁、桁架受力支托（支承面）表面至第一个安装孔距离	±1.0
多节柱铣平面至第一个安装孔距离	±1.0
实腹梁两端最外侧安装孔距离	±3.0
杆件连接处的截面几何尺寸	±3.0
柱、梁连接处的腹板中心线偏移	±2.0
受压构件（杆件）弯曲矢高	±2.0

表11－12 墙架、檩条、支承系统钢构件外形尺寸允许偏差

项 目	允许偏差（mm）	检验方法
构件长度	±4.0	用钢尺检查
构件两端最外侧安装孔距离 $L1$	±3.0	用钢尺检查
构件是弯曲矢高	1/1000，且不应大于10.0	用拉线和钢尺检查
截面尺寸	+5.0，－2.0	用钢尺检查

表11-13 钢梁外形尺寸的允许偏差

项目		允许偏差（mm）	检验方法	图例
梁长度 L	端部有凸缘支座板	0 -5.0	用钢尺检查	
	其他形式	$\pm L/2500$， ±10.0		
端部高度 h	$h\leq200$mm	±2.0		
	$h>200$mm	±3.0		
拱度	设计要求起拱	$\pm L/5000$	用拉线和钢尺检查	
	设计未要求起拱	10.0 -5.0		
侧弯矢高		$L/2000$， 且不应大于 10.0±4.0		
扭曲		$h/250$， 且不应大于10.0	用1m直尺和塞尺用拉线吊线和钢尺检查	
腹板局部平面度	板厚 $t\leq14$mm	5.0	用1m直尺和基尺检查	
	板厚 $t>14$mm	4.0		
翼缘板对腹板的垂直度		$b/100$， 且不应大于3.0	用直角尺和钢尺检查	
吊车梁上翼缘与轨道接触面平面度		1.0	用200mm、1m直尺和塞尺检查	
箱形截面对角线差		5.0	用钢尺检查	
箱形截面量腹板至翼缘板中心线距离 a	连接处	1.0		
	其他处	1.5		

续表 11－13

项　　目	允许偏差（mm）	检验方法	图　　例
梁短板的平面度（只允许凹进）	$h/500$， 且不应大于 2.0	用直角尺和钢尺检查	
梁端板与腹板的垂直度	$h/500$， 且不应大于 2.0	用直角尺和钢尺检查	

表 11－14　桁架外形尺寸的外形尺寸允许偏差

项　　目		允许偏差（mm）	检验方法	图　　例
桁架最外端两个孔或两端支承面最外侧距离	$L\leqslant 24$m	+3.0 −7.0	用钢尺检查	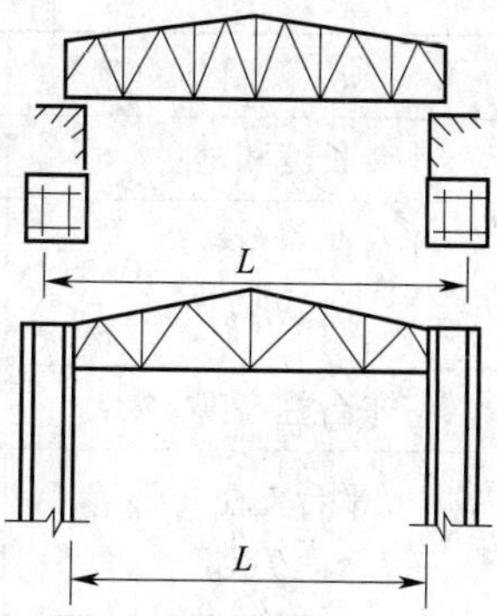
	$L>24$m	+5.0 −10.0		
桁架跨中高度		±10.0		
桁架跨中挠度	设计要求起拱	±1/5000		
	设计未要求起拱	+10.0 −5.0		
相邻节间弦杆弯曲（受压除外）		$L/1000$		
支承面第一个孔安装距离 a		±1.0	用钢尺检查	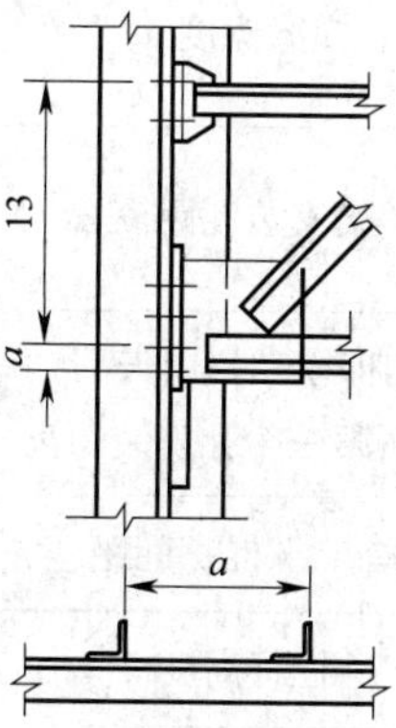
檩条连接支座间距		±5.0		

表 11－15　钢管构件外形尺寸允许偏差

项　目	允许偏差（mm）	检验方法	图　例
直径	±d/500 ±5.0	用钢尺检查	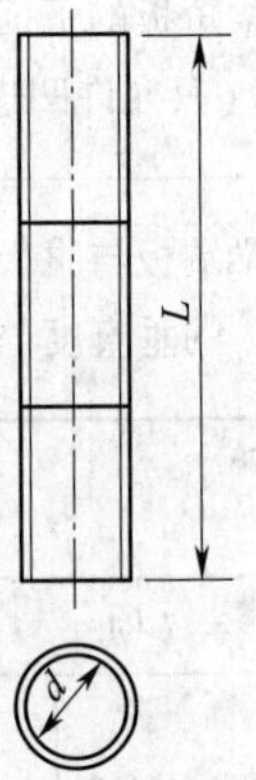
构件长度 L	±3.0	用钢尺检查	
管口圆度	d/500 且不应大于 5.0	用钢尺检查	
管面对管轴的垂直度	d/500 且不应大于 3.0	用焊缝量规检查	
弯曲矢高	1/500 且不应大于 5.0	用拉线吊线和钢尺检查	
对口锯边	t/10 且不应大于 3.0	拉线和钢尺检查	

注：对方矩形管，d 为长边尺寸。

表 11－16　钢平台外形尺寸允许偏差

项　目	允许偏差（mm）	检验方法	图　例
平台长度和宽度	±5.0	用钢尺检查	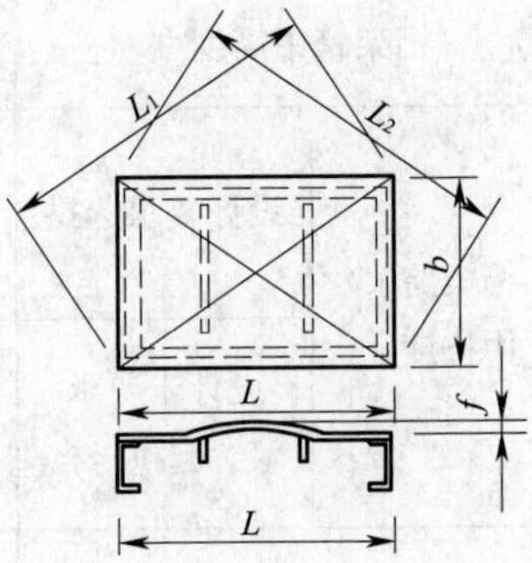
平台两对角线差（t_1-t_2）	6.0	用钢尺检查	
平台柱高度	±3.0	用钢尺检查	
平台支柱弯曲矢高	5.0	用拉线和钢尺检查	
平台表面平面度（1m 范围内）	6.0	用 1m 塞尺和直尺检查	
梯梁长度 L	±5.0	用钢尺检查	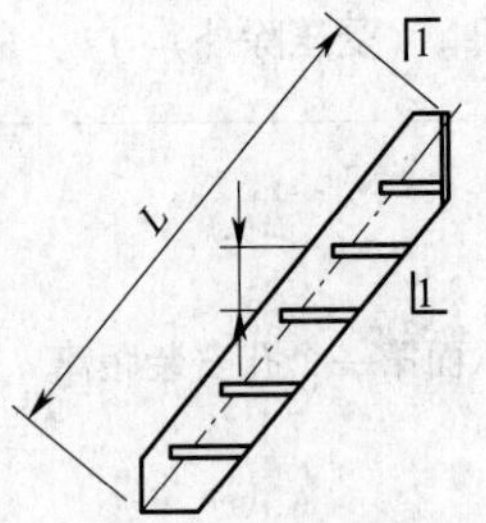
梯梁宽度 b	±5.0	用钢尺检查	
梯梁安装孔距离 a	±3.0	用钢尺检查	
钢梯纵向挠曲矢高 支承面第一个孔安装距离 a	1/1000	用拉线和钢尺检查	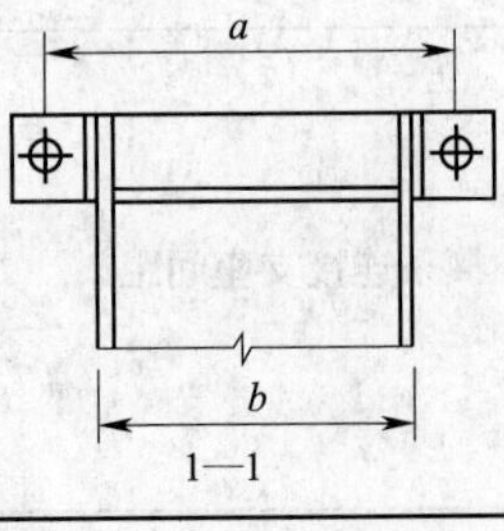
踏步（棍）间距	±5.0	用钢尺检查	
栏杆高度	±5.0	用钢尺检查	
栏杆立柱间距	±10.0	用钢尺检查	

（2）加强对上道工序的检查，必要工序应设立质量检查停止点。

（3）在编制加工工艺文件时应全面考虑下料、组装、焊接、矫正、钻孔等各道工序的偏差和变形情况，合理安排加工顺序，提出质量控制指标。

（4）严格执行加工工艺规定的顺序和要求，不合格不进入下道工序。

（5）计量器具应检定合格，并能正确调整度数误差值，在长度测量时对过长构件应使用拉力称，并注意温度对测量的影响和调整。

（6）提高员工的质量意识，提高员工的操作技能，提高三级检验制的作用，促进产品质量提高。

（7）对外形尺寸超标的部位应按工艺文件要求进行返修，返修后重新检验。

11.2.7 预拼装通病

钢构件预拼装的允许偏差见表11－17。

表11－17 钢构件预拼装的允许偏差

构件类型	项目		允许偏差（mm）	检验方法
多节柱	预拼装单元总长		±5.0	用钢尺检查
	预拼装单元弯曲矢高		1/1500，且不大于10.0	用拉线和钢尺检查
	预拼装单元柱身扭曲		2.0	用焊缝量规检查
	顶紧面至任一牛腿距离		±2.0	用拉线、吊线和钢尺检查
梁 桁架	跨度最外两端安装孔或两端支承面是最外侧距离		+5.0 －10.0	用钢尺检查
	接口截面错位		2.0	用焊缝量规检查
	拱度	设计要求起拱	±1/5000	用拉线和钢尺检查
		设计未要求起拱	1/2000 0	
	节点处杆件轴线错位		4.0	划线后用钢尺检查
管构件	预拼装单元总长		±5.0	用钢尺检查
	预拼装单元弯曲矢高		1/1500，且不大于10.0	用拉线和钢尺检查
	对口错边		1/10，且不大于3.0	用焊缝量规检查
	坡口间隙		+2.0 －1.0	

续表 11－17

构件类型	项　目	允许偏差（mm）	检验方法
构件平面总体预拼装	各楼层柱距	±4.0	用钢尺检查
	相邻楼层梁与梁之间距离	±3.0	
	各层框架两对角线之差	$H/2000$，且不应大于5.0	
	任意两对角线之差	$\sum H/2000$，且不大于8.0	

注：H 为楼层高度。

1. 支承平台不合格

【现象】

预拼装支承平台不平整，或基础支承力不够，预装后构件处于不同平面位置上。

【原因分析】

（1）未充分认识预支承平台找平重要性。

（2）支承点的位置未垫实或基面承载力较差，构件就位后引起不水平。

【防治措施】

（1）预拼装场地应平整、坚实、有一定的承载力，不易变形。

（2）预拼装平台或支承面应经准确定位，并符合工艺文件要求，重型构件预拼装使用临时支承结构应进行结构的安全验算。

（3）对预拼装平台或支承凳在预拼装中产生的变形，应及时垫实调平，防止位移的再发生。

2. 强制预拼装

【现象】

预拼装过程中采用大锤锤击或顶紧装置强制装配、检验时未拆除临时固定。

【原因分析】

（1）不了解预拼装条件。

（2）不认识检查时不拆除临时装置影响正常安装。

（3）因构件尺寸不符合要求，采用强制预拼装。

【防治措施】

（1）预拼装的目的是检验构件制作的整体性，构件的制作精度、相关尺寸是否准确，当预拼装不能在自由状态下进行时，应对构件形状、尺寸和变形进行校正。

（2）检查前应自觉拆除预拼装时所使用的全部临时固定和拉紧装置。

（3）预拼装时，不准使用火焰加热矫正在预拼装位置构件。

（4）预拼装过程中，可用卡具、夹具、点焊、拧紧装置等进行临时固定，调整各部位尺寸，在连接处所有连接板都装上，用普通螺栓固定。

3. 孔通过率不高

【现象】

预拼装中多层板叠节点的螺栓孔通过率不高。

【原因分析】

（1）制作过程中钻孔工序操作不精细，引起孔的偏位、不垂直等。

（2）预拼装的构件检验中出现偏差。

（3）预拼装的构件在同一区域内出现异向尺寸偏差。

（4）预拼装构件的节点连接处平面没有调整好。

【防治措施】

（1）制作过程中可尽可能采用数控钻床或套模板进行加工，对直接划线钻孔的，应采用画针进行划线，孔位应有可检查对照记号。

（2）构件钻孔应操作精细，确保孔的偏位和不垂直度在允许偏差范围内。

（3）构件安装节点应认真检验，同一区域内构件螺栓孔位置不应出现异向偏差。

（4）构件节点连接处平面应处于良好的水平（或垂直）面上。

（5）预拼装避免强制拼装，以避免拆除临时固定和拉紧装置后出现反弹变形。

（6）螺栓孔通过率达不到要求时，可在征得设计同意后进行铰刀扩孔，扩孔后的孔径不应超过螺栓直径的1.2倍。

（7）对孔径超差和孔距离超差过大的孔，允许塞焊补后重新钻孔，再次进入预拼装，但孔塞焊时应采用与母材材质相匹配的焊条补焊，补焊时不得塞入填孔物，补焊后孔部位应修磨平整。

（8）对A、B级螺栓孔，宜先钻小孔，以备正式安装后进行铰孔。

11.3　钢结构安装常见质量通病与控制措施

11.3.1　基础和支撑面质量通病

1. 基础混凝土强度未达到设计要求

【现象】

安装后的柱脚混凝土开裂被压碎见图11－9。

【原因分析】

（1）基础混凝土强度未达到设计强度的75%以上，钢柱安装后出现基础混凝土被压碎的情况。主要是因为赶工期、抢进度而造成。

（2）钢结构安装时，基础四周未回填夯

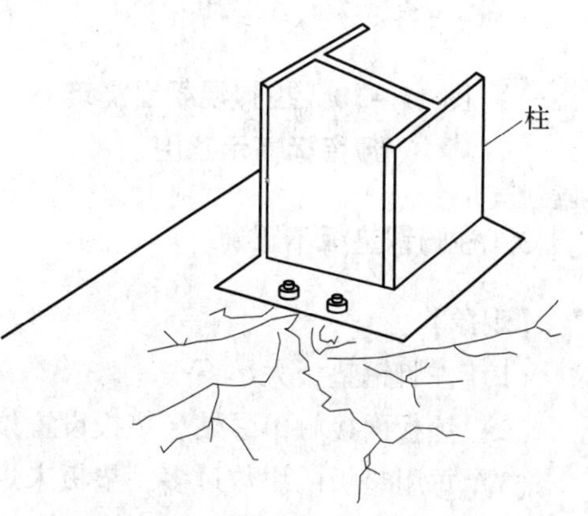

图11－9　基础混凝土被压碎

实完毕。主要是因为赶工期、抢进度而造成。

（3）二次浇灌处的基础混凝土表面未凿毛，表面处理也不干净，钢结构构件安装后很难再处理，造成二次浇灌的混凝土与原浇灌的混凝土之间附着力差。

【防治措施】

（1）浇灌好的混凝土应有润湿养护措施，并定期泼水保持湿润，以达到强度养生条件。

（2）拆模时间不宜过早，否则会造成因混凝土强度不足而被损坏。

（3）一定要保证混凝土强度达到75%以上的养护时间，不能因为抢工期而任意缩短工期，强行吊装。

2. 基础二次灌浆达不到设计要求

【现象】

（1）钢柱底座板底平面与砂浆上平面间有空隙。

（2）砂浆填充不实。

（3）柱底座板下平面中心没有灌入砂浆。

【原因分析】

（1）采用的灌浆材料不符合规定。

（2）基础上表面与钢柱底板下平面之间距离太小，砂浆不易填充。

（3）灌浆操作工艺不正确。

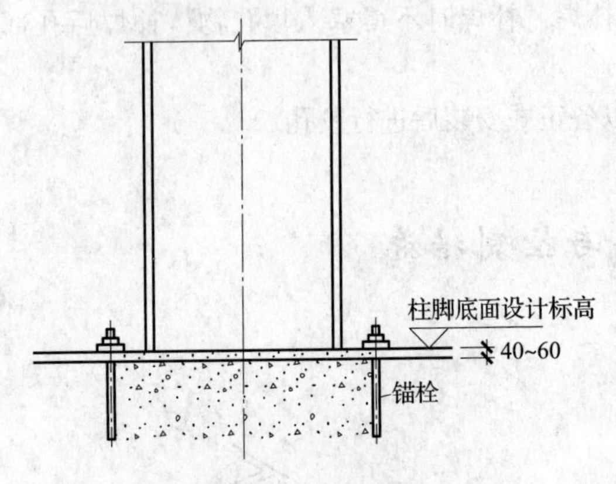

图11-10 柱脚混凝土浇筑预留标高示意图

【防治措施】

（1）在用垫铁调整或处理标高、垂直度时，应使基础支撑面与钢柱底座板之间的距离不小于40mm。一般在基础施工时，先将混凝土灌注到比设计标高略低40~60mm。然后，根据柱脚类型和施工条件，在钢柱安装调整后采用一次或两次灌浆法将缝隙填实（见图11-10）。

（2）灌浆料应采用高强度等级水泥，一般为高强无收缩水泥砂浆。至少用比原基础混凝土强度等级高一级的水泥砂浆配制。

3. 柱脚钢垫板不正确

【现象】

（1）柱脚钢垫板大小不一。

（2）垫板面接触不紧贴，垫板设置位置随意。

（3）每组垫板的块数过多，垫板未焊接固定。

【原因分析】

钢垫板的面积大小应根据基础混凝土的抗压强度、柱底板的荷载（二次浇注前）和地脚螺栓的紧固拉力计算确定，并取其中较大者，随意摆放或垫板面积不经计算确定都是错误的。

【防治措施】

钢柱脚采用钢垫板作支撑时，应符合下列规定：

(1) 钢垫板面积应根据混凝土抗压强度、柱底板承受的荷载和地脚螺栓（锚栓）的紧固拉力计算确定。

(2) 垫板应设置在地脚螺栓的柱脚底板加劲板或柱肢下，每根地脚螺栓侧应设1～2组垫板，每组垫板不得多于5块（见图11－11）。

(3) 垫板与基础面和柱底面的接触面应平整、紧密；当采用成对斜垫板时，其叠合长度不应小于垫板长度的2/3。

(4) 柱底二次浇灌混凝土前垫板间应焊接固定。

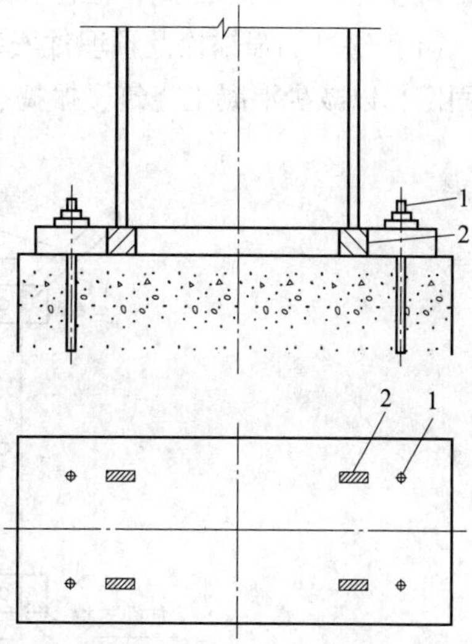

钢垫板面积近似计算公式如下：

$$A = \frac{Q_1 + Q_2}{C}\varepsilon$$

式中：A——钢垫板面积（cm^2）；

ε——安全系数，一般为1.5～3；

Q_1——二次浇注前结构重量及施工荷载等（kN）；

Q_2——地脚螺栓紧固力（kN）；

C——基础混凝土强度等级。

图11－11 垫板正确放置示意图

1—锚栓；2—垫板

钢柱安装用垫铁调整标高或垂直度时，首先应确定垫铁的面积。

4. 地脚螺栓（锚栓）安装尺寸超差

【现象】

(1) 地脚螺栓定位偏差过大。

(2) 钢柱地脚螺栓位移或垂直度偏差过大。

(3) 地脚螺栓埋设不合格导致锚固力不足。

(4) 地脚螺栓螺纹保护不善。

【原因分析】

锚栓及预埋件安装未符合下列规定：

(1) 宜采取锚栓定位支架、定位板等辅助固定措施。

(2) 锚栓和预埋件安装到位后，应可靠固定；当锚栓埋设精度较高时，可采用预留孔洞、二次埋设等工艺。

(3) 锚栓应采取防止损坏、锈蚀和污染的保护措施。

（4）钢柱地脚螺栓紧固后，外露部分应采取防止螺母松动和锈蚀的措施。

（5）当锚栓需要施加预应力时，可采用后张拉方法，张拉力应符合设计文件的要求，并应在张拉完成后进行灌浆处理。

锚栓及预埋件是上部结构与基础之间的连接枢纽，其安装质量不仅影响上部结构的受力。由于锚栓埋设不合格导致锚栓与基础的锚固力不足，直接影响上部结构的受力安全，还直接决定上部结构钢柱的轴线定位精度。

【防治措施】

由于锚栓和预埋件安装精度容易受到混凝土施工的影响，且钢结构和混凝土的施工允许误差并不一致，因此，锚栓和预埋件的安装应与混凝土的施工联系在一起综合考虑。

（1）通过加强锚栓及预埋件安装阶段的固定措施（见图 11－12）将锚栓及预埋件可靠固定，以减少混凝土浇筑、振捣、拆模等的影响。

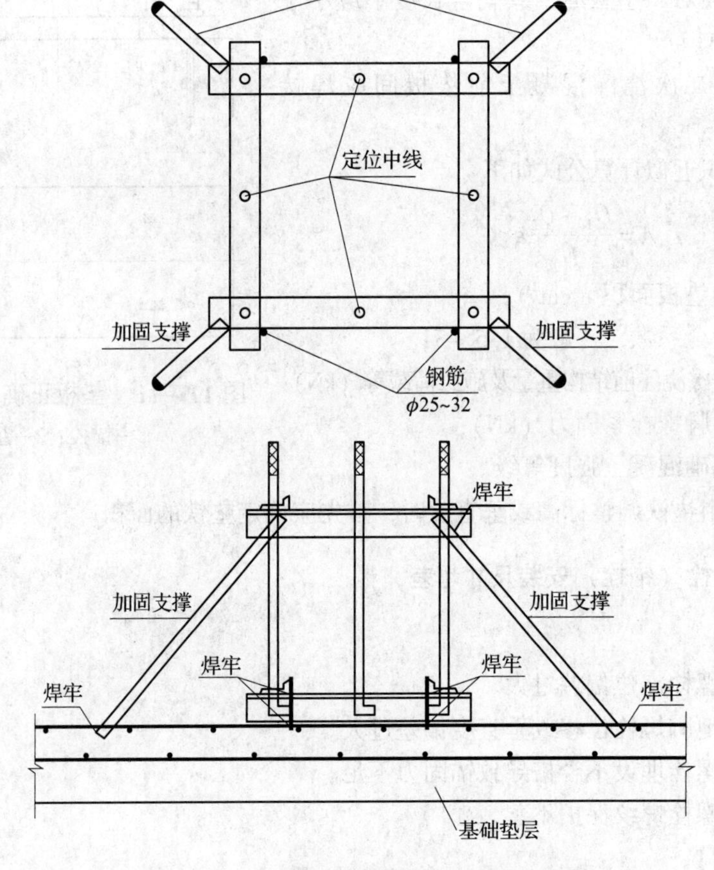

图 11－12 锚栓定位支架定位板示意图

（2）通过在混凝土上设置锚栓预留孔，将锚栓安装与混凝土施工避开，以减少混凝土施工的影响。该方法需前期预留孔和后期续灌孔，操作烦琐，且锚固作用不如直接锚固可靠。

（3）地脚锚栓埋设后，在混凝土养生强度达到 75% 左右时，对个别垂直度偏差小的螺栓进行加垫调整。

（4）地脚螺栓的直径、长度均应按设计规定制作。螺栓的材质、尺寸、规格、形状和螺纹的加工质量均应符合设计施工图的规定。

地脚锚栓的直径与钢柱底板的孔径相匹配。地脚螺栓长度尺寸可按下式计算：

$$L = H + S \text{ 或 } L = H - H_1 + S$$

式中：L——地脚螺栓总长度（mm）；

H——地脚螺栓埋设深度（mm）；

H_1——当采取预留锚栓孔埋设时，锚栓孔部与孔底的悬空距离（$H - H_1$）；一般不小于80mm；

S——垫铁高度、底座板厚度、压紧螺母厚度、防松锁紧副螺母（或弹簧垫圈）厚度和螺栓伸出螺母长度（2～3扣）的总和（mm）。

（5）柱子安装时锚栓宜用护套或导入器保护。钢柱吊装时，为防止损伤锚栓螺纹，可用铁皮或其他物件卷成护套套在锚栓上，钢柱就位后再行取走。

（6）锚栓是永久性受力螺栓，长期使用和动载作用下，可能出现松动。因此，锚栓紧固后应有防松措施，如采用双螺母、弹簧垫圈、螺母与锚栓焊接等。

11.3.2 待安装构件质量通病

1. 构件几何尺寸超差

【现象】

（1）待安装构件几何尺寸超差。

（2）现场待安装构件变形。

【原因分析】

（1）钢构件进安装现场未对其主要尺寸进行复测，无预先处理措施，造成安装困难。

（2）运输和现场堆放分类不当，吊装绑扎方法不当，引起构件永久性变形。

（3）对变形构件不作处理，直接进入吊装工序。

【防治措施】

钢结构安装现场应设置专门的构件堆场，并应采取防止构件变形及表面污染的保护措施。安装前，应按构件明细表对进场构件查验产品合格证；工厂预拼装过的构件在现场组装时，应根据预拼装记录进行。

（1）钢构件进场安装前，应对钢构件主要安装尺寸进行复测，对个别超差的构件应有修正处理方案，保证安装工作顺利进行。

（2）构件运输应选用合适的车辆和包装方式，防止构件发生永久性变形和损坏涂层，必要时应设计运输临时支架。

（3）安装现场构件堆放地应平整、坚硬。

（4）对几何尺寸超差、变形的构件，应处理、矫正后，经检查符合要求后才能进入吊装工序。

2. 构件基准标记不全

【现象】

(1) 钢柱等主要构件侧面无中心线标记。

(2) 钢柱无标高基准线标记。

(3) 钢柱等构件基准标记方向不一致。

【原因分析】

(1) 对构件中心线标记认识不足，错误地将构件边缘作为中心线的延伸部分，造成一部分的制作误差引至安装误差中。

(2) 没有认识到构件标高基准点对整个建筑结构安装的重要性，简单地从柱底确定标高基准点，这将引起吊车梁的调整量增加或屋盖系统的水平调整。

(3) 构件基准标记方向不一致，给安装过程中的测量造成困难，影响工期。

【防治措施】

(1) 在做详图设计前，安装单位应与制作单位及时沟通，提出构件中心线和标高基准点的位置和方向。

(2) 工厂涂装后应及时恢复标高基准点和中心线，并检查合格。

(3) 进入安装现场的构件应及时抽查复测中心线和标高基准点的正确性。

(4) 标高观测点的设置可按下列规定：

1) 在有牛腿（肩梁）柱时，标高观测点的设置以牛腿（肩梁）支承面为基准，设在柱上易于观察的位置；

2) 无牛腿（肩梁时）柱时，应以柱顶端屋面梁连接的最上一个安装孔中心为基准。

(5) 中心线标识的设置可按下列规定：

1) 在柱底板上表面行线方向设一个中心标识，在列线方向每侧各投一个中心标志；

2) 在柱身表面上行线和列线方向各设一个中心线，在每柱中心线的柱底部、中部（牛腿）和顶部各设一处中心标志。

11.3.3 钢柱安装质量通病

1. 钢柱垂直度超差

【现象】

钢柱垂直偏差超过允许值。

【原因分析】

(1) 钢柱制作时未采取控制变形措施，构件存在弯曲变形未经校直出厂。

(2) 整体刚性较差，在外力作用下产生弹性或塑性变形。

(3) 吊装工艺考虑不全，吊点设置不合理。

(4) 温度、风力及其他外力作用导致其弯曲变形。

(5) 钢梁安装、焊接影响柱子垂直度。

【防治措施】

（1）钢柱制作时，组装、焊接等工序均应采取防止变形措施，对制作产生的变形应及时矫正，以防流入下一道工序，造成更大积累误差。

（2）钢柱为竖向构件，柱截面相对长度方向小得多，即刚性较差，在外力作用下易失稳变形。竖向吊装时吊点的选择很重要，一般应选择在柱长2/3的位置，可防止变形。而在构件上设置吊装耳板或吊装孔，使吊起的钢柱保持垂直方便就位，可降低钢丝绳绑扎难度，提高工效，但吊装耳板和吊装孔宜对称设置在构件重心的两侧，竖直构件一般设置在构件的上端，吊耳方向与构件长度方向一致，钢柱吊点一般设置在柱上端对接处的连接板上（见图11－13），吊装孔大于螺栓孔。

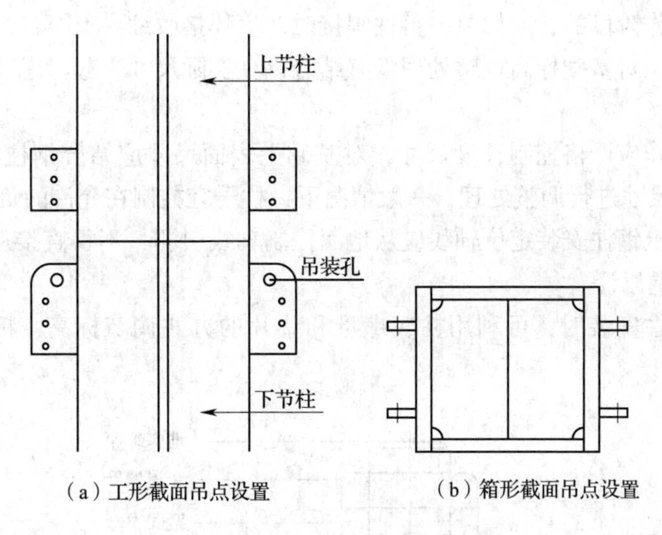

（a）工形截面吊点设置　（b）箱形截面吊点设置

图11－13　钢柱吊装点

（3）钢柱就位校正时，应注意风力、日照温度和温差的影响。在校正柱高时，当风力超过5级时不能进行，且应保护校正完的柱子。

（4）钢柱受阳光照射，阳面和阴面温差大，柱发生弯曲变形（见图11－14），尤其是在柱上端部弯曲严重，校正和测量工作应在早晨或傍晚阳光照射较低的时间内进行。

（5）钢柱在日照下的弯曲位移值可用经纬仪直接测量，也可用以下经验公式计算：

$$\Delta_s = \frac{6\ (t_1 - t_2)\ h^2}{10^3 B_x\ (B_y)}$$

式中：Δ_s——钢柱顶端偏移量（mm）；

h——钢柱由底到上垂直段高度（见图11－14）；

t_1、t_2——实测钢柱两个面（阴阳面）的温度（℃）；

B_x、B_y——钢柱横截面积（m^2）。

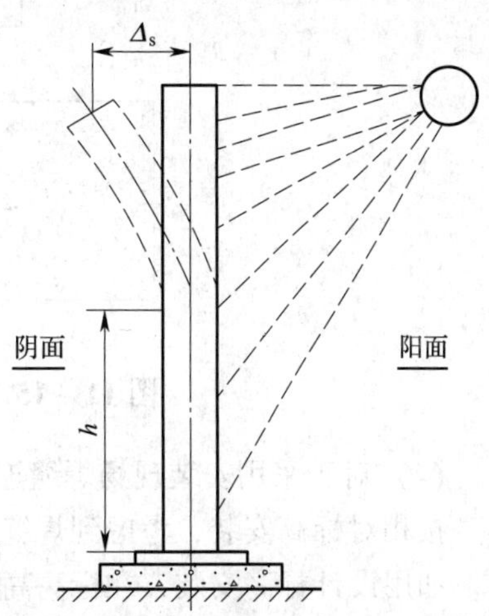

图11－14　钢柱顶段被日照弯曲位移示意图

（6）柱子垂直度调整要考虑梁焊接收缩值，一般约为1%~2%。根据经验预留反变形值的大小。

2. 钢柱安装高度超差

【现象】

（1）安装后的钢柱高度尺寸超差，各柱牛腿处的高度偏差数值不一致，造成与其连接的构件安装困难。

（2）多层级高层钢结构柱子安装累计误差造成柱子标高超差。

【原因分析】

（1）基础标高不准确或产生偏差，基础沉降等。

（2）钢柱制作阶段的长度偏差，钢柱焊接时产生焊接收缩。

（3）安装时，对基础标高调整处理没有结合钢柱实际尺寸一起考虑。

【防治措施】

（1）钢柱制作应严格控制长度尺寸，对基础上表面尺寸应结合钢柱的实际长度或牛腿支撑面的标高尺寸进行调整处理。一般情况下，柱子宜控制在允许的负偏差范围内。

（2）首节以上钢柱安装定位轴线应从地面控制轴线引测，不得直接从下节钢柱引测，以免定位轴线偏差累计。

（3）首节钢柱安装时，可利用柱底螺母和垫片的方式调节标高，精度可达±1mm，如图11－15所示。

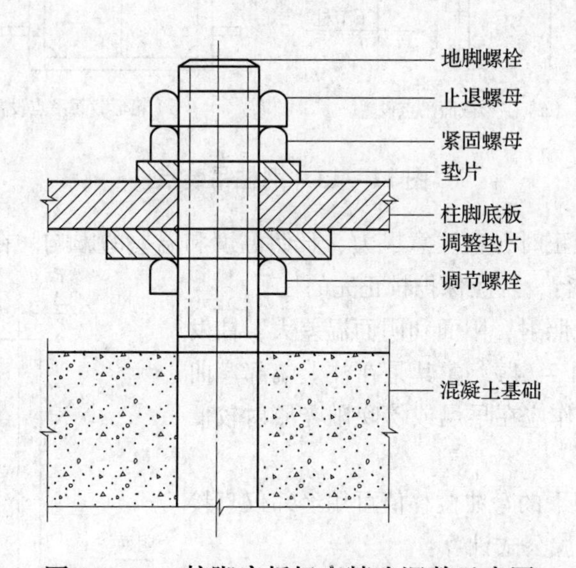

图11－15　柱脚底板标高精确调整示意图

（4）对于采用安装现场焊缝连接的钢柱，通过焊缝根部间隙逐节调整钢柱的标高。按相对标高安装，考虑到焊缝收缩及压缩变形的影响，标高偏差调整至4mm以内即可。如用设计标高安装，在标高高于设计值5mm以内不用调整。因为柱－柱节点间有一定的间隙，如标高低于设计值，则可增加上下柱节点的焊缝宽度，但一次调整不得超过5mm，以免过大的调整带来安装难度。

3. 箱型柱、圆管柱内灌混凝土变形，焊缝开裂

【现象】

内灌混凝土的箱型柱、圆管柱，在浇筑混凝土的过程中，箱型柱或圆管柱身出现“鼓肚”或焊缝开裂。

【原因分析】

（1）用顶升法浇筑混凝土压力过大，对柱身侧壁压强过大。

（2）柱身内部隔板开孔不合理，造成混凝土流动性阻塞，产生过大压强。

（3）柱隔板未开透气孔或孔被堵死。

【防治措施】

（1）钢柱制作时，严格控制焊缝质量。

（2）为保证混凝土在浇筑过程中的流动性，钢柱内部隔板中间位置均应设置开孔，开孔大小一般不小于250mm，同时应在隔板的四周均匀布置直径不小于50mm（一般四个孔）的孔洞以便通气。

11.3.4　钢屋（托）架、桁架安装质量通病

1. 钢屋架安装拱度不符合要求

【现象】

（1）拱度过大，虽然对承受压力荷载有利，但不利于安装并影响钢柱的垂直度或上部跨度尺寸的负偏差。

（2）拱度下挠不但影响受力荷载，还会加大钢柱上部跨度尺寸及其垂直度偏差。

（3）吊装、安装过程中钢桁架（屋架）侧向失稳、变形。

【原因分析】

（1）制作时，深化设计中忽略单榀桁架稳定性及起拱度计算，未按规定的拱度要求进行加工，拱度加工方法不合理；拱度变形未经矫正就安装。

（2）吊装工艺不合理，吊装时，未进行平面外刚度加固，吊点布置不正确。

【防治措施】

桁架（屋架）安装应在钢柱校正合格后进行，并应符合下列规定：

（1）钢桁架（屋架）可采用整榀或分段安装。

（2）钢桁架（屋架）应在起板和吊装过程中防止产生变形。

（3）单榀钢桁架（屋架）安装时，应采用缆绳或刚性支撑增加侧向临时约束。

钢屋架为片状桁架结构，跨度一般较大，吊装过程中极有可能出现变形，尤其易侧向失稳。因此屋架吊装前宜进行强度、稳定性等验算，不满足要求时，应采取加固措施，一般可以通过在屋架腹杆绑扎固定加固杆件的方式予以加强，见图11－16。

单榀屋架吊装就位后，应采取措施予以固定。特别是对侧向稳定控制，一般可以通过侧向对侧设置缆风绳或刚性支撑方式加固，见图11－17。

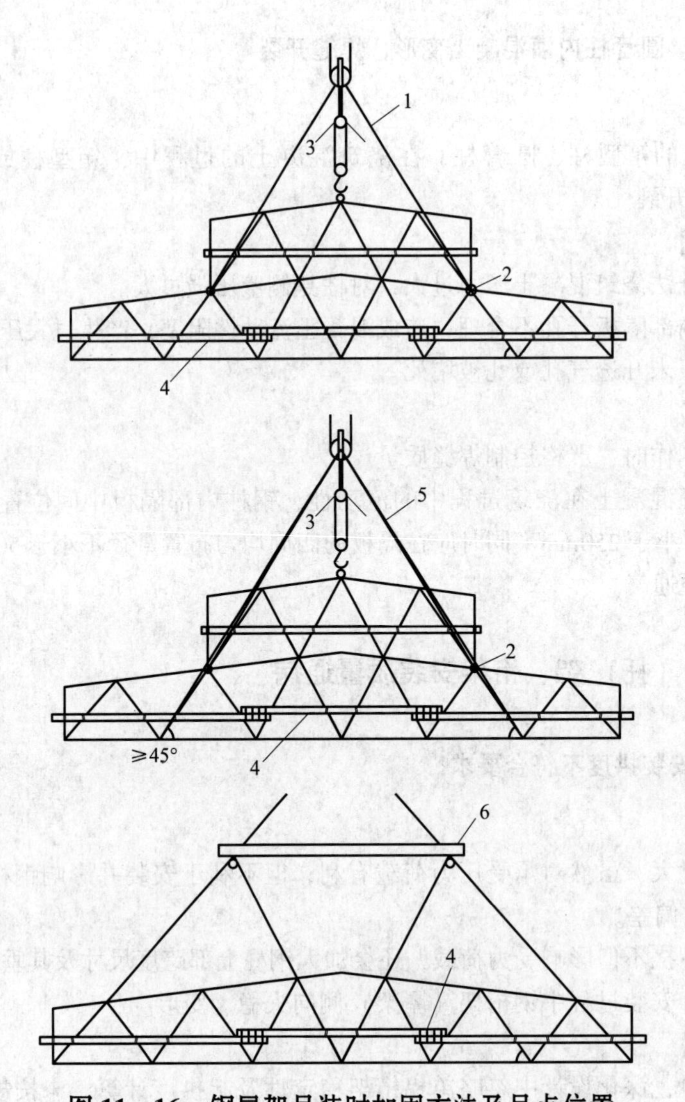

图 11－16　钢屋架吊装时加固方法及吊点位置

1—吊索；2—卡环；3—倒链；4—脚手杆固架；
5—长吊索对折；6—横吊梁

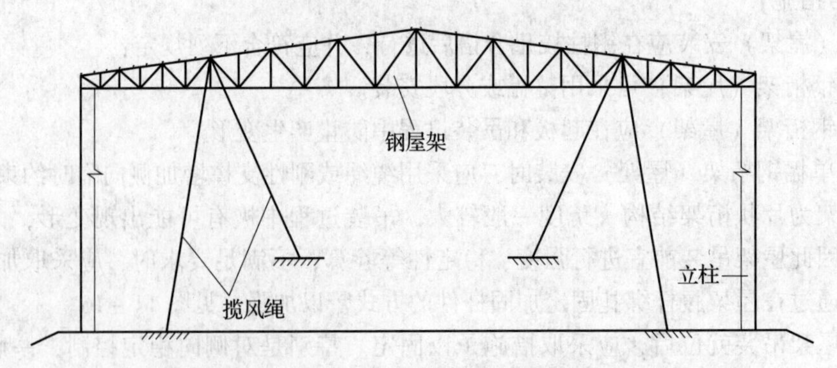

图 11－17　单榀钢屋架缆风绳侧向固定示意

钢屋架制作起拱度设计有要求时，按设计要求，当设计无要求时，按跨度比 $L/500$ 起拱。

2. 钢架尺寸超差，与柱端部节点板不密合

【现象】

（1）屋架的跨度超过允许值，尺寸过大或过小。

（2）对与柱侧相连接的屋架，端部节点板件存在间隙，将影响柱的垂直度或平行度，影响柱与屋架的受力性能。

【原因分析】

（1）造成屋架跨度尺寸超差的原因之一是钢屋架制作工艺不合理，起拱度过大或过小，未校正就安装。

（2）造成端节点存在间隙的原因是钢柱安装垂直度超差，屋架制作跨度超差（见图 11－18）。

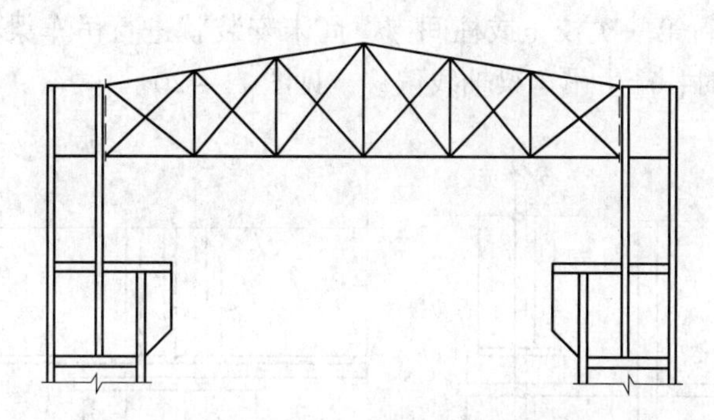

图 11－18 刚架尺寸超差与柱端部不密合

【防治措施】

（1）钢屋架制作底样或模具应统一，组装时，应有定位措施以保证屋架的跨度和拱度正确。

（2）嵌入式连接的支座宜在屋架焊接，矫正后按其跨度尺寸位置拼装，以保证跨度、高度正确并便于安装。

（3）为方便安装时调整跨度尺寸，对嵌入式链接的制作，制作时可先不与屋架组装，应用临时螺栓附在屋架上，以备在现场安装时按屋架跨度尺寸及其规定的位置进行连接。

（4）在吊装前，对检查出的变形超差部位予以矫正，在保证跨度尺寸后再进行吊装。

11.3.5 吊车梁安装质量通病

1. 吊车梁垂直度、水平度偏差过大

【现象】

吊车梁的垂直度、水平度偏差超过规定的允许值，以致影响吊车梁的受力性能和吊车轨道的安装。

【原因分析】

（1）钢构件制作精度超过规范规定，或运输堆放中产生扭曲等永久变形。

（2）钢柱安装中没有按吊车梁牛腿支承面作基准调整平，单纯以柱底面作调整面，造成相邻柱的吊车梁牛腿支承面标高超标，见图11－19。

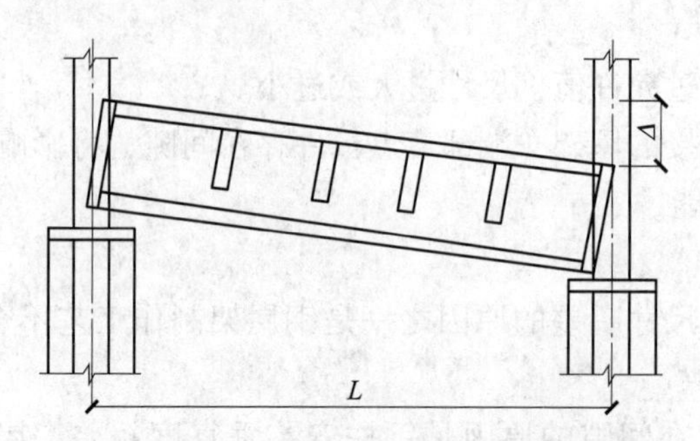

图11－19　牛腿支承面柱高超差示意

（3）钢柱尚未进行第一次校正或柱间支撑尚未安装就进行吊车梁安装与校正，待柱校正和柱间支撑安装时，产生吊车梁轴线偏移，见图11－20。

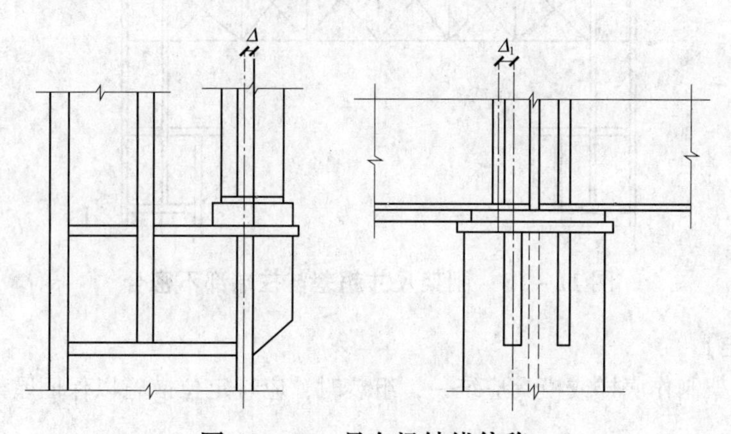

图11－20　吊车梁轴线偏移

（4）钢吊车梁与牛腿支承面垫板厚度不当，垫板设置不平，或垫板未焊接固定而移动，引起梁的标高偏差，见图11－21。

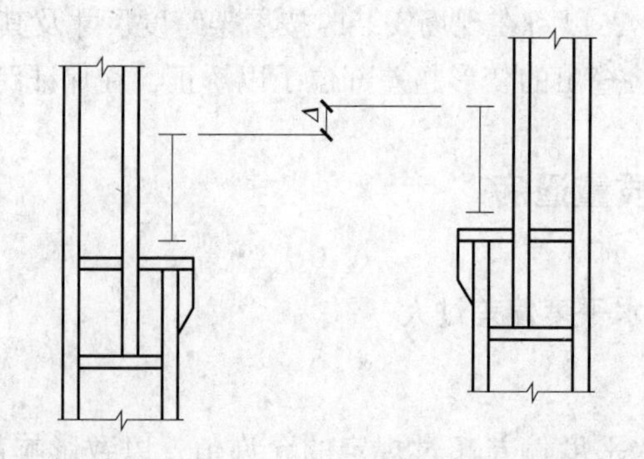

图11－21　支承垫板引起梁标高偏差示意

【防治措施】

（1）钢柱安装应严格控制定位轴线，调整好垂直度和牛腿面的水平度，以防吊车梁安装时产生较大垂直度或水平度偏差。

（2）钢柱安装时，应认真按要求调整好垂直度和牛腿面的水平度，以保证吊车梁安装时达到要求的垂直度和水平度。

（3）吊装吊车梁前，为防止垂直度、水平度超差，应认真检查其变形情况，如发生扭曲等变形时应予以矫正，并采取刚性加固措施防止吊装再变形。

（4）预先测量吊车梁在支承处的高度和牛腿距柱底的高度，如产生偏差时，可用钢垫板在基础上平面或牛腿支承面上予以调整。

（5）吊车梁安装时，应按梁的上翼缘平面事先划定中心线，进行水平位移，梁端间隙的调整达到规定的要求后，再进行梁端部与柱的斜撑等连接。

2. 钢吊车梁受拉翼缘上进行焊接

【现象】

在使用中，梁受拉翼缘开裂，乃至破坏。

【原因分析】

钢吊车梁是直接承受动荷载作用的构件，其受拉翼缘是疲劳敏感区域。若在钢吊车梁受拉翼缘进行焊接，在该处焊接应力集中，翼缘边缘母材受损，产生缺陷或缺口，造成危害性的破坏。

【防治措施】

（1）制作或安装施工单位的工艺中应明确规定在吊车梁（吊车桁架）受拉翼缘上不得进行焊接、引弧或焊接工装夹具等，此规定在给工人技术交底时应强调。

（2）当该部位损伤或有缺陷时，应及时修补并打磨平。

11.3.6　钢网架（空间网格结构）安装质量通病

1. 高空散装法支撑架整体沉降量过大

【现象】

高空散装法支撑架沉降量过大，导致标高偏低，挠度偏差大。

【原因分析】

（1）支架搭设位置不正确。

（2）支撑架及支撑架基础承载力等都未经工况设计计算，基础未经加固。

（3）拼装顺序不正确。

【防治措施】

（1）支撑架既是网架拼装成型的承力架，又是操作平台，因此必须经工况设计计算确定，保证支撑系统的竖向刚度和稳定，并满足基础（地耐力）的要求，支撑系统卸载拆除时，应遵守“卸载均衡、变形协调”的原则。

(2) 搭设拼装支撑架时，支撑点宜设在下弦节点处，同时在支撑架上设置可调节标高的装置（见图11－22）。

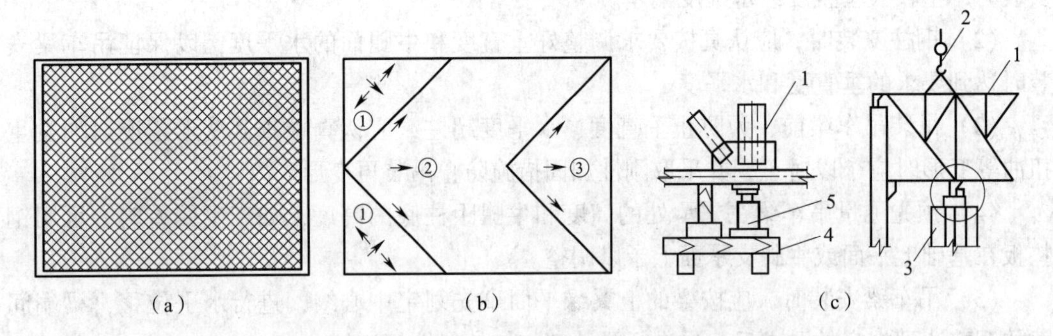

图11－22　高空散装法安装网架

1—第一榀网架块体；2—吊点；3—支架；4—枕木；5—液压千斤顶；①、②、③—安装顺序

(3) 高空散装对支撑架的沉降要求较高，包括基础沉降在内的沉降量不得超过5mm。

(4) 高空散装法的重点是确定合理的施工拼装顺序，其顺序应能保证拼装精度减少累积误差，拼装顺序一般从中间向两侧或四周扩展，以减小累计偏差，便于控制标高，由于杆件一端是自由的，能及时调整尺寸以减少变形和焊接应力（见图11－23）。

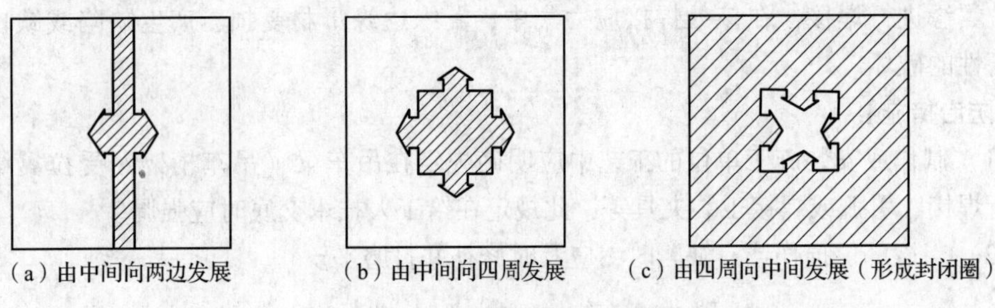

（a）由中间向两边发展　（b）由中间向四周发展　（c）由四周向中间发展（形成封闭圈）

图11－23　总拼顺序示意图

(5) 在施工过程中应对网架的支座轴线，支撑面标高、屋脊线、檐口线位置和标高等进行跟踪控制，发现重大偏差应及时纠正。

(6) 悬挑安装时，由于网格结构单元不能承受自重，通过计算对网格结构进行加固，确保网格结构在拼装过程中的稳定，支撑架承受荷载产生沉降，须用千斤顶随时进行调整。

2. 支座垫块种类、规格、摆放位置和朝向不符合设计和标准要求

【现象】

支座垫块种类、规格、摆放位置和朝向不符合设计和标准要求，从而改变网架受力性能。

【原因分析】

对不同材质、不同类型垫块在网架不同支座中的功能不理解，随意代用，互换使用等。由于互换会影响网架支座的传力、受力性能，使网架变形不一致，从而削弱其承载力。

【防治措施】

支座支承垫块的种类、规格、摆放位置和朝向应符合设计要求和国家现行有关标准的规定，橡胶垫块与刚性垫块之间或不同类型刚性垫块之间不得互换使用。在对网架结构进行分析时，其杆件内力和节点变形都是根据支座节点在一定约束条件下进行计算的。而支承垫块的种类、规格、摆放位置和朝向的改变都会对网架支座节点的约束条件产生直接的影响，使网架变形不一致而削弱承载力。橡胶垫块和刚性垫块之间或不同类型刚性垫块之间不得互换使用，装置时应加强巡视和检查，防止互换用错。

3. 高空滑移法安装挠度值过大

【现象】

高空滑移法安装网架挠度值过大。

【原因分析】

网架设计时未考虑分条滑移安装方法，网架高跨比小，在条块拼接处易由于网架自重而下垂，又未及时进行调整，其挠度超过设计值。从而导致网架受力性能下降，使刚度和承载力达不到设计要求。

【防治措施】

(1) 滑移用的轨道有各种形式，可用角钢、工字钢、槽钢等制作，滑轨可用焊接或螺栓固定在梁上，网架在滑移完成后支座即固定于底板上以便连接。滑移装置的导向轮是作为保险装置用，一般在导轨内侧设置（见图11－24)，正常滑移时导向轮与导轨脱开，间隙为10～20mm，只有当同步超过规定值或拼装误差在某处较大时，两者才会碰上。

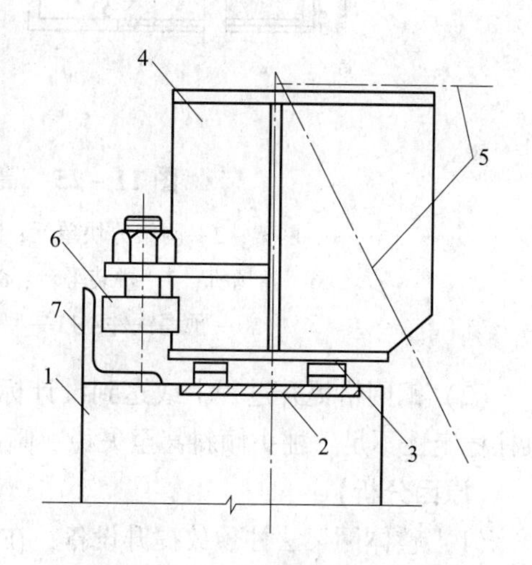

图11－24 轨道与导轨设置

1—天沟梁；2—预埋钢板；3—轨道；4—网架支座；5—网架杆件中心线；6—导轮；7—导轨

(2) 滑移平台起始点尽量利用已建结构物，其高度应比网架下弦低40cm，以便网架下弦节点与平台之间设置千斤顶，用以调整标高，平台上面铺设安装模架，平台宽略大于2个节间（见图11－25)。

(3) 拼装时适当提高网架起拱度数值。对于大跨度网架滑移时，可增加设置中间滑道，以减小跨度增加其刚度。防止滑移过程中因杆件内力改变和影响其挠度，控制网架在滑移过程中的同步值。

(4) 在网格结构合拢处，通过工况分析计算，可设置足够刚度的支承架，支架上装有千斤顶，用以调整合拢处网格结构挠度。

4. 整体提升柱的稳定性差

【现象】

(1) 整体提升支撑柱的强度、刚度不够，受力后失稳。

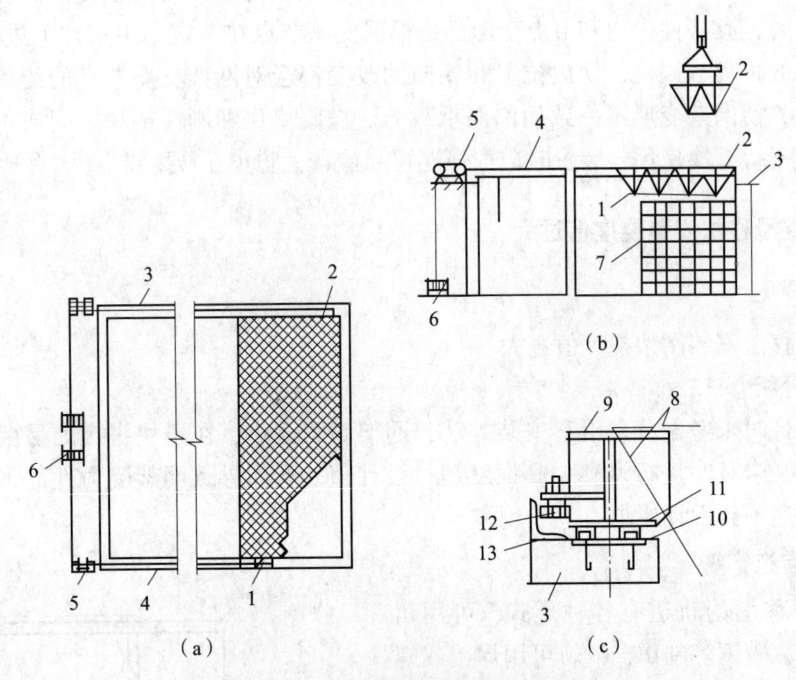

图 11－25　高空滑移法安装网架

1—网架；2—网架分块单元；3—天沟梁；4—牵引线；5—滑车组；
6—卷扬机；7—拼装平台；8—网架杆件中心线；9—网架支座；
10—预埋铁件；11—型钢轨道；12—导轮；13—导轨

（2）钢网格提升过程中或达到设计标高时，需水平位移，对柱产生变荷载，从而导致柱稳定性不足，柱头倾斜甚至失稳、倾覆破坏。

【原因分析】

（1）整体网架法柱顶放提升设备，在提升重物时对支撑柱或支撑架产生很大压力。

（2）提升设备布置不合理，加荷不均。

（3）提升过程中各吊点不同步，提升差值超过允许值。

（4）提升设备偏心受压，产生偏心距。网架提升过程中达到设计标高时需水平移位，对柱产生变荷载或对柱采取稳定措施不当，从而导致柱稳定性不足，出现较大变形、柱头倾斜，甚至失稳、倾覆。

【防治措施】

（1）根据提升方案，应进行各种工况分析计算，不符合强度和稳定要求时应进行加固，并对其中关键点进行检测，发现问题及时处理。

（2）网架提升吊点需通过计算，吊点设置尽量与设计受力状况相接近，避免变号杆件失稳。每台提升设备所受荷载尽量达到平衡，提升负荷能力，群顶或群机作业，需按额定能力乘以折减系数，穿心式千斤顶为0.5～0.6，电力螺杆升板机为0.7～0.8。

（3）网架提升不同步的提升差值对柱的稳定性影响很大，必须按以下要求控制：

1）当用升板机提升时，允许差值为相邻提升点距离的1/400，且不大于15mm。

2）当用穿心式千斤顶时，为相邻提升点距离的1/250，且不大于25mm。

（4）提升装置放在柱顶或支承柱上时，应尽量减少偏心距。

（5）提升时，下部结构应形成稳定的框架结构体系，方可进行提升。

（6）对提升结构应作详细验算（包括支承结构），含提升同步差异引起的结构内力变化、吊点处的局部强度和稳定性验算等。

5. 主结构提升位置构件局部变形

【现象】

整体提升吊装结构，在提升点位置及相邻杆件发生弯曲变形。

【原因分析】

（1）提升点受力状况与设计最终受力状况不一致，而又未采取任何加固措施。

（2）提升点位置有后嵌入杆件，在工况分析验算时，未考虑嵌杆工况。

（3）提升点布置不合理，导致杆件应力过大，造成变形。

（4）提升托座变形，导致局部失稳。

【防治措施】

（1）在提升前，应对提升的各种工况进行模拟分析计算（包括吊点处的局部强度和稳定性验算），计算工况应与实际工况相一致，尤其是缺杆工况，并根据计算结果，增设临时杆件，撑杆对提升部位的结构进行加强。

（2）提升的下锚点可设置提升梁或提升托架等工装，可避免在原结构上进行过多的焊割作业。

（3）提升托座是提升工作的主要受力部位，设计时应进行有限元分析，确定其强度和稳定，必要时应增加支撑。

6. 钢网架结构安装后支座焊缝出裂纹

【现象】

网架结构通过滑动支座或盆式支座与基础连接，在结构施工完成后达到设计受力状态，支座或支座与基础埋板的焊缝出现裂缝。

【原因分析】

（1）焊接工艺不合理，不同钢种焊接工艺措施不当。

（2）结构施工变形过大。

（3）支座限位没有适时打开。

【防治措施】

（1）滑动支座与盆式支座材料采用铸钢件，在焊接前应对铸钢与埋件材料进行焊接工艺评定，在确定各项焊接工艺参数后再进行焊接。

（2）应有合理的拼装顺序与焊接工艺顺序，使焊接应力和变形在可控范围内。

（3）在结构最终合拢前及卸载前，应打开（至少结构一端）支座的限位或临时锁定措施。保证结构在此时不受双向约束，使施工产生的应力可释放。

11.3.7 预应力钢结构安装

1. 钢结构安装误差造成拉索不能安装

【现象】

钢结构安装误差过大，造成不带调节端拉索不能安装上或安装完成后拉索松弛，带调节端拉索调节端调节长度不够。

【原因分析】

钢结构安装时，对结构安装尺寸控制较差，预应力钢结构在拉索张拉时会使钢结构产生变形，而在钢结构安装时没有考虑。

【防治措施】

(1) 充分认识预应力钢结构与常规钢结构不同，必须严格控制安装尺寸，才能满足拉索的安装要求。

(2) 有些钢结构在拉索张拉前和张拉后变形很大，在钢结构安装阶段应考虑此影响，适当调整钢结构安装尺寸。

(3) 宜在钢结构安装完成后，即进行钢结构实际安装尺寸的测量，根据测量结果进行拉索索长的下料。

2. 索体防护层破损、索体锚具与 PE 索体间热缩管破损

【现象】

(1) 拉索表面的 PE (聚乙烯) 防护层破损或者非 PE 防护而采用高钒镀层防腐的高钒拉索表面高钒镀层被磨损掉。

(2) 拉索金属锚具与 PE 索体间用于防腐防护的热缩管破损。

【原因分析】

(1) 拉索在运输、吊装、安装过程中，坚硬物体触碰防护层，造成防护层损伤。

(2) 由于热缩管是柔性拉索与刚性锚具间的连接部分，安装和张拉时都容易碰到这个部位，且热缩管较薄，比较容易破损。

【防治措施】

(1) 运输过程中拉索要采用柔软的绳索固定。

(2) 到现场后拉索卸车时，必须采用柔软的吊装带进行卸货，严禁采用钢丝绳作为拉索的卸货吊具。

(3) 放索时应在索下垫滚轴，避免 PE 和有尖锐的物体发生剐蹭。

(4) 安装过程中应注意防止拉索与钢结构或支承胎架尖锐部位碰撞。

(5) 安装和张拉时一定要保护热缩管部位，如果意外造成损伤，可以购买对应型号的热缩管，沿径向剖开包裹到原部位后，用胶将热缩管粘结到一起后，再用热风枪将热缩管固定到防护部位。

3. 撑杆偏移

【现象】

连接到拉索的撑杆在张拉完成后竖向垂直度误差超过设计要求。

【原因分析】

钢结构安装偏差和撑杆下端索夹位置偏差造成撑杆偏移；张拉时如果两边不对称，也会造成撑杆偏移。

【防治措施】

（1）拉索在工厂制作时一定要严格按照设计要求，在拉索上做好撑杆安装位置的标记点。

（2）到达现场安装前，要先测量钢结构的安装尺寸，如果偏差较大，应调整拉索与撑杆下节点索夹的安装标记位置。

（3）拉索安装时应严格按照标记位置进行安装。

（4）张拉时除控制索力外，还应控制两端锚具处螺纹的拧紧长度要对称，防止两端拧紧长度差值过大，造成撑杆发生偏斜。

4. 钢拉杆螺纹锚固长度不够

【现象】

钢拉杆杆体与锚具或调节套筒间的螺纹锚固长度没有满足受力要求。

【原因分析】

由于钢拉杆杆体螺纹较短，且一个钢拉杆有多个连接部位，在安装时和张拉时需要反复旋转调节螺纹长度，因此容易造成个别螺纹锚固长度不够。

【防治措施】

（1）钢拉杆安装时首先要在杆体螺纹上用记号笔标记出拉杆的最小锚固长度位置，安装张拉完成后进行检查，如果标记没有露出，就表示能保证最小锚固长度。

（2）在安装前，拉杆两端的螺纹露出长度一定要调整到相同，以确保不会出现为了调整拉杆长度而造成个别螺纹锚固长度不够的现象。

5. 张拉完成后结构变形与索力偏差大、支座变形

【现象】

（1）张拉完成后混凝土结构变形与索力及仿真计算值超过偏差要求。

（2）张拉完成后结构支座开裂或变形。

【原因分析】

（1）支座摩擦与设计不相符，在相同张力下，摩擦力过大则结构变形偏小。

（2）结构屋面荷载与设计不相符，荷载大则变形小，荷载小则变形大。

（3）檩条及桁架与主梁的连接是固结还是铰接对索力和变形也产生影响。

（4）张拉时支座的状态与设计不相等或者张拉时支座为固定支座，张拉力大部分传递到支座上，造成支座变形或开裂。

【防治措施】

张拉前要仔细检查结构受力状态是否与仿真计算相符。检查的主要内容包括：

（1）支座是否与设计相符，支座上的临时固定装置是否都已经拆除。

（2）屋面荷载包括檩条、檩托等安装情况是否与计算相符。

（3）相邻主梁间的檩托或者次梁与主梁的连接方式是刚接还是铰接。

（4）支撑胎架是否有限制结构变形的措施。

（5）张拉次序是否与原计算相符。

如果上述结构受力情况与仿真计算不符，需要重新调整仿真计算，确定张拉力和变形结果。

（6）在张拉前要仔细检察支座状态，并应把固定支座的临时措施全部拆除。

（7）检查支座安装后滑动方向是否与设计一致。

（8）张拉前一般只做成可滑动状态，如果设计最终为固定支座，施工时应通过支座构造设计确保在张拉时支座可滑移，在屋面全部荷载施加完成后，最终使支座变成固定铰接支座。

11.3.8 索膜结构安装质量

1. 膜材料色差大

【现象】

膜材色泽差异明显，色差大。

【原因分析】

膜材生产过程中需在聚酯纤维织物或玻璃纤维织物的基材上涂以各种相应的涂层，以改善膜材的耐久性、抗水性、自洁性、抗紫外线等物理性能。所以不同批次生产的膜材存在一定的差异。

【防治措施】

（1）应遵守膜结构工程中采用同一厂家、同一型号、同一批次的膜材。

（2）加强膜材料检查：包括膜材检查、辅料检查、原材料复验。

1）膜材检查：对膜材厚度、宽度和外观进行检查（用目测检查：膜材印刷备案应满足设计要求，每卷膜材之间应无明显色差，膜材表面应光滑平整，无污点、霉点、褶皱等缺陷）。

2）辅料检查：主要是对胶条进行检查，用卡尺检查胶条直径。

3）原材料复验：每 500m^2 ETFE 作为一个检验批进行原材料复验，做物理力学性能试验和透光率试验，合格后方可进入加工程序。

2. 膜结构张拉失误

【现象】

膜结构施加预张力后超张拉或张拉力不足，引起膜面褶皱和变形。

【原因分析】

对膜结构工程预张拉力的重要性认识不足，施加预张拉力方案不正确，施加预张力方法及张拉控制机械设备选用不当，张拉质量控制不严。

【防治措施】

（1）制定正确的施工预张力方案，应考虑张力的均匀传递，膜剪裁应相对正确；为便于整个结构体系安装，成品膜单元应比预张力状态下的膜单元小。

（2）对膜结构施加预张力应以控制位移为主，对有代表性的施力点通过检测内力作为辅助控制手段。

（3）合理选用膜结构张拉控制机械设备。

（4）严格控制张拉质量，膜面应力应分块逐步张拉到位。

3. 膜面褶皱

【现象】

膜面出现褶皱。若结构在外荷载作用下出现过多的褶皱单元，膜面将形成水坑，产生应力集中，从而使结构失去承载能力。

【原因分析】

膜面褶皱大部分是由于设计、施工中预应力取值不当造成的。膜材是一种抗弯、抗压刚度趋近于零的材料，在设计中进行找形分析、荷载分析时，膜材不会产生褶皱。一般对于正交异性的薄膜材料，当一个方向的主应变出现负值时，膜单元将出现单向褶皱状态或全褶皱状态。

【防治措施】

（1）在裁剪膜片时，应使膜片纤维方向与主应力方向一致。

（2）在实际操作时，特别是对一些角部或边缘区域，取材的随意性易造成热合后的膜片收缩不一致，易出现褶皱。因此这些部位应特别注意。

（3）预张力施加不到位或支承构件支座安装误差也易使膜材出现褶皱。同时膜片裁减时还应考虑膜材沿经向、纬向的收缩量，否则由于膜材的徐变将造成膜面松弛而难以施加预张力。

（4）膜结构裁剪分析时应考虑周到，安装前必须对相关土建尺寸进行复核，及时调整膜片尺寸。

4. 膜结构污渍

【现象】

膜面或结构上有污渍。

【原因分析】

（1）设于膜材外的 PVC 涂层随时间推移老化、剥落。

（2）制作安装缺陷导致膜面在焊缝处留下污渍，或不慎被利物刮划涂层，使织物直接接受紫外线的作用，时间久了也会出现局部污渍。

【防治措施】

（1）在原已有污渍存在的张拉膜材上涂敷结合良好的涂层。

（2）膜结构应定期清洗，清洗时应采用专用清洗剂。

(3) 用喷水枪现将加入清洗剂的水喷到膜上，再用软刷清洗。

11.4 钢结构焊接常见质量通病与控制措施

11.4.1 焊接材料质量通病

【现象】

(1) 焊条：直径和长度偏差过大；焊条药皮未能均匀、紧密地包覆在焊芯周围；焊条药皮存在影响焊接质量的裂纹、气泡、杂质及脱落等缺陷；焊条偏心度超标；焊条规格、型号标志不清晰（见图 11－26）；暴露空气中时间过长，药皮吸湿严重。

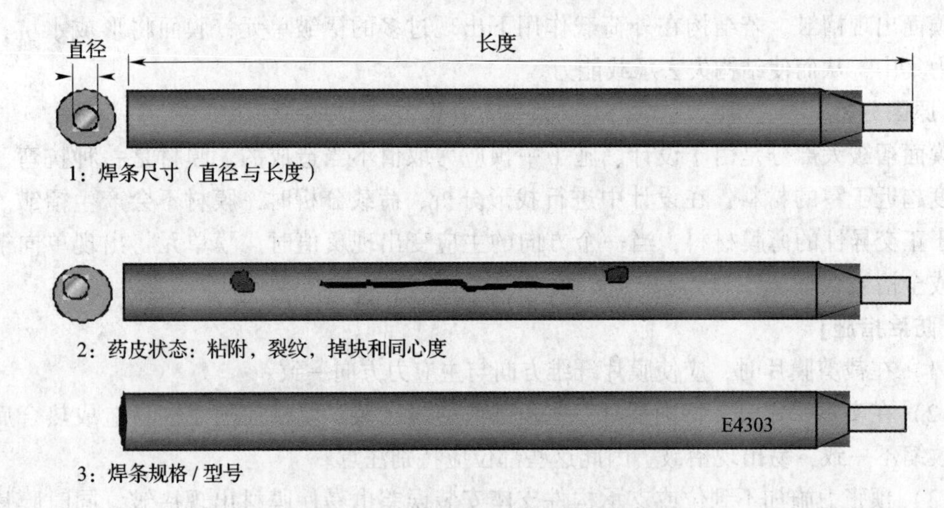

图 11－26 焊条常见质量问题

(2) 实心焊丝：焊丝直径偏差过大；表面存在毛刺、划痕、锈蚀、氧化皮等缺陷，铜镀层不均匀，出现起鳞与剥离，导致焊丝与导电嘴接触不良，影响焊丝导电性；焊丝松弛直径、翘距不满足标准要求（见图 11－27），导致焊丝在导丝管送丝不畅，甚至卡住，导出焊枪后焊丝旋转，影响焊接质量。

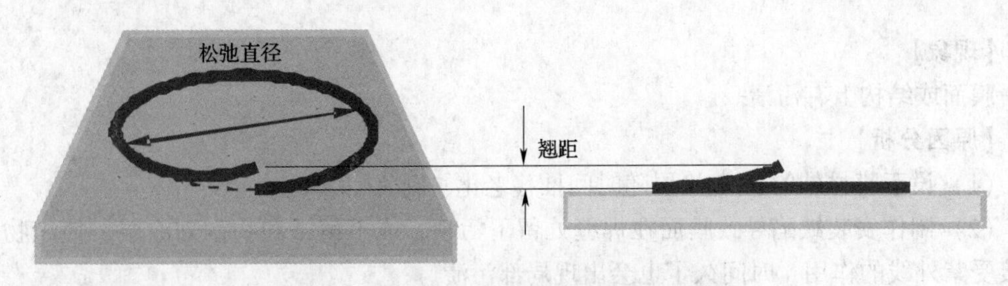

图 11－27 实心焊丝松弛直径和翘距

注：1. 松弛直径越大，焊丝与导电嘴的接触越好，一般为 400～1200mm。

2. 翘距一般不超过 25mm，以免电弧摇摆。

（3）药芯焊丝：焊丝直径偏差过大；表面存在毛刺、划痕、锈蚀、氧化皮和油污等缺陷；焊丝接合缝搭接质量不良（见图 11－28）；药粉均匀性（药粉成分差别较大）不满足要求，存在空管（无填充药粉）缺陷，容易导致焊缝质量不均匀；暴露空气中时间过长，药粉吸湿严重，容易导致焊缝出现气孔和裂纹等缺陷。

图 11－28　药芯焊丝接合缝搭接质量不良（放大镜下观察）

（4）焊剂：颗粒度不均匀，出现结块或粉面状；回收焊剂比例过大，成分偏析严重（烧结焊剂）；焊剂中存在焊渣等杂质。

（5）保护气体：气体保护焊中，保护气体如 CO_2、氩气等纯度不够，含水量过大，导致焊缝中氢含量增加，气孔和冷裂倾向增加。

（6）焊材标志不清晰，使用过程中混批。

（7）焊材电弧稳定性、脱渣性、再引弧性能、飞溅率、熔化系数、熔敷效率及焊接发尘量不满足要求，焊材的使用工艺性能及安全环保性能差。

（8）焊材熔敷金属化学成分、机械性能（拉、弯、冲击、硬度等）不符合要求；扩散氢含量偏高，容易导致焊缝冷裂纹倾向增加。

【原因分析】

（1）生产企业制造水平、生产工艺、质量控制等的不足。

（2）运输、存储和处理（烘焙、干燥）过程中操作、管理不当。

（3）焊接过程未按要求拿取、使用和回收焊材。

【防治措施】

（1）确定焊材合格供应商，确保焊材质量满足标准要求。

（2）焊接材料（焊条、焊丝及填充丝、焊带、焊剂、合金粉末及焊接用气体等）的采购、验收、仓储及使用过程中的管理应符合国家现行标准《钢结构工程施工质量验收规范》GB 50205、《钢结构焊接规范》GB 50661、《焊接材料质量管理规程》JB/T 3223 的相关规定。

1）焊接材料的保管。焊接材料储存场所应干燥、通风良好，应由专人保管、烘干、发放和回收，并应有详细记录。焊接材料的保管规定主要目的是为防止焊接材料锈蚀、受潮和变质，影响其正常使用。应注意以下几点：

①焊接材料必须存放在温度和湿度可控的场所，存放场地不允许有腐蚀性介质和有害气体，并应保持整洁；

②焊条、焊丝、焊剂应摆在架子上，架子距地面、离墙壁均应有一定距离；

③焊材应按种类、牌号（或批号）、入库时间、规格等分类堆放，并应有明确标志，避免混乱、发错；

④搬运或堆积应保证焊材不被损坏。

2）施工中的焊材管理：

①焊材的发放与回收应该有详细的记录，低氢型焊条每次发放数量不应超过 4h 使用量；

②当天没有用完的焊条或烧结焊剂应进行回收，并在回收单上登记，回收的焊材必须经过重新烘干方可使用；

③酸性焊条保存时应有防潮措施，受潮的焊条使用前应在 100 ~ 150℃ 范围内烘干 1 ~ 2h；

④低氢型焊条使用前应在 300 ~ 430℃ 范围内烘焙 1 ~ 2h，或按厂家提供的焊条使用说明书进行烘焙，烘焙后的低氢焊条应放置于温度不低于 120℃ 的保温箱中；使用时应置于保温筒中，随用随取；重新烘焙次数不应超过 1 次；

⑤焊剂应使用前应按制造厂家推荐的温度进行烘焙，已受潮或结块的焊剂严禁使用；

⑥焊丝和电渣焊的熔化或非熔化导管表面应无油污、锈蚀。

3）制定完善的焊材质量控制程序和焊接工艺规程并严格执行，确保最终焊接质量和焊材的使用安全。

11.4.2 焊接接头装配过程中的质量通病

1. 焊接接头坡口装配尺寸超差

【现象】

焊接接头的坡口装配过程中，坡口角度、钝边尺寸、根部间隙超出公差要求，影响焊接施工操作和焊接接头质量，同时也会增大焊接应力，易于产生延迟裂缝。

【原因分析】

（1）焊接接头坡口加工时，采用的工艺不合理，或没有按照工艺要求做，造成坡面角、钝边以及坡口面质量等存在误差。

（2）坡口组对时，工件间隙预留以及定位焊位置和顺序安排不当，造成装配误差。

【防治措施】

（1）条件允许的情况下，尽量采用机加工方法进行坡口加工，若采用火焰气割，应采用切割小车或靠模辅助切割，同时采取相应措施避免母材因受热不匀出现变形，切割后的表面应采用砂轮去除氧化层、割纹以及熔渣等影响焊接质量的缺陷。

（2）坡口组对应严格按照施工工艺的规定进行，保证组对精度。

（3）对于坡口组装间隙偏差超过现行国家标准《钢结构焊接规范》GB 50661 规定但不大于较薄板厚度 2 倍或 20mm（取其较小值）时，可在坡口单侧或两侧堆焊，当满足要求时采用砂轮打磨处理好坡口，即可进行正式焊接；对于大于较薄板厚度 2 倍或 20mm 的情况，在实际制作、安装中，一般有两种解决办法，一种办法是接板，但要符合相关标准的规定，现行国家标准《钢结构工程施工质量验收规范》GB 50205 规定“翼缘板拼接长度不应小于 2 倍板宽；腹板拼接宽度不应小于 300mm，长度不应小于 600mm”；另一种办法是在母材边缘堆焊涨肉，使其达到标准要求的根部间隙范围，再重新开坡口焊接，当然采用这种方法必须针对实际情况进行宽间隙焊接工艺评定，评定合格后方可进行施工。

（4）对于不等厚部件对接接头的错边量超过 3mm 时，较厚部件应按不大于 1∶2.5 坡度平缓过渡，具体包括两种方法，一是焊接前将较厚部件加工成斜坡状，另一种方法就是对于焊缝宽度较大的不等厚部件对接接头可将焊缝焊成斜坡状。

（5）角焊缝及部分焊透焊缝连接的 T 型接头，两部件间隙超过 5mm 时，应在待焊板端表面堆焊并修磨平整使其间隙符合要求；当根部间隙大于 1.5mm 且小于 5mm 时，角焊缝的焊脚尺寸应按根部间隙值而增加。

2. 引弧板、引出板和衬垫板使用不规范

【现象】

焊接时不装引弧板、引出板或引弧板、引出板和钢衬垫板的钢材的材质、规格、装配以及去除不符合现行国家标准《钢结构焊接规范》GB 50661 的规定。

【原因分析】

（1）技术管理人员不重视或忽略此问题。

（2）施工人员在选择装配引弧板、引出板和衬垫板时，未严格按施工工艺要求去做。

（3）现场质量控制人员监管不严。

【防治措施】

（1）必须在焊接接头的端部设置引弧板、引出板，其目的是：避免因引弧时由于焊接热量不足而引起焊接裂纹，或熄弧时产生焊缝缩孔和裂纹，以影响接头的焊接质量。

（2）引弧板、引出板和钢衬垫板的钢材，其屈服强度不应大于被焊钢材标称强度，且焊接性应相近。对于承受周期性荷载结构（如桥梁结构）的引弧板、引出板和衬垫板，其所用钢材应为在同一钢材标准条件下不大于被焊母材强度等级的任何钢材。

（3）焊条电弧焊和气体保护电弧焊焊缝引弧板、引出板长度应大于 25mm，埋弧焊引弧板、引出板长度应大于 80mm。

（4）引弧板和引出板宜采用火焰切割、碳弧气刨或机械等方法去除，不得伤及母材，并将割口处修磨焊缝端部平整。严禁锤击去除引弧板和引出板。

（5）衬垫可采用金属、焊剂、纤维、陶瓷等。当使用钢衬垫时，应符合下列要求：

1）应保证钢衬垫与焊缝金属熔合良好。

2）钢衬垫在整个焊缝长度内应连续。

3）钢衬垫应有足够的厚度以防止烧穿。用于焊条电弧焊、气体保护电弧焊和药芯焊丝电弧焊焊接方法衬垫板厚度不应小于 4mm，用于埋弧焊焊接方法的衬垫板厚度不应小于 6mm，用于电渣焊焊接方法的衬垫板厚度不应小于 25mm。

4）钢衬垫应与接头母材金属贴合良好，其间隙不应大于1.5mm。

3. 定位焊焊接不规范

【现象】

进行定位焊的焊工无证操作或在超出其合格证许可范围的焊接方法、位置、材料情况下进行施焊，定位焊的焊材、焊接工艺与母材不匹配，定位焊缝的尺寸、位置、焊接顺序不符合要求。

【原因分析】

（1）重视不够，人员管理存在问题。

（2）焊工未严格按施工工艺要求施焊。

（3）现场质量控制人员监管不严。

【防治措施】

（1）定位焊必须由持相应资格证书的焊工施焊，其施焊范围不得超越资格证书的规定。

（2）定位焊可以采用与正式焊缝不同的焊接方法，但其所用焊接材料应与正式焊缝的焊接材料性能相当。

（3）定位焊缝的焊接必须遵照评定合格或免予评定的焊接工艺规程 WPS 执行。

（4）定位焊缝厚度不应小于3mm，长度不应小于40mm，其间距宜为300～600mm。

（5）采用钢衬垫的焊接接头，定位焊宜在接头坡口内进行；定位焊焊接时预热温度宜高于正式施焊预热温度20～50℃；定位焊缝与正式焊缝应具有相同的焊接工艺和焊接质量要求；定位焊焊缝存在裂纹、气孔、夹渣等缺陷时，应完全清除。

（6）对于要求疲劳验算的动荷载结构，应根据结构特点制定定位焊工艺文件。

（7）定位焊缝的焊接质量也应满足正式焊缝的质量要求，焊接完成后，应进行外观检测和必要的无损检测。

4. 碳弧气刨清根质量控制不符合要求

【现象】

碳弧气刨是缺陷清除和反面清根的主要手段，但在现实施工中往往存在管理不规范，渗碳层清理不净而留下质量隐患等问题。

【原因分析】

（1）碳弧气刨工未经必要的培训，技术欠佳。

（2）管理不严格，刨槽表面不清理，直接进入下一工序。

【防治措施】

（1）碳弧气刨工应经过培训，方可上岗操作。

（2）刨槽表面应光洁，无夹碳、粘渣等。

（3）Ⅲ、Ⅳ类钢材及调质钢在碳弧气刨后，应使用砂轮打磨刨槽表面，去除渗碳淬硬层及残留熔渣。

11.4.3 焊接缺陷

焊接接头中的不连续、不均匀性以及其他不健全性等欠缺，统称为焊接缺欠。使得焊接产品不能符合相关标准所提出的使用性能要求的焊接缺欠，称为焊接缺陷，存在焊接缺陷的产品应判废或必须返修。

焊接缺陷包括焊缝外观尺寸偏差，如余高过大、焊脚尺寸不合适等；金属不连续缺陷，如裂纹、气孔、夹渣、未熔合等；冶金不均匀性缺陷，如焊缝化学成分和焊缝或热影响区的组织不符合规定等。

1. 焊缝外观尺寸偏差

【现象】

焊缝外观尺寸见表11－18。

(1) 焊缝余高过高。

(2) 对接焊缝错边。

(3) 焊缝（焊脚）尺寸不满足要求。

(4) 焊缝宽窄不一，波动过大。

表11－18　焊缝外观尺寸

序号	项　目	示　意　图	产生原因
1	对接焊缝余高（C）	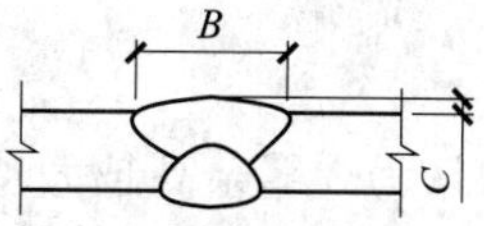 B C	焊工对焊缝外观尺寸要求不清楚； 盖面焊道电流偏大，焊速偏慢； 焊工技能不熟练
2	对接焊缝错边（Δ）	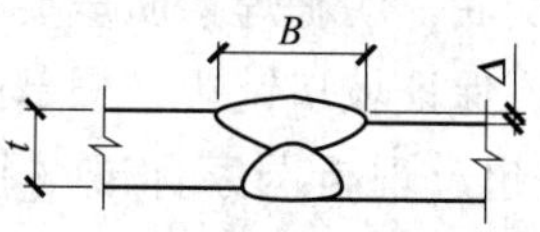 B Δ t	焊前坡口组对精度不够； 焊缝两面母材不等厚
3	角焊缝焊脚尺寸（h_f）、余高（C）	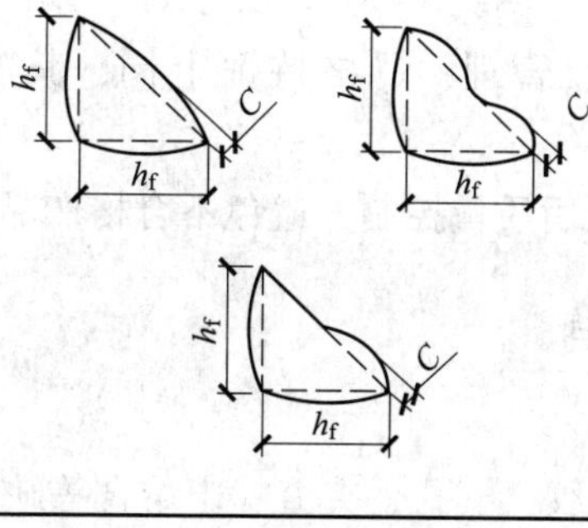 h_f C h_f h_f C h_f h_f C h_f	焊工对焊缝外观尺寸要求不清楚； 盖面焊道电流偏大，焊速偏慢； 焊工技能不熟练

续表 11－18

序号	项　目	示　意　图	产生原因
4	组合焊缝加强焊脚尺寸（h_k）	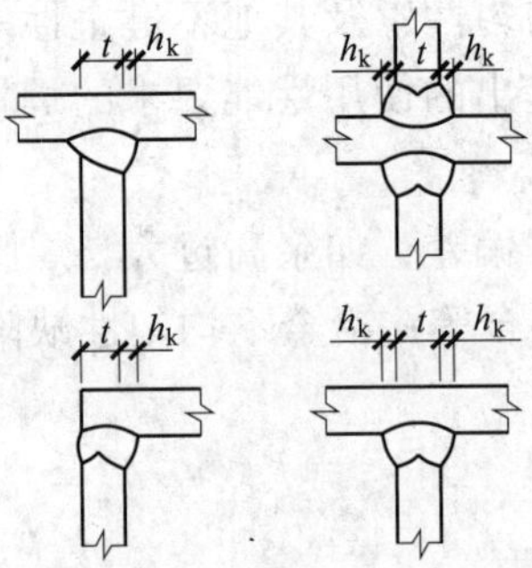 t　h_k　h_k　t　h_k t　h_k　h_k　t　h_k	焊工对焊缝外观尺寸要求不清楚； 焊接电流、焊速存在偏差； 焊工技能不熟练
5	焊缝宽度波动过大	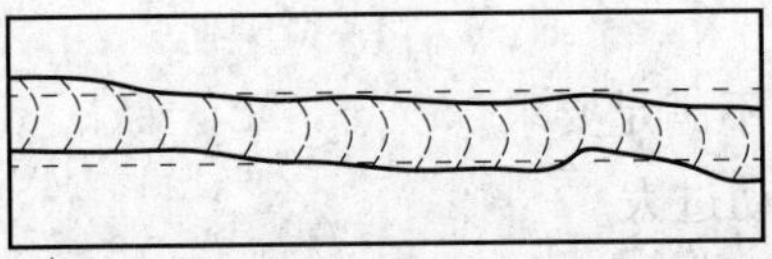	焊接操作空间过于狭窄，焊工不能自由施焊； 焊接工艺选择不当，焊接过程难以控制； 焊工技能不熟练，操作不当

【原因分析】

（1）未按图纸要求施工。

（2）焊前组对存在偏差。

（3）焊工主观意识存在偏差，认为焊缝余高越大越有利。

（4）焊工施焊过程中操作不当。

【防治措施】

（1）焊前由技术人员向焊工交底，明确焊接质量要求。

（2）提高焊接接头装配质量，保证坡口钝边、根部间隙、破口角度等满足质量要求。

（3）对接接头的错边量不应超过现行国家标准《钢结构焊接规范》GB 50661 的规定，当不等厚部件对接接头的错边量超过 3mm 时，较厚部件应按不大于 1∶2.5 的坡度平缓过渡。

（4）加强焊接人员考核、管理，严格持证上岗，其施焊范围不得超越资格证书的规定。

（5）加强焊前、焊中和焊后质量控制，避免不合格产品。

2. 焊缝金属不连续性缺陷

【现象】

在焊接过程中产生诸如裂纹、气孔、夹渣、未熔合等缺陷，详见表 11－19。

表 11－19 焊接缺陷

序号	名 称	示 意 图	产生原因
1	裂纹	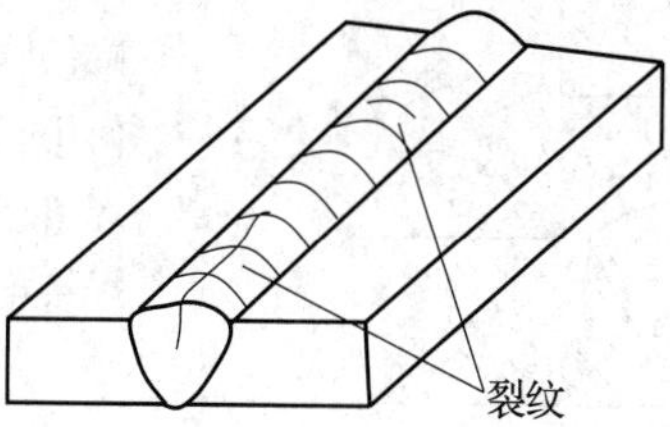 裂纹	结构和接头设计不合理，导致焊接接头区域应力过大； 制造工艺存在问题，包括工艺设计不当（如焊接次序不正确），构件端面装配间隙不合适，管理不善（如预热温度、道间温度控制不严，操作中断等）； 材料问题，包括钢材 S、P 等杂质含量高，母材碳当量大，焊接材料扩散氢含量高等
2	气孔	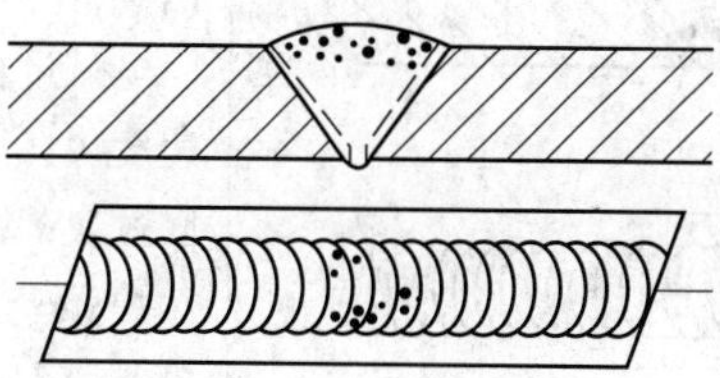	焊材受潮，药皮或药芯损坏； 坡口面受到水、锈、油、漆等污染； 焊接电流偏低； 焊接时电弧过长； 环境风速过大； 气体保护不足
3	弧坑缩孔	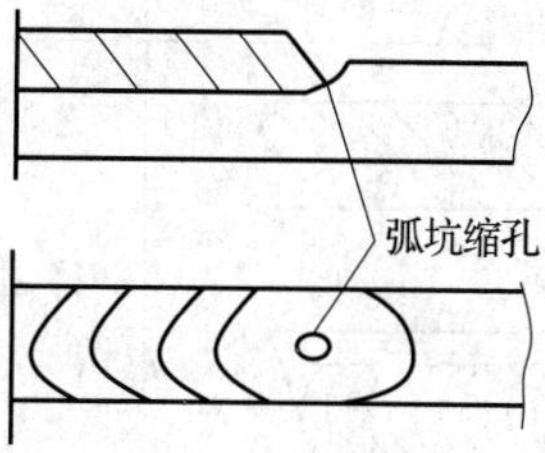 弧坑缩孔	焊接收弧时焊条（焊丝）停留时间短，填充金属不够，焊缝金属冷却收缩导致
4	未熔合	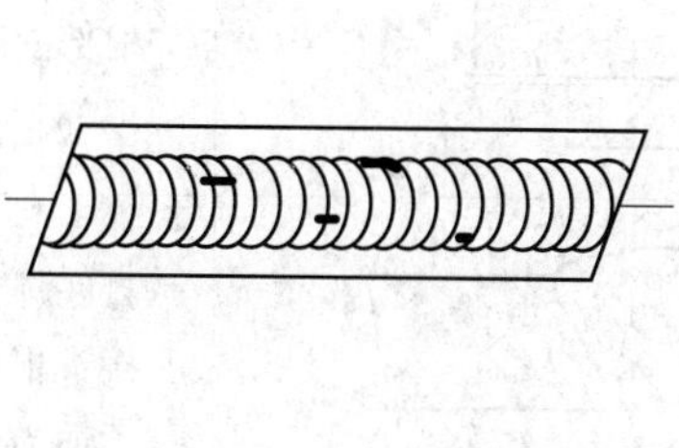	接头根部间隙过窄； 焊接电弧过长； 磁偏吹； 使用错误的电流极性； 焊条直径过大，焊极角度不合适； 焊接电流偏小，焊接速度过快； 母材表面有污物或氧化物影响熔敷金属与母材间的熔化结合等； 焊接处于下坡焊位置，母材未熔化时已被铁水覆盖

续表 11－19

序号	名 称	示 意 图	产生原因
5	未焊透	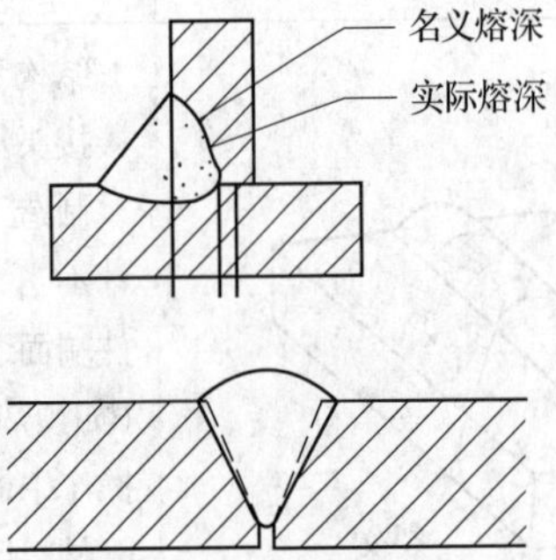 名义熔深 实际熔深	坡口间隙过小，钝边过大； 焊接电弧过长； 磁偏吹； 使用错误的电流极性； 焊条直径过大，焊极角度不合适； 焊接电流小，焊接速度过快
6	夹渣	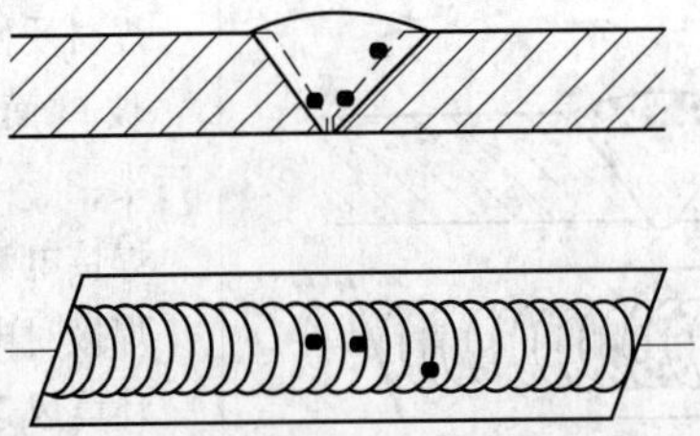	坡口清理不干净； 道次之间清渣不彻底； 不良的焊缝形状，导致清渣困难； 电弧过长，焊接线能量小，焊接速度快，焊缝散热快，液态金属凝固过快； 焊条药皮，焊剂化学成分不合理，熔点过高； 手工焊时，焊条摆动不合适，不利于熔渣上浮
7	夹钨	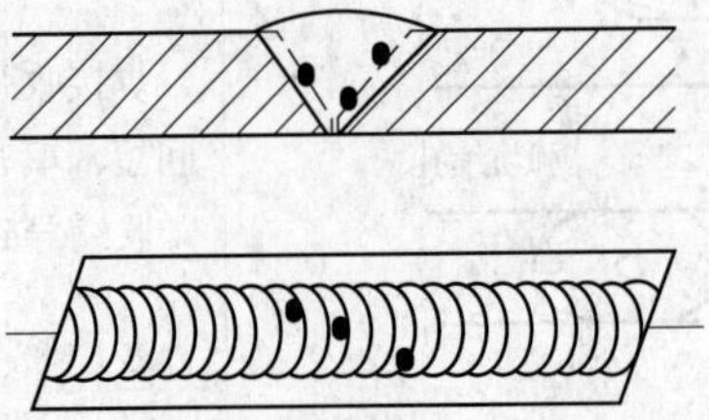	TIG焊过程中，由于电源极性不当，电流密度大，钨极熔化脱落于熔池中产生的钨夹杂
8	咬边	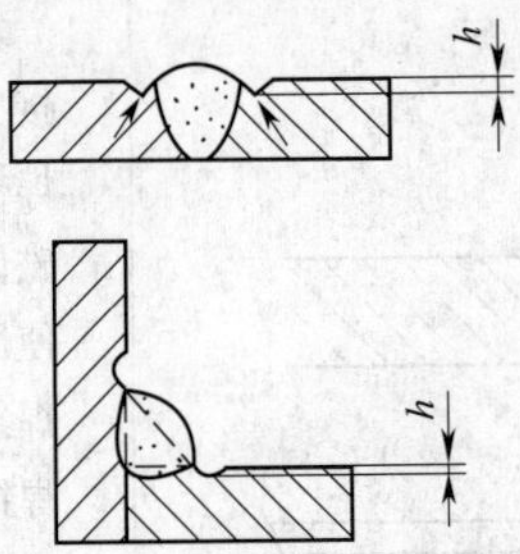 h h	焊接电流过大； 焊接速度太快； 焊极角度不合适； 焊接过程中，焊极摆动过大； 焊材直径过大； 根部间隙过大； 根部没有钝边或钝边过小
9	下塌	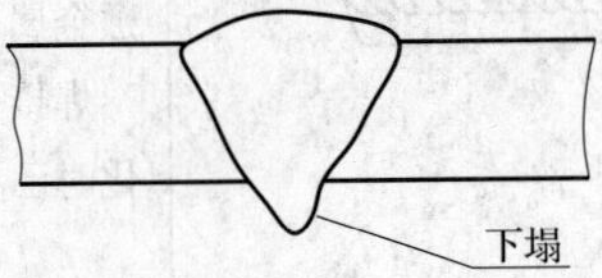 下塌	打底焊时电流过大； 接头根部间隙过大； 不适当的焊接工艺

续表 11－19

序号	名　称	示　意　图	产生原因
10	焊瘤	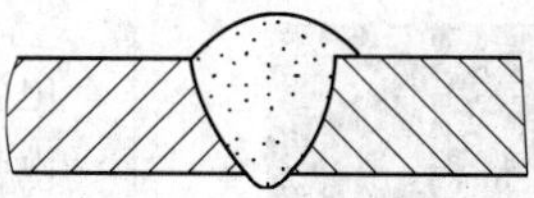	焊接参数选择不当，熔化的焊缝金属流淌到未熔化的母材上所形成的局部未熔合
11	未焊满	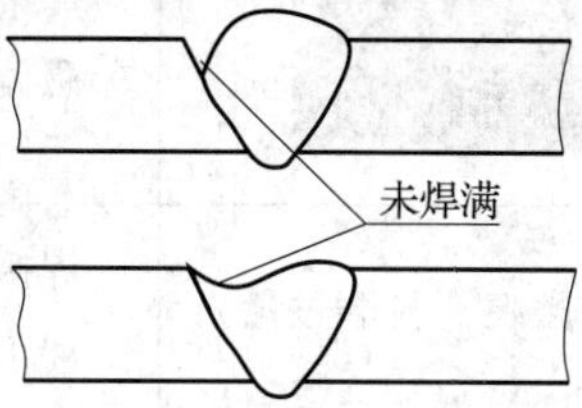 未焊满	焊缝金属填充不够； 焊接工艺不当
12	根部收缩	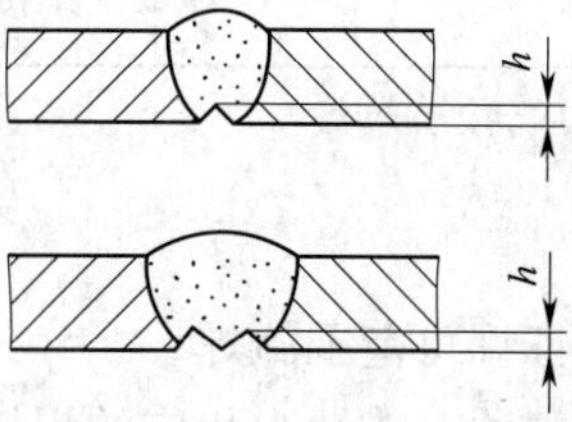	根部间隙过大； 电弧能量不足； TIG中，背面保护气体压力过大（不锈钢焊接）
13	层状撕裂	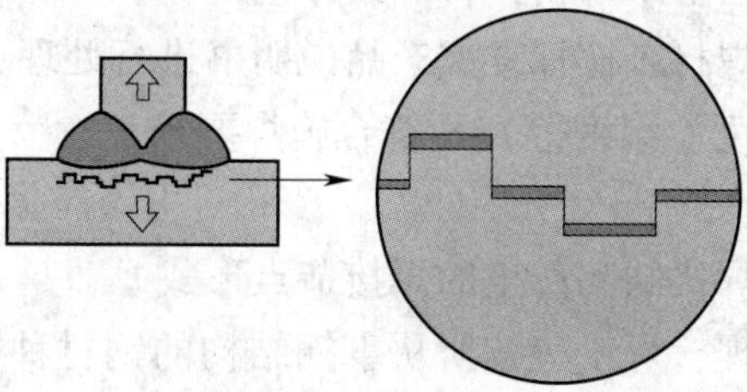	接头设计不合理，导致母材厚度方向收缩应变高； 母材质量差，杂质含量高，S含量高； 母材厚度方向的延展性（Z向性能）低； 工件受到的拘束大； 焊缝体积大，收缩量大
14	烧穿	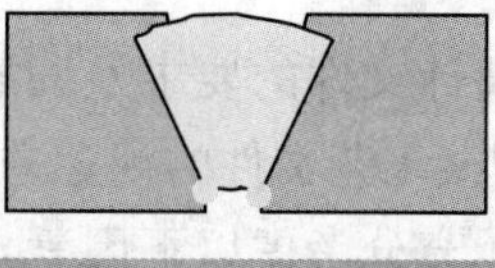 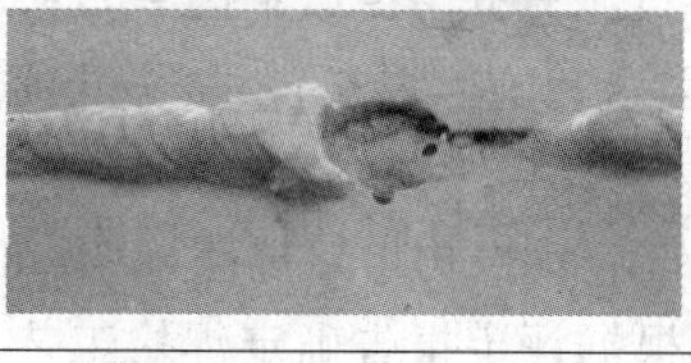	打底焊接时电流过大； 根部打磨过多； 焊接工艺不当
15	电弧擦伤	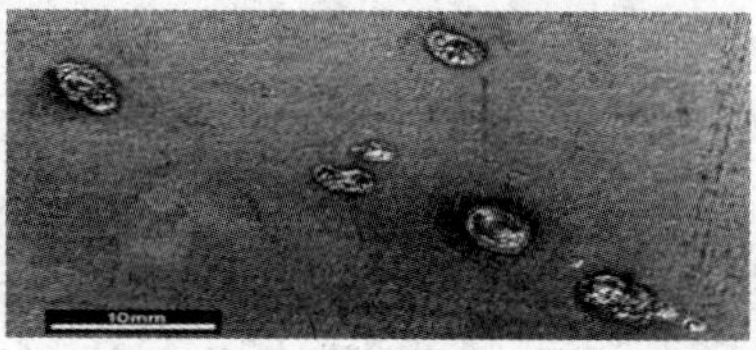	焊枪偏离到母材上； 焊把线破损，与母材搭好； 母材与接地夹头接触不良

续表 11－19

序号	名 称	示 意 图	产生原因
16	飞溅		电弧能量过大； 电弧过长； 焊条潮湿； 磁偏吹
17	其他缺陷	包括焊趾过渡不良、磨痕（打磨过量）、凿痕以及定位焊缺陷等	焊接工艺不当； 焊工技术欠佳； 未按焊接工艺规程操作

【原因分析】

(1) 焊接节点设计不合理。

(2) 焊工技能水平不佳或超出合格证许可范围施焊。

(3) 使用不适当的焊接工艺、焊接方法，或缺少相应的焊接操作面。

(4) 焊工施焊过程中操作不当，未严格执行焊接工艺规程。

(5) 使用错误的焊接材料或焊材未按标准或产品说明书进行处理、使用。

(6) 焊接环境（如风速、温度、湿度等）不符合施焊要求。

【防治措施】

(1) 应尽量采用有利于减少焊接缺陷产生的焊接节点形式。

(2) 严格焊接从业人员的管理，焊工应按所从事钢结构的钢材种类、焊接节点形式、焊接方法、焊接位置等要求进行技术资格考试，并取得相应的合格证书，持证焊工必须在其合格证书规定的认可范围内施焊。

(3) 焊接材料与母材的匹配应符合设计文件的要求及国家现行相关标准的规定。焊接材料在使用前，应按其产品说明书及焊接工艺文件的规定进行烘焙和存放。

(4) 焊接技术人员应根据工程特点，充分考虑以下因素：材料（母材金属和焊接材料）、焊接方法和工艺、应力（设计因素和施工因素）、接头几何形状、环境、焊后处理等，选择确定焊接工艺。

(5) 施工单位应按照现行国家标准《钢结构焊接规范》GB 50661 的规定，在钢构件制作和安装之前进行焊接工艺评定，根据评定报告确定焊接工艺，编写焊接工艺规程并根据规定进行全过程质量控制。

3. 焊缝冶金不均匀性缺陷

【现象】

由于焊缝化学成分和焊缝或热影响区的组织不符合规定而造成焊接接头金属的硬化、软化、脆化，导致焊接接头拉伸、弯曲、冲击、耐蚀等性能不符合要求。

【原因分析】

（1）焊材选用不当，造成母材与焊缝金属化学成分、机械性能不匹配。

（2）运输、存储和处理（烘焙、干燥）过程中操作、管理不当造成焊材受潮、破损等，影响焊缝性能。

（3）未按焊接工艺规程施焊，焊接热输入和电流、电压、焊接速度等焊接参数偏差过大，造成焊接接头性能下降。

（4）未按要求进行预热、道间温度控制以及后热、焊后热处理等，造成接头性能偏差。

【防治措施】

（1）正确选用焊材，按照“等强等韧”和“成分相近”的原则匹配焊接材料。

（2）严格焊材管理，对有冲击韧性要求的焊接接头，应选用低氢焊材，并按标准或产品质量说明书进行干燥或烘焙等处理。

（3）施工单位在钢构件制作和安装之前应进行焊接工艺评定，编制焊接工艺规程。

（4）加强焊接过程控制，确保焊接电流、电压、焊接速度等参数及焊接热输入在规定范围内。

（5）确保施焊环境符合规定，并严格按照焊接工艺规程进行预热、后热以及道间温度的控制。

（6）可在条件允许的情况下，增加产品试板的试验、检验。

11.4.4　焊接变形

【现象】

由于焊接过程使构件不均匀受热而产生变形，包括纵向收缩、横向收缩、角变形、弓形和盘状、翘曲等，见图11－29。

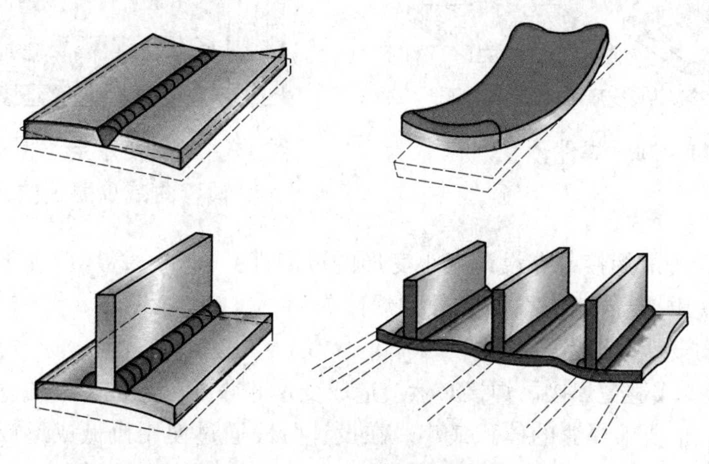

图11－29　焊接变形示意

【原因分析】

在焊接过程中，母材金属局部被加热，并且周围被冷金属限制，就可能产生高于材料屈服强度的应力，出现永久性的变形，归纳起来，影响变形的主要因素有：

(1) 母材的性能。影响变形的母材性能有热膨胀系数和单位体积比热。由于变形是由材料的膨胀和收缩决定，材料的热膨胀系数对焊接中出现的应力和变形起着十分重要的作用。例如，不锈钢比碳素钢有更高的热膨胀系数和低的热导率，因而它更容易发生变形。

(2) 焊接件拘束度。焊件在焊接时没有外部拘束，它会通过自由变形来释放焊接产生的应力，相反，如果焊件相对固定，就会在焊缝和热影响区里出现焊接残余应力。

(3) 接头形式。在接头设计中选用可以平衡板厚方向热应力的接头类型，则可减少变形，例如，双面焊比单面焊要好，双面角焊缝可以减少直立部件的角变形，尤其是当两个焊缝同时焊接时。

(4) 焊件装配。焊件装配应该保持均匀，以便产生可预测和恒定的收缩，另外，接头处的间隙越大，所需填充的焊材就越多，产生的变形就越大，焊接时，接头应该定位牢固，以免在焊接过程中出现部件的相对移动。

(5) 焊接工艺。焊接工艺主要是通过热输入影响变形的，选择焊接工艺时，总的原则是，焊缝的体积要尽可能小，另外，在选择焊接顺序和所用的技术时，要尽可能地使焊接热输入相对于部件中性轴平衡。

【防治措施】

(1) 在焊接过程中，可通过焊件预置、反变形或使用固定装置防止变形（见图 11－30～图 11－32）。

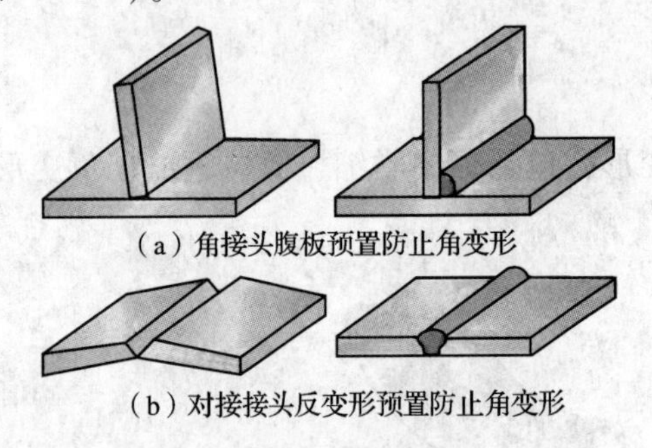

(a) 角接头腹板预置防止角变形

(b) 对接接头反变形预置防止角变形

图 11－30　焊件预置

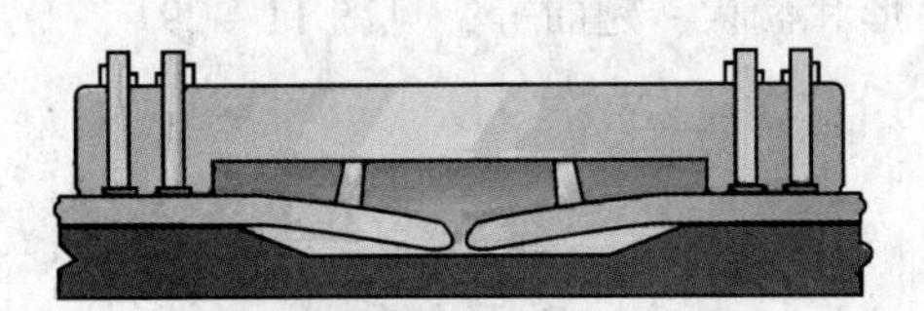

图 11－31　使用定位板和楔子进行预弯曲减少薄板的角变形

(2) 通过合理的焊接节点设计减小变形的可能性，例如，将焊缝置于中性轴，尽量减少焊接量，使用平衡焊接热输入的技术焊接等。

防止变形的设计原则为：

1) 尽量减少或避免焊接。焊接必然会造成变形和收缩。因此，好的设计方法不仅要求焊缝数最少，也要求焊缝的体积最小。在设计阶段通过使用机械成形板材或标准的轧制或铸造构件避免或减少焊接量（见图 11－33）。另外，在满足要求的前提下，尽可能使用断续焊缝而不是连续焊缝，以减少焊接量，例如，焊件采用加劲板时，焊接量可大为减少，但接头仍能保持足够的强度。

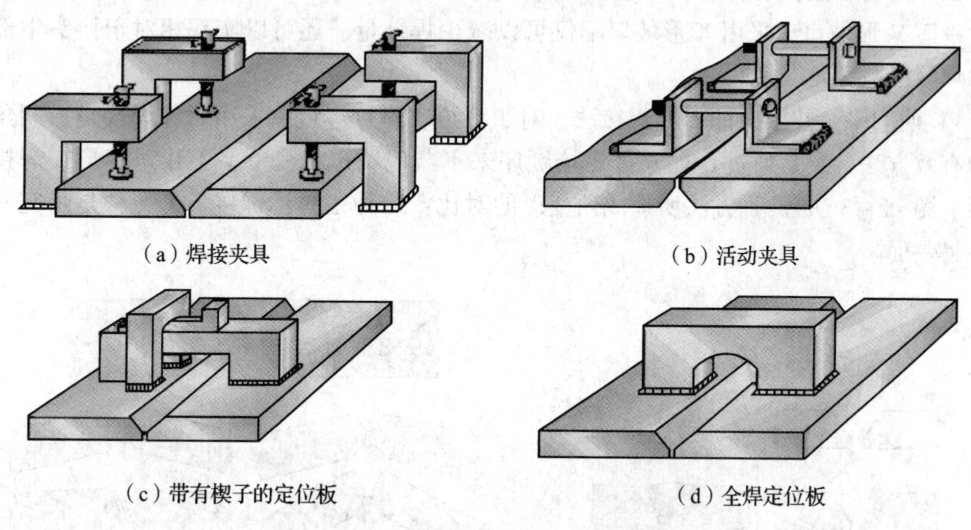

（a）焊接夹具　（b）活动夹具

（c）带有楔子的定位板　（d）全焊定位板

图 11－32　防止变形的几种固定方法

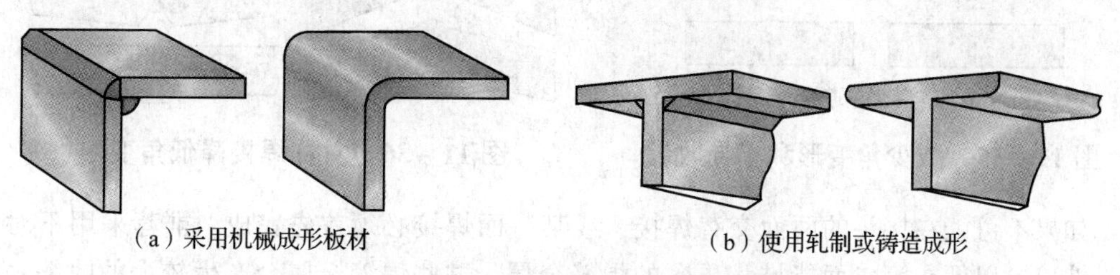

（a）采用机械成形板材　（b）使用轧制或铸造成形

图 11－33　避免焊接的方法

2）选择合理的焊缝位置。在设计时应充分考虑焊缝的位置和分布对焊接变形的影响，一个焊缝越靠近工件的中性轴，收缩的力就越小，因而变形也越小，如图 11－34 所示，如果大多数焊缝的位置偏离中性轴，在焊接设计时，可以采用双面焊，正面和反面交替进行焊接，从而减少变形。

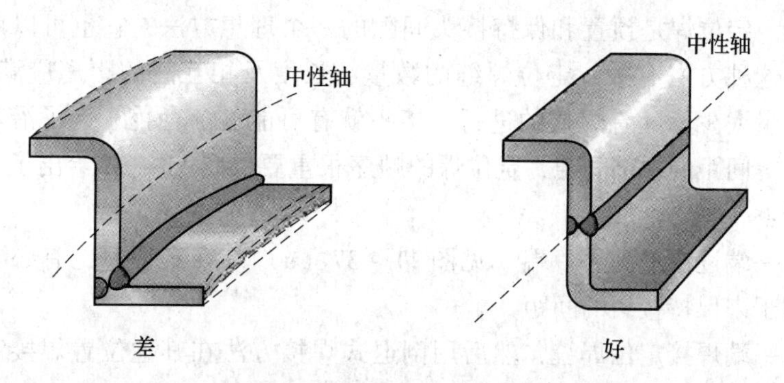

图 11－34　将焊缝放置于靠近中性轴可以降低变形

3）减少焊接金属的体积。对于单面焊的接头，焊缝的横截面要尽可能小，以减少角变形，如图 11－35 所示。

在不影响焊接质量的前提下，接头坡口角度和根部间隙要尽量小。对于厚截面，相对于单面V形坡口，采用X形坡口不仅可以减少焊缝量，还可以实现相对于接头中部的对称焊接以减少角变形。

4）使用平衡热输入的对称焊接法。对于多道次对接焊缝，采用对称焊接是控制角变形的有效方法，它是通过合理安排焊接顺序来不断地纠正角变形，不让角变形在焊接中积累。图11－36是两种方法所造成角变形的对比：一种是对称焊接，另一种是焊完一面再焊另一面。

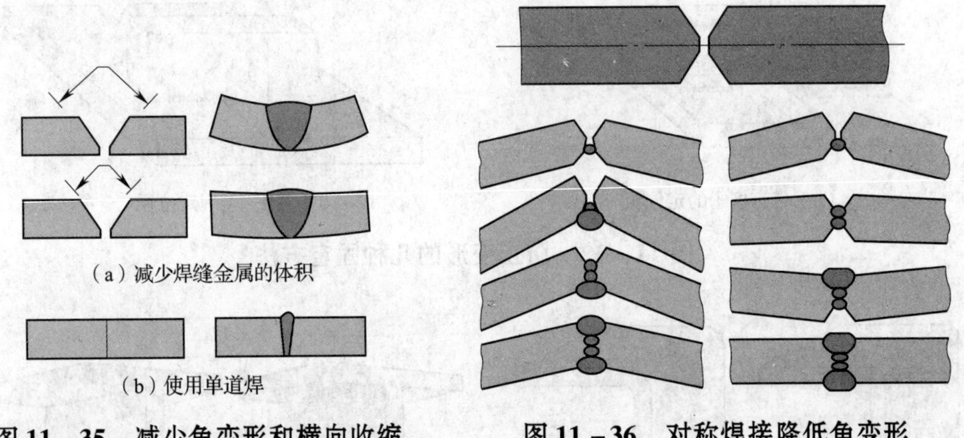

图11－35　减少角变形和横向收缩　　**图11－36　对称焊接降低角变形**

如果不可能在接头的两面交替焊接，或某一面焊接必须首先完成，推荐采用不对称接头坡口，以便在第二面能堆积更多的焊缝金属，这些焊缝金属会产生较大的收缩，以抵消焊接第一面时产生的变形。

（3）通过加工技术防止变形。

1）焊件装配。一般情况下，焊工并没有自主选择焊接工艺的权利，对于一个已经确定使用的焊接工艺，焊件的合理装配通常在减少变形方面起着关键作用。焊件装配包括以下几方面内容：

①定位焊。定位焊是预置和保持接头间隙的一个理想方法，它也可以用于抵抗横向收缩，要确保这种方法有效，定位焊缝的数量、长度及相互间的距离应满足一定要求。如果定位焊数量太少，随着焊接的进行，接头就有可能逐渐合拢。为了沿着接头的长度方向保持一个等间距的根部间隙，定位焊的顺序很重要。图11－37给出了三种可供选择的定位焊顺序：

定位焊从一端逐次进到另一端［见图11－37（a）］。在定位时，有必要用夹钳将板固定或使用楔子来保持接头的间距。

先在接头一端焊接定位焊缝，然后用倒退式焊接方法在其他位置焊接定位焊缝［见图11－37（b）］。

先在接头中部焊接定位焊缝，然后交错焊接其他位置的定位焊缝［见图11－37（c）］。

②背靠背组装。通过定位焊或用夹钳将两个相同部件背靠背固定住，可以实现相对组合件的中性轴的平衡焊接［见图11－38（a）］。建议在焊接完成后两部件分离前先对

组合件进行应力松弛处理，如果没有进行应力松弛处理，有必要在零件中间嵌入楔子[见图 11－38（b）]，当楔子移去时，零件会恢复到合适的形状。

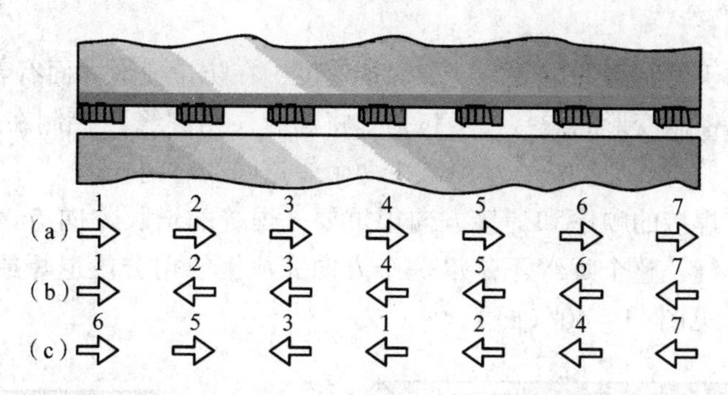

图 11－37　防止横向收缩的几种定位焊接的步骤

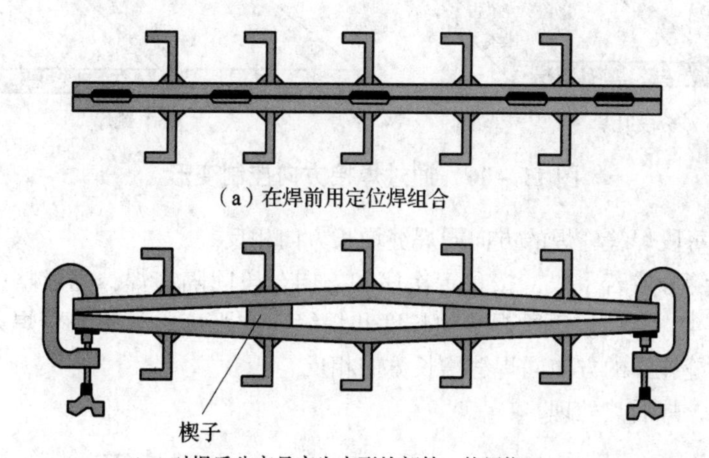

图 11－38　当焊接两个相同的部件时，通过背靠背组合控制变形

③加强筋强化。薄板对接焊缝的纵向收缩经常造成弓形变形，可将带钢或角钢沿着焊缝的一边加强被焊件（见图 11－39），这是一种有效的强化方法，可防止纵向弓形变形，加强筋的位置很重要，应避免影响和正式焊缝的焊接。

2）焊接工艺。焊接工艺通常是根据生产效率和质量要求确定的，一般很少会考虑变形控制的要求，但是，焊接方法和焊接顺序是影响变形的重要因素。

①焊接方法。基于控制角变形的目的，焊接方法应具有以下特点：一是具有高的熔敷速度；二是能够采用尽可能少的焊道填充接头。然而，基于这些原则所选择的焊接方法可能增加纵向收缩，导致弓弯和翘曲。

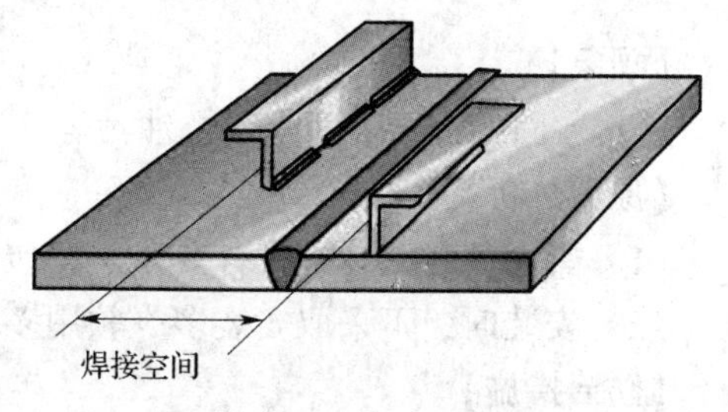

图 11－39　纵向强化防止对接焊薄板产生弓形变形

由于熔化极金属惰性气体保护焊（MIG）/活性气体保护焊（MAG）有较高的焊接速度，

在MIG/MAG和手工电弧焊（SMAW）两种焊接方法中，应优先考虑MIG/MAG。对于SMAW，应该选用较大直径的焊条；而对于MIG/MAG，则选择大的电流。但要注意不要造成未熔合缺陷。

自动化焊接由于具有高的熔敷速度和焊接速度，在防止变形方面有着较大的潜力。

②焊接技术。控制变形的焊接技术包括：将焊缝（角焊缝）控制在规定的最小尺寸；使用相对于中性轴的对称焊接法；尽量减少两个焊道间的时间。

③焊接顺序。焊接的顺序和焊接方向很重要，焊缝的增长方向应该朝向没有拘束的一端。对于长的焊缝，整个焊缝不是沿一个方向完成，使用分段退焊或跳焊是控制变形非常有效的方法［见图11－40（a）］。

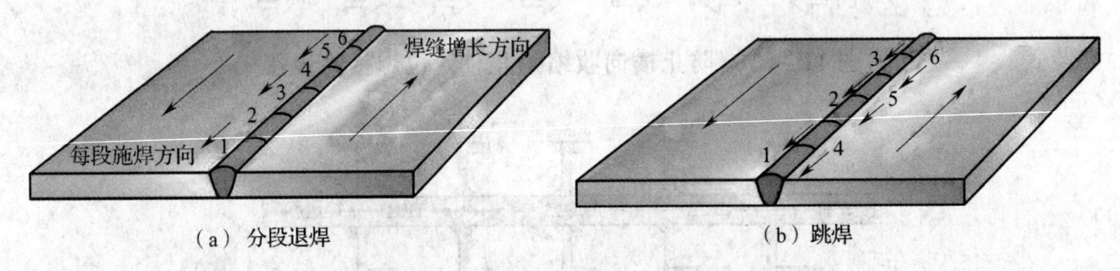

（a）分段退焊　　（b）跳焊

图11－40　通过焊接方向控制变形

分段退焊法每段焊缝施焊的方向同焊缝增长方向相反。

跳焊是将焊缝分成若干段，按预定次序和方向分段间隔施焊，完成整条焊缝的焊接方法［见图11－41（b）］。每段焊缝的长度和焊缝间的距离通常和一个焊条所能焊的长度相同，每段焊缝施焊的方向同焊缝增长方向相反。

④焊前预热，焊后热处理。

11.5　紧固件连接常见质量通病与控制措施

11.5.1　紧固件质量

1. 紧固件外观质量不合格

【现象】

连接紧固的螺栓表面生锈、油污等。

【原因分析】

（1）紧固件的储运不符合要求，整包紧固件在工地随意露天堆放，随意开包。

（2）安装时，不采取安装多少领用多少，而是随意拿用。

【防治措施】

（1）工地应对原材料有严格的管理制度。

（2）紧固件应存放在防风、防雨的仓库里，并适当垫起。

（3）紧固件应当天安装多少，领用多少，不准在工地随意堆放，随用随拿。否则螺栓会沾上尘土、雨水、油污等，影响紧固。

2．高强度螺栓进场不复验

【现象】

（1）高强度大六角头螺栓不复验扭矩系数，工地安装时用工厂提供的扭矩系数计算扭矩。

（2）扭剪型高强度螺栓不复验轴力及标准偏差。

【原因分析】

（1）对高强度螺栓的扭矩系数和轴力的认识不足，认为用工厂提供的质保书可以取代复验。

（2）工程管理不严，用质保书替代复验。

【防治措施】

高强度大六角头螺栓连接副应按现行技术标准的规定检验其扭矩系数，其检验结果应符合技术标准的规定。扭剪型高强度螺栓连接副应按现行技术标准的规定检验紧固轴力，其检验结果应符合现行技术标准的规定。

上述两条规定都是见证取样送样检验，施工前必须认真执行，而不能用工厂质保书取代。

高强度螺栓扭矩系数和紧固轴力是影响高强度螺栓连接质量的主要因素之一，也是施工的重要依据。施工单位应在使用前及时复验。

11.5.2　普通紧固件连接质量通病

1．螺栓的装配不符合要求

【现象】

螺栓头下有两个及以上垫圈或垫圈不符合设计要求。

【原因分析】

（1）对螺栓长度统计错了，长度过长或订货时为减少规格，进行同类合并过多，使部分螺栓长度过长。

（2）对设计要求理解不深，未按设计要求安装。

【防治措施】

（1）螺栓头下和螺母下面应放置平垫圈，以增大承压面积。

（2）加强施工管理，严格按施工规范及图纸要求施工。

（3）对于设计有要求防松的螺栓、锚固螺栓等，应采用有防松装置的螺母（或双螺母）或弹簧垫圈或用人工方法采取防松措施。

（4）对于承受动荷载或重要部位的螺栓连接，应按设计要求设置弹簧垫圈，弹簧垫圈必须设置在螺母一侧。

2. 螺栓间距偏差过大

【现象】

螺栓排列间距超过最大或最小容许距离。

【原因分析】

（1）在排列螺栓时，没有按照设计要求或是规范要求排列。

（2）对孔距排列要求的重要性认识不足。

【防治措施】

（1）螺栓间距排列主要是根据受力、构造和施工要求确定的。

受力要求：为避免板端被剪掉，确定螺栓孔的最小端距沿受力方为 $2d_0$（d_0为螺栓孔径）（见图 11－41）。

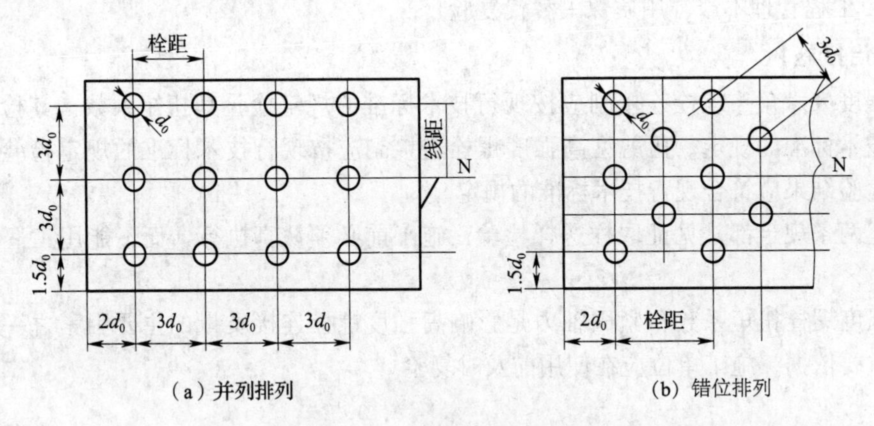

图 11－41　螺栓排列及间距

构造要求：螺栓间距不宜过大，尤其是受压板件，当间距过大时，容易发生屈曲现象。现行设计规范规定，栓孔中心最大间距，受压时为 $12d_0$，受拉时为 $16d_0$。

施工要求：螺栓应有足够间距，以便放入扳手施拧。

（2）对于常用 H 型钢，其连接螺栓的排列及间距见图 11－42。其中图 11－42（a）、（b）为 M20、M22 连接示意图，图 11－42（c）为 M24 连接示意图。

3. 普通螺栓连接外观质量不符合要求

【现象】

（1）连接面有间隙。

（2）构件及连接板表面锈蚀。

【原因分析】

（1）对普通螺栓连接认识不足，认为没有高强度螺栓连接那么严，不用摩擦面传力，施工要求松，很随意。

（2）安装前构件或连接板表面不平，变形未校正即安装。

【防治措施】

（1）构件及连接板的变形校正后方可安装。

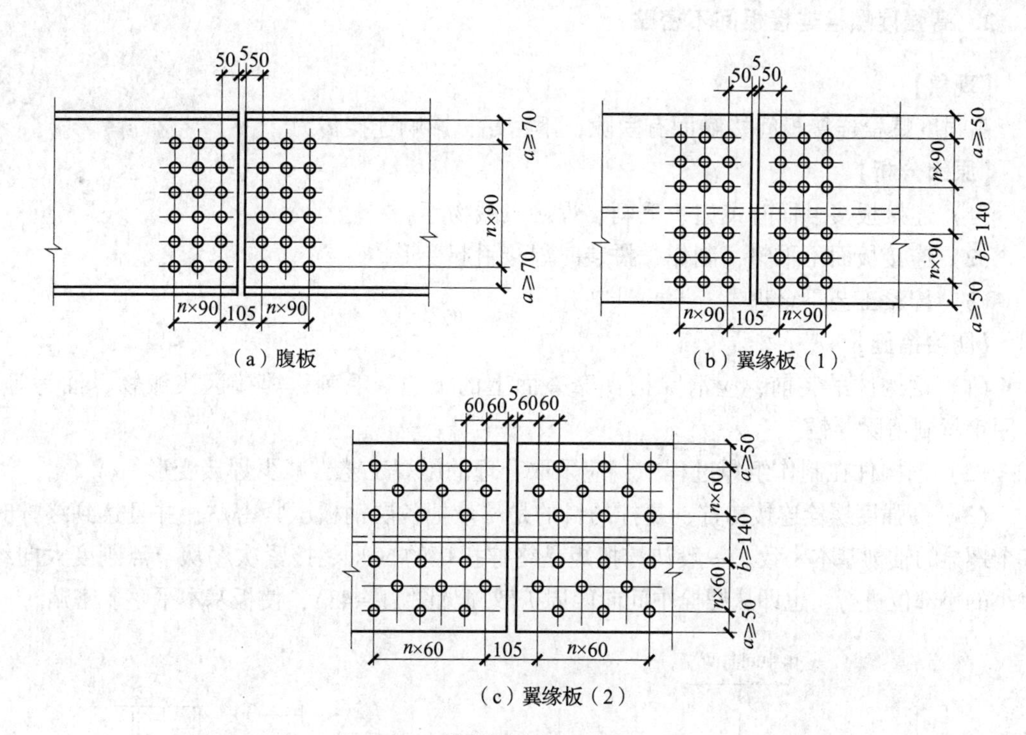

图 11－42　实腹梁或柱拼接接头示意（M24、孔 Φ26）

（2）构件安装前，其接触表面及孔壁周边的锈蚀、焊渣、毛刺和油污等应清理干净。

11.5.3　高强度螺栓连接质量通病

1. 高强度螺栓安装时，孔不对中

【现象】

安装时，高强度螺栓无法自由穿入。

【原因分析】

（1）零部件加工时，采用的工艺不合理，或没有按工艺要求做，造成零件边缘、孔心、孔距的尺寸偏差。

（2）零部件小单元拼装时，焊接顺序不当，收缩不一致引起变形。

（3）利用钻床、套模进行多层板叠钻孔时，板叠上、下层之间存在滑动。

【防治措施】

（1）孔必须钻孔成型，冲孔易使孔边产生微裂纹，孔壁冷作硬化。为提高工效，可采用板叠钻孔工艺，但应有防止上、下层滑动的夹紧措施。

（2）零部件的拼装严格按施工工艺的规定进行，保证组装精度。

（3）高强度螺栓连接安装时，应用冲钉对准孔位，并使用安装螺栓拧紧节点，严禁用高强度螺栓直接对孔或作安装螺栓（临时螺栓）用。

2. 高强度螺栓连接板间不密贴

【现象】

高强度螺栓连接板间接触面有间隙，不密贴，影响连接传力。

【原因分析】

(1) 连接板接触面有飞边、毛刺、焊接飞溅物等。

(2) 连接板面不平整，制作、拼装时焊接引起变形。

(3) 拧紧工艺不合理。

【防治措施】

(1) 钢构件吊装前，应清除构件摩擦面上的飞边、毛刺、焊接区飞溅物、油污等，并用钢丝刷清除浮锈。

(2) 钢构件在制作组焊过程中，应采取合理的施焊工艺，减少焊接变形。

(3) 高强度螺栓连接初拧、复拧的目的是尽量把各层钢板压紧密贴，并且达到终拧时各个螺栓的轴力基本一致。一般初拧扭矩是终拧扭矩的50%。拧紧次序从节点刚度大向约束小的小部位进行，也即从螺栓中间向四周扩散（见图11－43），使板基本平整、密贴。

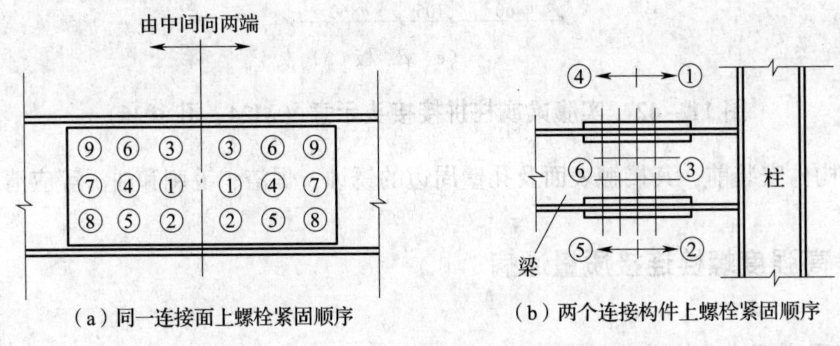

（a）同一连接面上螺栓紧固顺序　（b）两个连接构件上螺栓紧固顺序

图11－43　梁－柱接头高强螺栓紧固顺序

3. 门式刚架梁－梁端部节点板，柱－梁端部节点板不密合

【现象】

梁－梁、柱－梁端部节点板之间有缝隙（见图11－44）。

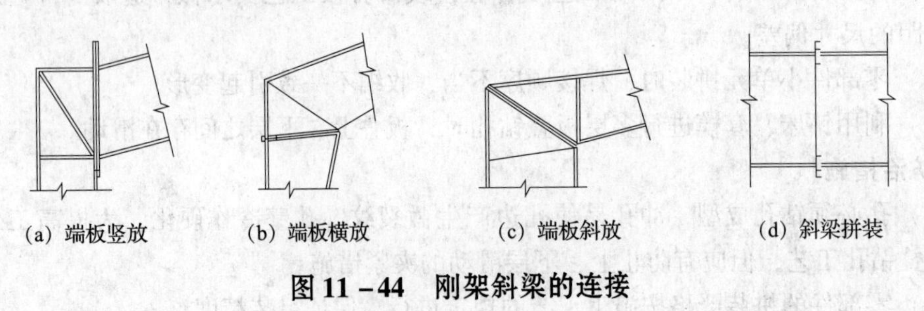

(a) 端板竖放　(b) 端板横放　(c) 端板斜放　(d) 斜梁拼装

图11－44　刚架斜梁的连接

【原因分析】

(1) 门式刚架跨度大，梁在荷载作用下受弯产生挠度，在梁－梁端部节点板之间产生缝隙。

（2）柱 – 梁端部节点板两排高强度螺栓相距较大，已超过 3d，出现缝隙。

（3）梁 – 梁、柱 – 梁端板在焊接时产生变形。

【防治措施】

（1）门式刚架跨度大于或等于 15m 时，其横梁宜起拱，拱度可取跨度的 1/500，在制作、拼装时应确保起拱度。

（2）采用高强度螺栓，螺栓中心至翼缘板表面的距离应满足拧紧螺栓时的施工要求（扳手可以放入的距离）。

（3）梁 – 梁、柱 – 梁端部节点板焊接时，为减少变形，可将两梁端板拼在一起，在有约束的情况下进行焊接。

4. 高强度大六角头螺栓超拧或欠拧

【现象】

（1）高强度螺栓终拧检查不合格。

（2）连接安装时，不分步拧，一次拧到位。

【原因分析】

（1）施工人员未经专业培训，不懂操作规程。

（2）扭矩扳手误差过大，未按规定进行标定、校正。

（3）未按规范规定的拧紧顺序及初拧、复拧、终拧的要求施工。

【防治措施】

（1）高强度螺栓连接施工人员必须经过专业培训，熟悉全部施工工艺，在施工前针对具体工程应进行技术交底。

（2）高强度大六角头高强度螺栓扭矩扳手使用前必须标定、校正。其扭矩误差不得大于 ±5%，校正后方可使用。

（3）高强度螺栓连接大型节点，必须经过初拧、复拧、终拧，一般节点初拧、终拧目的是消除后拧的螺栓对先拧螺栓轴力的影响，使连接节点各螺栓受力基本均匀。

5. 高强度螺栓拧紧后外观质量不合格

【现象】

（1）连接节点高强度螺栓终拧后，节点螺栓外露丝扣过多，或比螺母低 1 ~ 2 扣。

（2）终拧时垫圈跟着转。

【原因分析】

（1）螺栓订货长度计算不当，或长度计算后为了减少规格、品种而进行合并，使部分螺栓选用过长。

（2）将高强螺栓作安装螺栓用，螺栓的部分螺纹受损、滑牙，导致螺栓拧不紧。

【防治措施】

（1）螺栓长度应按现行行业标准《钢结构高强度螺栓连接技术规程》JGJ 82 的要求计算，不能因图方便而随意加长。高强度螺栓产品标准规定，对各类直径的螺栓，相应的螺纹长度是一定值，由螺母的公称厚度、垫圈厚度、外露三个螺距和螺栓制造长度公差等因素组成，同一直径规格的螺栓长度变化的只是螺栓光杆部分，螺纹部分固定的，见图 11－45。因此过长螺栓紧固时，有一部分螺栓看似拧紧（扳手转不动）实际是拧至无螺纹部分。

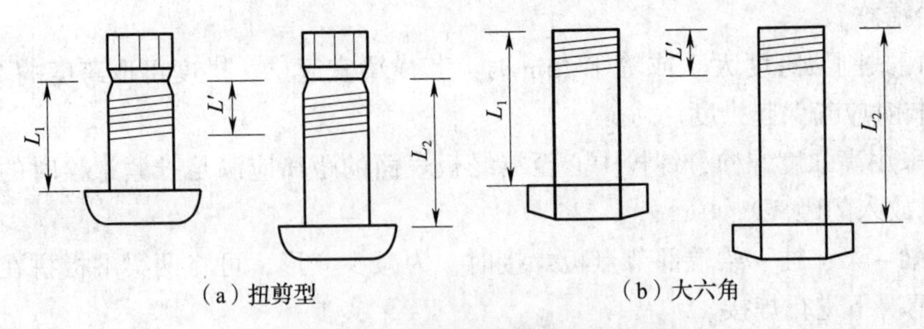

图 11－45　高强度螺栓螺纹长度

L'—螺纹长度；L_1L_2—螺栓长度

（2）现行行业标准《钢结构高强度螺栓连接技术规程》JGJ 82 规定，高强度螺栓连接安装时，每个节点应使用临时螺栓和冲钉，冲钉便于对齐节点板的孔位，但在施工安装时往往为图方便和省事，不用冲钉和临时螺栓，直接用高强度螺栓取代，导致高强度螺栓的螺纹损坏，不仅增大扭矩系数，甚至拧不紧，难以终拧达到扭矩值，但螺栓实际并未拧紧。

（3）高强度螺栓穿入节点后，随手一拧，不再紧固，过一段时间后再拧紧，由于垫圈和螺母支承面间无润滑，或已生锈，终拧时垫圈跟着转，扭矩系数加大，此时仍按终拧扭矩拧紧，螺栓轴力达不到设计要求。

6. 高强度螺栓拧紧时，扳手无操作空间

【现象】

高强度螺栓终拧时，扳手无法施工。

【原因分析】

设计节点时，没有考虑专用扳手的可操作空间，造成终拧时专用扳手无法施拧。

【防治措施】

（1）设计高强度螺栓连接节点时，要考虑专用扳手的可操作空间（见图 11－46），其最小尺寸见表 11－20。

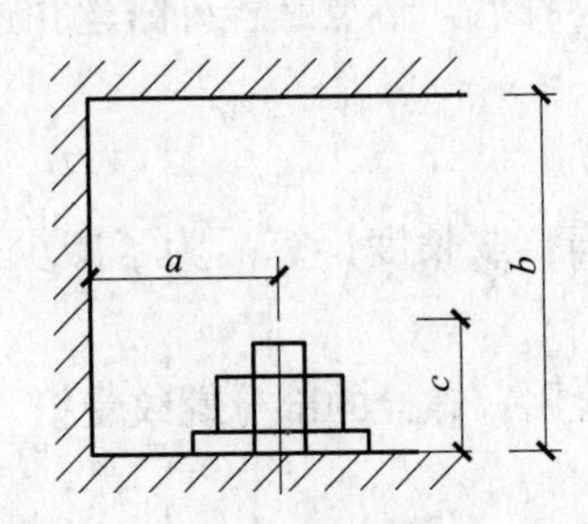

图 11－46　施工机具操作空间示意图

表 11－20　扳手操作空间需用最小尺寸（单位：mm）

扳手种类	a	b
手动定扭矩扳手	45	140 + c
扭剪型电动扳手	65	530 + c
大六角电动扳手	60	

注：a、b、c 符号见图 11－46。

（2）当 a 值小于表 11－20 中数值，且当 b 值有足够空间时，可用长套筒紧固螺栓，此时套筒头部直径一般为螺母对角线尺寸加 10mm。

7. 高强度螺栓施工管理不符合规范要求

【现象】

（1）高强度螺栓工地存贮不当，在工地户外贴地堆放，随意拿苫布一盖，且未盖严，螺栓已有部分生锈。

（2）在安装现场同时打开几箱螺栓连接副，随用随拿，不在同一箱内配套使用，用剩随意乱扔。

（3）安装现场螺母、垫圈均有装反。

【原因分析】

（1）螺栓存储不符合现行行业标准《钢结构高强度螺栓技术规程》JGJ 82 的规定，高强度螺栓应按规格分类存放于室内，防止生锈和沾染脏物。

（2）为图方便、省事将大量高强度螺栓吊至安装工作面，并且同时多箱螺栓全被打开。

【防治措施】

（1）工地应有严格的管理制度，施工应按施工组织设计或专项方案规定执行，高强度螺栓应用多少、领多少，不能图方便将整箱或更多的螺栓放置于作业面上。

（2）对工人进行技术交底，强调高强度螺栓连接副的特点，它不同于普通螺栓，有紧固扭矩或轴力要求，只有保持高强度螺栓连接副的出厂状态，即螺栓螺母均是干净、无脏物沾染，且有一定的润滑状态，否则将会改变扭矩系数而使连接副紧固后轴力达不到设计要求。

（3）执行正确的安装方法，螺母带垫圈的一面朝向垫圈带倒角的一面，垫圈的加工成型工艺使垫圈支承面带有微小的弧度，从制造工艺上保证和提高扭矩系数的稳定与均匀，因此，安装时不得装反。

8. 高强度螺栓连接摩擦面的抗滑移系数不符合设计要求

【现象】

高强度螺栓连接摩擦面抗滑移系数平均值高于或略大于设计规定值。

【原因分析】

对规程及验收规范理解有误，规范规定抗滑移系数的最小值必须大于或等于设计规定值，而不是平均值。

【防治措施】

抗滑移系数试件是模拟试件，现行国家标准《钢结构工程施工质量验收规范》GB 50205 规定试件应与所代表的构件为同一材质，同批制作，采用同一摩擦面处理工艺和具有相同的表面状态，实际上是检验工厂采用的摩擦面处理工艺、粗糙度能否达到设计要求，所以必须是最小值满足设计要求，如果是平均值达到设计要求，即意味着有一部分节点抗滑移系数小于设计要求，节点承载能力小于设计值。

11.6 压型金属板常见质量通病与控制措施

11.6.1 压型金属板制作质量通病

【现象】

压型金属板断面尺寸偏差过大，表观质量差，中间区和边区出现连续重复性的波纹或凹凸。

【原因分析】

(1) 当原材料展开宽度过大或过小时，板边沿卷边容易出现连续的波纹形或蛇形变形。

(2) 材料强度或厚度与设计要求不符时，或者设备没有调试到合适的状态时，压型板的断面形状也会出现较大的偏差。

(3) 原材料内部残余应力大或不均匀时，板面容易出现凹凸或侧弯现象。

(4) 当钢板涂层有质量问题时，成型后容易产生层状剥离。

【防治措施】

(1) 压制压型金属钢板的设备应合适，现场成型时应选择较大型的设备，并采取防风沙措施。

(2) 当压型板端部扩张变形时，应调整或修改成型设备参数，如角度、圆角半径或轧辊间隙等参数。

(3) 加工温度不宜低于 10℃，避免涂层开裂。

(4) 钢板成型时，应在正面预先覆盖一层 PE 或 PVC 薄膜保护正面涂层，安装完成后再去除。

11.6.2 屋面压型金属板安装质量通病

1. 铺设缺陷

【现象】

压型金属板安装后覆盖宽度偏差过大，与屋脊线不垂直，端部搭接形状变形大。

【原因分析】

压型钢板安装时，由于板本身的变形，覆盖宽度往往与设计值不符，容易出现大小头，或整体偏大的情况，这会导致板的搭接、扣合或锁缝不可靠，抗风能力下降或密封性能下降。

【防治措施】

（1）第一块板必须调整到与屋脊线垂直，所有压型金属板应边铺设边用板模卡尺定位定宽，然后固定、扣合或锁合。

（2）对于扣合板和锁缝板，相邻板的端部搭接应错开一个檩条间距。

（3）屋面板的铺设顺序，应使侧边搭接缝处于主风向的背风侧。

2. 螺钉施工偏差

【现象】

螺钉安装不规范：螺钉与钢板板面不垂直，螺钉定位不准确，螺钉紧固程度过紧或过松，螺钉处漏水或出现锈斑。

【原因分析】

（1）螺钉安装不规范引起压型金属板固定不牢固（或过紧）、产生渗漏及损坏。

（2）螺钉施工操作人员不熟悉施工工艺，不掌握施拧技能，引起螺钉倾斜，位置上下不一，紧固情况不一。

（3）钻孔后不及时清除铁屑，引起板材表面产生浮锈，划伤涂层后引起板生锈。

【防治措施】

（1）现场安装螺钉时，应预先用拉线、直尺和铅笔等划定螺钉位置，且保证螺钉紧固适中，以保证密封垫圈被轻微挤出钢垫圈为准。

（2）应由专业的、有经验的螺钉安装技术工人负责安装，并采用专业工具，磨损的螺钉套筒应及时更换。

（3）钻孔后及时清除板面上的铁屑，避免生锈。

3. 屋面漏水

【现象】

屋面板铺设后或使用一段时间后，出现渗漏的情况。

【原因分析】

螺钉和密封胶的设计、安装和铺设不符合规范要求或不合理都会导致屋面漏水。

【防治措施】

（1）大型屋面的铺设，为了消除因温度变化导致的热胀冷缩影响，常采用滑动连接片连接屋面板和次结构，实现屋面自由伸缩，从而减少板间摩擦及螺钉连接处的破坏。

（2）当屋面设有洞口且布置有轻型设备如屋面自然风机等，应将设备和屋面洞口支架与屋面板连接成一个整体，使屋面设备和洞口支座可随屋面板自由伸长或缩短，且螺钉与相邻的次结构保持一定间距，避免相互干涉而破坏螺钉的可靠连接。

（3）采光板安装时，要避免引起采光板材料碎裂，宜预先钻孔，再用螺钉或止水拉铆钉连接。

4. 面板掀起

【现象】

压型金属板屋面被风刮起破坏。

【原因分析】

屋面板扣合不牢、锁缝不紧、螺钉间距过大等，均可造成屋面板的破坏。

【防治措施】

(1) 铺设压型金属板应根据建筑物所在区域主风向逆向铺设。

(2) 在屋面边角区域要采用加强型连接节点，加密螺栓数量或采用大直径螺钉。

(3) 暗扣板安装时，注意支座距离，防止暗扣板变形和支座变形。

(4) 锁缝板的锁缝应完整、紧固。

11.6.3 墙面压型金属板安装质量通病

1. 密封材料敷设不规则

【现象】

密封胶和堵头安装不规范，搭接密封处水密性、气密性不够。

【原因分析】

(1) 密封材料铺设前板面不清洁、不干燥，密封材料与板间不胶合存在间隙。

(2) 密封材料位置不当，密封作用不能全部发挥。

【防治措施】

(1) 密封胶应在干燥、阴凉处存放。

(2) 密封胶应用剪刀裁剪，且搭接应可靠，搭接长度不宜小于25mm。

(3) 山墙处的密封非常重要，应合理设计堵头和密封胶形式和线路。

2. 墙面掀起

【现象】

压型金属板墙面被风掀起。

【原因分析】

(1) 夹芯墙面板在边区和角区安装时疏漏会导致强风作用下局部墙板脱落。

(2) 墙面连接或密封不可靠，风可以鼓进内部，强风下收边容易破坏，进而导致墙面板连锁破坏。

【防治措施】

(1) 墙面边角区域应采用加强型连接节点，加密螺钉数量或采用大直径螺钉。

(2) 施工时应注意保护墙体板材，防止板材因外力所致的弯曲、变形，以免影响安装质量，产生渗漏。

11.6.4　组合楼板压型金属板安装质量通病

1. 栓钉焊接后弯曲不合格

【现象】

栓钉从原来坐标轴弯曲30°后，根部出现裂纹。

【原因分析】

（1）栓焊操作人员未经专业技术培训，焊接方式不当。

（2）栓钉材质不合格。

（3）栓焊机各项工作指数、灵敏度、精度不够。

【防治措施】

（1）栓焊工必须经过平焊、立焊、仰焊位置专业培训取得合格证者。

（2）栓钉材质应合格，无锈蚀、氧化皮、油污、受潮，端部无涂漆、镀锌等。

（3）栓钉应采用自动定时的栓焊设备进行施焊，栓焊机必须连接在单独的电源上，电源变压器的容量应为100～250kV·A，容量应随焊钉直径的增大而增大，各项工作指数、灵敏度及精度要可靠。

2. 栓钉焊接外观质量不符合要求

【现象】

栓钉焊接外观过厚、少薄，有凹陷、裂纹等（见图11－47）。

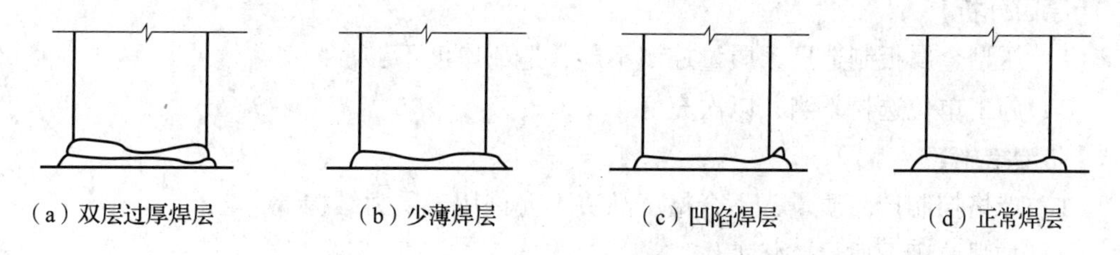

图11－47　栓钉焊外形检查标准

【原因分析】

（1）栓钉熔化量过多，焊接金属凝固前，焊枪被移动，焊肉过厚。

（2）焊枪不够平滑，膨径太小，焊肉过薄。

（3）母材材质问题，除锌不彻底，低温焊接、潮湿等，焊肉易出现裂纹。

（4）电流过小，焊钉与母材未熔合；电流过大易咬边。

（5）瓷环排气不当，接触面不清洁，易出现气孔。

【防治措施】

（1）栓钉焊接前，必须按焊接参数调整好提升高度，焊接金属凝固前，焊枪不能移动。

（2）栓钉焊接的电流大小、时间长短应严格按规定进行，焊枪下落要平滑。

（3）母材材质应与焊钉匹配，栓钉与母材接触面的锌及潮气必须彻底清除干净，低温焊接应通过低温焊接试验确定参数进行试焊，低温焊接不准立即清渣，应加以保温。

（4）瓷环几何尺寸应符合标准，排气要好，栓钉与母材接触面必须清理干净。

3. 栓钉直径及间距超偏

【现象】

栓钉直径有粗有细，间距随意摆放。

【原因分析】

（1）没有经过正式设计单位的专业人员设计，或不按图施工。

（2）施工人员没有经过正式培训，对栓钉施工技术不清楚。

（3）乱用其他工程剩余的栓钉，造成栓钉直径不一。

【防治措施】

（1）必须由具有栓钉施工专业培训的人员按有关单位会审的施工图纸进行施工。

（2）监理人员应审查栓钉材质及尺寸，并进行质量检查，检查工艺是否正确。

（3）对穿透压型钢板跨度小于 3m 的板，栓钉直径宜为 13mm 或 16mm；跨度为 3 ~ 6m 时，栓钉直径宜为 16m 或 19mm；跨度大于 6m 的板，栓钉直径宜为 19mm。

4. 压型金属板厚度不够

【现象】

组合用的压型金属板净厚度不够。

【原因分析】

（1）压型金属板制造厂家质量控制不严，造成厚度不够。

（2）施工单位选材不当，以次充好。

【防治措施】

（1）严格控制产品质量，不合格产品决不允许用于受力结构上。

（2）加强监理及质量监督工作。

（3）已用于工程中的压型金属板，如单纯用作模板，厚度不够可采取支顶措施解决；如果参与受力，则应通过设计单位进行核算。

（4）用于组合板的压型金属板净厚度（不包括镀锌层或饰面层厚度）不应小于 0. 75mm，仅作模板用时，厚度不小于 0. 5mm。

5. 压型金属板施工无序

【现象】

施工程序混乱，降低工效，安装质量达不到要求，甚至造成返工。

【原因分析】

组合楼板中的压型钢板如同铺设一般组合钢模板一样，施工混乱无序，造成安装质量参差不齐。

【防治措施】

组合楼板中的压型钢板安装应按以下施工程序进行：

钢结构主体验收→压型钢板弯曲变形矫正→杂物清扫→放钢梁中心线和钢装线→搭设支顶桁架→压型钢板配料→铺设钢板→压型钢板调直、压实、点焊→自检→栓钉焊接→放封边板安装位置线→安装、焊接封边、堵头板→自检→专检合格→清理现场→分层验收。

11.7 钢结构涂装常见质量通病与防治措施

11.7.1 防腐涂料质量通病

1. 涂料结皮、结块和凝胶等

【现象】

涂料桶开启后，发现涂料存在结皮、沉淀结块、凝胶等现象。

【原因分析】

（1）结皮：主要是涂料桶的桶盖密封性差，或者用过后经过长时间再启用。

（2）结块：一般发生在含有大量防锈颜料类型的防锈底漆内。涂料到货后长时间存放不用，颜料沉淀造成结块。

（3）凝胶：同样由于存放时间过长，涂料内部发生化学反应；使用不合适的溶剂；桶盖密封性不好，溶剂挥发过量。

（4）豆化：使用了不适当的溶剂，或混入了不同类型的涂料。

（5）锌粉结团：由于干锌粉贮存时间过长，并且包装密封性差。

【防治措施】

（1）为防治涂料结皮，涂料应在有效期内使用，对新打开的桶装涂料，在使用期限内如有结皮，应通知涂料生产厂家观察实样，确定不能使用时应调换；对已经开桶使用了部分的涂料，产生结皮严重，则视为影响涂料的内部质量，应予以报废；如结皮不厚，可将漆皮小心取出（取出时如破碎，则应用60~80目的过滤网过滤），然后经过搅拌后再使用。

（2）涂料结块，可用搅拌机充分地搅拌，如沉淀物完全打散且无细微颗粒就可以使用，否则应予以报废。对涂料还处于使用期内，但必须予以报废的相同批号的涂料应清理，并通知涂料生产厂观察实样，确定不能使用后，应全部调换。同时应对到货时间接近的其他批号涂料做随机抽查。使用时应严格按照先到货先发放使用的原则；涂料库存时间较长时，应经常“翻桶”。

（3）对于凝胶的处理：对已经凝胶的涂料应予以报废；因密封性不好造成的凝胶，还未使用但处于使用期限内的涂料应通知生产厂观察实样，确定不能使用后，做调换处理。

（4）已豆化的涂料应予以报废。要防止不适当的溶剂或不同类型的涂料混入。

（5）锌粉结团可用手指碾压结团锌粉，如能够将其碾碎，并且手指的感觉是细微的润滑状，则可以使用；否则应予以报废。如因包装密封性差而造成的干锌粉结团，可要求涂料生产厂家调换。

2. 超过有效期使用

【现象】

涂料已超过储存有效期，但仍随意使用。

【原因分析】

（1）涂料进库管理不当，未按先进先用的原则控制涂料有效期。

（2）涂料一次进库量太大，造成积压。

【防治措施】

（1）涂料进库应按型号、名称、颜色及有效期分别堆放，按有效期早的先发放。

（2）涂料采购应加强计划性。对使用频率少的涂料，应分批进货，控制库存量与采购量。

（3）储存的有效期对涂料生产厂家来讲一般比较保守，过期后涂料很可能仍然可以使用，但在实际使用中，应在使用过期涂料之前，检查其状态，必要时向涂料生产厂家咨询和做涂料性能的测试。

3. 混合比不当

【现象】

分组涂料未按生产厂家规定的配比组成一次性混合。稀释剂的型号和性能未达到生产厂家所推荐的品种配套使用。

【原因分析】

（1）未了解涂料混合比要求和搅拌操作顺序，擅自按自己的经验操作。

（2）配制时未使用计量器具，而是凭经验估计。

（3）选用了不当的稀释剂。

【防治措施】

（1）按产品说明书进行组分料的配比和先后顺序进行搅拌，同时应一次性混合、彻底搅拌，并按产品要求在喷涂时不时地在桶内搅拌。

（2）一桶涂料分次使用时，宜采用计量器具进行配合比计量。

（3）应根据涂料品种、型号按产品说明书要求选用相对应的稀释剂，并按作业气温等条件选用合适比例的稀释剂。

11.7.2 防腐涂料施工质量通病

1. 返锈、壳起脱落

【现象】

构件涂层表面逐步出现锈迹、局部涂层“壳起”并脱落。

【原因分析】

（1）涂装前钢材表面除锈未达到设计要求和国家现行有关标准的规定。

（2）涂装前钢材表面清理不到位，有可溶性盐、油脂、水分等影响防腐保护的物质。

【防治措施】

（1）涂装前应严格按涂料产品除锈标准要求、设计要求和国家现行标准的规定进行除锈。处理后的钢材表面不应有焊渣、焊疤、灰尘、油污、水和毛刺等。当设计无要求时，钢材表面除锈等级应符合表11－21的规定。

表11－21　各种底漆或防锈漆要求最低的除锈等级

涂料品种	除锈等级
油性酚醛、醇酸等底漆或防锈漆	St2
高氯化聚乙烯、氯化橡胶、氯磺化聚乙烯、环氧树脂、聚氨酯等底漆或除锈漆	Sa2
无机富锌、有机硅、过氯乙烯等底漆	Sa2.5

（2）对残留的氧化皮应返工，重新做表面处理。

（3）严格控制除锈时的环境湿度条件，高湿度环境条件下除锈作业应有除湿措施。出现点状“返黄”或局部“返黄”时，可用安装了钢砂纸轮的风动工具清除。

（4）除锈后应及时清除污染物：压缩空间应有油水分离装置，上班前，应给风动工具加润滑油，随即将它高速空转2～3min，去掉多余的油分；按照工艺规定执行，在涂装前，应对所有的钢质表面进行一次清洁。

2. 构件表面误涂、漏涂

【现象】

构件表面不该涂装的面涂上涂料（如高强度螺栓连接的钢材接触面）或涂上异种涂料（如焊接区域涂上面漆），构件边角（阴、阳角）没有全覆盖或未涂。

【原因分析】

（1）技术交底不细，施工人员不了解构件表面涂装要求。

（2）施工时不涂装的表面的覆盖材料破损或散落。

（3）操作不当。

【防治措施】

（1）加强操作责任心，提高涂装质量对产品影响的认识和操作技能。

（2）涂装开始前应对涂装要求进行了解掌握，对不要涂装和涂装特殊要求的面进行隐蔽覆盖或其他妥善处理。

（3）涂装时发现隐蔽覆盖材料破损或散落，应及时修整处理。

（4）对漏涂的应进行补涂涂料。

（5）对不要求涂装的高强度螺栓连接钢材接触面涂上涂料的，应清除涂料，确保该接触面的抗滑移系数值达到设计要求。摩擦面的抗滑移系数应按表11－22采用。

表 11-22　摩擦面的抗滑移系数μ

在连接处构件接触面的处理方式	构件的钢号		
	Q235 钢	Q345 钢、Q390 钢	Q420 钢
喷砂（丸）	0.45	0.50	0.50
喷砂（丸）后涂无机富锌漆	0.35	0.40	0.40
喷砂（丸）后生赤锈	0.45	0.50	0.50
钢丝刷清除浮锈或未经处理的干净轧制表面	0.30	0.35	0.40

（6）焊缝两侧不涂（两侧 100mm 范围），对焊接坡口及周边区域误涂的涂料应打磨清除，并按要求涂上对焊接质量不产生影响的涂料。

3．涂层涂料不配套使用，厚度达不到设计要求

【现象】

（1）涂层的底漆、中间漆和面漆未按设计要求配套使用。

（2）涂层厚度未达到设计要求。

（3）构件角部难喷涂的特殊区域涂层厚度和大面积区域不一致。

【原因分析】

（1）未了解构件涂装设计要求，选错涂料型号。

（2）操作技能欠佳或涂装位置欠佳，引起涂层厚度不匀。再加喷这些部位会加厚大面积喷涂区域的涂层厚度，致使大面积区域厚度超厚，并产生流挂等缺陷。

（3）没有及时检验涂层厚度，涂层厚度检验方法不正确，测厚仪未做校核，计量读数有误。

【防治措施】

（1）正确掌握构件被涂装的设计要求，选用合适类型的配套涂料，并根据施工现场环境条件加入适量的稀释剂。

（2）被涂装构件的涂装面尽可能平卧，保持水平。

（3）正确掌握涂装操作技能，对易产生涂层厚度不足的边缘处先做涂装处理。

（4）涂装厚度检测应在漆膜实干后进行，检验方法按相关规范规定要求，用干漆膜测厚仪检查。每个构件检测 5 处，每处的数值为 3 个相距 50mm 测点涂层干漆膜厚度的平均值。

（5）当设计对涂层厚度无要求时，涂层厚度及允许偏差按现行国家标准《钢结构工程施工质量验收规范》GB 50205 的规定执行。钢结构防腐涂装构造示意图见图 11-48。

涂层干漆膜总厚度：
室外150μm/室内125μm
钢构件

（a）工字形钢柱截面

涂层干漆膜总厚度：
室外150μm/室内125μm
钢构件

（b）方钢管截面

涂层干漆膜总厚度：
室外150μm/室内125μm
钢构件

（c）圆钢管截面

图11－48　钢结构防腐涂装构造示意

注：涂层干漆膜总厚度允许偏差为－25μm，每遍涂层干漆膜厚度的允许偏差为－5μm。

（6）对超过干膜厚度允许偏差的涂层应补涂修整。

4. 涂层外观质量缺陷

【现象】

钢构件涂层表面有明显皱皮、流坠、针眼、气泡、干喷、开裂（龟裂）等质量疵病（见图11－49）。

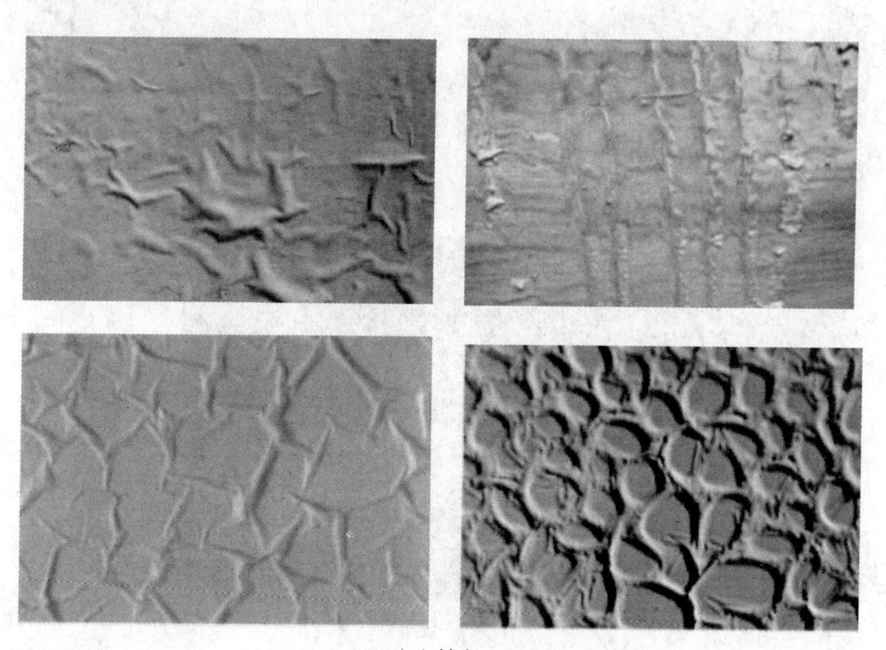

（a）皱皮

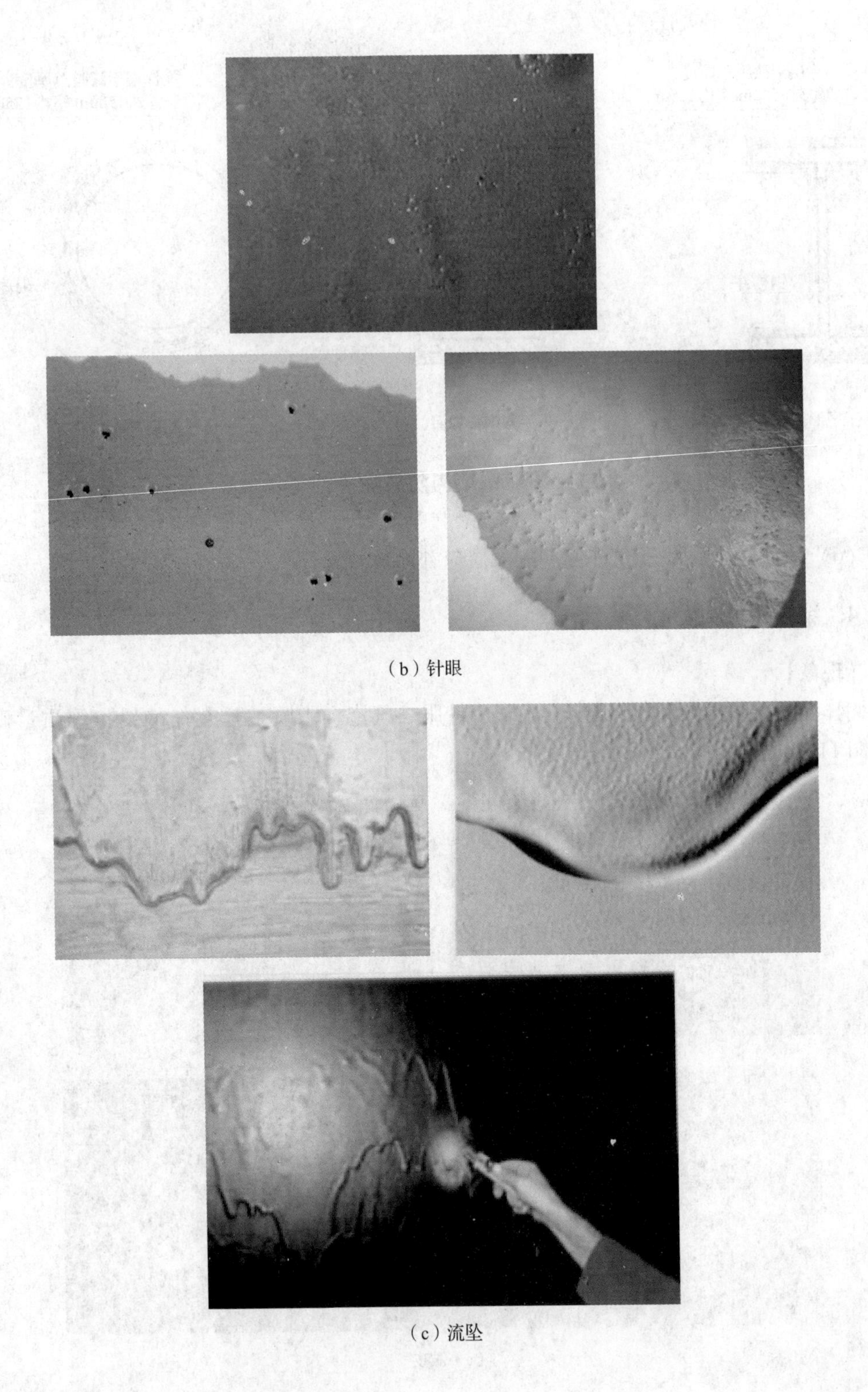

（b）针眼

（c）流坠

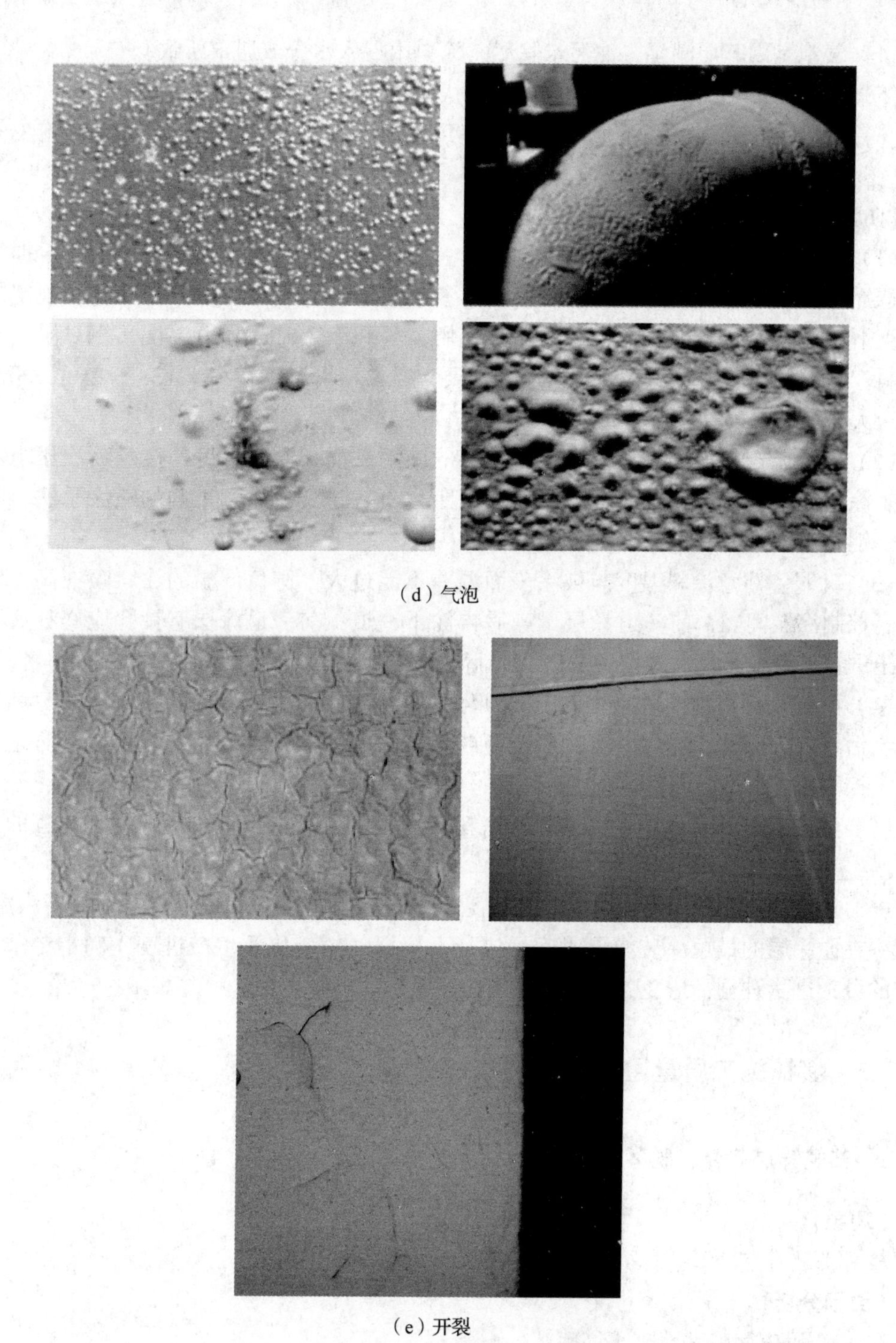

（d）气泡

（e）开裂

图 11-49 钢结构涂层表面质量疵病

【原因分析】

（1）皱皮是因涂刷后受高温或太阳曝晒，刷漆不均，涂刷过厚，表面收缩过快所致。

（2）流坠是刷涂料过厚、涂料太稀造成的。

（3）针眼主要是溶剂搭配、使用不当，含有水分，环境湿度过高，挥发不匀造成的。

(4) 气泡是因基层潮湿，油污未除尽，涂料内混入水分或遇雨所致。

(5) 干喷是由于喷涂过程中溶剂挥发过快导致涂料已干燥而不能成膜。

(6) 开裂（龟裂）产生的原因是涂层厚度过厚、涂料配套不科学或者涂装施工间隔过短。

【防治措施】

(1) 皱皮：喷涂适宜的涂层厚度，所需涂层厚度过厚时应采用分遍喷涂。根据不同温度选择不同干燥速度的稀释剂，根据技术参数和环境温度调节喷涂黏度，在规定的环境温度下进行施工和养护。稀释剂的品种、用量等和涂装时的环境温度、相对湿度应符合涂料产品说明书的要求，当产品说明书无要求时，环境温度宜在5～38℃之间，相对湿度不应大于85%。

(2) 流坠：严格按产品说明书控制涂料的施工黏度和涂膜厚度，注意喷涂压力不宜过高，涂料流量不宜过大，喷枪与被涂表面距离不宜过近，注意正确的喷涂手法，喷涂均匀。钢板温度过高不宜施工。

(3) 针眼：注意涂料温度与被涂表面温差不能过大，避免低温的涂料喷在高温的钢板上；控制涂装间隔，前一道涂层干燥后再涂下一道；前一道涂层有针孔应修补后再涂下一道；被涂表面不能有残留的灰尘、油脂和水分等。

(4) 气泡：涂料搅拌后应有一定的熟化时间，以释放混入料中的空气；避免基底有锈迹、污垢、小凹孔、磷化渣质、水汽等被封在漆膜底下；保证涂膜致密性，防止水的渗透，控制环境湿度在合适范围。

(5) 干喷：选择合适的稀释剂降低涂料干燥速度，喷涂距离适当，控制适宜的环境温度。

(6) 开裂（龟裂）：按涂料规定的厚度要求配套和喷涂；在原涂层上覆盖新涂层时，应至少在原涂层的最短涂装间隔时间后进行；根据气候变化及生产进度，确定冬季施工涂料的分批进货计划，避免冬季施工涂料在气温高的时候使用。

11.7.3 镀锌施工质量通病

1. 热镀锌层起壳、脱落

【现象】

构件热镀锌层空鼓、起壳、脱落。

【原因分析】

(1) 金属表面酸洗清理不彻底。

(2) 镀锌温度和时间不合适。

(3) 锌液中铝含量过低，助镀溶剂浓度不当。

(4) 镀锌层过厚，镀层内应力和脆性增大，构件边缘部位的镀层容易起泡和脱落。

【防治措施】

(1) 注意酸洗液的配合比，酸洗槽内酸液应定期更换。

（2）金属表面酸洗除锈时间要充分，离开酸洗槽时要检查构件表面的酸洗质量。

（3）锌液温度应保持在400～480℃之间。

（4）构件浸渍时间应控制在1min左右。

（5）为了提高附着力强度，可在纯锌液中加入0.02%～0.04%的铝。

（6）对已镀锌构件出现的空鼓、起壳应清除，并应除去补涂涂料区域原热浸锌表面的锌盐及油污等，以免影响补涂料的附着力。

（7）当采用涂料补涂时，宜选用富锌型涂料作修补底漆。

2. 热镀锌表面有夹杂物

【现象】

构件镀锌层表面有非锌类杂物、黑皮等。

【原因分析】

（1）锌槽内锌液表面积尘、杂物未及时清除。

（2）镀锌后的构件没有及时清理。

【防治措施】

（1）锌槽内锌液表面杂物应经常清除。

（2）工件从锌液中抽出时，应先去除锌液表面杂物，抽出后及时冲清构件表面。

3. 热镀锌层表面不平整

【现象】

镀锌层表面不平整光滑，表面锌层厚薄不一，且有未熔化的锌渣。

【原因分析】

（1）锌池温度过低，锌锭熔化不充分。温度太低，锌液中的铁过饱和而析出，与锌结合成锌铁合金颗粒，附于工件上。

（2）材质本身不光滑。

（3）温度太高，浸锌时间太长，锌铁合金层生长太快，长出锌层表面。

【防治措施】

（1）对不光滑表面进行处理。

（2）避免过低温度和过高温度镀锌。

4. 热镀锌层表面有溶剂夹杂、漏铁

【现象】

锌层表面出现露铁、龟裂现象。

【原因分析】

（1）构件在镀锌前除脂不净，酸洗不够。

（2）未被镀锌液浸到。

（3）材质本身不平整，有凹坑。

【防治措施】

（1）镀锌前应对构件完全除脂、除油，充分酸洗。

（2）热浸镀时充分晃动，使锌完全和基底金属反应。

（3）对不平整表面进行打磨等处理。

5. 热镀锌构件表面有红斑锈迹

【现象】

构件热镀锌后，焊缝区域有红斑锈迹。

【原因分析】

焊缝区域焊渣清理不完全。

【防治措施】

（1）钢构件热镀锌前对焊缝区域的飞溅应清除并打磨平整。

（2）出现点状锈斑时，应补焊修磨，并进行局部富锌类底漆涂装。

6. 热镀锌构件变形

【现象】

构件热镀锌后变形严重。

【原因分析】

（1）工艺孔开启不恰当。

（2）钢构件应力导致变形。

（3）构件进入热浸锌池，下料工艺不当，由构件温差引起变形。

【防治措施】

（1）管内不需要镀锌的构件应将管口封闭，防止锌液的流入。凡要求构件内部镀锌的，应事先设计布置好工艺孔，保证构件从锌液中抽出时锌液的流动畅通。

（2）对构件进行消除应力的热处理。

（3）构件镀锌后变形，宜采用冷加工校正。

（4）构件矫正后镀锌层的损伤，应采用涂料修补。

7. 热镀锌层表面有白锈

【现象】

镀层表面有白色或灰色的粉状物。

【原因分析】

（1）钢板表面水分在进入卷取机前没有充分烘干。

（2）防锈油中含水量较大。

（3）钝化剂或防锈油变质。

（4）在运输或存储过程中遭水或受潮。

（5）储存仓库温度小于露点温度，出现冷凝水腐蚀钢板。

（6）锌板与其他酸碱盐等介质接触或存放在一起。

【防治措施】

(1) 机组运行期间，红外炉常开，红外炉后冷却干燥风机常开，并定期清理风机吸风过滤网。

(2) 保证钝化剂、防锈油质量。

(3) 严格按工艺要求进行钝化（保证烘干）或涂油。

(4) 定期清理涂机托盘和涂油机油箱。

(5) 加强锌板包装质量，运输中盖雨布，提高防水、防潮能力。

(6) 保证储存仓库通风良好，并配备取暖设备及露点测量仪器。

(7) 严禁锌板与腐蚀介质同库储存。

(8) 卷板淋雨或浸水时及时处理。

11.7.4 防火涂料质量通病

1. 防火涂料的品种不合格

【现象】

防火涂料的品种和技术性能不符合规定。

【原因分析】

(1) 防火涂料的耐火时间与设计要求不吻合。

(2) 防火涂料的型号（品种）改变或超过有效期。

(3) 防火涂料的产品检测报告不符合规定。

【防治措施】

(1) 钢结构防火涂料生产厂家应有防火涂料产品生产许可证，其应注明品种和技术性能，并由专业资质的检测机构出具证明文件。

(2) 钢结构防火涂料不能简单地用斜率比直接推算防火涂料的耐火时间。

(3) 根据实际要求，选用合适的防火涂料型号。

(4) 室外钢构件的防火涂料应选用室外钢结构防火涂料。

(5) 防火涂料应妥善保管，按批使用。

(6) 对超过有效期或开桶（开包）后存在结块、凝胶、结皮等现象的涂料应停止使用。

2. 防火涂料未做复验

【现象】

防火涂料未按规定进行粘结强度、抗压强度性能试验就直接使用。对膨胀型防火涂料未进行涂层膨胀性能检验。

【原因分析】

(1) 对防火涂料进行粘结强度、抗压强度试验的必要性认识不够。

(2) 不清楚膨胀型防火涂料要进行涂层膨胀性能检验的要求。

（3）为了赶工期，防火涂料进场后直接施工。

【防治措施】

（1）要充分认识防火涂料的性能直接关系到结构构件的耐火性能，关系到结构的防火安全。对钢构件的耐火极限设计是根据建筑物的耐火等级要求和构件的位置不同来选择的，不存在重大工程与一般工程之分，也不存在使用量的大小之分。

（2）防火涂料进场后应按规定及时进行粘结强度和抗压强度的抽样复验。钢结构防火涂料的粘结强度、抗压强度应符合国家现行标准《钢结构防火涂料应用技术规程》CECS 24：90 的规定。检验方法应符合相关标准的规定。检查数量：每使用 100t 或不足 100t 薄涂型防火涂料应抽检一次粘结强度，每使用 500t 或不足 500t 厚涂型防火涂料应抽检一次粘结强度和抗压强度。

《建筑钢结构防火技术规程》CECS 200：2006 规定：每一个检验批应在施工现场抽取不少于 5% 构件数（且不少于 3 个）的防火材料试样，并经监理工程师（建设单位技术负责人）见证、取样、送样。

（3）对膨胀型防火涂料进行涂层膨胀性能检验，最小膨胀率不应小于 5，当涂层厚度不大于 3mm 时，最小膨胀率不应小于 10，膨胀型防火涂料的检查方法应符合《建筑钢结构防火技术规程》CECS 200：2006 的规定。

（4）粘结强度或抗压强度抽样复验不合格的防火涂料不得使用，已施工的部分应清除，重新施工。

11.7.5 防火涂料施工质量通病

1. 基层处理不当

【现象】

防火涂料涂装基层存在油污、灰尘、泥沙等污垢。防火涂料涂装后出现返锈、脱落等现象。

【原因分析】

（1）基层污垢清理不彻底。

（2）钢材表面除锈和防锈底漆施工不符合要求。

（3）环境温度和相对湿度不符合产品说明书要求。

【防治措施】

（1）按要求清洗干净涂装基层存在的油污、灰尘、泥沙等污垢后方能进行防火涂料的涂装。

（2）防火涂料涂装前，应对钢材表面除锈及防锈底漆涂装质量进行隐蔽工程验收，办理隐蔽工程交接手续。

（3）应按防火涂料产品说明书的要求，在施工中控制环境温度和相对湿度，构件表面有结露不应施工。当产品说明书无要求时，环境温度宜在 5～38℃之间，相对湿度不应大于 85%。

（4）注意天气影响，露天作业要有防雨淋措施。

2. 防火涂料涂层厚度不够

【现象】

防火涂料涂层厚度未达到耐火极限的设计要求。

【原因分析】

（1）没有认识到防火层厚度是钢结构防火保护设计和施工时的重要参数，直接影响防火性能。

（2）测量方法和抽查数量不正确。

（3）防火涂层厚度施工允许偏差控制不到位。

【防治措施】

（1）加强中间质量控制，加强自检和抽检。薄涂型防火涂料的涂层厚度应符合有关耐火极限的设计要求。厚涂型防火涂料涂层的厚度，80% 及以上面积应符合有关耐火极限的设计要求，且最薄处厚度不应低于设计要求的 85% 。

（2）检查数量：按同类构件数抽查 10% ，且均不应少于 3 件。检验方法：用涂层厚度测量仪、测针和钢尺检查。测量方法应符合国家现行标准《钢结构防火涂料应用技术规范》CECS 24：90 及《钢结构工程施工质量验收规范》GB 50205—2001 的规定。

（3）对防火涂料涂层厚度不够的区域应做涂层表面清洁处理后补涂，达到验收合格标准。

3. 涂层表面裂纹

【现象】

防火涂料涂层干燥后，表面出现裂纹。

【原因分析】

（1）涂层过厚，表面干燥固结，内部还在继续固化。

（2）施工间隔不符合产品说明书要求，厚涂层未干燥到可以涂装后道涂层时，就进行后道涂层施工。

（3）防火涂料施工环境温度过高，引起表面迅速固化而开裂。

【防治措施】

（1）应按防火涂料产品说明书的要求配套混合，按施工工艺规定厚度多道涂装。

超薄型钢结构防火涂料每道施工厚度不应超过 1mm，构造示意图如图 11－50 所示。

薄型钢结构防火涂料每道施工厚度不应超过 2. 5mm，构造示意图如图 11－51 所示。

厚型钢结构防火涂料施工时，为保证涂料与钢基材之间的粘结效应，应在防锈漆表面涂刷底层涂料，其厚度宜控制在 0. 5～3mm，底层涂料应确保与防锈漆相容，中、面层宜控制在 5～10mm。构造示意图如图 11－52 所示。

（2）在厚涂层上覆盖新涂层，应在厚涂层最少涂装间隔时间后进行。

（3）夏天高温下，涂装施工应避免暴晒，并注意保养。

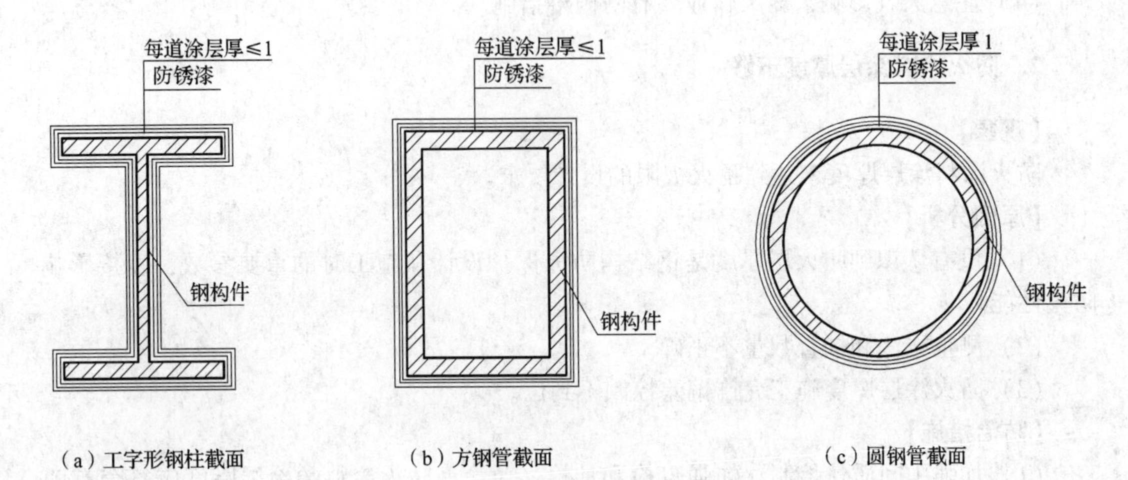

图 11－50　超薄型钢结构防火涂料涂刷构造

注：防火涂料涂刷的层数及厚度由设计人员根据钢构件耐火极限计算确定。

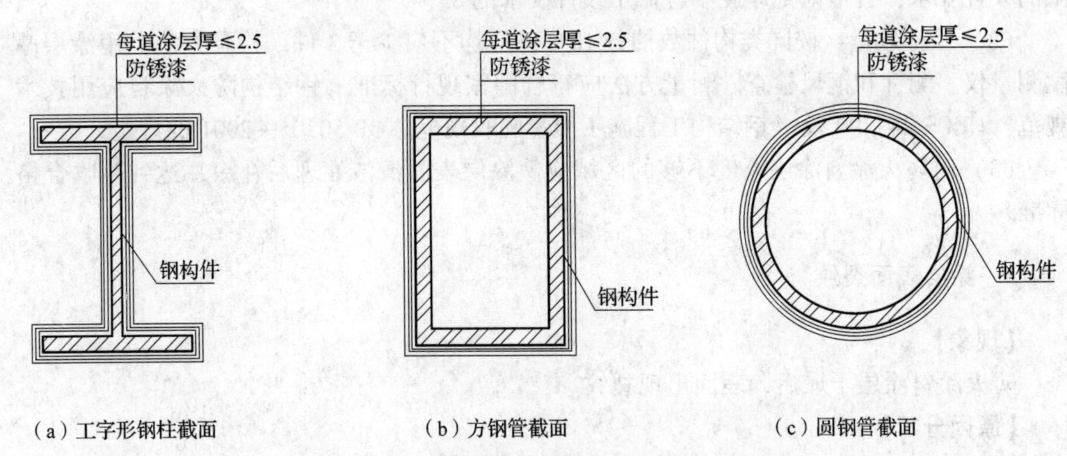

图 11－51　薄型钢结构防火涂料涂刷构造

注：防火涂料涂刷的层数及厚度由设计人员根据钢构件耐火极限计算确定。

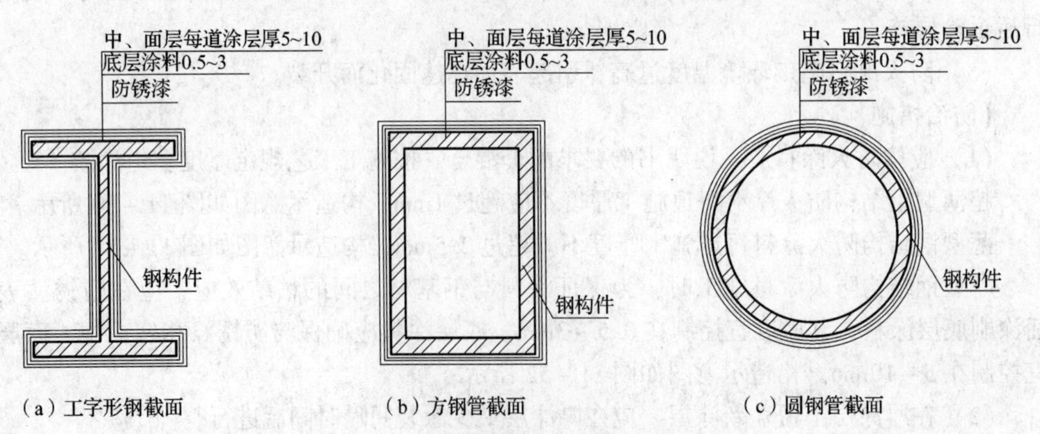

图 11－52　厚型钢结构防火涂料涂刷构造

注：防火涂料涂刷的层数及厚度由设计人员根据钢构件耐火极限计算确定。

（4）对涂层表面局部裂纹宽度大于验收规范要求的涂层应进行返修。

《钢结构工程施工质量验收规范》GB 50205—2001 规定：薄涂型防火涂料涂层表面裂纹跨度不应大于 0.5mm，厚涂型防火涂料涂层表面裂纹宽度不应大于 1mm；

《建筑钢结构防火技术规范》CECS 200：2006 规定：膨胀型防火涂料涂层表面裂纹宽度不应大于 0.5mm，且 1m 长度内均不得多于 1 条，当涂层厚度不大于 3mm 时，涂层表面裂纹表面不应大于 0.1mm。非膨胀性防火涂料涂层表面裂纹宽度不应大于 1mm，且 1m 长度内不得多于 3 条。

（5）处理涂层裂纹方法，可用风动工具或手工工具将裂纹与周边区域涂层铲除再分层多道进行修补涂装。

4. 表面不匀，误涂、漏涂

【现象】

钢构件防火涂装后发现涂层品种、型号、厚度等不符合设计要求。

【原因分析】

（1）施工技术交底不明确，施工过程中自检互检制度执行不严格，引起厚度误涂、型号误涂、构件误涂。

（2）操作技能欠佳造成表面不匀或漏涂。

（3）隐蔽区域的涂装未按要求进行涂装引起漏涂。

【防治措施】

（1）加强施工技术交底，明确各个不同区域的耐火极限与施工选用的品种、型号和厚度等要求。

（2）施工中加强自检与互检，加强专职检验员的巡检。

（3）隐蔽区域覆盖时应进行隐蔽工程验收，办理签证手续。

（4）涂装时应注意涂层的完全闭合，确保涂层的厚度。

（5）对误涂的区域，应铲除已涂涂层，重新进行涂装。

（6）对漏涂区域，应按施工工艺要求进行补涂，其涂层厚度应达到设计要求。

（7）钢结构连接节点处的涂层厚度应不包括连接板、高强度螺栓及焊接衬板的厚度。

5. 未按要求挂钢丝网或喷界面剂

【现象】

施工中未按有些防火涂料要求挂钢丝网就进入涂装。施工中未按有些防火涂料要求喷界面剂就进入涂装。施工中未按相应的防火涂料施工工艺要求进行涂装。

【原因分析】

防火涂料的性质和施工工艺各有不同，在不明白涂料产品施工工艺要求和钢构件具体防火涂料施工工艺的情况下擅自继续涂装。

【防治措施】

（1）熟悉施工工艺文件的要求，严格按工艺要求进行施工。

厚型钢结构防火涂料加钢丝网防火保护构造示意图如图 11－53 所示。

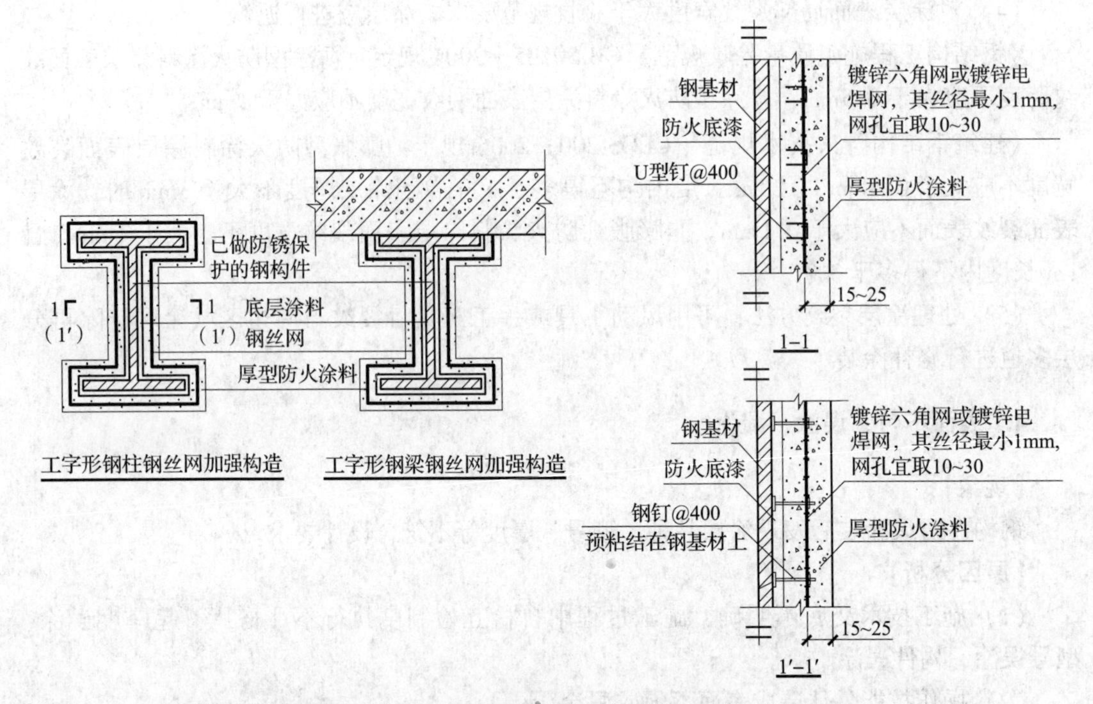

图 11－53　厚型钢结构防火涂料加网涂刷构造

（2）对挂钢丝网和涂刷界面剂应进行质量控制，确保涂层施工的附着力。

（3）对未挂钢丝网或钢丝网固定不符合要求的区域，应按要求处理合格后才能进入涂装。

（4）对涂刷界面剂表面不符合施工工艺规定的，应重新涂刷界面剂，检查合格后才能进入涂装。

（5）对未按要求挂钢丝网或未涂界面剂的已涂装区域，应铲除后重新按施工工艺要求进行施工。

6. 涂层外观缺陷

【现象】

涂层干燥后出现脱层或轻敲时发现空鼓；涂层表面出现明显凹陷；涂层外观或用手掰，出现粉化松散和浮浆；涂层表面外观不平整，有乳突现象。

【原因分析】

（1）一次涂装太厚，由于内外干燥速度不同，易产生开裂、空鼓或脱落（脱层）。

（2）涂层的底层（或基层）存在油污、灰尘等污垢或结露等情况下涂装，或者未按产品说明书要求挂钢丝网、涂刷界面剂，引起涂层空鼓或脱落（脱层）。

（3）高温下施工，未注意基层处理和涂层养护，引起空鼓或脱落（脱层）。

（4）施工环境温度湿度不符合要求，高温或寒冷环境下未采取措施，容易引起涂料时就粉化或结冻，施工后涂层干燥固化不好，引起粘接不牢、粉化松散和浮浆等缺陷。

（5）施工不规范，未做找平、罩面，出现乳突未做铲除处理。

【防治措施】

（1）防火涂料涂刷前应清除油污、灰尘和泥沙等污垢。

（2）应按防火涂料施工技术要求，做好挂钢丝网、涂刷界面剂等增加附着力的措施。

（3）防火涂料的施工环境温度宜在 5 ~ 38℃之间，相对湿度不应大于 85%，构件表面不应有结露。

（4）钢构件表面连接处的缝隙应用防火涂料或其他防火涂料填补堵平后，方可进入大面积涂装。

（5）防火涂料的底涂层宜采用喷枪喷涂。

（6）注意涂料的混合搅拌的充分性，高温或冷寒气温情况下应有防止涂料粉化或结冻的措施。

（7）注意高温和冷寒季节施工后的涂层养护工作，确保涂层干燥固化质量。

（8）施工过程中应及时剔除乳突，确保表面的均匀平整。

（9）对涂层干燥后出现的脱落（脱层）、空鼓、粉化松散区域，应铲除后重新涂装。对明显凹陷应做补涂，对浮浆应做清除处理，处理后厚度达不到设计要求时，应补涂。

参 考 文 献

[1] 国家标准《钢结构施工规范》GB 50755
[2] 国家标准《钢结构工程施工质量验收规范》GB 50205
[3] 国家标准《钢结构焊接规范》GB 50661
[4] 国家标准《压型金属板工程应用技术规范》GB 50896
[5] 国家标准《工业建筑防腐蚀设计规范》GB 50046
[6] 国家标准《建筑工程施工质量验收统一标准》GB 50300
[7] 国家标准《钢结构设计标准》GB 50017
[8] 国家标准《冷弯薄壁型钢结构技术标准》GB 50018
[9] 国家标准《钢结构防火涂料》GB 14907
[10] 国家标准《碳素结构钢》GB/T 700
[11] 国家标准《低合金高强度结构钢》GB/T 1591
[12] 国家标准《耐候结构钢》GB/T 4171
[13] 国家标准《建筑结构用钢板》GB/T 19879
[14] 国家标准《连续热镀锌钢板及钢带》GB/T 2518
[15] 国家标准《建筑用压型钢板》GB/T 12755
[16] 国家标准《厚度方向性能钢板》GB/T 5313
[17] 国家标准《彩色涂层钢板及钢带》GB/T 12754
[18] 国家标准《碳素结构钢冷轧薄钢板及钢带》GB/T 11253
[19] 国家标准《碳素结构钢冷轧钢带》GB 716
[20] 国家标准《碳素结构钢和低合金结构钢热轧钢带》GB/T 3524
[21] 国家标准《碳素结构钢和低合金结构钢热轧钢板和钢带》GB/T 3274
[22] 国家标准《热轧钢板和钢带的尺寸、外形、重量及允许偏差》GB/T 709
[23] 行业标准《建筑结构用冷弯矩形钢管》JG/T 178
[24] 国家标准《结构用冷弯空心型钢尺寸、外形、重量及允许偏差》GB/T 6728
[25] 国家标准《直缝电焊钢管》GB/T 13793
[26] 国家标准《焊接钢管尺寸及单位长度重量》GB/T 21835
[27] 国家标准《低压流体输送用焊接钢管》GB/T 3091
[28] 国家标准《结构用无缝钢管》GB/T 8162
[29] 国家标准《无缝钢管尺寸、外形、重量及允许偏差》GB/T 17395
[30] 国家标准《热轧 H 型钢和剖分 T 型钢》GB/T 11263
[31] 行业标准《结构用高频焊接薄壁 H 型钢》JG/T 137
[32] 行业标准《焊接 H 型钢》YB 3301
[33] 国家标准《热轧型钢》GB/T 706

[34] 国家标准《热轧钢棒尺寸、外形、重量及允许偏差》GB/T 702

[35] 国家标准《通用冷弯开口型钢》GB/T 6723

[36] 国家标准《冷弯型钢通用技术要求》GB/T 6725

[37] 国家标准《焊接结构用铸钢件》GB/T 7659

[38] 国家标准《一般工程用铸造碳钢件》GB/T 11352

[39] 国家标准《涂覆涂料前钢材表面处理　钢材表面清洁度的目视评定　第1部分未涂覆过的钢材表面的锈蚀等级和处理等级》GB/T 8923.1

[40] 国家标准《涂覆涂料前钢材表面处理　钢材表面清洁度的目视评定　第2部分已涂覆过的钢材表面局部清除原有涂层后的处理等级》GB/T 8923.2

[41] 国家标准《涂覆涂料前钢材表面处理　钢材表面清洁度的目视评定　第3部分焊缝、边缘和其他区域的表面缺陷的处理等级》GB/T 8923.3

[42] 国家标准《热喷涂　金属和其他无机覆盖层　锌、铝及其合金》GB/T 9793

[43] 国家标准《金属覆盖层　钢铁制件热浸镀锌层　技术要求及试验方法》GB/T 13912

[44] 国家标准《涂装作业安全规程　涂漆工艺安全及其通风净化》GB 6514

[45] 国家标准《涂装作业安全规程　安全管理通则》GB 7691

[46] 国家标准《涂装作业安全规程　涂漆前处理工艺安全及其通风净化》GB 7692

[47] 国家标准《金属和其他无机覆盖层　热喷涂　操作安全》GB 11375

[48] 国家标准《热喷涂涂层厚度无损检测》GB 11374

[49] 国家标准《色漆和清漆拉开法附着力试验》GB/T 5210

[50] 国家标准《钢结构防火涂料》GB 14907

[51] 国家标准《建筑钢结构防火技术规范》GB 51249

[52] 行业标准《钢结构高强度螺栓连接技术规程》JGJ 82

[53] 中国钢结构协会. 建筑钢结构施工手册. 北京：中国计划出版社，2002

[54] 中国钢结构协会. 钢结构制造技术规程. 北京：机械工业出版社，2012

[55] 宝山钢铁股份有限公司，中国钢结构协会. 建筑用彩涂钢板应用指南. 北京：中国建筑工业出版社，2018

[56] 侯兆新，何奋韬，何乔生等. 钢结构工程施工质量验收规范实施指南. 北京：中国建筑工业出版社，2002

[57] 侯兆欣，何乔生. 钢结构工程施工及质量验收问答. 北京：中国计划出版社，2002

[58] 路克宽，侯兆欣，文双玲. 钢结构工程便携手册. 北京：机械工业出版社，2003

[59] 侯兆新. 高强度螺栓连接设计与施工. 北京：中国建筑工业出版社，2015